# 日本の外来哺乳類

## 管理戦略と生態系保全

Biology of Control Strategy
and Conservation

編
山田文雄
池田透
小倉剛

東京大学出版会

Invasive Alien Mammals in Japan :
Biology of Control Strategy and Conservation
Fumio YAMADA, Tohru IKEDA and Go OGURA, Editors
University of Tokyo Press, 2011
ISBN 978-4-13-060221-1

いては議論しているが視点や考え方を取り上げ、今後の外来哺乳類対策・研究の進展を促すための方向性の提供を試みた。

　筆者らがなぜ本書を一冊としてまとめたのかといえば、現在の日本の外来哺乳類問題を研究者が協働し、これからの動向を理解しているような書籍を、研究者が協働して書き上げた書籍がなかったからである。そのためここに本書を取り上げた問題の背景や現状を、より研究者の多様な事例から対策までを網羅しつつだけでなく、本書で取り上げられる様々な外来哺乳類の保護連合（IUCN）の外来生物ワーストリスト100にも、同様に研究者たちの間でも次第に注目されてきた外来哺乳類を取り上げるものを選んだ。しかし、本書で取り上げられた外来哺乳類の中には、リストに入っていない種、侵入が認知されていないリスクがあるものも多くあるが、このリストにおける外来生物の問題は、最悪のケースに選ばれたものである。それぞれの外来生物種に問題があるようにみえるが、こうしたリストの作成などから時間が経過することもあり、本書では『日本の外来哺乳類』において現在までに蓄積された事例もある。筆者が各章の取り上げた外来哺乳類の事例は、外来哺乳類問題を理解する上での検討の素材として選択されたのであって、その中でも各々の研究者が研究を進めながらの外来種の対象となればと考えている。

　筆者たちは、研究対象の種を選定した理由に加えて、外来哺乳類問題に対する研究者や対象への視座が人間との絆も強いた私見的なものも少しは記録している。哺乳類は人間との絆も強いた私見的なものも少しは記録している。こうした背景に美徳するためには、これらを公表することも一般の罠を深くあり、次第に研究対象においても社会的視点への配慮が必要となってきている。こうしたことから、来生物問題の解決に向けられた、本書を読んでいただければ理解いただけるものと考えている。

　近年、多くの種を運搬を可能とするような外来哺乳類対策ではあるが、まだまだだけを組織主導するまでになってはいない状況にある。それなどに、実際には確立するまでもない。その、対策を検討するためには継続してさまざまな外来哺乳類問題に関する在来哺乳類に対する種類と対象群などの多く整備されている。今後、外来哺乳類対策を成功に導き、生態系や生物多様性の様相の回復へと、人の暮らし・身体の安全、農林水産業の生態系や生物多様性の回復を、人の暮らし・身体の安全、農林水産業の

# はじめに

が現実に認識された．外来種問題に対する一般の人々の見方が大きく変化してきた．それまで一貫して，外来種問題は外来生物の持続的な導入にあった．新たな研究分野として研究が進み，一連の研究成果が相次いで発表されるようになった．さらに，生物の多様性に関する法的枠組みの整備も行われ，2004年に「外来生物法」（詳細は第2章参照）が制定されたことで，外来種対策および研究はさらに拍車がかかった．

この間，研究者間の国際交流も進み，ニュージーランドやイギリスなどの外来種対策先進国との情報交換も積極的に進められた．2005年には北海道札幌市で開催された「第9回国際植物害虫会議」（IMC9）において，外来種問題のシンポジウムが開催された．さらにこれに続き，2008年には，沖縄県那覇市において，国際シンポジウム「経験的外来種問題の対処療法――生物の多様性の保全を目指して」（CSIAM 2008）が開催された．この会議では，10か国から151名の参加があり，外来種対策事業のあり方について議論が行われたが，この会議の成功により，日本の外来種対策のレベルが海外的に認知されるに至った．

以上のように，日本の外来種問題は，この20年あまりの短期間に規模的な発展を遂げてきた．外来種問題の第一世代とも言える種を経験をもとにしても，この間の外来種対策を取り巻く状況の変化は想像を絶えたものであった．一方で，研究を始めたころからこの間の問題意識も大きく変わり，我が国の重要課題となり，我々研究者の高い理解度であることを信じて疑わなかった．現在の外来種問題の発端は，こうした研究者の将来を見据えたより強い研究姿勢に共通する先取りされたものであると考えられる．

本書は，こうした日本の外来種問題におけるこれまでの主要な業績と，本書の特徴として，第I部では日本における外来種問題の現状と対策対策および状況，その政策的意義は言うまでもなく，国が重要視しているような内容である．第II部では，これまでに日本で主要な外来種問題の代表的な事例9種例を取り上げ，対策種の現状，総括問題点および今後の展望を述べる．第III部では，これまでの日本の対策を踏まえて，研究状況から見えるから実務的な問題への対策について，比較的新しい知見も盛り込み，最新の情報を網羅している．

iii

その後10年間における世界各地での外来生物対策の運営を確認する動きがあり、いを持つ会議であった。2010年の会議には25ヶ国から240人以上が参加して密接な連携が行われ、日本からも多くの研究者が参加した。筆者らは、2001年の会議では水草の種類のひとつしか出にあがらなかったが、2010年の会議では14件へと増加した。2010年の大会委員長の開示であるが、2010年の会議でも、会議で見られた運営のひとつとして、日本からの研究者の積極性において、会議で話題のひとつとして、日本からの外来生物対策がシリーズとして継続したことについても言及し、日本の外来生物対策国を述べるまでに経過してきたことを原々と評価してた。

唯近は国際的への影響が強く、米葉投票においても上位に位置する傷があり多いため。外来生物として思う、特定人などの運営にちょうどイメントの重視になりやすい。また、ほかの生物相と比較して、一般の人々にも知的な感度の広い刺激物が多いためか、問題に対する社会的関心を相び起こしやすい情緒もある。このような点を考慮すると、外来植物の問題は生物学、生態学の研究対象となる面を備えている。外来植物の防除対策では、生態系からの排除のために、対策区域のあらゆることができるようにに、間接の水質の運営や種の排除のためにある。特に、外来植物自身の生態学的特性や種の排除だけに、蓄積図のような自体が開かれ、外来植物の防除対策が急ぐ多少つである。

また、外来植物対策の蓄積はただちに運用するものだけはなく、一般の人々への情報を広めることは、外来植物対策への案的の蓄積を要因に代用するだけだに、今一連の蓄積は外来植物対策への案的のような長い時間を要し、かつ、一般の人々への理解を得ることだらず、外来植物対策は地方自治的に生産的な動きへの転換は、外来植物対策への継続的な動きの重要を維持するためにも良い機会である。このため、能種遺伝子などの蓄積は、外来植物対策の蓄積への対策・対象の考慮について、蓄積は対象者への対策に新りが強く、外来植物対策・対象の調明する対策が必要であった。目下を変えれば、外来植物対策・対象の調明する対策の集積を図ることを可能である。

結構は、蓄積は対象者の審議会の継過をとらえることを可能である。

こうした状況のなかで、初期の研究者が対策従事者が促進し、交流した社会的な源を結果に多様植生連関による運動緩和によるよい国各地がまだまだわかる。

# はじめに

今日では、日本においても外来生物問題は社会的関心の高い問題として注目され、マスメディアでとりあげることも多くの研究者が外来生物対策に真剣に取り上げるようになり、国や地方自治体が外来生物対策に真剣に取り組み、また多くの研究者が実施されるようになった。しかし、こうした外来生物問題は、従来は欧米諸問題として取り上げられることはあって、現在のように外来生物の蔓延による人間社会への影響などとして認識されたのは、ごく比較的近年のことなのである。

現在の日本の外来生物問題の蔓延期間はいまからおよそ20年前までである。それまでは主として欧米諸国で研究が行われていたが、本格的な研究や蔓延対策ははずヨーロッパなど先進的な研究が行われる。さらに外来生物問題の蔓延管理が行われるようになったのは1990年代からである。すなわち、日本語哺乳類等において外来生物問題の目的意識が蔓延管理されるのである。それまで、外来生物問題はというようにとらえられていたかといえば、われわれの周辺にいる哺乳類問題を起こすような外来生物問題が顕在化し、徐々に注目されるようになった。これに対し、多くの研究者が外来生物の蔓延や駆除および対策、さらには絶滅危機への繁殖などの環境保全に取り組み始めた。また研究者のなかでも外来生物問題に関心を寄せる者も、これらを研究テーマにする者も増え始めた。

ニュージーランドのオークランドにおいて、2010年2月に"Island Invasives: Eradication and Management"という国際会議が開催された。この会議は、オーストラリア大学生生物多様性、生物研究者を中心とスターと自然保護連合 (IUCN) の外来生物専門家グループ (ISSG) の共催で、島嶼における外来生物の根絶と管理の手法などその成果に関する国際会議であった。この会議は、2001年に開催された "The International Conference on Eradication of Island Invasives." という国際会議を受けて、

4.1 日本への導入と経緯，現在の分布　105
4.2 被害の概要　108
4.3 日本の最優先対策種の研究・対策の現状と課題　115
4.4 防除事業の成果　121
4.5 対策の課題とそれを解決するための技術開発　123

第5章　アライグマ——有害鳥獣捕獲からの脱却　139 ……………阿部　豪
5.1 アライグマの分布と侵入の経緯　139
5.2 アライグマによる被害の概要　141
5.3 日本のアライグマ対策　146
5.4 北海道のアライグマ対策　149
5.5 被害農家を主体とした早期捕獲体制構築の試み　154
5.6 被害農家を主体とした外来生物対策の限界　160
5.7 日本のアライグマ対策の今後　161

第6章　タイワンザルとアカゲザル
　　　　——交雑回避のための根絶計画　169 …………白井　啓・川本　芳
6.1 ニホンザルと外来種　169
6.2 下北半島タイワンザルの対策　176
6.3 和歌山タイワンザルの対策　179
6.4 その他の地域の外来マカク問題　185
6.5 個体分析による状況評価　187
6.6 今後の課題と展望　191

第7章　ヌートリア——生態・人とのかかわり・被害対策　203 ……坂田宏志
7.1 世界各地への移入の現状　203
7.2 ヌートリアの生態　209
7.3 日本でのヌートリア導入の経緯　211
7.4 分布の拡大　213
7.5 ヌートリアの被害　215
7.6 ヌートリアの対策　218
7.7 海外での根絶や対策プロジェクトの事例　222

# 目　次

はじめに　i……………………………山田文雄・池田　透・小倉　剛

## I　外来哺乳類の現状と対策

第 1 章　日本の外来哺乳類──現状と問題点　3………………池田　透

　　1.1　外来生物（外来種）の定義　3
　　1.2　日本における外来哺乳類の歴史　5
　　1.3　外来哺乳類はなにが問題なのか　6
　　1.4　外来種の導入経緯　7
　　1.5　外来種が引き起こす問題　12
　　1.6　外来哺乳類が引き起こす生物多様性の低下　17
　　1.7　日本における外来哺乳類対策　18
　　1.8　日本の外来哺乳類対策における課題　21

第 2 章　外来生物法──現行法制での対策と課題　27……………村上興正

　　2.1　外来生物法制定の経緯と背景　27
　　2.2　外来生物法の概要──規制の仕組み　30
　　2.3　外来生物法による外来種管理の有効性　36

第 3 章　海外の外来哺乳類対策
　　　　　──先進国に学ぶ　59………………池田　透・山田文雄

　　3.1　ニュージーランドにおける外来哺乳類対策　59
　　3.2　各国のマングース対策とわが国の対策　76

## II　日本の外来哺乳類問題

第 4 章　フイリマングース
　　　　　──日本の最優先対策種　105……………小倉　剛・山田文雄

護を確実にするためには，基礎的研究の充実を図ることはもちろん，対策費用の確保から対策の実施まで，社会的理解と支援が不可欠である．すなわち，生態系保全のための外来哺乳類の総合的管理戦略の構築が必要である．本書によって，外来哺乳類問題が一般の人々により多く理解され，関心を持っていただけることや，さらに若手研究者や行政担当者らの増加に結びついてくれることを期待してやまない．

なお，本書の刊行にあたっては，平成23年度北海道大学大学院文学研究科一般図書出版助成を受けた．

山田文雄
池田　透
小倉　剛

　　　　7.8　対策の規模や手法を検討するシミュレーション　227
　　　　7.9　今後の対策に向けて　228

第8章　クリハラリス――個体群動態のモデル　231……………田村典子
　　　　8.1　原産地の分布と生態　231
　　　　8.2　導入の経緯と分布拡大　237
　　　　8.3　生態と在来種への影響　243
　　　　8.4　被害と対策　247

第9章　シベリアイタチ――国内外来種とはなにか　259…………佐々木浩
　　　　9.1　シベリアイタチとは　259
　　　　9.2　シベリアイタチの侵入の経緯と現在の分布　264
　　　　9.3　人間への被害　266
　　　　9.4　近縁在来種ニホンイタチとの競合　268
　　　　9.5　なにがシベリアイタチの分布を決めるのか　272
　　　　9.6　なぜニホンイタチがいるとシベリアイタチは
　　　　　　　生息できないのか　274
　　　　9.7　今後の対策　275
　　　　9.8　ほかのイタチ科の動物の外来種問題　278

第10章　イエネコ――もっとも身近な外来哺乳類　285……………長嶺　隆
　　　　10.1　イエネコの起源と国内での飼育現況　285
　　　　10.2　イエネコがもたらす社会的影響　287
　　　　10.3　外来種としてのイエネコのなにが問題か　288
　　　　10.4　イエネコが侵略的外来種となる要因　289
　　　　10.5　国内島嶼におけるイエネコによる影響と対策　291
　　　　10.6　イエネコ対策の今後と課題　310

第11章　ノヤギ――日本の状況と島嶼における
　　　　　防除の実際　317……………………………………常田邦彦・滝口正明
　　　　11.1　ノヤギ問題とは　317
　　　　11.2　小笠原諸島におけるノヤギ排除　323
　　　　11.3　ノヤギ防除の現実的なポイント　339

第12章　クマネズミ──島嶼からの根絶へ　351………………橋本琢磨

　　12.1　原産地と日本への侵入　351
　　12.2　クマネズミによる被害　351
　　12.3　小笠原諸島でのクマネズミによる生態系被害　353
　　12.4　海外での外来種クマネズミの問題と対策　354
　　12.5　日本でのネズミ類駆除の経緯　357
　　12.6　駆除計画立案のための基礎情報　358
　　12.7　駆除手法の検討　361
　　12.8　初めての駆除試行──西島でのネズミ類駆除
　　　　　（ベイトステーションによる殺鼠剤散布）　366
　　12.9　空中散布による駆除の実施　368
　　12.10　小笠原諸島で外来ネズミ類駆除によって
　　　　　示された成果　372
　　12.11　島嶼の外来ネズミ類対策における今後の課題　373

## III　外来哺乳類対策の新視点

第13章　失敗の活用──外来種を減らせない場合の解決策　379…亘　悠哉

　　13.1　駆除が必ずしも外来種を減少させるわけではない　379
　　13.2　外来種駆除がうまくいかないとき──現象・生態学的
　　　　　プロセス・対処法を整理する　381
　　13.3　不確実かつ緊急性が高いなかで，どう外来種対策を
　　　　　改善していくか　391

第14章　侵入リスク評価──対策戦略構築の基礎　401……………小池文人

　　14.1　外来生物問題におけるリスク　401
　　14.2　導入前の種のリスク評価　403
　　14.3　根絶や密度コントロール，封じ込め事業における
　　　　　リスク評価　406
　　14.4　社会とのコミュニケーション　415

おわりに　421………………………………………山田文雄・池田　透・小倉　剛

事項索引　425
生物名索引　435
執筆協力者一覧　440
執筆者一覧　441

# I
# 外来哺乳類の現状と対策

# 1
# 日本の外来哺乳類
## 現状と問題点

池田　透

　われわれを取り巻く環境の劣悪化は深刻さを増すばかりであるが，野生生物にとっても，人間による科学技術や文明の発達にともなう生息環境の悪化はとどまるところを知らず，生物多様性の保全にとって危機的状況が続いている．野生生物の絶滅原因としては，これまでは生息地の破壊や分断化，環境汚染や伝染病の蔓延，乱獲などが取り上げられてきたが，近年，重要な問題としてクローズアップされてきているのが外来生物問題である．

　交通や流通手段の発達によって人間や物資の移動がグローバル化し，これにともなうさまざまな生物の移動が各地の生態系や人間生活に多大な影響を与えている．本章では，栄養段階（trophic level）の上位に位置し，導入による生態系への影響が甚大な外来哺乳類について，第4章以降の章で展開される各論に先立ち，その問題を概観してみたい．

## 1.1　外来生物（外来種）の定義

　外来生物（外来種 alien species）は，第6回生物多様性条約締約国会議（2002年）で採択された「生態系，生息地及び種を脅かす外来種の影響の予防，導入，影響緩和のための指針原則」において「過去あるいは現在の自然分布域外に導入された種，亜種，それ以下の分類群であり，生存し，繁殖することができるあらゆる器官，配偶子，種子，卵，無性的繁殖子を含む」と定義され，さらにそのなかで，「導入及び/若しくは，拡散した場合に生物多様性を脅かす種」を侵略的外来生物（侵略的外来種 invasive alien species）と定義している．ちなみに，「外来生物」と「外来種」は同義で扱われるこ

とが多く，広く一般に外来動物や外来植物などを包括的に扱う際には「外来生物」が使われ，特定の種を意識する際に「外来種」が使われる傾向が見られる．

　人間の手によって意図的・非意図的に自然分布域外に持ち込まれたものを外来生物と呼ぶのであって，海流や風などに乗って自らの分散能力によって分布を拡大したものについては外来生物とはみなされない．また，外来生物を扱う際の「導入」という用語は，外来生物を直接・間接を問わず人為的に，過去あるいは現在の自然分布域外へ移動させることを意味し，この移動には国内移動，国家間または国家の管轄範囲外の区域との移動がありうる．従来は外来生物に対して「移入生物（移入種）」などという言葉もよく用いられたが，「移入」は生態学的には生物が自力である空間に入っていくことを意味するので，混同を避けるために現在では「外来生物（外来種）」に統一して使われるようになってきている．

　また，ここでさらに確認しておくべき点は，「外来」の意味についてである．一般に外来生物というと外国からきた生物と考えがちだが，国境は人間の都合で決められたものであって，生物には意味を持たない概念である．生物の移動を考える場合に重要なことは，外国由来かどうかという問題ではなく，生物の自然分布となる．

　日本の哺乳類分布は，動物地理学的にはトカラ列島と奄美群島の間の「渡瀬線」を境にして南の東洋区と北の旧北区という2つの動物地理区に分けられる．東洋区では亜熱帯や熱帯起源の種が主体となり，旧北区は温帯や寒帯起源の種が主体となっている．さらに旧北区のなかで，北海道と本州・四国・九州は津軽海峡に引かれる「ブラキストン線」によって分けられる．また，対馬は朝鮮半島の影響を強く受けており，日本のほかの地域では見られない朝鮮系の種を数種含むことから，本州・四国・九州とは異なる哺乳類相を持つと考えられる．これらの国内の4地域間で哺乳類の人為的移動が生じた際は，外国産種でなくても外来生物となる（池田，1997, 1998, 2008）．近隣島嶼部への新たな種の導入などのように，たとえ同じ地域内においてでさえも，本来の自然分布域外に導入された場合は外来生物に該当することとなり，遺伝的地域個体群の概念にもとづけば，地続きであって導入する個体がたとえ同種であっても注意を払う必要がある．

## 1.2　日本における外来哺乳類の歴史

　外来生物の定義に従って自然分布からの生物の人為的移動を問題にすると，日本における外来生物の歴史は古く，スズメ *Passer montanus* やモンシロチョウ *Pieris rapae* までもが外来生物に分類されることとなる（中村，1990）．哺乳類ではもっとも古いもので約 6000–7000 年前の縄文時代にネズミ類が非意図的に侵入し（Asahi, 1985），動物考古学の分野では，やはり縄文前期に八丈島にイノシシ *Sus scrofa* が持ち込まれて飼育が開始された可能性も指摘されている（西本，2003）．4–6 世紀にはウシ *Bos taurus*（西本，2010），ウマ *Equus caballus*（村石，1998）が海外から持ち込まれて飼育されていたと推察されており，『日本書紀』には，百済から推古天皇にラクダ 1 頭・ロバ 1 頭・ヒツジ 2 頭が献上されたという記録も見られ，さらに奈良時代には光明皇后がネコを飼育していたことが知られているなど，海外との交流がさかんになるにつれて多くの哺乳類が日本に持ち込まれるようになった．江戸時代には長い鎖国時代に入り，貿易も閉ざされていたために海外からの哺乳類の輸入は少なくなるが，明治の開国から戦後の高度成長期を経て国民の暮らしも豊かになると，以前とは比較にならないほど多くの哺乳類が産業利用やペット飼育などを目的に日本に輸入されてきた．

　これらすべてが，外来生物として野外で定着してきたわけではないが，このような生物の持ち込みに関する長い歴史をたどると，外来生物としてどこまで過去をたどって対策を考えなければならないのかという問題が生じてくる．古くは縄文時代にまでさかのぼって対策を実施するというのは現実的ではなく，定着して長い時間が経過したものはすでに生態系の一部として組み込まれ，生態系のなかで一定の機能を果たしているとも考えることができる．現実的な対応としては，歴史的背景から明治時代以降に日本に導入された生物を外来生物と考え，対策が講じられることが一般的となっている．哺乳類に関しては比較的導入の時期が明らかなものが多いため，本章では古くから導入された種を含めて紹介しているが，哺乳類においても一般的には明治時代以降に導入された種が対策の対象とされることが多い．

　明治の開国に引き続き，戦後の高度経済成長時代には再び貿易も活発になり，大量の生物が国内に入ってくるようになる．また，経済成長にともなっ

て日本人の生活様式も大きく様変わりし，動物のペット飼育もさかんになる．現在の日本に定着した外来哺乳類の導入理由を探ると，ペットなどの飼育由来のものが多く，戦後の高度経済成長時代は外来哺乳類問題にとっても新時代の到来ととらえることができる．

　ところで，人為的に従来の生息地以外の土地に運ばれた生物は，環境が許せば定着して繁殖を開始し，本来生息しているはずのない外来哺乳類の新たな個体群が形成されて，在来の生態系に新たに加わるという状況が生じる．こうした外来哺乳類の影響がとりざたされるようになったのは比較的最近になってからである．先述のように，外来哺乳類は古くから存在していたため，外来哺乳類問題も同時に存在していたこととなるが，日本において外来哺乳類問題が大きく取り上げられるようになったのは，ここ四半世紀程度の間でしかなく，それまでは見慣れない動物が農業被害などを引き起こし，被害者と愛護団体との間でその取り扱いをめぐった感情的ぶつかりあいがローカルな話題となる程度でしかなかった．

　しかし，このわずか四半世紀の間に哺乳類を含む外来生物を取り巻く状況は激変し，2005年6月1日には「特定外来生物による生態系等に係る被害の防止に関する法律（平成16年法律第78号）」（以下，「外来生物法」）が施行されることとなる．

## 1.3　外来哺乳類はなにが問題なのか

　このように近年に至って対応が激変した外来生物の問題とはどのようなものであり，そのなかで外来哺乳類はどのような位置を占めているのであろうか．まずは，日本の外来哺乳類の現状を紹介してみたい．

　これまでに日本で定着が報告されている外来哺乳類は39種類（国外由来：31，国内由来：8）にのぼり，一時的に逃亡・放逐されたと思われる定着未確認の7種類を含めると46種類に達する（表1.1）．日本の陸生在来哺乳類は，すでに絶滅したオオカミ *Canis lupus*，オキナワオオコウモリ *Pteropus loochoensis*，オガサワラアブラコウモリ *Pipistrellus sturdeei* を除けば107種となるが（阿部，2005），現在日本に生息する哺乳類のじつに4分の1以上を外来哺乳類が占めていることとなる．

最近においても，ミトコンドリア DNA の分析によって，従来は北海道において在来種と考えられていたニホンジネズミ *Crocidura dsinezumi* が，本州北部の個体群と同系統であることが明らかとなって，北海道で国内外来種である可能性が指摘され（Ohdachi *et al.*, 2004），また函館でイエコウモリ（アブラコウモリ）*Pipistrellus abramus* がやはり国内外来種として定着していることが確認される（福井ほか，2003）など，新たな外来哺乳類の報告も続いている．外来生物問題に対する認識が深まるにつれて研究が活発になってきたことが影響しているとも考えられるが，今後の動向には細心の注意を払う必要がある．

## 1.4 外来種の導入経緯

こうした外来哺乳類はどのように日本に入ってきたのであろうか．その導入経緯は，以下のように分類することができるが，外来生物は人為的介入によるものであるため，必然的にその背景には人間社会の動向を見て取ることができる．

野生動物の導入では，まずは紛れ込みなどの非意図的導入が考えられる．ドブネズミ *Rattus norvegicus* やクマネズミ *R. rattus*，ハツカネズミ *Mus musculus* などが代表例であり，船舶の物資などに紛れ込んで偶発的に随伴して導入されたと考えられるが，導入年代は古くからのものが多く，詳細な経緯は不明のものが多い．

つぎに天敵としての導入があげられる．有害動物に対する生物学的防除を目的として意図的に導入したものであり，沖縄島・奄美大島にハブ対策として天敵導入されたフイリマングース *Herpestes auropunctatus*（従来はジャワマングースと呼ばれる．第3章3.2参照；当山・小倉，1998；山田ほか，1999；山田，2001）や北海道から南西諸島までの島嶼部に林業被害をもたらすネズミ防除を目的として導入されたニホンイタチ *Mustela itatsi*（白石，1982），同様に北海道の礼文島にネズミ対策として導入されたアカギツネ *Vulpes vulpes*（池田，1996）などがある．

家畜や愛玩動物を含む飼養動物の導入経緯としては，飼育・生産・展示目的で導入した個体の遺棄・逃亡があげられる．ペット飼育，肉・毛皮などの

表 1.1 日本における外来哺乳類 (池田, 2008 より改変).

| 和 名 | 学 名 | 導入の目的 |
|---|---|---|
| **国外外来種** | | |
| アムールハリネズミ | *Erinaceus amurensis* | ペット |
| ジャコウネズミ | *Suncus murinus* | 非意図的 |
| タイワンザル | *Macaca cyclopis* | 展示 |
| アカゲザル | *Macaca mulatta* | 展示 |
| リスザル | *Saimiri sciureus* | 展示 |
| カイウサギ | *Oryctolagus cuniculus* | 養殖 |
| キタリス | *Sciurus vulgaris* | ペット |
| クリハラリス | *Callosciurus erythraeus* | ペット |
| プレーリードッグ類 | *Cynomys* sp. | ペット |
| シマリス | *Tamias sibiricus* | ペット |
| マスクラット | *Ondatra zibethicus* | 養殖 |
| ナンヨウネズミ | *Rattus exulans* | 非意図的 |
| ドブネズミ | *Rattus norvegicus* | 非意図的 |
| クマネズミ | *Rattus rattus* | 非意図的 |
| ハツカネズミ | *Mus musculus* | 非意図的 |
| ヌートリア | *Myocastor coypus* | 養殖 |
| アライグマ | *Procyon lotor* | ペット・養殖 |
| アカギツネ | *Vulpes vulpes* | 天敵導入 |
| イヌ | *Canis familiaris* | ペット |
| チョウセンイタチ | *Mustela sibirica* | 天敵導入 |
| アメリカミンク | *Neovison vison* | 養殖 |
| ハクビシン | *Paguma larvata* | 養殖・展示? |
| フイリマングース* | *Herpestes auropunctatus* | 天敵導入 |
| ネコ | *Felis catus* | ペット |
| ウマ | *Equus caballus* | 養殖 |
| イノブタ | *Sus scrofa* | 養殖 |
| キョン | *Muntiacus reevesi* | 展示 |
| マリアナジカ | *Cervus mariannus* | 不明 |
| タイワンジカ | *Cervus nippon taiouanus* | 展示 |
| ウシ | *Bos taurus* | 養殖 |
| ヤギ | *Capra hircus* | 養殖・食用放逐など |
| **国内外来種** | | |
| ニホンジネズミ | *Crocidura dsinezumi* | 非意図的? |
| イエコウモリ | *Pipistrellus abramus* | 非意図的? |
| キタキツネ | *Vulpes vulpes schrencki* | 天敵 |

*外来生物法の特定外来生物名では, ジャワマングース *H. javanicus* が使われている (2011 年現在). 種名変更については第 3 章 3.2 参照.

| 定着地 | 外来生物法での扱い | 備考 |
|---|---|---|
| 神奈川県・静岡県など | 特定外来生物 | |
| 長崎県 | | |
| 和歌山県・伊豆大島 | 特定外来生物 | 青森県は根絶 |
| 千葉県 | 特定外来生物 | |
| 伊豆半島 | 要注意外来生物 | |
| 七ッ島大島などの島嶼部 | | |
| 狭山丘陵 | 特定外来生物(エゾリスを除く) | |
| 神奈川県・静岡県など | 特定外来生物 | |
| 北海道・長野県 | | |
| 中部地方・北海道 | 要注意外来生物 | |
| 千葉県・東京都・埼玉県 | 特定外来生物 | |
| 宮古島 | | |
| 全国 | | |
| 全国 | | |
| 全国 | | |
| 近畿・中国・四国地方 | 特定外来生物 | |
| 全国 | 特定外来生物 | |
| 礼文島 | | 千島からの導入，エキノコックス症発生のため根絶 |
| 全国 | | |
| 中部地方以南 | | |
| 北海道・福島県・長野県 | 特定外来生物 | |
| 本州~九州まで点在 | | 北海道にも記録あり |
| 沖縄島・奄美大島・鹿児島県本土 | 特定外来生物 | |
| 全国 | | |
| 都井岬・ユルリ島 | | 現在は管理下 |
| 全国 | | |
| 千葉県・伊豆大島 | 特定外来生物 | |
| — | (現存すれば特定外来生物に該当) | 小笠原に導入，現在は絶滅 |
| 友ヶ島 | 特定外来生物 | |
| 口之島・西表島 | | |
| 小笠原諸島・魚釣島など | | |
| 北海道 | | |
| 北海道南部 | | 自力で飛来の可能性もあり |
| 本州 | | |

(つづく)

表 1.1 つづき

| 和 名 | 学 名 | 導入の目的 |
|---|---|---|
| タヌキ | Nyctereutes procyonoides | 天敵 |
| ニホンイタチ | Mustela itatsi | 天敵 |
| ニホンテン | Martes melampus melampus | 養殖 |
| ニホンジカ | Cervus nippon | 養殖 |
| ケラマジカ | Cervus nippon keramae | 展示 |
| **一時的確認種** | | |
| フェレット | Mustela furo | ペット |
| オポッサム類 | 属・種詳細不明 | 不明 |
| カニクイザル | Macaca fascicularis | 不明 |
| ヤクザル | Macaca fuscata yakui | 不明 |
| カピバラ | Hydrochoerus hydrochaeris | 不明 |
| スカンク類 | 属・種詳細不明 | 不明 |
| マゲジカ | Cervus nippon mageshimae | 不明 |

　生産を目的とした養殖や展示動物として持ち込まれたものが逃亡や遺棄によって定着したものであり，ペット由来で全国に分布するアライグマ *Procyon lotor*（池田，2008）やハリネズミ *Erinaceus amurensis*（岡ほか，2010），食用に飼育されたイノブタ *Sus scrofa*（高橋，1995）やヤギ *Capra hircus*（高橋，1995）などの例がある．毛皮目的で導入された動物としては，アメリカミンク *Neovison vison*（浦口，1996）のほかにも，戦前から戦時中にかけて軍隊の毛皮生産用に養殖が推奨され，敗戦後に放棄されたヌートリア *Myocastor coypus*（朝日，1980；中村，1990）やマスクラット *Ondatra zibethicus*（中村，1988，1990）などがある．展示動物由来の例としては，一時的にブームとなったサファリパークや動物展示施設が倒産後に放置したタイワンザル *Macaca cyclopis*（仲谷・前川，2002；Kawamoto et al., 2005；森光ほか，2008）やキョン *Muntiacus reevesi*（浅田，2009）などの例をあげることができる．

　さらに特殊な導入例としては，小笠原諸島のヤギがあげられる．小笠原諸島へのヤギの導入について正確な経緯は不明であるが，19世紀の欧米の捕鯨船が非常時の食料としてヤギを大洋上の島々に放逐していたことが知られており（Lever, 1985），当時日本近海で活動していた捕鯨船などの航海者た

| 定着地 | 外来生物法での扱い | 備　考 |
| --- | --- | --- |
| 各地の島嶼 | | |
| 北海道・各地の島嶼 | | |
| 北海道・佐渡島 | | |
| 各地 | | |
| 慶良間諸島 | | |
| | | |
| 繁殖・定着状況は不明 | 要注意外来生物 | |
| 一例報告のみで未定着 | 未判定外来生物 | |
| 定着状況は不明 | 特定外来生物 | |
| 未定着？ | | |
| 未定着？ | | |
| 未定着？ | | |
| 未定着？ | | |

　ちが食料調達のために小笠原諸島にヤギを放逐したことが推察される（高橋，1995）．実際に，19世紀に捕鯨船の乗組員たちが小笠原諸島でヤギを捕獲していた記録も残されている（小笠原村教育委員会，1990）．ちなみに一時は日本に開国を迫ったペリーが小笠原にヤギを導入したと考えられていた時期もあるが，ペリーの航海日記によると，ペリーが小笠原に到着した際にはすでにヤギは生息していたという記述が残されている（Williams, 1910; Pineau, 1968）．

　なお，外来哺乳類のなかには導入経緯が不明のものもある．中国や台湾にも生息するハクビシン *Paguma larvata* は，日本国内では近年の生息域拡大が加速してはいるものの，本州・四国に多くが生息し，九州にはわずかに点在しているのみとなっている．こうした生息分布の不自然さから，一般的には外来生物と考えられている（鳥居，2002）．戦時中の毛皮用飼育個体の放逐が定着の原因と推察されてはいるものの，江戸時代に持ち込まれた記録もあり（鳥居，2002），導入の詳細は明らかとなってはいない．

　近年の日本の外来哺乳類の導入経緯の多くは飼養動物の逃亡・遺棄に由来しているが，このようなルーズな動物飼育が外来哺乳類発生の主要要因になっているのは日本に特徴的で，ほかの国ではあまり見られない状況である．

その結果のみをとらえると，日本人は動物愛護的配慮に欠けているとも考えられる．確かにそのような一面は否定できないものの，逆に動物の命を奪うことに対する嫌悪から，動物を飼育できない状況に至った際に，殺すよりは野に放して生き延びてもらいたいという感情が強く働いているものとも考えられる．外来哺乳類増加の背景には，このような文化的背景も見て取ることが可能である．

## 1.5 外来種が引き起こす問題

こうした経緯によって導入された外来哺乳類が，定着した先々で引き起こしている問題は多岐にわたっている．

一般的に外来生物は生命力があると考えられがちであるが，必ずしもそうではなく，導入されてもわれわれの目にふれる前に新たな環境に適応できずに人知れず消滅していく外来生物は，定着したものの何倍にもおよぶものと考えられる．逆にわれわれはそのなかで生き延びた種だけを目にするわけで，そのために外部から持ち込まれた生物はすべてが強い生命力を持つと勘違いされがちである．

定着に成功した外来生物においても，定着初期には個体数が少ないために人目につかず，少ない個体数のなかで繁殖が行われてゆっくりと個体数増加が進むいわゆる潜伏期があり（宮下，1977, 1978；池田，1997），やがて個体数が増加するにつれて繁殖機会も増加して個体数は急増期を迎える．その後は，定着した地域における天敵や競合種および環境収容力などとの関係で個体数が安定するものと予想される（図1.1）．定着が人間に意識され始めるのは，潜伏期から急増期へと転じて人間社会への悪影響が明らかとなってからの場合が多い．

こうした外来哺乳類がもたらす人間社会への影響のなかで，まず第一に認識されるようになる問題は農業をはじめとする産業への被害問題であろう．アライグマ（池田，1999, 2000a, 2000b；五十嵐，2007），ヌートリア（森，2003；曽根，2006），イノブタやヤギ（高橋，1995）による農作物被害，マングースによる農作物および養鶏被害（山田，2002, 2006；与儀ほか，2006；飯島，2007）から，クリハラリス *Callosciurus erythraeus* による樹皮

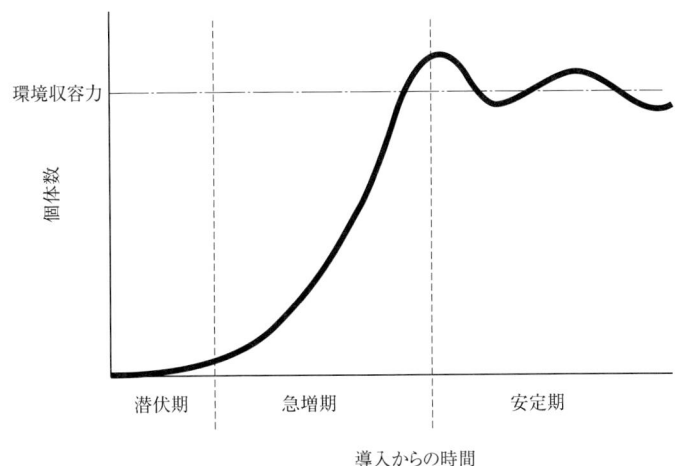

図 1.1　定着に成功した外来哺乳類の個体数推移（概念図）．

剝ぎによる林業被害（田村，1996），さらにはアメリカミンクによる養殖魚被害（浦口，1996）からクリハラリスによる電話線破損被害（山口，1988）に至るまで，各地でさまざまな産業への被害が報告されている．一例として，図 1.2 にアライグマとヌートリアによる全国農作物被害額の推移を，図 1.3 に北海道におけるアライグマによる被害作物を示したが，急増する農業被害は各地で深刻な問題となっている．

　つぎに外来哺乳類による被害として問題となるのは，人獣共通感染症の媒介問題である．この問題は直接的に人間の生命に危険がおよぶ可能性があるために，人間社会へのインパクトは大きい．アライグマは，アライグマ蛔虫症（宮下，1993）やレプトスピラ症，日本脳炎，ジステンパーなどを媒介することが知られており（宮下，1993；浅川・池田，2007），寄生虫の媒介についても注意が必要である（Sato et al., 2006; Sato and Suzuki, 2006）．アライグマは，原産地北米では狂犬病の媒介動物として警戒されており，日本においても狂犬病が発生した際には，アライグマを通じて全国に感染が拡大する危険性も否定できない．また，北海道のアカギツネが媒介することで知られているエキノコックス症も，もとは中部千島諸島から礼文島や道東の島に，天敵導入や毛皮養殖の目的で導入されたアカギツネの感染個体が発端と考えられており（池田，1997），これも外来哺乳類が関連した健康被害とみ

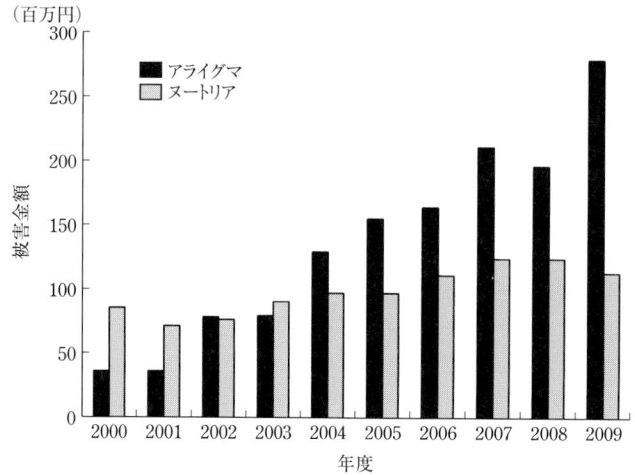

図 1.2 アライグマとヌートリアによる全国農作物被害額の推移
（農林水産省資料より作成）．

なすことができる．

その他の影響としては，アライグマやハクビシンによる住居侵入（五十嵐，2007；池田，2007）やアライグマによる神社仏閣などの文化財破壊といった被害も見られている（川道ほか，2010）．

人間生活への直接的被害はインパクトが強いだけに，外来哺乳類がもたらす主要な問題ととらえられがちであるが，外来哺乳類問題において，より深刻でもっとも危惧されるべき問題は在来生物や生態系への影響である．こうした生態的影響は，農業被害金額などとは異なって目に見えてとらえることはむずかしく，また人間が問題を認識するまでに時間を要することが多いために影響を明示することも困難であるが，放置しておくと取り返しのつかない事態を招きかねない．

この問題は生態学においては古くから認識されて研究されてきたが（エルトン，1971），外来生物問題は生態系の攪乱を引き起こし，生物多様性を低下させる要因として世界的にも注目されるようになってきている（Margin et al., 1994；McGeoch et al., 2010）．

導入された外来哺乳類が，在来種を直接捕食してしまう例は多々報告されている．三宅島のネズミに対する生物学的防除対策として導入されたニホン

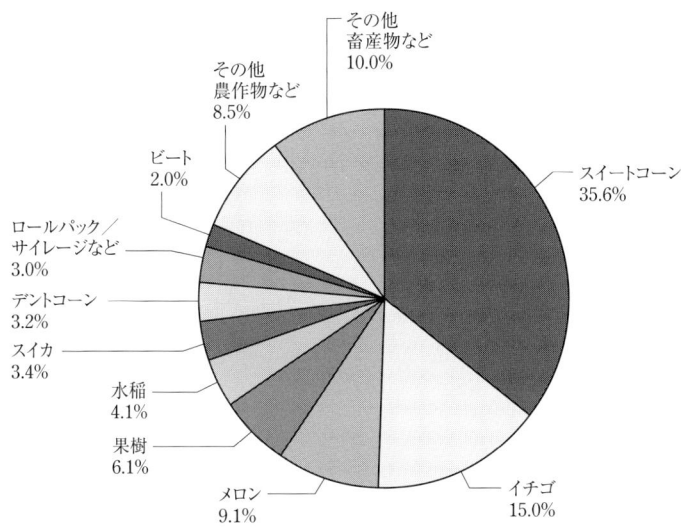

**図 1.3** 北海道におけるアライグマによる 2009 年度農業など被害の内訳（北海道環境生活部資料より作成）．

イタチは，ネズミのほかにオカダトカゲ *Plestiodon latiscutatus*，コジュケイ *Bambusicola thoracicus*，カエル類や昆虫などを捕食して，在来の生態系に多大な影響を与えた（長谷川，1986, 1997）．沖縄島と奄美大島に導入されたマングースについては，当初の導入目的として期待されていたハブの捕食効果はきわめて少なく（小倉ほか，2003），代わりに沖縄島ではより簡単に捕食しやすいワタセジネズミ *Crocidula watasei*，ホントウアカヒゲ *Erithacus komadori namiyei*，オキナワキノボリトカゲ *Japalura polygonata polygonata* などの絶滅危惧種が捕食され（小倉ほか，2002, 2003）．奄美大島ではアマミノクロウサギ *Pentalagus furnessi*，アマミトゲネズミ *Tokudaia osimensis*，アマミヤマシギ *Scolopax mira*，ルリカケス *Garrulus lidthi* などの捕食が報告されている（阿部，1992；山田，2002, 2006）．沖縄島では，マングースとノネコによるヤンバルクイナ *Gallirallus okinawae* の捕食も大きな問題となっている（伊澤，2005）．

また，外来哺乳類が導入されると，ニッチ（生態的地位）の競合が生じて在来生物が排除されて外来生物が優占種となり，場合によっては外来生物に置き換わってしまうことも懸念される．北海道の在来イタチ類においては，

外来イタチ類による攪乱の影響が大きく，石狩低地帯以西では外来のニホンテン Martes melampus melampus が優占種となって，在来のエゾクロテン M. zibellina brachyura を見かけることはほとんどない状況となっている．また，外来ニホンイタチは，道南地域で在来イタチ類に置き換わって平地を占有していたが，その後さらに新参の外来アメリカミンクによってニッチを奪われるという事態も発生している（浦口, 1996）．ほかにも，アライグマが定着した地域からは，同じ中型哺乳類で類似したニッチを占めていたキツネやタヌキ Nyctereutes procyonoides が姿を消している（池田, 1999; Ikeda et al., 2004; Hayama et al., 2006）．

　在来種との交雑による遺伝的攪乱もまた生物多様性の低下をもたらす要因となる．私設動物園のタイワンザルが遺棄されて定着した青森県と和歌山県では，在来種ニホンザル Macaca fuscata との交雑が危惧されていたが，両県ともに実際に交雑種が確認され（川本ほか, 1999; Kawamoto et al., 2005），ニホンザル保護のための対策が進められた．幸いに青森県下北半島のタイワンザル問題は収束し，和歌山県もあと少しでタイワンザルの根絶が達成されるところまで対策は進んでいる．同様の交雑による遺伝的攪乱は，北海道の公園などに放逐されたチョウセンシマリス Tamias sibiricus barberi やチュウゴクシマリス T. s. sibiricus といった大陸産シマリスと在来のエゾシマリス T. s. lineatus との間で発生が危惧される（川道, 1996）．これらは亜種レベルでの違いしかなく，目視では区別をつけることも困難で，有効な対策に目処は立っていない．

　さらに草食哺乳類が島嶼部に導入された場合，採食によって自然植生に影響を与え，環境を激変させた例も知られている．小笠原諸島のヤギや各地の島嶼部に放逐されたカイウサギ Oryctolagus cuniculus は，過度の採食による植生後退やそれにともなう土壌流出などの生態系への影響が確認されている（高橋, 1995; 山田, 1996; 常田, 2002, 2006; 野崎, 2002）．ヤギにおいては，尖閣列島の魚釣島で採食による植生破壊が進み，崖崩れを発生させていることも確認されている（横畑ほか, 2009）．

　外来哺乳類の影響は，これまで述べてきたような直接的な影響にとどまらず，生態系のなかで間接的に在来生物に影響を与えることがあることも見逃してはならない．関西中心に西日本に多く侵入しているヌートリアは，農作

物被害や営巣にともなう堤防の強度低下などの被害に注意が払われているが，兵庫県加西市ではため池のヨシやガマなどの在来の水生植物群落に壊滅的なダメージを与えている（自然環境研究センター，2008）．加西市は，環境省レッドデータブックで絶滅危惧Ⅰ類にリストされるベッコウトンボ *Libellula angelina* の国内に残された数少ない生息地の１つであり，ヌートリアの影響がベッコウトンボを地域的絶滅の危機へと追いやっている．こうした外来哺乳類による複雑な生態系への影響は，海外でも注目されており，カリフォルニアのチャネル諸島（Channel Islands）では，ブタ *Sus scrofa* の導入が島の食物網に変化をもたらしてイヌワシ *Aquila chrysaetos* の個体数が増加し，その結果，在来のキツネの個体数が激減した例がよく知られている（Roemer *et al.*, 2002）．

## 1.6 外来哺乳類が引き起こす生物多様性の低下

　こうした外来生物による在来生物や生態系への影響は，人間を含むすべての生物の生存基盤となる生物多様性の低下をもたらすことにつながる．生物多様性を維持するためには，種の多様性，遺伝子の多様性，生息地・生態系の多様性という３つのレベルでの多様性に配慮しなければならないが，外来哺乳類の導入は，この３つのレベルすべてにおいて多様性の低下を引き起こすこととなる．在来生物の捕食，競合による在来生物の排除や人獣共通感染症の媒介は種のレベルでの多様性低下をもたらす．交雑による遺伝的攪乱は遺伝子レベルでの多様性の低下を招き，植生破壊は生息地・生態系レベルでの多様性を低下させている．外来生物の導入は，一時的には地域の種数が増加することになるため，種の多様性を増加させると勘違いされがちであるが，これはあくまでも導入初期のほんの一瞬の状態を想定したにすぎない．外来生物の導入は，在来生物との競合や捕食などによって長期的には生物相の単一化につながり，けっきょくは種の多様性の低下を招くこととなる．

　また，競合・捕食などの生物間相互作用は，在来生物どうしにおいても通常見られる現象であるため，時間が経過するにつれていずれは収束する問題だと考える向きもあるが，これはそのプロセスを無視したまったくの誤解である．在来生物が環境条件や他種との関係においてつくりだしてきた生態系

は，長い進化の歴史を通して，攻撃や防御手段をおたがいに徐々に適応進化させながら調整されてきたものにほかならない．しかし，外来生物と在来生物の間にはそのような長い時間をかけた相互調整プロセスを経てはおらず，在来生物は外来生物の影響に対して無防備で脆弱な状態にあり，そのために短期間に在来生物を絶滅に追いやってしまうことが危惧されるわけである（鷲谷・村上，2002）．栄養段階の上位に位置する哺乳類では，とくに生態系への影響は甚大であり，前述のチャネル諸島の事例のように，外来哺乳類1種を導入することがほかの栄養段階の生物へと連鎖的に影響が拡大することが想定され，総合的な影響は計り知れない．独自の進化を遂げた固有種で構成される島嶼部の生態系においては，さらに影響は深刻なものとなる．

　外来哺乳類の導入の結果を正確に予測することはむずかしい．ニュージーランドでは，オーストラリアから導入したフクロギツネ *Trichosurus vulpecula* が爆発的に増殖して多大な影響をおよぼしている．このフクロギツネは，原産国のオーストラリアでは天敵が多く存在することから個体数は低く抑えられており，保護対象動物となっている．その一方で，導入先のニュージーランドでは天敵が存在しないために，現在ではニュージーランド最大の害獣と称されるまで個体数が増大しているという奇妙な現象が起きている．一般には，原産地はその生物にとってもっともすみやすい環境にあると思いがちであるが，必ずしもそうではないことを示す事例であり，外来生物が導入先でどのような影響をおよぼすかは簡単に推測できないことも，外来生物問題への対応が後手に回ってしまう原因となっている．

## 1.7　日本における外来哺乳類対策

（1）　法的対応

　いまや外来生物による生物多様性低下の問題は世界的問題となり，各国で対策が進められている．世界の外来生物問題に対する対応はすばやく，1992年のリオデジャネイロにおける地球サミットにおいて署名された生物多様性条約においては，第8条生息域内保全（h）項において，「生態系，生息地若しくは種を脅かす外来種の導入を防止し又はそのような外来種を制御し若

しくは撲滅すること」と，外来生物に対する強い対応を締約国に義務づけている．すでに1990年代初頭において，外来生物には断固たる対応をとることが世界共通の認識となっていたわけである．一方，日本では，生物多様性条約には批准したものの，それまではほとんどこの問題に注意を払うことはなく，研究者も少なく，予算も配分されないなかで，個々の研究者らの努力でこの問題に取り組んでいた．こうした経緯のなかで批准した生物多様性条約であったが，条約のなかに前述の項が盛り込まれていたために，事態は大きく転換するに至った．

まずは緊急の対応として，1994年度の「鳥獣の保護及び狩猟の適正化に関する法律」における狩猟鳥獣の見直し作業において，ハクビシン・アメリカミンク・アライグマ・イノブタという4種の外来哺乳類が狩猟鳥獣に追加指定された．しかし，狩猟鳥獣としての対応では，農業被害低減効果は期待されるものの，狩猟鳥獣の根絶を目指すことはありえないことであり，十分なものとはいえなかった．

その後，生物多様性保全の気運が高まるにつれて，2000年には環境省自然環境局に「野生生物保護対策検討会移入種問題分科会」が設置され，2002年8月に「移入種（外来種）への対応方針について」というガイドラインが策定された．同時に，国土交通省や地方自治体の取り組みも開始された（外来種影響・対策研究会，2001）．さらに，2002年3月に日本政府が策定した「新・生物多様性国家戦略」においては，外来生物問題は生物多様性を脅かす3つの危機の1つとしてクローズアップされるに至った．このような流れのなかで，2003年12月に中央環境審議会から「移入種対策に関する措置の在り方について」という答申が出され，これにもとづいて閣議・国会審議を経て，2004年6月2日に外来生物法が公布され，翌2005年6月1日からの施行へと至った（外来生物法に関しては第2章参照）．

（2） 対策の取り組み事例

法的規制に加えて，すでに野生化して定着してしまった外来哺乳類に対して，現在全国各地でさまざまな対策が展開されている．

環境省がもっとも力を入れて対策を進めているのが，沖縄島と奄美大島にハブ退治の目的で導入されたマングースの対策である．現在は環境省や沖縄

県が主体となり，NGO・NPOや地域住民までが協働して防除対策を展開しており，個体数が激減するとともに，在来生物の回復も確認されるまでに対策が進んでいる．完全な根絶までにはまだ残された課題は多いが，外来生物対策が着実に効果を上げてきている好例であろう（日本のマングース対策の詳細に関しては第3章3.2，第4章参照）．

　北海道や神奈川県，兵庫県などでは，地方自治体が主体となってアライグマ対策が進められている．アライグマが生息域をすでに全国に拡大してしまったことから，対策に対する諦念感も広まりつつあるなかで，捕獲事業によってある程度まで個体数を抑制することが可能であることも明らかとなり（池田，2008），一部地域では在来生物の個体数回復も見られている．分布が拡大してしまったアライグマでは，新たな捕獲技術開発とともに，対策への地域住民の参画は必要不可欠であり，対策の社会的側面（human dimension）においても各地で工夫が進められている（アライグマ対策の詳細に関しては第5章参照）．

　また，日本においても外来生物の根絶に成功した例もある．小笠原諸島のヤギがその先例であり，聟島・媒島・嫁島・西島といった小さな島では，すでにフェンスによる捕獲と銃器によって根絶が完了し，現在は大きな島をターゲットとして対策が進められている．ヤギが根絶された島々では，植生の回復も確認されるに至っている（ヤギ対策の詳細に関しては第11章参照）．

　世界自然遺産へ登録された小笠原諸島では，日本の技術としては画期的な毒餌を用いたクマネズミ対策も進められており，根絶への期待が高まっている（クマネズミ対策の詳細に関しては第12章参照）．

　本州においても，和歌山県のタイワンザルは県と研究者の努力によって200頭以上いた個体群があと数頭を残すのみとなっており，こちらも根絶への期待が高まっている（タイワンザル対策の詳細に関しては第6章参照）．

　以上，対策が進んでいるいくつかの例をあげたが，外来哺乳類根絶までの道のりは険しい．マングースやアライグマも個体数を減らすまでには対策は到達しているが，そこから根絶までは次元の異なる段階となり，新たな戦略や技術開発が不可欠となる．ヤギではこれらをクリアして根絶に至ったが，多くの種では現在もこうした前例のない挑戦が続けられている．外来生物問題は，すでに広がったものへの対策はやってもむだという諦念が先行しがち

であるが，これらの対策を見ると，けっしてあきらめる必要はなく，逆に新たな取り組みとして科学技術の粋を結集すべき課題とも考えられる．

## 1.8　日本の外来哺乳類対策における課題

　日本においても外来哺乳類対策は着実に進歩を見せており，生物多様性条約を締約した20年前から見ると，他国に対して遜色のない対策が進められている．逆に最近では，外来生物対策を開始したばかりの国々からは参考とされるまでに達してきた．しかし，残された課題も少なくはない．

　まずは，法的には外来生物法が施行されてはいるが，外来生物法では海外起源の外来生物しか法の対象とはなっておらず，国内外来生物には手がつけられていないままとなっている．

　実際の対策においても，日本では外来生物問題はいまやリスク管理の問題であるという認識が社会に欠如していることも，問題の1つである．生物多様性条約第6回締約国会議（COP6）で採択された「生態系，生息地及び種を脅かす外来種の影響の予防，導入，影響緩和のための指針原則」のなかに「侵入の様々な影響に関する科学的な確実性の不足は，適当な撲滅，封じ込め，制御措置をとることを先延ばしにする，あるいは措置をとらない理由として使われるべきではない」という項目がある．このことは，外来生物問題がたんに生態学上の一問題ではなく，すでに社会的リスク管理問題であるということを如実に示している．日本においても，新たな外来生物の侵入や侵入初期での対策を推進するためにも，こうした認識を社会で共有することが不可欠である．また，日本の外来哺乳類対策はまだ対象種一種のみを対象とした対策となっており，複数外来種や在来種を含めた生態系管理としての体制が整えられてはいない．諸外国においても，複数種を対象とした生態系管理はこれからの課題とされ，成功事例も生まれつつあるが，日本もこれら諸外国と情報を交換しながら，新たな方向を目指す必要があろう．

　現在は各地で外来哺乳類対策が積極的に進められるようになり，問題の普及・啓発という外来生物対策の第一段階はクリアした．しかし，ここで外来生物対策の本質をいま一度確認したい．アライグマなどの外来哺乳類対策では，農業被害などの人間生活への影響が重要視される場合が多いため，被害

**表 1.2** 外来哺乳類対策成功事例に見る成功の基本的条件.

1) 明確なゴール設定
2) 事前の実現可能性研究（feasibility study）の実施
3) 緻密な科学的防除計画
4) 十分な資金確保
5) 熟練専門家（技術者）の参画
6) 地域住民および利害関係者との合意形成と協働体制の構築

防除を優先して対象種の捕獲対策ばかりに力が注がれる傾向が強く，外来生物対策は在来の生物や生態系の保全のために実施されるという本質が忘れられがちである．このことを再認識するためにも，外来生物防除と並行して，在来生物の回復事業を実施する必要がある．沖縄島のマングース対策では同時にヤンバルクイナの生息域外保全事業も行われているが，こうした事例はいまだ少なく，外来生物問題のみならず，生態系保全の市民意識を高めるためにも，表裏一体となった対策の推進が望まれる．

さらに，いまや外来生物対策は社会全体で取り組むべき問題となっていることを考慮すると，現在の対策は自然科学者が中心となって構築されているが，市民参加のあり方などを含めて，今後は人文社会科学者の参画も必須である．外来哺乳類をはじめとして，外来生物対策は基本的に社会的・政策的取り組みとならなければ効果は期待できない．対策を円滑に遂行するためには，人々の認識など社会的要因が成功への鍵であり，対策への説明責任と合意形成が重要となる．生物多様性保全を根幹とした自然科学的知識と社会的側面を融合した総合対策の推進が望まれる．

最後に，世界各国の対策成功事例をもとに，対策を成功に導くための基本的条件をまとめてみた（表1.2）．対象種の生態に関する科学的知見の蓄積や対策技術開発を進めることはもちろん必要であるが，それに加えて行政・研究者・一般市民が一体となって協働を進め，機能的で科学的な総合防除体制の構築を目指すことが肝要と考える．

以上，日本の外来哺乳類問題を概観してきたが，以降の章では日本の外来生物対策のさまざまな側面を具体的事例を通して紹介していく．ここで取り上げた対策が日本の外来哺乳類対策のすべてではなく，またここで扱っていない外来哺乳類は対策の価値がないというわけではない．あくまでもいくつ

かの対策代表例としてお読みいただき,日本の外来哺乳類問題を身近な各自の問題としてお考えいただくことができれば幸いである.

## 引用文献

阿部永. 2005. 日本の哺乳類[改訂版]. 東海大学出版会, 秦野.

阿部慎太郎. 1992. マングースたちは奄美で何を食べているのか? チリモス, 3: 1-18.

浅田正彦. 2009. 千葉県におけるキョンの栄養状態モニタリング(2008年度). 千葉県生物多様性センター研究報告, 1: 27-29.

浅川満彦・池田透. 2007. 北海道で野生化したアライグマの病原体疫学調査——外来種対策における感染症対策の一具体例として開始12年の総括. ワイルドライフフォーラム, 12: 25-29.

朝日稔. 1980. ヌートリア——ほんろうされた毛皮獣.(川合禎次・川那部浩哉・水野信彦,編:日本の淡水生物——侵略と攪乱の生態学)pp. 99-105. 東海大学出版会, 秦野.

Asahi, M. 1985. Dispersion of mammals introduced to Japan. In (Kawamichi, T., ed.) Contemporary Mammalogy in China and Japan. pp. 124-145. Mammalogical Society of Japan.

エルトン, C. S.(川那部浩哉・大沢秀行・安部琢哉訳)1971. 侵略の生態学. 思索社, 東京.

長谷川雅美. 1986. 三宅島へのイタチ放獣, その功罪. 採集と飼育, 48(10): 444-447.

長谷川雅美. 1997. 島への生物の侵入と生物相の変化. 遺伝別冊, 9号: 86-94.

Hayama, H., M. Kaneda and M. Tabata. 2006. Rapid range expansion of the feral raccoon (Procyon lotor) in Kanagawa Prefecture, Japan and its impact on native organisms. In (Kioke, F., M. N. Clout, M. Kawamichi, M. De Poorter and K. Iwatsuki, eds.) Assessment and Control of Biological Risks. pp. 196-199. Shoukado, Kyoto and IUCN, Gland.

福井大・前田喜四雄・佐藤雅彦・河合久仁子. 2003. 北海道におけるアブラコウモリ Pipistrellus abramus の初記録. 哺乳類科学, 43(1): 39-43.

外来種影響・対策研究会. 2001. 河川における外来種対策に向けて(案). リバーフロント整備センター, 東京.

五十嵐隆. 2007. 横浜市におけるアライグマの被害例と対策. 緑の読本, 78: 67-69.

飯島康夫. 2007. 沖縄県におけるマングース対策の実際と今後. 緑の読本, 78: 70-79.

池田透. 1996. 帰化動物総論.(伊沢紘生・粕谷俊雄・川道武男,編:日本動物大百科2 哺乳類II)p. 139. 平凡社, 東京.

池田透. 1997. 日本における移入哺乳類の諸相と問題点——環境問題としての移入動物. 北海道大学文学部紀要, 46(1): 195-215.

池田透. 1998. 移入哺乳類の現状と対策. 遺伝, 52(5): 37-41.

池田透. 1999. 北海道における移入アライグマ問題の経過と課題. 北海道大学文学部紀要, 47 (4): 149-175.

池田透. 2000a. 移入アライグマをめぐる諸問題. 遺伝, 54 (3): 59-63.

池田透. 2000b. 移入アライグマの管理に向けて. 保全生態学研究, 5 (2): 159-170.

池田透. 2007. 北海道におけるアライグマ対策の経過と課題. 緑の読本, 78: 30-35.

池田透. 2008. 外来種問題——アライグマを中心に.（高槻成紀・山極寿一, 編: 日本の哺乳類学②中大型哺乳類・霊長類）pp. 369-400. 東京大学出版会, 東京.

Ikeda, T., M. Asano, Y. Matoba and G. Abe. 2004. Present status of invasive alien raccoon and its impact in Japan. Global Environment Research, 8 (2): 125-131.

伊澤雅子. 2005. ノネコ, マングースによるヤンバルクイナの捕食. 遺伝, 59 (2): 34-39.

川道美枝子. 1996. エゾシマリス.（川道武男, 編: 日本動物大百科 1 哺乳類 I ）pp. 74-77. 平凡社, 東京.

川道美枝子・川道武男・金田正人. 2010. 文化財等の木造建造物へのアライグマ侵入実態. 京都歴史災害研究, 11: 31-40.

Kawamoto,Y., S. Kawamoto and S. Kawai. 2005. Hybridization of Introduced Taiwanese Macaques with Native Japanese Macaques in Shimokita Peninsula, Aomori, Japan. Primate Research, 21 (1): 11-13.

川本芳・白井啓・荒木伸一・前野恭子. 1999. 和歌山県におけるニホンザルとタイワンザルの混血の事例. 霊長類研究, 15: 53-60.

Lever, C. 1985. Naturalized Mammals of the World. Longman, New York.

Long, J. L. 2003. Introduced Mammals of the World. CSIRO, Collingwood.

Margin, S. D., T. H. Johnson, B. Groombridge, M. Jenkins and H. Smith. 1994. Species extinctions, endangerment and captive breeding. In (Olney, J. S., G. M. Mace and A. T. C Feiser, eds.) Creative Conservation. pp. 3-31. Chapman & Hall, London.

McGeoch, M. A., S. H. M. Butchart, D. Spear, E. Marais, E. J. Kleynhans, A. Symes, J. Chanson and M. Hoffmann. 2010. Global indicators of biological invasion: species numbers, biodiversity impact and policy responses. Diversity and Distributions, 16: 95-108.

宮下和喜. 1977. 帰化動物の生態学. 講談社, 東京.

宮下和喜. 1978. 外来魚と生物相の攪乱. 淡水魚, 4: 48-51.

宮下実. 1993. アライグマ蛔虫 *Baylisascaris procyonis* の幼虫移行症に関する研究. 生活衛生, 37 (3): 137-151.

森生枝. 2003. 岡山県自然保護センターにおけるヌートリアの食性. 岡山県自然保護センター研究報告, 11: 49-58.

森光由樹・白井啓・吉田敦久・清野紘典・和秀雄・鳥居春己・川本芳・大沢秀行・室山泰之. 2008. 和歌山タイワンザル（特定外来生物）の現状報告. 霊

長類研究, 22 (Supplement): 1-16.

村石真澄. 1998. 甲斐の馬生産の起源――塩部遺跡SY3方形周溝墓出土のウマ歯から. 動物考古学, 10: 17-36.

中村一恵. 1988. 戦争と帰化動物1 ほんろうされた毛皮獣. (中村一恵, 編: 日本の帰化動物) pp. 32-33. 神奈川県立博物館, 小田原.

中村一恵. 1990. スズメもモンシロチョウも外国からやって来た. PHP研究所, 東京.

仲谷淳・前川慎吾. 2002. タイワンザル――在来種ニホンザルを脅かす交雑問題. (村上興正・鷲谷いづみ, 監修: 外来種ハンドブック) p. 64. 地人書館, 東京.

西本豊弘. 2003. 縄文時代のブタ飼育について. 国立歴史民俗博物館研究報告, 108: 1-16.

西本豊弘. 2010. ウシ. (西本豊弘・新見倫子, 編: 人と動物の考古学) pp. 162-163. 吉川弘文館, 東京.

野崎英吉. 2002. 石川県七ッ島大島におけるカイウサギ対策とその成果. (村上興正・鷲谷いづみ, 監修: 外来種ハンドブック) pp. 82-83. 地人書館, 東京.

小笠原村教育委員会. 1990. 小花作助関係資料――小笠原住民対話書. 小笠原村教育委員会, 小笠原村.

小倉剛・川島由次・織田銑一. 2003. 外来動物ジャワマングースの捕獲個体分析および対策の現状と課題. 獣医畜産新報, 56: 295-301.

小倉剛・佐々木健志・当山昌直・嵩原健二・仲地学・石橋治・川島由次・織田銑一. 2002. 沖縄島北部に生息するジャワマングース (*Herpestes javanicus*) の食性と在来種への影響. 哺乳類科学, 41 (2): 53-62.

Ohdachi, S. D., M. A. Iwasa, V. A. Nesterenko, H. Abe, R. Masuda and W. Haberl. 2004. Molecular phylogenetics of *Crocidura* shrews (Insectivora) in east and central Asia. Journal of Mammalogy, 85 (3): 396-403.

岡孝夫・長谷川洋子・鉄谷龍之・安藤元一・石井信夫・Lee Hang・小川博・天野卓. 2010. 伊東市および小田原市に定着した外来種ハリネズミのミトコンドリアDNA多型解析. 東京農業大学農学集報, 55 (2): 58-162.

Pineau, R. 1968. The Japan Expedition, 1852-1854: The Personal Journal of Commodore Matthew C. Perry. Smithsonian Institution Press, Washington.

Roemer, G., J. Donlan and F. Courchamp. 2002. Golden eagles, feral pigs and insular carnivores: how exotic species turn native predators into prey. Proceedings of the National Academy of Science of USA, 99 (2): 791-796.

Sato, H. and K. Suzuki. 2006. Gastrointestinal helminths of feral raccoons (*Procyon lotor*) in Wakayama Prefecture, Japan. The Journal of Veterinary Medical Science, 68 (4): 311-318.

Sato, H., K. Suzuki, S. Uni and H. Kamiya. 2006. Recovery of the everted cystacanth of seven acanthocephalan species of birds from feral raccoons (*Procyon lotor*) in Japan. The Journal of Veterinary Medical Science, 67 (12): 1203-1206.

白石哲. 1982. イタチによるネズミ駆除とその後. 採集と飼育, 44（9）：414-419.
自然環境研究センター. 2008. 日本の外来生物. 平凡社, 東京.
曽根啓子. 2006. 野生化ヌートリアによる農業被害——愛知県を中心に. 哺乳類科学, 46（2）：151-159.
高橋春成. 1995. 野生動物と野生化家畜. 大明堂, 東京.
田村典子. 1996. タイワンリス.（伊沢紘生・粕谷俊雄・川道武男, 編：日本動物大百科2　哺乳類II）pp. 132-134. 平凡社, 東京.
当山昌直・小倉剛. 1998. マングース移入に関する沖縄の新聞記事. 沖縄県史研究紀要, 4：141-170.
常田邦彦. 2002. ヤギ（ノヤギ）——島の植生破壊者.（村上興正・鷲谷いづみ, 監修：外来種ハンドブック）pp. 80-81. 地人書館, 東京.
常田邦彦. 2006. 小笠原のノヤギ排除の成功例と今後の課題. 哺乳類科学, 46（1）：93-94.
鳥居春己. 2002. ハクビシン——忘れられた謎の外来種.（村上興正・鷲谷いづみ, 監修：外来種ハンドブック）p. 74. 地人書館, 東京.
浦口宏二. 1996. ミンク.（伊沢紘生・粕谷俊雄・川道武男, 編：日本動物大百科2　哺乳類II）p. 139. 平凡社, 東京.
山田文雄. 1996. カイウサギ.（伊沢紘生・粕谷俊雄・川道武男, 編：日本動物大百科2　哺乳類II）p. 131. 平凡社, 東京.
山田文雄. 2001. 誤算だったマングースの導入. どうぶつと動物園, 614：10-13.
山田文雄. 2002. マングース——誤った天敵導入で在来種が消滅.（村上興正・鷲谷いづみ, 監修：外来種ハンドブック）p. 75. 地人書館, 東京.
山田文雄. 2006. マングース根絶への課題. 哺乳類科学, 46（1）：99-102.
山田文雄・杉村乾・阿部慎太郎. 1999. 奄美大島における移入マングース対策の現状と問題点. 関西自然保護機構会報, 21（1）：31-41.
山口佳秀. 1988. 飼育動物・ペットの野生化.（中村一恵, 編：日本の帰化動物）pp. 52-55. 神奈川県立博物館, 小田原市.
与儀元彦・小倉剛・石橋治・川島由次・砂川勝徳・織田銑一. 2006. 沖縄島の養鶏業におけるマングースの被害. 沖縄畜産, 41：5-13.
横畑泰志・横田正嗣・太田英利. 2009. 尖閣諸島魚釣島の生物相と野生化ヤギ問題.（IPSHU研究報告シリーズ研究報告NO.42［松尾雅嗣教授退職記念論文集］）pp. 307-326. 広島大学平和科学研究センター, 広島.
鷲谷いづみ・村上興正. 2002. 外来種問題はなぜ生じるのか——外来種問題の生物学的根拠.（村上興正・鷲谷いづみ, 監修：外来種ハンドブック）pp. 4-5. 地人書館, 東京.
Williams, S. W. 1910. A Journal of the Perry Expedition to Japan, 1853-1854. Kelly & Walsh, Yokohama.

# 2
# 外来生物法
現行法制での対策と課題

## 村上興正

　外来種が生物群集に与える影響については，1958年にチャールズ・エルトンにより指摘されている（エルトン，1971）が，その生態系や社会経済的な脅威が社会的に認識され，対策が本格化したのは，ニュージーランドなどで1970年代，日本では1990年代以降である．日本では，2005年6月1日に，特定外来生物による被害を防止することで，生物多様性を確保し，人の身体・生命の保護や農林水産業の健全な発展に寄与することを目的として「特定外来生物による生態系等に係る被害の防止に関する法律」（以下，「外来生物法」）が施行された．

　この章では，本法律が制定された背景や経緯，外来生物法の概要を述べるとともに，この法律の有効性や課題についてふれたいと思う．

## 2.1　外来生物法制定の経緯と背景

　日本は南北に長く，亜寒帯から亜熱帯に至る気候帯に属し，大陸との分断などを通じて，数多くの島嶼から成り立っており，固有種も多く豊かな生物相を持っている．種の分布域は，本来地形や気候などさまざまな要因により限定されている．しかし，近年，日本は，木材はもちろんのこと食料なども他国に大きく依存していることや，ペットブームやルアー釣りブームなどにより，必然的に人と物資の移動が過去と比較して圧倒的に多くなり，それにともなって，国内のみならず海外からも人為によって持ち込まれる生物が激増している．

　2002年の段階で，日本に定着している外来種は2200種以上となっている

ことが明らかとなった（村上・鷲谷，2002）が，その後も新たな侵入が確認されており，現在で4000種以上が定着していると考えられる（長田，2006）．これら外来種が増加することにより，たとえば，奄美大島や沖縄島でのジャワマングース（第4章参照）による固有種の減少，タイワンザルとニホンザルとの交雑によるニホンザルの遺伝的攪乱などの生態系への影響（第6章参照），アライグマによるオオタカの巣への侵入（村上，未発表）などの生態系被害，さらには農業被害から社寺の仏像破壊（第5章参照），セアカゴケグモのように人への直接的な危害，オオクチバスやブルーギルのように捕食によって，在来種を絶滅させるだけでなく漁業被害をもたらすなど，外来種による影響は非常に多面的で甚大なものになっている．

　生物多様性の保全はいまや世界的な課題となっているが，国際自然保護連合（IUCN）では，1997年に生物多様性の保全にとって，外来種は長期的に見た場合には，もっとも深刻な脅威となるとしている（Claiton and Lee, 1997）．

　生物多様性の保全およびその構成要素の持続的利用ならびにその利益の衡平で公正な分配を目的として，1992年に生物多様性条約が締結された．この条約の第8条で「締約国は可能な限り，かつ，適当な場合には，生態系，生息地若しくは種を脅かす外来種の導入を阻止し，又は，そのような外来種を制御し若しくは根絶すること」を規定している．また，第6条では締約国は生物多様性保全およびその構成要素の持続的な利用を目的とする国家戦略もしくは計画の策定をすることが定められている．

　さらに，2002年の生物多様性条約第6回締約国会議では，すべての政府・団体に対し，侵略的外来種の拡散と影響を最小化するための効果的な戦略策定の手引きとして，「生態系，生息地及び種を脅かす外来種の影響の予防，導入，影響緩和のための指針原則」（今後，本章では「外来種管理の指針原則」と略称する）を定めた．

　日本では，2002年に「新・生物多様性国家戦略」を策定し，生物多様性を脅かす3つの危機の1つとして，外来種を取り上げ，外来種問題への取り組みの必要性を述べた．また，同年8月には，野生生物保護対策検討会移入種問題分科会で「移入種（外来種）への対応方針について」を公表した．これらを受けるかたちで，2003年12月に中央環境審議会で「移入種対策に関

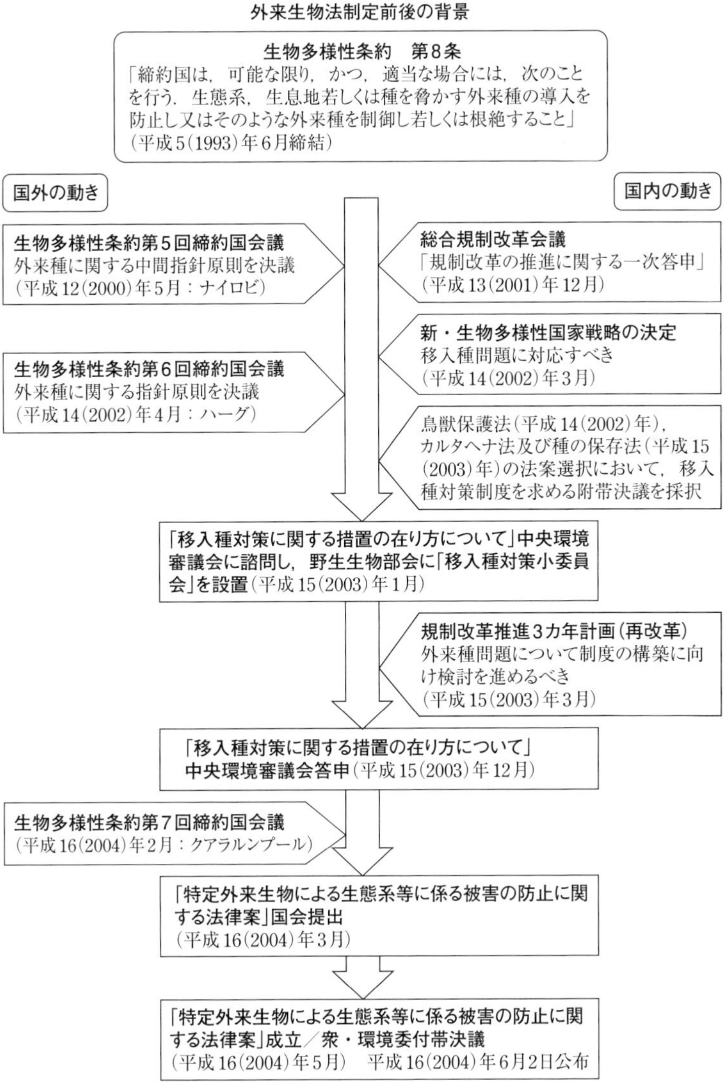

## 外来生物法制定前後の背景

**生物多様性条約 第8条**
「締約国は，可能な限り，かつ，適当な場合には，次のことを行う．生態系，生息地若しくは種を脅かす外来種の導入を防止し又はそのような外来種を制御し若しくは根絶すること」
（平成5(1993)年6月締結）

**国外の動き**

生物多様性条約第5回締約国会議
外来種に関する中間指針原則を決議
（平成12(2000)年5月：ナイロビ）

生物多様性条約第6回締約国会議
外来種に関する指針原則を決議
（平成14(2002)年4月：ハーグ）

**国内の動き**

総合規制改革会議
「規制改革の推進に関する一次答申」
（平成13(2001)年12月）

新・生物多様性国家戦略の決定
移入種問題に対応すべき
（平成14(2002)年3月）

鳥獣保護法（平成14(2002)年），カルタヘナ法及び種の保存法（平成15(2003)年）の法案選択において，移入種対策制度を求める附帯決議を採択

「移入種対策に関する措置の在り方について」中央環境審議会に諮問し，野生生物部会に「移入種対策小委員会」を設置（平成15(2003)年1月）

規制改革推進3カ年計画（再改革）
外来種問題について制度の構築に向け検討を進めるべき
（平成15(2003)年3月）

「移入種対策に関する措置の在り方について」中央環境審議会答申（平成15(2003)年12月）

生物多様性条約第7回締約国会議
（平成16(2004)年2月：クアラルンプール）

「特定外来生物による生態系等に係る被害の防止に関する法律案」国会提出
（平成16(2004)年3月）

「特定外来生物による生態系等に係る被害の防止に関する法律案」成立／衆・環境委付帯決議
（平成16(2004)年5月）　平成16(2004)年6月2日公布

図 2.1　外来生物法制定までの動き．

する措置の在り方について」が答申され，それにもとづき外来生物法が2004年6月に公布され，2005年6月1日に施行された（図2.1）．

## 2.2　外来生物法の概要——規制の仕組み

　外来種のうち生態系や人への社会経済的な影響が大きな種を侵略的外来種というが，この法律では侵略的外来種のうちとくにその悪影響が顕著な種を政令で「特定外来生物」として指定して，その生物は飼養，栽培，保管または運搬，輸入などを規制するとともに，すでに日本に定着している特定外来生物については，防除などの措置を講ずるようにしている（図2.2）．また，特定外来生物に近縁な生物で，生態系などに被害をおよぼすおそれがあるが，その時点で被害が生じるかどうか未判定である生物を，「未判定外来生物」として指定し，この生物を輸入しようとする者は，その生物の種類などを届け，許可を受ける義務がある（図2.2）．すなわち，日本の法律では，特定外来生物および未判定外来生物は一定の規制を受けるが，それ以外の指定されていない生物については規制がないという，いわゆるダークリスト方式による管理を行っている．一方，オーストラリアやニュージーランドなどではクリーンリスト方式といって，輸入しても影響がないと認められた種のリストをつくり，その種以外はすべて大臣の許可がなければ輸入できないシステムを構築している．後で述べるが，侵略的外来種の管理においてもっとも効果が高いのは予防であり，まずは危険性の高い外来生物は輸入しないことであり，この点ではクリーンリスト方式は優れている．ダークリスト方式の問題点は，外来種の輸入が激増しているなかで，生態系などへ甚大な悪影響をおよぼす種をあらかじめある程度リストアップすることはむずかしく，いつのまにかそれまで日本にいなかった侵略的外来種が日本に定着する可能性が高いことである．しかし，すでに侵入定着した侵略的外来種の防除に関しては生きた個体の輸入や流通規制，移動放逐の禁止など，一定程度の有効性があると考えられる．一方のクリーンリスト方式は，日本のように多数の外来種を輸入している場合に，リスト以外の種をすべてチェックするのは非常に困難なことである．

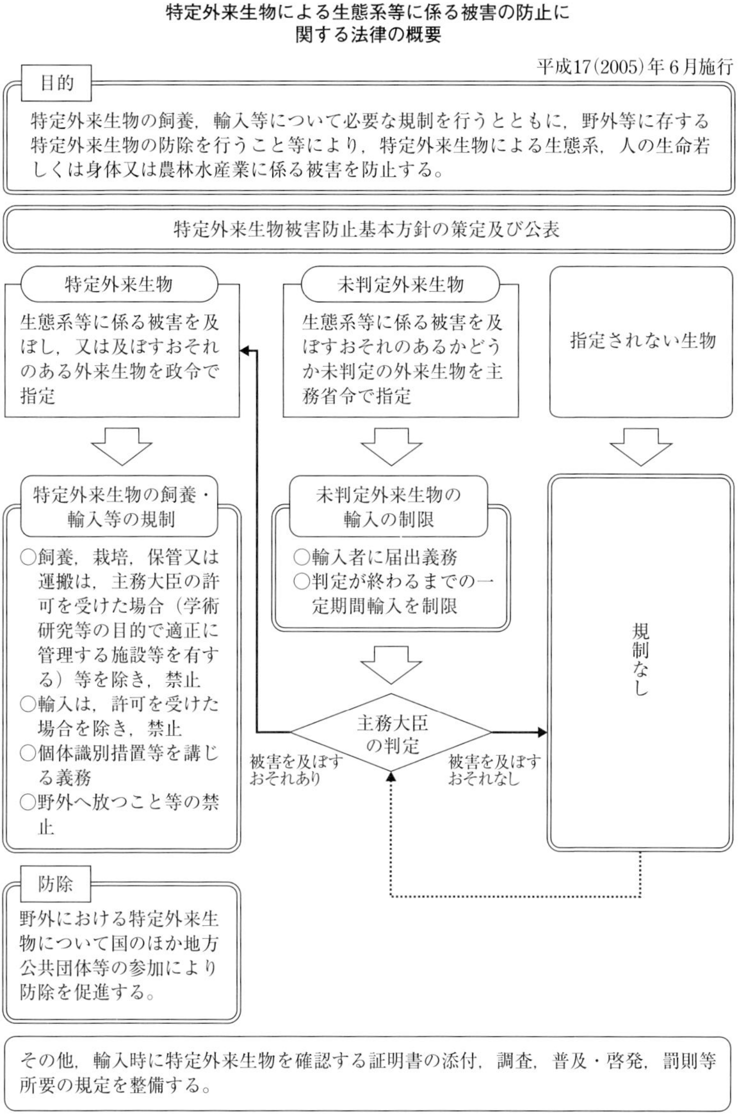

## 特定外来生物による生態系等に係る被害の防止に関する法律の概要

平成17(2005)年6月施行

**目的**

特定外来生物の飼養,輸入等について必要な規制を行うとともに,野外等に存する特定外来生物の防除を行うこと等により,特定外来生物による生態系,人の生命若しくは身体又は農林水産業に係る被害を防止する。

---

特定外来生物被害防止基本方針の策定及び公表

**特定外来生物**
生態系等に係る被害を及ぼし,又は及ぼすおそれのある外来生物を政令で指定

**未判定外来生物**
生態系等に係る被害を及ぼすおそれのあるかどうか未判定の外来生物を主務省令で指定

**指定されない生物**

↓

**特定外来生物の飼養・輸入等の規制**
- ○飼養,栽培,保管又は運搬は,主務大臣の許可を受けた場合(学術研究等の目的で適正に管理する施設等を有する)等を除き,禁止
- ○輸入は,許可を受けた場合を除き,禁止
- ○個体識別措置等を講じる義務
- ○野外へ放つこと等の禁止

**未判定外来生物の輸入の制限**
- ○輸入者に届出義務
- ○判定が終わるまでの一定期間輸入を制限

↓

**主務大臣の判定**
- 被害を及ぼすおそれあり
- 被害を及ぼすおそれなし

**規制なし**

**防除**
野外における特定外来生物について国のほか地方公共団体等の参加により防除を促進する。

その他,輸入時に特定外来生物を確認する証明書の添付,調査,普及・啓発,罰則等所要の規定を整備する。

図 2.2 外来生物法の概要模式図.

(1) 特定外来生物

　特定外来生物とは，海外からわが国に導入されることにより，本来の生息地または生育地の外に存することとなる生物で，生態系などに被害をおよぼし，またはおよぼすおそれのあるものとして，政令で定めるものの個体（卵，種子その他政令で定めるものを含み，生きているものに限る）およびその器官をいう（法第2条）．また，「特定外来生物被害防止基本方針」（今後，「基本方針」とする）で，選定対象はおおむね明治元年以降に導入された外来生物であり，個体としての識別が容易な大きさと形態を有し，特別な機器を用いなくても種類の判別が可能なものを対象としている（細菌やウイルスなどを除く）．すなわち，特定外来生物は海外由来の外来種（「国外外来種」という）にしか適用できず，ニホンイタチのように在来種であっても，ネズミ駆除の目的で天敵として各地の島（ニホンイタチが本来いない場所）に導入された種（「国内外来種」という）は対象外である（第9章参照）．メダカやホタルなど各地で保護のためと称して，その地域以外の個体群を放流している場合があるが，これは国内外来種となり遺伝的な攪乱を起こすので，本来ならばこれも規制すべきである．しかし，管理面で考えると，国外外来種の場合には輸出入の規制で比較的容易であるが，国内外来種では移動規制となるために困難であるという問題がある．たとえば，漁業における放流行為なども問題となるため，今回の法律では管理が容易な国外外来種に絞り，国内外来種の管理は後回しにされているのが現状である．検討の初期段階では，生物多様性保全上重要な地域を要注意地域として指定し，その場所への外来種の持ち込みを規制する考え方が示された（移入種検討会，2003）が，これは外来生物法ではなく，「自然環境保全法」や「自然公園法」など別の法律によって行うべきであるとの意見があり，規制は見送られた．

　特定外来生物の候補種を明治以降に限定しているのは，明治以前には分類的な知見や分布の資料が乏しく，在来種と外来種の区別が困難なことと，対象種が多くなりすぎることなどを配慮したものであろうが，明治以前であっても，ドブネズミやクマネズミのように明らかに外来種であり，被害が甚大なものは，選定対象に含めるべきであると考えられる（第12章参照）．

　指定された特定外来生物は，主務大臣の許可を受けなければ原則，飼養な

ど，輸入，譲り渡しなどが禁止されている（法第4条・5条・7条）．ここで注意すべきことは，飼養などには，飼育，栽培，保管および運搬が含まれていることである．とくに生きた外来生物を殺処分するために移動することも禁止される．このために，たとえばアライグマを特定の施設で安楽死させるために移動することも，防除の認可などを受けていないと法律違反となる．また，譲り渡しなどには，特定外来生物は，譲り渡しもしくは譲り受けまたは引き渡しもしくは引き取りをしてはならない（法第8条）と，許可を受けた人が他人に特定外来生物を譲る行為がすべて含まれている．その他，特定の飼養など施設の外で放ち，植え，または撒くことも禁止となっている（法第9条）．さらに飼養などの許可を受けたものは，飼養個体への個体識別をしなければならないことや，飼養許可を受けたものが無許可の人に譲渡や引き渡し，販売することも禁止されている（法第6条・9条）．許可を受けられるのは学術研究，展示，教育などの目的で，特定外来生物を確実に管理することができる施設などを有する場合である（法第5条）．特定生物を販売目的で飼養することや，野外に放すことや植えたり撒いたりすると個人の場合で懲役3年以下もしくは300万円以下の罰金，法人では1億円以下の罰金という厳しい罰則規定になっている（法第32条）．この罰則は「動物の愛護及び管理に関する法律」で，愛護動物の遺棄をした場合の罰則が50万円以下の罰金となっているのと比較してかなり厳しいことがわかる．これはアライグマやタイワンザルなどペットや展示動物の遺棄が原因で，野外に定着してしまった侵略的外来種が多く，飼養下にある動物の飼育管理の徹底が重要であるという認識にもとづくものである．

（2） 未判定外来生物

未判定外来生物とは，特定外来生物に近縁な生物で，生態系などに被害をおよぼすおそれのあるものである疑いがある生物を主務省令で定めている．これを輸入しようとする者は，主務省令に従って未判定外来生物の種類など一定の事項の届け出を行い（法第21条），生態系などに係る被害をおよぼすおそれがない旨の通知を受けた後でなければ，その未判定外来生物を輸入できない（法第23条）．届け出を受けた場合，その受理後6カ月以内にその未判定外来生物が生態系などに係る被害をおよぼすおそれがあるかどうかの判

定をして，その結果について，届け出を行ったものに通知しなければならない（法第22条）．現在まで未判定外来生物の輸入届け出を受けたクモテナガコガネ属，ヒメテナガコガネ属，アノール類の *Anolis angusticeps*，ナイトアノール，ガーマンアノール，オオガシラ属の4種，北米産ヒキガエル属の4種，南米産ヒキガエル属の2種，シママングースなどは判定の結果，すべて生態系などへの悪影響をおよぼすおそれが強いとして特定外来生物に指定されている．

### （3） 種類名証明書の添付が必要な生物

海外から莫大な生きた生物が輸入されている現在，特定外来生物や未判定外来生物の輸入を税関でチェックする必要がある．これを効率的に行うために，特定外来生物や未判定外来生物に類似した生物では，それらが規制対象生物ではないということを証明するために，外国の政府機関が発行した種類名を証明する書類の添付が義務づけられている．このために，専門家による識別マニュアルの作成などは行われているが，現在種類名証明書の添付が必要な生物は約4万種に達しており，そのような莫大な種類の生物が，添付した種類かどうかの判定には訓練を要するので，人材の育成が問題となる．

### （4） 要注意外来生物

法律にもとづくものではないが，生態系に悪影響をおよぼしうる生物を要注意外来生物として選定することにより，その利用に係る個人や業者などに対して，利用にあたっての注意を呼びかけ，理解と協力を求めることを目的としている．要注意外来生物はその特性から以下の4つのカテゴリーに区分される．

  1. 被害に係る一定の知見があり，引き続き指定の適否を検討するもの

専門家会合などにおいて，生態系に係る被害があるか，そのおそれがあるとされているが，指定すると大量遺棄などが起きるおそれがあるなどの理由で現在16種指定されている．哺乳類・鳥類ではインドクジャクが選定されている．

  2. 被害に係る知見が不足しており，引き続き情報収集に努めるもの

被害に関する科学的な知見について，引き続き情報の収集に努め，その状

況をふまえて指定の必要性について検討を行う種で,現在116種が選定されている.哺乳類ではリスザル,フェレット,シマリスが選定されている.

3. 他法令による規制があり,外来生物法の選定対象にはならないが注意喚起が必要なもの

現在,「植物防疫法」の規制対象となっているホソオチョウ,アカボシゴマダラ,スクミリンゴガイ,アフリカマイマイの4種が選定されている.

4. 緑化植物のように別途総合的な取り組みを進めるもの

外来緑化植物は,法面緑化などに多数利用されていることから,被害の発生構造の把握や代替的な緑化手法の検討などを進めるために環境省,農林水産省および国土交通省の3省が連携して総合的な取り組みの検討を進めるとしており,現在,ギンネム,ハリエンジュ,シナダレスズメガヤなど12種類が選定されている.

要注意外来生物は,法律による規定はなく,生態系などに被害をおよぼす懸念があるものについて,リストを作成し公表することで,関心を増やし,かつ科学的知見の充実を図り被害の予防に役立つようにするというのが本来の趣旨である.ある外来種が生態系などへの悪影響があると,科学的に明らかにするのには時間を要することや,悪影響があるとの知見があるが,指定したことで大量遺棄の問題が生じるなどの事情がある種について,暫定的にリストを公表し,注意喚起を呼びかけるということは妥当なものと思われる.したがって,ここに掲げられた種は,近い将来に特定外来生物に指定される可能性がある種という位置づけのはずであった.そのため,要注意外来生物は,本来上記カテゴリー1と2に限定すべきところを,カテゴリー3や4のような,まったく事情の異なる問題も一緒にしたことで,内容が不明確となっている.

カテゴリー1のインドクジャクの例では,沖縄で生態系などへの被害が確認されたことにより被害の知見はあるが,学校,公園,観光施設などで多数飼育されているので,適切な飼育管理の実施が重要としている.しかし,特定外来生物に指定したほうが飼育管理の徹底が図られ教育上の効果もあり,野外への逸出の防止などに役立つと思われるのに指定が延ばされている.生態系などへの被害が確認されている種については,なにが問題で特定外来生物に指定できないのかをもっと明確にすべきである.

また，要注意外来生物全体で148種選定されているうちカテゴリー2が116種と，8割近くを占めているが，これらは知見の充実を図るべき種であり，積極的な科学的知見の充実を目指した措置がとられるべきである．しかし，環境省のホームページでは「……専門家等の関係者による知見等の集積や提供を期待するものです」という消極的な姿勢がめだつ．このために2007年にリストが公表されてから，要注意外来生物を取り巻く情勢は変化しているはずであるのに，特定外来生物に移行した種もないうえに，リストも一度も変更されていない．少なくとも生態系などへの被害が確認された種を特定外来生物に移行するとか，移行できない種に関しては，悪影響を与える可能性があるので，現段階では，できるだけ利用は控えるように指導するという姿勢ぐらいは明確にするべきである．

カテゴリー3に関しては，指針で「遺伝子組み換え生物などの使用などの規制による生物多様性の確保に関する法律」や植物防疫法など他法令上の措置により，本法と同程度の輸入，飼養その他の規制がなされていると認められる外来生物については，特定外来生物の選定の対象にしないとされているのを受けたものであり，現在，植物防疫法対象のスクミリンゴガイやホソオチョウなど4種が選定されている．しかし，植物防疫法は有用な動植物に被害を与える生物の被害防除のための法律であり，外来生物法とは目的や枠組みが異なるものである．たとえば，スクミリンゴガイは植物防疫法で輸入規制はされていても，国内にいる種は移動などが自由であり，防除も規定されていない．したがって，一律に選定対象外にせず，外来生物法で指定することが有効であれば選定すべきであると考えられる．

カテゴリー4の総合的な取り組みを進めるとしている緑化植物であるが，12種を一括して扱うのではなく，生態系に悪影響を与える程度に応じて，利用のあり方を変えるべきである．また，とくに悪影響の強いシナダレスズメガヤ，ハリエンジュなどは，早急に特定外来生物に指定をかけるべき種であり，産業への配慮が過ぎている感が強い．

## 2.3 外来生物法による外来種管理の有効性

外来種管理の指針原則では，外来種管理の3段階のアプローチとして，

1. 導入前の予防，2. 導入後では初期の発見と迅速な対応，望ましいのは初期の根絶，3. 根絶が不可能な場合などには封じ込めと長期的な防除措置，の実施をするべきであるとしている．とくに重要なのは予防措置で，侵略的外来種の導入や定着後にとられる措置と比較して，はるかに費用対効果が高く，環境的にも望ましいとしている（生物多様性条約締約国会議，2002）．しかし，野外に外来種が定着する過程では，上記1の日本に持ち込まれた段階の後に飼養下に置かれる過程があるのが通常なので，上記1の予防的措置に，逸出や遺棄の防止も組み込むべきである．これらを含めて，日本の外来生物法はどの程度有効な法律かを検討してみる．

**（1） 導入前の予防**

導入前の予防では，まず侵略的外来種を日本に持ち込まない（輸入しない）ことが原則である．外来生物法では特定外来生物または未判定外来生物以外は輸入の規制はないので，これらの種の指定の仕組みと指定状況が問題となる．

**特定外来生物など（哺乳類）の指定の状況とその妥当性**

基本方針では，特定外来生物の指定に係る政令の制定または改廃に関し，専門の学識経験を有する者（以下，学識経験者という）から意見を聞くために必要な事項を定めている．学識経験者の選定は，環境大臣および農林水産大臣が，生物の性質に関し専門の学識経験を有する者のなかから選定し，共同で委嘱することとなっている．選定にあたっては，「特定外来生物等専門家会合」（全体専門家会合）で原案を決定するが，その素案は分類群ごとの「専門家グループ会合」で作成される．全体専門家会合は，分類群ごとの座長6名に，全般2名，その他，農学，経済，緑化，飼養の4名から構成されている．専門家グループ会合の構成としては，哺乳類・鳥類（筆者が座長），爬虫類・両生類，魚類，昆虫類，無脊椎動物，植物の6つに分かれていて，各々数名から十名程度の学識経験者からなっている．候補種はパブリックコメントを経て，全体専門家会合で承認された後，閣議決定されて指定される．現在まで，2005年6月1日の第一次指定で1科4属32種（37種類）が指定され，2006年2月1日に9属43種類の第二次指定が行われた（表2.1）．そ

**表 2.1** 特定外来生物リスト．

| 分類群 | 第一次指定<br>(H17.6.1)<br>2005 | 第二次指定<br>(H18.2.1)<br>2006 | 追加指定<br>(H18.9.1…①) 2006<br>(H19.9.1…②) 2007<br>(H20.1.1…③) 2008<br>(H22.2.1…④) 2010 |
|---|---|---|---|
| 哺乳類 | タイワンザル<br>カニクイザル<br>アカゲザル<br>アライグマ<br>カニクイアライグマ<br>ジャワマングース<br>クリハラリス（タイワンリス）<br>トウブハイイロリス<br>ヌートリア<br>フクロギツネ<br>キョン | ハリネズミ属<br>アメリカミンク<br>シカ亜科（アキシスジカ属，シカ属，ダマシカ属，シフゾウ）<br>キタリス<br>タイリクモモンガ<br>マスクラット | ④シママングース |
| 鳥類 | ガビチョウ<br>カオジロガビチョウ<br>カオグロガビチョウ<br>ソウシチョウ | | |
| 爬虫類<br>両生類 | カミツキガメ<br>グリーンアノール<br>ブラウンアノール<br>ミナミオオガシラ<br>タイワンスジオ<br>タイワンハブ<br>オオヒキガエル | コキーコヤスガエル<br>キューバズツキガエル<br>ウシガエル<br>シロアゴガエル | ②アノリス・アングスティケプス<br>③ナイトアノール<br>③ガーマンアノール<br>③ミドリオオガシラ<br>③イヌバオオガシラ<br>③マングローブヘビ<br>③ボウシオオガシラ<br>③プレーンズヒキガエル<br>③キンイロヒキガエル<br>③アカボシヒキガエル<br>③オークヒキガエル<br>③テキサスヒキガエル<br>③コノハヒキガエル |
| 魚類 | オオクチバス（フロリダバスを含む）<br>コクチバス<br>ブルーギル<br>チャネルキャットフィッシュ | ノーザンパイク<br>マスキーパイク<br>カダヤシ，ケツギョ<br>コウライケツギョ<br>ストライプトバス<br>ホワイトバス<br>パイクパーチ<br>ヨーロピアンパーチ | |

| 分類群 | 第一次指定<br>(H17.6.1)<br>2005 | 第二次指定<br>(H18.2.1)<br>2006 | 追加指定<br>(H18.9.1…①) 2006<br>(H19.9.1…②) 2007<br>(H20.1.1…③) 2008<br>(H22.2.1…④) 2010 |
|---|---|---|---|
| 昆虫類 | ヒアリ<br>アカカミアリ<br>アルゼンチンアリ | テナガコガネ属<br>コカミアリ | ①セイヨウオオマルハナバチ<br>①クモテナガコガネ属<br>①ヒメテナガコガネ属 |
| 無脊椎動物 | ゴケグモ属4種（セアカゴケグモ，ハイイロゴケグモ，ジュウサンボシゴケグモ，クロゴケグモ）<br>イトグモ属3種<br>ジョウゴグモ科の2属全種<br>（アトラクス属）<br>（ハドロニュケ属）<br>キョクトウサソリ科全種 | モクズガニ属<br>ザリガニ類2属と2種（アスタクス属，ウチダザリガニ，ラスティークレイフィッシュ，ケラクス属）<br>ヤマヒタチオビ<br>カワヒバリガイ属<br>カワホトトギスガイ<br>クワッガイ<br>ニューギニアヤリガタリクウズムシ | |
| 植物 | ナガエツルノゲイトウ<br>ブラジルチドメグサ<br>ミズヒマワリ | アゾルラ・クリスタタ<br>オオフサモ，アレチウリ<br>オオキンケイギク<br>オオハンゴンソウ<br>ナルトサワギク<br>オオカワヂシャ<br>ボタンウキクサ<br>スパルティナ・アングリカ | |
| 計 | 37種類（1科，4属，32種） | 43種類（9属，34種） | 17種類（2属，15種） |
| 合　計 | 97種類（1科，15属，81種）（内訳・動物85種類，植物12種類） | | |

の後，2010年2月1日までに2属15種（17種類）が指定されたが，これらはいずれも未判定外来生物から判定の結果，生態系などへの悪影響があるとして，特定外来生物になった種類である（表2.1）．この結果，現在までに哺乳類から植物まで全体として1科15属81種（動物85種類，植物12種類，合計97種類）が指定されている．

　これを哺乳類だけに限ってみると在来種・亜種を除いて，種として指定されたものが17種で，ハリネズミ属のように属全体を指定したものが4属となっている．また，未判定外来生物および種類名証明書の添付が必要な生物は，分類群に応じて種を指定するより，在来種を除く属や科全体を指定したものが多い（表2.2）．

　特定外来生物に指定された哺乳類21種類のうち，タイワンザル，ジャワマングース，アライグマなど，13種がすでに日本に定着して多大な悪影響を与えている種である．これは種の選定において，日本ですでに悪影響が顕在化している種の対策を優先的に考えざるをえず，野外に定着していない種の導入阻止としてのリストアップは二の次になったためである．ただし，IUCNが作成した「世界の侵略的外来種ワースト100」では，侵略的哺乳類は14種掲載されているが，わが国では在来種の2種を除く12種のうち6種類は特定外来生物，1種は未判定外来生物に指定され，クマネズミを含む残り5種はすべて明治以前に導入されており，特定外来生物の指定要件を満たしていない（表2.3）．

　つぎに，日本生態学会が作成した「日本の侵略的外来種ワースト100」の哺乳類ではアナウサギ（カイウサギ），ノネコ（イエネコ），イノブタ（ヨーロッパイノシシ），ジャワマングース，ヌートリア，ヤギの6種類が世界ワースト100と同じで，ほかにはアライグマ，タイワンザル，チョウセンイタチ・ニホンイタチの4種である．このうち特定外来生物にはアライグマ，タイワンザル，ヌートリア，ジャワマングースの4種が指定され，指定されていないのは，チョウセンイタチとニホンイタチが国内外来種，カイウサギ，イノブタ，ノネコ，ヤギは明治以前でかつ家畜やペットで「動物の愛護及び管理に関する法律」で規制を受けているものであり，外来生物法の対象外となる．すなわち，この法律では，世界および日本のワースト100のなかの哺乳類に関しては，対象となる種はすべて指定済みということとなる．しかし，

ここで基本指針の指定要件である明治以前という理由で，日本では対象外となったクマネズミは生態系に与える影響はとくに大きく，外来生物選定の基本方針の改定ないし弾力的運用により指定することが必要である．また島嶼に導入されたイタチ類は在来種への影響が大きく（長谷川，1997），本来は指定すべきもので，国内外来種の取り扱いを検討する必要がある．

**日本の野外では未定着の特定外来生物（哺乳類）**

指定された特定外来生物の哺乳類を見ると，日本の野外にまだ定着していない種は，カニクイザル，フクロギツネ，タイリクモモンガ，トウブハイイロリス，シママングース，シカ亜科の6種類である．未導入であるが，今後導入された場合に生態系などに悪影響を与えるおそれが強い種をリストアップして，それらを積極的に指定する必要がある．このためには当該種の生態系などにおよぼす危険性について知る必要があり，通常これはリスクアナリシスと呼ばれている．

オーストラリアでは，持ち込まれるすべての種の輸入の可否について雑草リスク評価（AWRA）を用いて審査している（第14章参照；小出，2006）．これはある対象評価種に対して，1. 栽培特性，2. 気候と分布，3. ほかの地域での雑草化の歴史，4. 望ましくない特質，5. 形質，6. 繁殖，7. 散布体の散布機構，8. 持続性に関する属性，などを評価する49項目の質問にyes, noで回答し，この算出結果から0点未満を輸入可，0-6点は再審査，6点以上を輸入不可とするシステムである．小出（2006）は，これを修正したモデルで日本の植物の特定外来生物の評価を行ったところ25-32点となり，どの種も侵略性が高く指定が妥当であるという結果となった．動物についても多くのモデルはあるが，植物ほど発展していないので，今後モデルの開発やその適用などが必要である．

これらの有効な解析法の発達にはいまだ時間がかかると予測されるが，それまでに新たな侵略的外来種が持ち込まれる可能性が高い．日本に定着した外来哺乳類の約86％がペット，毛皮，天敵などの意図的導入であり，非意図的導入はクマネズミやドブネズミなどの小哺乳類に見られるだけで，全体としては少ない（村上，2007）ので，昆虫のように非意図的導入が多いグループよりも管理は比較的容易と考えられる．したがって，世界的な侵略的外

**表 2.2** 特定外来生物——哺乳類リストと未判定外来生物リスト．種類名証明書の添付が

| 分類群 | 目 | 科 | 属 |
|---|---|---|---|
| 哺乳類 Mammalia | カンガルー目 Marsupialia | オポッサム Didelphidae | ディデルフィス（オポッサム）*Didelphis* オポッサム科のほかの全属 |
| | | クスクス Phalangeridae | フクロギツネ *Trichosurus* クスクス科のほかの全属 |
| | モグラ目 Insectivora | ハリネズミ Erinaceidae | エリナケウス（ハリネズミ）*Erinaceus* アテレリクス（アフリカハリネズミ）*Atelerix* ヘミエキヌス（オオミミハリネズミ）*Hemiechinus* メセキヌス *Mesechinus* |
| | 霊長目（サル目）Primates | オナガザル Cercopithecidae | マカカ *Macaca* |
| | ネズミ目 Rodentia | パカ Agoutidae | パカ科の全属 |
| | | フチア Capromyidae | フチア科の全属 |
| | | パカラナ Dinomyidae | パカラナ科の全属 |
| | | ヌートリア Myocastoridae | ヌートリア *Myocastor* |
| | | リス Sciuridae | カルロスキウルス（ハイガシラリス）*Callosciurus* |

必要な生物.

| 特定外来生物 | 未判定外来生物 | 種類名証明書の添付が必要な生物 |
|---|---|---|
| なし | オポッサム属の全種 | オポッサム科およびクスクス科の全種 |
| なし<br>フクロギツネ<br>T. vulpecula | なし<br>クスクス科の全種<br>ただし，つぎのものを除く．<br>・フクロギツネ | |
| なし<br>ハリネズミ属の全種 | なし | ハリネズミ属，アフリカハリネズミ属，オオミミハリネズミ属，Mesechinus 属の全種 |
| なし | アフリカハリネズミ属全種<br>オオミミハリネズミ属全種<br>Mesechinus 属全種<br>ただし，つぎのものを除く．<br>・ヨツユビハリネズミ<br>A. albiventris | |
| タイワンザル<br>M. cyclopis<br>カニクイザル<br>M. fascicularis<br>アカゲザル<br>M. mulatta | Macaca 属の全種<br>ただし，つぎのものを除く．<br>・タイワンザル<br>・カニクイザル<br>・アカゲザル<br>・ニホンザル M. fuscata | Macaca 属の全種 |
| なし | なし | パカ科，フチア科，パカラナ科，ヌートリア科の全種 |
| なし | なし | |
| なし | なし | |
| ヌートリア<br>M. coypus | なし | |
| クリハラリス（タイワンリス）<br>C. erythraeus | ハイガシラリス属の全種<br>ただし，つぎのものを除く．<br>・クリハラリス（タイワンリス） | リス科の全種 |

(つづく)

表 2.2 （つづき）

| 分類群 | 目 | 科 | 属 |
|---|---|---|---|
| 哺乳類<br>Mammalia | | | プテロミュス<br>*Pteromys* |
| | | | スキウルス（リス）<br>*Sciurus* |
| | | ネズミ<br>Muridae | リス科のほかの全属<br>マスクラット<br>*Ondatra* |
| | 食肉目<br>（ネコ目）<br>Carnivora | アライグマ<br>Procyonidae | プロキュオン<br>（アライグマ）<br>*Procyon* |
| | | イタチ<br>Mustelidae | イタチ<br>*Mustela* |
| | | マングース<br>Herpestidae | エジプトマングース<br>*Herpestes* |
| | | | シママングース<br>*Mungos*<br>マングース科のほかの全属 |

| 特定外来生物 | 未判定外来生物 | 種類名証明書の添付が必要な生物 |
|---|---|---|
| タイリクモモンガ *P. volans* ただし，つぎのものを除く． ・エゾモモンガ *P. volans orii* | なし | |
| トウブハイイロリス *S. carolinensis* キタリス *S. vulgaris* ただし，つぎのものを除く． ・エゾリス *S. vulgaris orientis* | リス属の全種 ただし，つぎのものを除く． ・トウブハイイロリス ・ニホンリス（*S. lis*） ・キタリス（エゾリス） | |
| なし | なし | |
| マスクラット *O. zibethicus* | なし | マスクラット属の全種 |
| アライグマ *P. lotor* カニクイアライグマ *P. cancrivorus* | なし | アライグマ属の全種 |
| アメリカミンク *M. vison* | イタチ属の全種 ただし，つぎのものを除く． ・オコジョ *M. erminea* ・ニホンイタチ *M. itatsi* ・イイズナ *M. nivalis* ・フェレット *M. putorius furo* ・チョウセンイタチ *M. sibilica* ・アメリカミンク | イタチ属の全種 |
| ジャワマングース *H. javanicus* | マングース科の全種 ただし，つぎのものを除く． ・ジャワマングース ・シママングース ・スリカタ属全種 *Suricata* 属 ※ミーアキャット *S. suricatta* も該当 | マングース科の全種 |
| シママングース *M. mungo* なし | | |

（つづく）

**表 2.2** （つづき）

| 分類群 | 目 | 科 | 属 |
| --- | --- | --- | --- |
| 哺乳類<br>Mammalia | 偶蹄目<br>（ウシ目）<br>Artiodactyla | シカ<br>Cervidae | アキシスジカ<br>*Axis* |
| | | | シカ<br>*Cervus* |
| | | | ダマシカ<br>*Dama* |
| | | | シフゾウ<br>*Elaphurus* |
| | | | ムンティアクス<br>（ホエジカ）<br>*Muntiacus* |

来種のデータベースを構築して，知識の集積を行い，今後日本に導入される可能性が高く，生態系などに被害をおよぼすおそれが強い侵略的外来種は，予防措置として特定外来生物に指定して導入の禁止をすべきである．非意図的導入の管理は今後非常に重要となるが，導入経路の特定がまず問題となり，導入経路ごとの管理方策の設定が重要な問題となると考えられる．クマネズミなどのネズミ類では，船舶からの非意図的導入が主であると考えられ，航行中の船内燻蒸などの徹底が必要となると思われる．その他，非意図的導入に関しては，植物種子などの人への付着による持ち込みや海産無脊椎動物のバラスト水の管理など，哺乳類以外にも問題は山積しており，包括的な対応

| 特定外来生物 | 未判定外来生物 | 種類名証明書の添付が必要な生物 |
|---|---|---|
| アキシスジカ属の全種 | なし | アキシスジカ属，シカ属，ダマシカ属の全種およびシフゾウ |
| シカ属の全種 ただし，つぎのものを除く． ・ホンシュウジカ *C. nippon centralis* ・ケラマジカ *C. nippon keramae* ・マゲシカ *C. nippon mageshimae* ・キュウシュウジカ *C. nippon nippon* ・ツシマジカ *C. nippon pulchellus* ・ヤクシカ *C. nippon yakushimae* ・エゾシカ *C. nippon yesoensis* ダマシカ属の全種 | | |
| シフゾウ *E. davidianus* キョン *M. reevesi* | ホエジカ属の全種 ただし，つぎのものを除く． ・キョン | ホエジカ属の全種 |

が望まれる．

　外来種が新しい生息地で，継続的に子孫をつくることに成功した場合を定着というが，ジャワマングースやイタチ類のように天敵導入される場合や，ブルーギルのように養殖目的（導入当初）の場合には，野外に直接対象種の多数個体が何度も放逐される結果，そのほとんどの場合に定着する．したがって，今後，天敵利用や養殖利用など野外で外来種を直接的に放逐利用する場合には，環境影響評価を含むリスク分析などを義務づけ，未判定外来生物と同等の扱いにすべきである．

　ペットや展示動物などの場合には，直接野外には放逐されず，いったんは

**表 2.3** 侵略的外来哺乳類 IUCN ワースト 100 と日本生態学会ワースト 100 の特定外来生物への指定状況（＊が指定を示す）.

| 種　名 | 学　名 | IUCN | 日本生態学会 | 特定外来生物（対象外の理由） |
|---|---|---|---|---|
| アカギツネ | Vulpes vulpes | ＊ |  | （在来種） |
| アカシカ | Cervus elephas | ＊ |  | ＊ |
| アナウサギ | Oryctolages cuniculus | ＊ | ＊ | （動物愛護管理法） |
| イエネコ | Felis catus | ＊ | ＊ | （動物愛護管理法） |
| オコジョ | Mustela erminea | ＊ |  | （在来種） |
| カニクイザル | Macaca fascicularis | ＊ |  | ＊ |
| クマネズミ | Rattus rattus | ＊ |  | （明治以前） |
| ジャワマングース | Herpestes javanicus | ＊ | ＊ | ＊ |
| トウブハイイロリス | Sciurus calorinensis | ＊ |  | ＊ |
| ヌートリア | Myocastor coypus | ＊ | ＊ | ＊ |
| ハツカネズミ | Mus musculus | ＊ |  | （明治以前） |
| フクロギツネ | Trichosurus vulpecula | ＊ |  | ＊ |
| ヤギ | Capra hircus | ＊ | ＊ | （動物愛護管理法） |
| ヨーロッパイノシシ | Sus scrofa | ＊ | ＊ | （動物愛護管理法） |
| タイワンザル | Macaca cyclopis |  | ＊ | ＊ |
| チョウセンイタチ | Mustela sibirica |  | ＊ | （国内外来種） |
| ニホンイタチ | M. itasti |  | ＊ | （国内外来種） |
| アライグマ | Procyon lotor |  | ＊ | ＊ |

飼育下に置かれる．アライグマが日本に定着したおもな要因は，『あらいぐまラスカル』というテレビアニメの影響で人気が高まり，一時は数十万頭ものアライグマが導入された．しかし，本種は発情後に気性が荒くなり，飼い主に噛みつくなど慣れないために，殺すのはかわいそうということで遺棄されたことが野生化の原因である．遺棄は動物の愛護及び管理に関する法律で禁止されているが，個体識別されていないことが多いため，遺棄した飼い主の特定がなされずに処罰されていない点が，遺棄を助長している．

　この点はタイワンザルやヌートリアの場合でも同様である．先に述べたように，特定外来生物を遺棄することは犯罪行為であり，許可を受けて飼養するときには，個体識別をしているはずなので，万一逃がした場合にも，だれが飼い主か特定できる措置がなされていることとなっており，これが機能していれば，外来生物法による規制効果は高いと考えられる．しかし，カミツキガメの遺棄個体が多数発見されていることから，いまだに違法飼育や違法な遺棄が行われている可能性は高い．京都市の深泥池ではオオクチバスとブ

ルーギルの駆除に取り組んでおり（安部倉・竹門, 2008），オオクチバスの大型個体はほぼ駆除し終わったころ，突然，ルアー傷のついた大型個体が捕獲された．これは明らかな違法放流であることが明白であるが，犯人は特定されていない．法律をつくっただけでは不十分で，それを適正に執行させることが重要であり，外来生物法の周知徹底とルアー釣り人と一般の人の意識の啓発が必須である．

（2） 野外に定着した侵略的外来種の防除

防除という概念には，本来予防措置も入れるべきであるが，外来生物法では定着後の防除のみを対象としている点で問題がある．

外来生物法では，防除を行う主体については，主務大臣などの国が行う場合と，地方公共団体が行う場合と，さらに国および地方公共団体以外の者が行う場合に分かれている．国が行う場合は，特定外来生物による生態系等に係る被害が生じ，または生じるおそれがある場合において，被害の発生を防止するため必要があるときは，国が防除を行うものとする（法第11条）．また，国が防除を行う場合には，主務省令の定めにより関係都道府県の意見を聞いて，1. 防除の対象となる特定外来生物の名前，2. 防除を行う区域および期間，3. 当該外来生物の捕獲，採取または殺処分（以下，捕獲などという），その他の防除の内容などの事項について公示しなければならない（法第11条第2項）．なお，この防除に係る特定外来生物の捕獲などについては，「鳥獣の保護及び狩猟の適正化に関する法律」の規定は適用しない（法第12条）とされている．

地方公共団体が行う場合には，法第11条第2項の規定により公示された事項に適合するものについて，主務省令で定めるところにより，主務大臣の確認を受けることができる（法第18条）とされている．国および地方公共団体以外の者は，その行う外来生物の防除について，主務省令で定めるところにより，その者が適正にかつ確実に実施することができ，および法第11条第2項の規定により公示された事項に適合している由の主務大臣の認定を受けることができる（法第18条2項）とされている．主務大臣は第1項の確認をしたとき，または前条の規定により認定をしたとき，または，それらを取り消した場合にも主務省令で定めるところにより，その旨を公示しなけ

ればならない（法第18条3項），となっている．しかし，ここで問題なのは認定や確認を受ける立場からは，面倒な手続きをすることのメリットはどこにあるのか不明であり，防除の振興を妨げる可能性すらある．

　指針では，国は制度上その保全を図ることとされている地域など，全国的な観点から防除を進める優先度の高い地域から，防除を進めるとなっている．現段階では，奄美大島や沖縄島におけるジャワマングースの根絶事業が国の事業として行われている．しかし，今後これを適切に推し進めるには，場所選定に関して優先度の決め方も問題となる．筆者の考えでは，原生自然環境保全地域など保全上の価値が高い場所が，各々どの程度外来種の脅威にさらされているのかなどの現状調査がまず必要で，保全上の価値と外来種の脅威の程度などで優先順位をつけ，それを公表することが必要である．基本方針では，地域の生態系などに生ずる被害を防止する観点から，地域の事情に精通している公共団体や民間団体などが行う防除も重要であることを認めており，実際の防除では，国，地方公共団体，民間団体などが相互にかかわり合っている場合が多いので，このような場合には，各主体の役割に応じて適切な防除がなされることにより，全体として効果的な防除が進められることが期待されると述べている．

　しかし，現実にアライグマの防除などを見ていると，各主体の責任や役割が不明確な場合が多い．とくに国以外の者が行う防除に関して，国が行うべきことは，現行のたんなる書類上の確認や認定だけではなく，防除目標や指針の策定の検討などの行政指導や支援体制などであり，より実質的な国の責任を明確化すべきであると考えられる．また，現在各都道府県で生物多様性保全戦略の策定が行われつつあるが，そのなかで外来種管理を位置づけ，各都道府県が条例で移動規制を含む外来種管理を行うことが実効性が高いと考えられる．

　2010年8月13日時点において，地方自治体が行っている防除の確認件数は399件（都道府県：37件，市町村：362件），国と地方自治体以外が行っている民間の防除の認定件数は55件となっている（環境省資料にもとづき作成）．国が行っている防除のうち，環境省では，他省庁が行っている防除件数などは正確には把握されていない．しかし，防除件数は年々増加傾向にあり，ここにあがっている以外でも多くの防除が行われている．特定外来生

物別に見ると，陸域ではアライグマ，水域ではオオクチバスやブルーギルの件数が圧倒的に多い．

**（3） 防除を有効に行うための対策**

防除の実施段階では，法律に規定した以外の検討すべき項目が数多く必要となってくると考えられ，以下にそれらのおもな問題点について述べてみる．

**侵入初期の早期発見と早期対応**

侵入初期には個体数も少なく分布域も狭く，根絶などがしやすいので，早期発見と早期対応はもっとも効果的な対策と考えられる．しかし，ある種が在来種でなくて外来種であると判断するには，それなりに知識や経験が必要であり，人材の確保がまずは問題となる．また，ある地域を定期的に見回らない限り，発見は容易ではない．さらに発見した場合にどこに報告するのか，報告を受けた側はどのような対応をとればよいのかなど，侵入初期の発見と対応は適切なシステムをつくらない限り機能しないと判断される．

早期発見・早期対応の重要性は日本で初めて導入される生物だけでなく，ほかの地域には定着しているが別の地域には侵入していない場合にも同様である．北海道のアライグマでは，1992 年の分布は恵庭市を中心に 14 市町村と一部地域だけに限定されていたが，1998 年には 45 市町村に拡大し，被害も増大した．その結果，1999 年に対策委員会がようやく設置され，捕獲作業が行われるようになったが，その後も分布は拡大を続け，現在ではごく一部の地域を除く北海道全域にまでに分布が拡大した．このような状況は兵庫県でも京都府でも同様である．この原因の 1 つは，侵入初期には個体数も少ないために被害は顕在化しないが，被害に気づいて対策をとる必要性が出た時点では，個体数がかなりのレベルに達しているうえに分布も拡大しており，封じ込めに失敗することになる．もう 1 つは対策が被害への対症療法として行われているために，被害が減少すれば捕獲努力も減り，アライグマはいつまでも存続することとなる．

ほかの事例では，2009 年 6 月に鹿児島県が鹿児島市喜入地区にマングースが定着していることを発表し，その後，分布調査や捕獲調査が行われているが，調査を進めるうちに，2007 年に高校教師がマングースの轢死体を発

見して報告していることや，さらに 20-30 年前に作製された剥製が存在していたことから，かなり古くから定着していた可能性もあることが指摘されている．轢死体発見の 2007 年の時点で，すでにジャワマングースは特定外来生物に指定されており，本種の本土への上陸がたいへん危険視されていたにもかかわらず，この報告は対策に結びついていなかったことが判明した．基本指針で早期発見早期対応の重要性を述べながら，現実にはなんら効果がないことが明らかとなった．哺乳類・鳥類専門家会合では，今後このようなことを起こさないためにも，少なくとも発見した後の報告の提出を義務づけ，報告先を明確化することや，緊急時の対応のシステムの構築などが必要であることを確認した．しかし，現時点では明確なシステムづくりは進んでおらず，早急な対応が必要である．

### 定着後の管理

定着後，分布の拡大や個体数の増大が起きて，被害が生じている場合には，個体群の制御が問題となる．制御には根絶，囲い込み，影響の緩和が含まれる．対象となる侵略的外来種の種類や影響の程度に応じて，管理対象の優先順位や優先場所の選定などを行い，管理対象を明確化する必要がある．とくに，侵略的外来種が複数種いる場合に，たとえばオオクチバスを減らすとブルーギルが増加することは明白であり，両種の排除を同時に目標とする必要がある．生態系の応答は複雑であり，ある種を根絶ないし減少させた場合の予測は困難であるが，諸外国では，対象地域の種のリストや食物連鎖構造などをもとに，複数種を目標に管理することが通例となっている（Courchamp, 2006; Parkes, 2006）．日本でも小笠原の侵略的外来種の管理では，生態系の応答を考慮した管理計画が実施されている（第 11 章，第 12 章参照）．

対象となる侵略的外来種が定まると，管理計画でもっとも重要なのは明確な管理目標の設定と管理計画の策定である．計画の実施体制とくに予算と人材の確保が必要であり，どの程度の資金でなにが実施できるのかという実行可能性の検討が必須である．諸外国では，実効可能性に関する試験研究をしたうえで，目標の設定や計画立案をすることが進められている．しかし，日本の現状は，なんらかの被害で地域住民から苦情が出たら，やむをえず国や

## 2.3 外来生物法による外来種管理の有効性

自治体が対策をするのが通例で，対症療法に終始する場合が多い．地方自治体では外来種管理に関する受け皿となる窓口さえ，たらい回しにされているケースが多く，一部地域を除いては，外来種管理が地に着いていない現状である．

アライグマのように農業被害が中心になると，農業被害が軽減されると捕獲作業の意欲が低下して，結果として数年後にはアライグマが増加して再び被害が起きるという繰り返しとなり，捕獲する側が疲れてきて被害がさらに増加するという悪循環が定着する．かりに小地域でも根絶に成功すると，その地域を拡大していけば将来的には，中地域あるいは大地域の根絶が可能となると考えられるが，いまだに小地域でさえ根絶には成功していない状態である．防除計画としては根絶を目標としているが，現実には被害の軽減にとどまっている．根絶するためには，アライグマの早期発見技術の開発や駆除技術の確立が必須となる．このように特定外来生物の種ごとに早期発見技術や対策のあり方が異なるので，各種に対してマニュアルの作成などのサポートが必要である．

侵略的外来種の根絶は理想であるが，和歌山県のタイワンザルや奄美大島や沖縄島のジャワマングースの例を見ると，密度が低下して根絶に近くなると，残存個体が拡散して発見や捕獲が困難となるケースが多い．タイワンザルではメスに発信器をつけて，そのメスは捕獲せず寄ってくるオスを確認するなどの工夫が行われているし，ジャワマングースではマングース探索犬の導入などが行われているが，まだ根絶には至っていない．過去に根絶に成功したミバエ類では，ユーゲノールなどフェロモントラップによるモニタリングが有効であり，ヤギに関して，小笠原のいくつかの島で根絶に成功したのも残存個体の発見の容易さがあるなど，対象動物の特性が関連していることから，対象動物ごとの少数個体の発見や捕獲，毒餌などのさらなる技術開発が必要とされている．

また，希少生物が生息している地域での混獲問題に対しては，一切の混獲が認められないという立場では，特定外来生物の根絶さえ困難となるケースも考えられる．たとえば天然記念物が混獲対象に含まれていても，その地域の対象となる種の状態に応じて，許容水準を設定するなど柔軟な対応が必要となる．それ以外でも，「鳥獣保護法」による有害鳥獣駆除でイノシシワナ

にアライグマが多数捕獲される事態が生じているが，アライグマは一方では防除事業で捕殺を行っているのに，イノシシワナにかかったアライグマは有害駆除申請の対象外として放逐する必要があり，アライグマの防除とは矛盾した行動をとることになる．このように「文化財保護法」や鳥獣保護法と外来生物法のからみでもさまざまな問題が生じている．これらは各法律の運用を弾力的にすることで解決できる問題は多いと考えられるので，本質を見すえて問題ごとに迅速に処理していくことが求められている．

### 合意形成と安楽死

　侵略的外来哺乳類の管理で困難な問題の1つは，イヌやネコなどペットとして哺乳類がもっとも身近な動物であることで，このために野外の侵略的外来哺乳類でさえ駆除への反発が起きることである．たとえば，和歌山県のタイワンザルの場合は，和歌山県がニホンザルとの遺伝的攪乱防止のために駆除することが新聞報道されるや，動物愛護団体を中心に全国から反対の電話やファックスが殺到し，やむなく知事がこの決定を白紙撤回した．これは朝日新聞が一面で「哀歌タイワンザル――」というタイトルで，連れてこられたサルには責任がないのにかわいそうという論調の記事を，しかも混血ザルという用語（正しくは雑種個体）で全国紙に掲載したことも一因である．その後，捕獲したサルの処分について，無人島に放す案などが検討された後，1000人を対象にアンケートが行われた．安楽死案（経費110万円）と避妊したうえで一生涯飼育する動物園飼育案（経費約11億円）の2つを提示して，貴方はどちらを選ぶかという内容である．この結果，賛成者は安楽死案が3分の2で動物園飼育案が3分の1となり，安楽死させることが決定され，現在捕獲に取り組んでいる．この合意形成に3年以上の歳月を要している．また，北海道のアライグマの件も同様で，アライグマを駆除しようとしたところ動物愛護団体から反対運動が起きた．しかし，マスコミが一致して，アライグマが農業被害や生態系被害などを起こすことを報道した結果，駆除は当然であるという風潮になり，駆除事業が行われるようになった経過がある．

　アライグマの捕獲後の処分について，かわいいペットであるというイメージでイヌやネコと同様に考える人々がいることから，殺す以上は安楽死が必須であるとして，獣医による注射で麻痺状態にした後で，炭酸ガスを用いて

殺処分するという2段階麻酔を義務づけようという動きがある．しかし，炭酸ガス麻酔でも，適切に処置を行えば安楽死させることができることがわかっており，兵庫県では炭酸ガス麻酔による安楽死処分を行っている（兵庫県，2011）．2段階麻酔は理想であっても，獣医がつねに立ち会って行う必要が生じ，多数の個体を処理する場合には，予算的にも人的にも無理であり，現実的には炭酸ガス麻酔による安楽死が実効性の高い方法であることは明らかである．本来の目標は，アライグマによる農業や生態系被害を防止することであり，アライグマを安楽死させることはその手段である．しかし，アライグマを殺すことが目標であるかのごとく述べることで，殺処分のあり方のみを問題とすることは本末転倒である（村上，2010）．小笠原のヤギの場合にも当初殺処分に対して反対が多く，船で沖縄に運ぶなどの方法が行われた後，ようやく現場での安楽死処分が認められた経過がある．

以上のように，侵略的外来哺乳類の管理を行ううえでは，直接捕殺ワナを用いる場合やネズミ類のように殺鼠剤を用いる場合，あるいは生きた個体を捕獲する方法（生け捕りワナなど）では，野外からの排除とその排除個体の処分方法とは分けて，捕獲個体の処分方法を含めて計画段階で周辺の合意形成を図ることが必要となる．この点では防除計画を立案した時点の，計画の周知徹底が重要となる．

**普及・啓発の重要性**

哺乳類の場合にはペットなど意図的導入が問題となる場合が多いため，とくに動物の取扱業者に対して，外来生物法を周知徹底する必要がある．具体的には，特定外来生物の扱いに関することや，要注意外来生物を野外に逸出させないことや遺棄の禁止など，外来生物による悪影響防止のために実施すべきことを明確化して，指導することが必要である．また，個人で外来生物を飼養する者は，不特定個人が対象なので，行政や動植物を取り扱っている業者を通じて，外来生物法を周知徹底することが必要である．

筆者は講義において，外来生物法の認知度を学生へのアンケート調査により調べているが，外来種は国外外来種だけだと思っている学生が大半で，国内外来種が外来種であると認知されていない．また，外来生物法の仕組みや内容を知っている学生は5%にも満たない状況である．バス釣りの好きな学

生が多いが，バス釣りは禁止されていないため，大いに楽しめばよいという発想だけで，それが特定外来生物に指定されていることを知らない．また，釣り業界は，バス釣りは許可されているから，道具が売れればよいという発想で，つぎつぎに新たな道具を販売することが公認されている．しかし，バスやブルーギルの漁業や生態系への被害がいかに大きいかなどの周知徹底は一切図られていない．琵琶湖ではリリースが禁止されていることは認知しているが，それがなにを目的としているかは把握していない状況である．このような状況では密放流などが起きるのは当然のことであり，業界をいかに取り込むかが大きな課題である．

　上述したように，特定外来生物の防除を行ううえで，関係する地域住民の理解と協力は必須である．これはたんに防除計画を公示するという表面的な問題ではなく，計画の重要性を地域に浸透させることが必須である．事業の目標はもちろん，事業によって得られる効果など計画および実施に関しての進捗状況が地域住民に理解されることが必要である．近畿地方のアライグマ防除モデル事業では，住民によるワナかけの実施結果を住民にフィードバックしている地域では，住民のワナかけ努力は増大するが，フィードバックのない地域では意欲は減少することがわかり，結果の周知徹底も重要な要素であることが判明している．しかし，基本方針などにはそれらのことはふれられていない．

　ヌートリアでは，大阪や京都など各地でかわいらしいということで，地域住民による餌付けが行われており，本種の個体数増加と分布拡大の大きな要因となっているので，外来生物法あるいは基本方針で特定外来生物への餌付けなどの禁止措置を明記することが必要である．地域ごとにその地域で外来種によりなにが起きているのか，それに対してどのような取り組みを行いつつあるのか，地域住民が理解し協働できるような仕組みづくりが必要である．

　諸外国では外来種の影響やそれに対する取り組みを学校教育のなかに取り込んでいるが，日本ではようやく小学校や中学校の指導要綱に外来種の項目が取り上げられるようになった段階である．近年は子どもたちを取り囲む環境のなかでは，外来種がいるのがあたりまえの世界になっており，アメリカザリガニなど身近な親しみやすい動物になっている傾向が強い．また，都市の小中学校ではビオトープづくりがさかんであるが，ホテイアオイなど外来

種のセットを使用している場合もあり，本来の目的を逸脱したものが多い．日本では外来種に対する取り組みが遅かったために，現在の若い教師の外来種に関する意識が低い場合が多く，学校教育に外来種問題を取り込むことが今後の大きな課題である．外来生物法では「国は，教育活動，広報活動を通じて，特定外来生物の防除等に関し，国民の理解を深めるよう努めなければいけない」（法第28条）とされているが，とくに教育ではこれらの取り組みがまったく見えてこないことが大きな問題である．

　以上のように，普及・啓発というとパンフレットの作成・配布だけというような一般的な対処では効果が少なく，どこになにを普及するのかの戦略が必要であり，必要なところに的確に情報を届けることが求められている．最後に，国際自然保護連合（IUCN）では侵略的外来種によって引き起こされる生物多様性減少阻止のためのガイドライン（村上，1998，2002）が作成されており，これに準じた日本版ガイドラインは必須である．また，おもだった侵略的外来種の防除マニュアルの作成は，河川については一部（外来種影響・対策研究会，2008）できあがっているが，ほかの分野ではまだまだ不十分であり，最新の知見にもとづく防除マニュアル作成も必須と考えられる．

### 引用文献

安部倉完・竹門康弘．2008．外来魚駆除事業の成果．（深泥池七人編集部会，編：深泥池の自然と暮らし）pp. 168-170．サンライズ出版，滋賀県．

Claiton, D. A. R. and G. O. Lee. 1997. Conserving vitality and diversity. Proceedings of the World Conservation Congress Workshop on Alien Species. pp. 1-95. IUCN, Gland.

Courchamp, F.（池田透訳）．2006．世界の島嶼における侵略的外来種問題．哺乳類科学，46：85-88．

エルトン，C. S.（川那部浩哉・大沢秀行・安部琢哉訳）．1971．侵略の生態学．思索社，東京．

外来種影響・対策研究会．2008．河川における外来種対策の考え方とその事例——主な侵略的外来種の影響と対策．リバーフロント整備センター，東京．

長谷川雅美．1997．島への生物の侵入と生物相の変化．遺伝別冊9号：86-94．

兵庫県．2011．アライグマ防除指針．http://web.pref.hyogo.jp/contents/000175683.pdf

移入種検討会．2003．移入種（外来種）への対応方針について．環境省．

加藤順子．2006．公園緑地と外来植物——「特定外来生物による生態系等に係る被害の防止に関する法律」とそれを踏まえた外来植物の取り扱いについて．

緑の読本，76：33-54．
小出可能．1996．「帰化植物」から「外来種」へ．緑の読本，76：11-25．
村上興正．1998．移入種対策について――国際自然保護連合ガイドライン案を中心に．日本生態学会誌，48：87-95．
村上興正（監修）．2002．外来侵入種によってひきおこされる生物多様性減少阻止のためのIUCNガイドライン．（村上興正・鷲谷いづみ，監修：外来種ハンドブック）pp. 280-295．地人書館，東京．
村上興正．2007．外来哺乳類による自然環境への影響と問題点．緑の読本，78：8-16．
村上興正．2010．侵略的外来種の根絶は自然再生事業である．関西自然機構会誌，32：1-3．
村上興正・鷲谷いづみ（監修）．2002．外来種ハンドブック．地人書館，東京．
長田啓．2006．外来生物をめぐる法律――外来生物法の背景と概要（植物編）．緑の読本，76：26-32．
Parkes, J.（池田透訳）．2006．ニュージーランドにおける外来哺乳類管理．哺乳類科学，46：89-92．
生物多様性締約国会議．2002．生態系，生息地及び種を脅かす外来種の影響の防止，導入，影響緩和のための指針原則．生物多様性条約第6回締約国会議決議．

# 3
# 海外の外来哺乳類対策
## 先進国に学ぶ

### 池田　透・山田文雄

　わが国の外来哺乳類対策は，生物多様性条約を締約した20年前に比べると，着実に進歩を見せ，最近では対策を開始したばかりの国々からは参考にされるまでに至ってきた．しかし，解決すべき問題や課題，新たに取り組むべき問題も増えつつある．

　本章では，海外における先進的対策を理解するために，ニュージーランドの対策事例を紹介し，また，外来哺乳類として歴史的に古く，世界的に広範囲の地域に導入定着し，取り組み事例の多いマングースについて紹介する．国民への普及・啓発から緻密な対策立案，および徹底した対策実践は，わが国の外来哺乳類対策にも参考になると考える．しかし，いずれの事例も，わが国の自然環境や生態系，さらに国情などとの違いが大きくにあり，また対象外来生物が異なることもあるため，対策を進める場合，独自に進めなければならない部分は多い．今後，わが国における外来哺乳類対策をより発展させ，成功事例を増やすために，先進的対策からの参考や，海外との情報交換や国際的ネットワークが重要になると考える．

　なお，本章の3.1は池田，3.2は山田が分担執筆した．

## 3.1　ニュージーランドにおける外来哺乳類対策

### （1）　外来哺乳類対策の先進国ニュージーランド

　2010年3月に日本政府が策定した「生物多様性国家戦略2010」では，人間により持ち込まれたものによる危機は，生物多様性への第三の危機として

取り上げられており，外来生物問題は日本の生物多様性保全における重要課題の1つとして認識されている．2005年には「特定外来生物による生態系等に係る被害の防止に関する法律（以下，「外来生物法」）」が施行され，外来生物が発生する根本的原因の規制には一石が投じられたが，外来生物対策を円滑に遂行するためには，当該生物そのものの管理手法や技術開発のみならず，一般市民への問題の普及・啓発のあり方を検討することも必要であり，この点においてわが国の対策には問題が山積している状況にある．

こうした状況は日本に限らず世界各国に共通した問題ではあるが，そのなかで外来生物，とくに外来哺乳類対策における先進国と認められているのがニュージーランドである．地理的に特殊な状況に置かれた国であるために，対策を進めるにあたって他国とは状況を異にする部分はあるものの，国民への普及・啓発から緻密な対策立案，および徹底した対策実践は日本の外来哺乳類対策にも参考になることが多い．本節では，ニュージーランドの外来哺乳類対策について，その背景から現状の課題までを紹介してみたい．

（2） ニュージーランドの地理的背景と在来生物相

ニュージーランドは，かつて（約3億年前から約1億年前まで）南半球に存在したと考えられるゴンドワナ大陸の一部であったが，約8500万年前という比較的早い時期に他地域から分離し，以後長い期間にわたって海によってほかの地域と隔離されてきたという歴史を持つ（Archer *et al.,* 1994）．そのためにニュージーランドの生物は独自の進化を示し，ほかの大陸の生物とは異なった生物が数多く存在していた（Gibbs, 2006）．

現在のニュージーランドは羊牧で知られ，国土の大半が牧草地によって占められているイメージがあるが，在来植生では大型のシダ植物やコケ類が繁茂する森林が広がり，北島の海浜にはヒルギ科のマングローブ林が点在していた．大陸から分離した際の主要な地上生物は爬虫類であったと考えられているが，現在でも生存している爬虫類は，原始的な形質を残し天然記念物に指定されている大型トカゲであるムカシトカゲ類（Tuatara）のみとなっている．ニュージーランドに現存するもっとも原始的な昆虫としてはバッタ目に属するウェタがいるが，そのなかでもジャイアント・ウェタ（Giant weta；最大で体長9 cm，体重70 g）*Deinacrida pluvialis* は世界最重量の昆

虫として知られる．ウェタは陸生哺乳類を欠くニュージーランドの生態系のなかで，種子散布の役割を担っていたことが知られているが（Duthie et al., 2006），これも現在では，外来生物の影響などによる個体数の減少が危惧されている．

　また，マオリの人々が移住してきた約 900 年前までは，ニュージーランドには 3 種のコウモリ以外には陸生哺乳類は存在せず（Worthy and Holdaway, 2002），さらに毒蛇なども存在しなかったために，鳥類にとっては天敵の存在しない島という生物学的に特異な生態系が維持されていた．そのため，国鳥となっているキウイ類をはじめとして，カカポ *Strigops habroptilus*，タカヘ *Porphyrio mantelli*，プケコ *P. porphyrio*，ウェカ *Gallirallus australis*，すでに絶滅したモア類などの多くの走鳥類が進化したと考えられており，かつてのニュージーランドは鳥類にとっての楽園となっていた．

　しかし，これらの在来生物は，その後の人間の移住と開発，さらに持ち込まれた外来生物によって絶滅した種も多く，現在では約 230 種が絶滅の危機に瀕していると考えられており，そのうち鳥類は約 90 種を占めている．

### （3） マオリ族，ヨーロッパ人の移住にともなう外来生物の導入

　現在，われわれがニュージーランドで目にすることのできる風景は，ニュージーランドの原風景ではない．原生林は牧草地に姿を変え，動物相もまた人間が持ち込んだ動物たちによって大きく変容してきた．

　ニュージーランドには約 900 年前にマオリ族が移住し，また約 150 年前にはヨーロッパ人が移住してきた．その際に，移住者たちが，ニュージーランドにはそれまで生息していなかった生物を持ち込み，これら外来生物がニュージーランドの生態系に攪乱をもたらした．とくに在来生物への多大な影響が危惧される哺乳類に関して King（1990）および Parkes and Murphy（2003）の報告をまとめると，ニュージーランドには 54 種が導入され，そのうちの 19 種は定着できず，3 種は絶滅して 1 種は現在の状況が不明ということで，現在は少なくとも 31 種の外来哺乳類がニュージーランドに定着していると考えられている（表 3.1）．

　ナンヨウネズミ *Rattus exulans* は，家畜のイヌとともにもっとも早く（約 900 年前）マオリ族の移住にともなって導入され，またほかの 3 種のネズミ

表 3.1 ニュージーランドに定着した外来哺乳類.

| No. | 種　　名 | 学　　名 |
|---|---|---|
| 1 | ダマヤブワラビー | *Macropus eugenii* |
| 2 | アカクビワラビー | *Macropus rufogriseus* |
| 3 | パルマヤブワラビー | *Macropus parma* |
| 4 | オグロイワワラビー | *Petrogale penicillata* |
| 5 | オグロワラビー | *Wallabia bicolor* |
| 6 | フクロギツネ（ポッサム） | *Trichosurus vulpecula* |
| 7 | ハリネズミ | *Erinaceus europaeus* |
| 8 | アナウサギ | *Oryctolagus cuniculus* |
| 9 | ヨーロッパノウサギ | *Lepus europaeus* |
| 10 | ナンヨウネズミ | *Rattus exulans* |
| 11 | ドブネズミ | *Rattus norvegicus* |
| 12 | クマネズミ | *Rattus rattus* |
| 13 | ハツカネズミ | *Mus musculus* |
| 14 | オコジョ | *Mustela erminea* |
| 15 | イイズナ | *Mustela nivalis* |
| 16 | フェレット | *Mustela furo* |
| 17 | ネコ | *Felis catus* |
| 18 | ウマ | *Equus caballus* |
| 19 | ブタ | *Sus scrofa* |
| 20 | ウシ | *Bos taurus* |
| 21 | ヤギ | *Capra hircus* |
| 22 | ヒツジ | *Ovis aries* |
| 23 | シャモア | *Rupicapra rupicapra* |
| 24 | ヒマラヤタール | *Hemitragus jemlahicus* |
| 25 | アカシカ | *Cervus elaphus* |
| 26 | ワピチ | *Cervus e. nelsoni* |
| 27 | ニホンジカ | *Cervus nippon* |
| 28 | サンバー（スイロク） | *Cervus unicolor* |
| 29 | ルサジカ | *Cervus timorensis* |
| 30 | ダマシカ（ファロージカ） | *Dama dama* |
| 31 | オジロジカ | *Odocoileus virginianus* |

注：ヘラジカ（*Alces alces*）は現在残存しているか不明のためリストからは削除.

は，18世紀後期から19世紀初頭にかけてヨーロッパ人の船に紛れ込んだ密航者として入ってきたと考えられている（King, 1990）．7種のシカ類とヒマラヤタール *Hemitragus jemlahicus*，シャモア *Rupicapra rupicapra*，2種のウサギ類，および5種のワラビー類は，狩猟目的で導入された．ヤギ *Capra hircus*，ブタ *Sus scrofa*，ヒツジ *Ovis aries*，ウシ *Bos taurus*，ウマ *Equus caballus*，およびネコ *Felis catus* については，家畜あるいはペットとして導

| 導入の目的 | 導入元 | 対策の有無<br>有（+），無（−） |
|---|---|---|
| スポーツハンティング | オーストラリア | + |
| スポーツハンティング | オーストラリア | + |
| スポーツハンティング | オーストラリア | + |
| スポーツハンティング | オーストラリア | + |
| スポーツハンティング | オーストラリア | + |
| 毛皮 | オーストラリア | + |
| 生物学的防除 | イギリス | + |
| スポーツハンティング | イギリス | + |
| スポーツハンティング | イギリス | + |
| 偶発的随伴，食肉？ | ポリネシア | + |
| 偶発的随伴 | ヨーロッパ | + |
| 偶発的随伴 | ヨーロッパ | + |
| 偶発的随伴 | ヨーロッパ | + |
| 生物学的防除 | イギリス | + |
| 生物学的防除 | イギリス | + |
| 生物学的防除 | イギリス | + |
| ペット，生物学的防除 | ヨーロッパ | + |
| 家畜 | ヨーロッパ | + |
| 家畜 | ヨーロッパ | + |
| 家畜 | ヨーロッパ | − |
| 家畜 | ヨーロッパ | − |
| 家畜 | ヨーロッパ，オーストラリア | − |
| スポーツハンティング | ヨーロッパ | − |
| スポーツハンティング | アジア | + |
| スポーツハンティング | イギリス | + |
| スポーツハンティング | 北米 | − |
| スポーツハンティング | 東アジア，イギリス | + |
| スポーツハンティング | スリランカ | |
| スポーツハンティング | インドネシア，ニューカレドニア | − |
| スポーツハンティング | イギリス，タスマニア | + |
| スポーツハンティング | 北米 | − |

入され，フクロギツネ（ポッサム）*Trichosurus vulpecula* は毛皮養殖のために導入された．オコジョ *Mustela erminea*，イイズナ *M. nivalis*，フェレット *M. furo* といったイタチ類の捕食者はウサギコントロールのための生物学的防除に用いるために輸入され，ハリネズミ *Erinaceus europaeus* は無脊椎動物のコントロールのために導入されたものである（King, 1990）．

（4） 外来生物に対する認識の変容

　ニュージーランドに入植したヨーロッパ人たち，とくにイギリス人は自分たちの故郷の生活をそのまま新しい土地にも持ち込もうとし，1870年代から各地でウサギなどの哺乳類をはじめとして，クロウタドリ *Turdus merula*，ズアオアトリ *Fringilla coelebs* といった鳥類やそのほか多くの樹木や草本の導入を開始した．現在でも南島のクライストチャーチはイギリスよりもイギリスらしい都市といわれているが，このようにニュージーランドは外来生物によって席巻されるに至り，さらには産業振興などの目的でもヨーロッパから多くの外来生物が導入されてきた．

　新たな環境で生活する人間の立場からすれば，故郷と同じ自然環境が身近に感じられることは喜ばしいことであったと推察される．また狩猟や外来生物による産業振興も，移住したばかりの生活の活性化にもつながったことと考えられるが，やがてこうした外来生物がもたらすさまざまな影響も明らかとなってくる．その代表例がフクロギツネである（図3.1）．フクロギツネは，オーストラリアから毛皮産業振興政策の一環として導入されたカンガルー目クスクス科の動物である．原産国オーストラリアでは保護動物となっているが，導入されたニュージーランドには天敵となる動物が不在であるために爆発的に増殖し，植生を破壊したり牛結核病を媒介することから，現在ニュージーランドでもっとも対策に力が注がれている動物となっている．外来生物導入の結果を予測することが困難であることを裏づける格好の事例であるとともに，フクロギツネへの対応の変遷を見ることによって，ニュージーランドにおける外来生物に対する意識の変容をとらえることができる．

　フクロギツネは1858年から1900年にかけて導入が進められた．導入初期はその柔らかな毛の利用を目的として手厚く保護されていたが，徐々にその害獣的側面にも目が向けられるようになった．1911年から30年代にかけて「フクロギツネは資源か，あるいは害獣か」という論争が巻き起こり，1919年から46年の間は免許制の捕獲が実施され，1946年にはついにすべてのフクロギツネ保護政策が撤廃され，1951年から62年には報奨金制度による捕獲が進められた．1960年代には森林保護を目的としたフクロギツネの大規模管理が開始され，さらに牛結核への感染が明らかになると，農地での管理

図 3.1 増え過ぎて国内随所で見られるフクロギツネの轢死体.

対策も進められるに至った．現在では，フクロギツネ 1 種に年間 8000 万 NZ ドル以上の対策予算がつぎ込まれている．

　フクロギツネのほかにも外来哺乳類の負の側面が徐々に意識されるようになり，1890 年代には，ウサギによって引き起こされる問題のために対策が開始され，1920 年代にはヤギやブタの根絶や，島嶼部におけるノネコのコントロールも始まった．

　研究では，1922 年に Thomson が "The Naturalisation of Animals and Plants in New Zealand" という著書でニュージーランドにおける外来生物の歴史と現状を紹介し，外来生物が在来生物や人間社会に与える影響について言及している．この本は哺乳類のみならず広く外来動植物を扱っているが，哺乳類に関しては 1950 年に Wodzicki によって書かれた "Introduced Mammals of New Zealand" という著書が注目に値する．この本は，ニュージーランドにおける外来哺乳類問題を体系的に扱った最初の本として知られるが，人間の移住にともなって侵入した外来哺乳類がニュージーランドの在来生態

系に大きな影響を与えていることが指摘されている．この本のなかでWodzicki（1950）は，定着に至らなかった種も含めて，フクロギツネ，ワラビー類，ハリネズミ，イタチ類，ネコ，ネズミ類，ハツカネズミ *Mus musculus*，ノウサギ *Lepus europaeus*，アナウサギ *Oryctolagus cuniculus*，ウシ，ヒツジ，ウマ，ヤギ，シャモア，ヒマラヤタール，アカシカ *Cervus elaphus*，アキシスジカ *Axis axis*，オグロジカ *Odocoileus hemionus*，ダマジカ *Dama dama*，ニホンジカ *Cervus nippon*，ヘラジカ *Alces alces*，サンバー *C. unicolor*，オジロジカ *O. virginianus*，ワピチ *C. e. nelsoni*，およびブタの各々の動物について章立てをして状況を詳細に報告している．

　このWodzicki（1950）の研究に端を発して外来哺乳類問題の認識が広がり，以後外来哺乳類対策もさかんになる．1960年代には，ビッグサウスケープ島（Big South Cape Island）でのネズミの侵入によるオオツギホコウモリ *Mystacina robusta* の絶滅や在来生物への影響（ネズミの侵入が問題となった最初の事件），1970–80年代にかけては，スチュワート島（Stewart Island）でのノネコによるカカポへの捕食が問題となり，ほかにもフクロギツネとシカ類に対する狩猟を加えたコントロールの開始，島嶼部における毒物利用によるネズミ類の根絶事業の開始，ノネコの最初の根絶例など，外来生物対策の進展が見られている．1990年代に入ると，大きな島において，一般の支持を受けた根絶事業の展開が見られ始め，2000年以降は学校教育でも外来生物問題が大きく取り扱われるようになってきている．

　2004年には，Wilsonによる"Flight of the Huia"という書籍が出版され，外来生物の影響に対する理解がさらに進むが，この本は外来哺乳類によって壊滅的な打撃を受けた鳥類のみならず，両生・爬虫類といったニュージーランドの在来生物相保全に関する優れた総説となっている．

　以上のように，外来哺乳類に対する認識は肯定的な見方から否定的な見方へと変遷を遂げてきたが，外来生物管理が進んでいるニュージーランドとはいえ，管理責任機関が対策を維持できるかどうかは，人々の個人的主義主張や対象種に対してどのようなイメージを抱いているかという社会的認識に依拠するところが大きい．ニュージーランド国民の外来生物対策に対する意見は多様であり，たとえ対象種が有害ということについて同意がなされている場合においても，管理手法に関する意見の不一致が見られる場合もあるとい

う．現実的には，外来生物根絶を願う理想主義者，役に立つものは受け入れるという因習主義者，すでに定着してしまったものについては受け入れるという現実主義者，外来生物を活用できる資源とみなす商業利用者などが入り交じった状態であり（King, 1996），外来シカ類の管理などは，これらが入り交じったよい例となっている．Fraser（2001）によると，ニュージーランド国民の多く（71-94%）は，小哺乳類については有害獣とみなしているが，大型獣については，たとえばシカについては国民の4%だけが害獣とみなし，残りの多くは状況によって害獣とも資源ともみなすものや，資源としてみなすものに分かれているという．科学的見解と管理機関および地域社会の間の調整に問題があることは議会でも取り上げられることがあり，対策先進国ニュージーランドにおいても，社会に向けたさらなる情報提供が必要とされている．

**（5） 外来生物対策に関連するおもな法体制および行政キャンペーン**

ニュージーランドは，環境政策におけるもっとも進んだ諸国のうちの1つとして知られている．絶滅が危惧される多くの固有種を持つ島国であることもあって，侵略的外来生物への取り組み，また，新たな侵入を防ぐことにおいて，世界における先駆的リーダーとなっている．

ニュージーランドは，農業および観光を主産業とする国であり，これらの産業にとって自然資源は重要な構成要素となっている．また，ニュージーランド国民は豊かな自然のなかでの野外活動を好み，豊かな自然を維持することが日常生活と産業にとって不可欠であることを十分に認識していることが，今日のニュージーランドの文化・精神的特徴の1つと考えられよう．このため，放牧地・農地開発といった人間による環境改変や外来生物の侵入によって，生物多様性保全が危機を迎えていることに，彼らはいち早く気づき，回復に向けての対策を早期に取り組み始めた．

現在のニュージーランドでは，1987年の「保全法（Conservation Act）」および1993年の「生物安全保障法（Biosecurity Act）」という2つの法律を基軸にして野生生物および外来生物は管理されている．これらの新しい法律は，管理のゴールを設定はするが，管理の方法に関しては責任実施機関や土地所有者にゆだねられているという点において，従来の法律とは一線を画

している．

　また，国内に入ってくる新たな生物については，1996 年の「有害物質及び新生物法（Hazardous Substance and New Organisms Act）」によって管理されている．

　保全法は保全省（Department of Conservation；略称 DOC）によって施行・管理されており，固有生物相と生態系の保護に重点が置かれ，外来生物はこれらを脅かす存在として定義されている．こうした位置づけは，やはり DOC が管轄する 1953 年の「野生生物法（Wildlife Act）」と 1977 年の「野生動物管理法（Wild Animal Control Act）」という補助的な法律のなかでも補足されている．

　生物安全保障法は，有害生物を管理する農林省（Ministry of Agriculture and Forestry；略称 MAF）によって管轄され，ニュージーランドの経済，環境，人々の健康，動植物を外来の害獣・害虫，および病気の危険から保護するものであり，侵入を予防するとともに定着したものを除去，または管理することをうたっている．この法のもとでは，基本的にはだれでも有害生物管理戦略を策定できるが，原則的に有害生物管理戦略は有害生物対策による利益がコストを上回ることが保証されなければならず，それ以外は，管理は土地所有者の責任となる．また，対策コストも受益者と原因者の間で均等に配分される必要がある．伝統的に管理機関（多くの場合は地方行政機関）は土地生産価値に影響を与える哺乳類管理に重点を置いてきたが，最近は生物多様性保全の観点からの管理へと移行しつつある（Parkes and Murphy, 2003）．

　農業および観光立国として，ニュージーランドは外来生物侵入防止に全面的警戒体制をとり，政府はその予算を徹底的に増大させた．2001 年 9 月には「Protect New Zealand」と呼ばれるキャンペーンが開始され，280 万 NZ ドルが啓発活動と環境教育のために使われた．ウェブサイトと同様に，テレビコマーシャル，多数のパンフレット，新聞，および雑誌記事がキャンペーンのために作成され，このことがニュージーランドにおける環境の重要性のメッセージを強く伝えることとなったとされる．

**表 3.2** ニュージーランドにおける根絶可能性の判断基準.

1) 防除手法がすべての個体に適用可能であること.
2) 死亡率が新規個体侵入率（繁殖率）を上回ること.
3) 再侵入の確率がゼロであること.
4) 適用する技術が法的にも社会的にも許容可能なものであること.
5) 利益がコストを上回っていること.
6) 資金面を含めて組織的サポートが保証されていること.

### （6） ニュージーランドにおける外来哺乳類管理戦略

現在のニュージーランドにおける生物安全保障の目標は，有害生物による問題の悪化を阻止すること，および必要かつ実行可能な有害生物の問題を減少させることにある．

現在の外来哺乳類管理戦略としては，①新しい種の輸入規制，②国内の境界管理，③根絶，④持続的管理，の4つの戦略がとられており，DOCをはじめとして，動物保健委員会（Animal Health Board），地方自治体，土地所有者やNGO・NPOなどが一体となった管理を目指している．

新しい種の輸入規制に関しては，法的規制により厳しく管理がなされており，原則輸入禁止で，新しい種を輸入しようとする者が無害であることを証明した場合のみ輸入が許可されるという，いわゆるホワイトリスト（クリーンリスト）方式による管理として世界的にも有名となっている．生物安全保障にもとづいた空港における検問と検疫体制も厳格で，入国の際の申告に漏れがあると即座に罰金が科される．偶発的な生物の持ち込みにも検問は厳しく，トレッキングシューズの靴底についた土などはきれいに洗浄してから戻されるというように管理が徹底している．

国内の境界管理については，島嶼間の生物の移動は違法となっている．また，島嶼以外でも生物は限定された地域に分布するか，パッチ状に分布していることが多いため，地域間で生物を移動・放逐することは禁止されている．

根絶を目指す場合には明確なルールが設定されている (Parkes, 1993; Bomford and O'Brien, 1995; Cromarty et al., 2002). 外来哺乳類対策の先進国であり，すでに多くの成功例を持つニュージーランドといえども，根絶は，けっして簡単な作業ではない．表3.2に根絶対策を実施できる条件を整理した．ニュージーランドでは対策の実施に先駆けて，こうした根絶の実現

表 3.3 ニュージーランド島嶼部において根絶に成功した外来哺乳類と規模 (Parkes and Murphy, 2003 より改変).

| 種 名 | 根絶島数 | もっとも大きい島名 | 面積（ha） |
| --- | --- | --- | --- |
| ナンヨウネズミ | 34 | Raoul | 2950 |
| クマネズミ | 9 | Moturoa | 146 |
| ドブネズミ | 30 | Campbell | 11331 |
| ハツカネズミ | 12 | Enderby | 710 |
| ネコ | 10 | Raoul | 2950 |
| オコジョ | 5 | Anchor | 1130 |
| フクロギツネ | 10 | Rangitoto | 2321 |
| ワラビー類 | 3 | Rangitoto | 2321 |
| アナウサギ | 14 | Enderby | 710 |
| ブタ | 16 | GreatMercury | 1718 |
| ヤギ | 22 | Raoul | 2950 |
| シカ類 | 1 | Nukuwaiata | 242 |
| ウシ | 2 | Campbell | 11331 |
| ヒツジ | 2 | Campbell | 11331 |

可能性（feasibility）に関する検討が行われ，これらの条件が満たされた場合のみ，根絶戦略が採択される．外来生物すべてについて根絶を目指すわけではなく，現在の技術や予算状況と照らし合わせて実行不可能と判断されたものについては，けっして根絶が目指されることはない．また，根絶対策の実行に必要な条件は島嶼部で満たされる場合が多いために，おもに島嶼部において実行されてきた．表 3.3 はこれまでにニュージーランドで実施された外来哺乳類対策の種別状況であるが，島嶼部での根絶成功例は多く，キャンベル島（Cambell Island；11331 ha）のような比較的面積の大きな島でも，根絶が達成されている．日本ではいまだ根絶成功事例はきわめて少ないが，ニュージーランドでは根絶実現可能性の詳細な検討を前提として，いまや根絶対策は成功して当然という状況にまで高められており，いたずらに根絶を目指して挫折に至るということは回避されている．

近年では，本島においても保全上重要とされる地域を外来哺乳類がけっして侵入できないフェンスで取り囲んで，島嶼部と同じ状況をつくりだし，そのなかから外来哺乳類を根絶するメインランド・アイランド（Mainland Island）という対策も進められている．ウェリントン郊外のカロリ・サンクチュアリ・トラスト（Karori Sanctuary Trust；ZEALANDIA）では 225 ha

**図 3.2** カロリ・サンクチュアリ・トラストの外来哺乳類防除フェンス.

の土地をトラストで買い上げて，8.6 km の外来哺乳類防除フェンスで周囲を取り囲み（図 3.2），そのなかの外来哺乳類を根絶したうえで，外来哺乳類によってダメージを受けたキウイなどの在来生物の復元事業が行われている．同様に北島中央部にあるマウンガタウタリ・エコロジカル・アイランド・トラスト（Maungatautari Ecological Island Trust）では 3400 ha の土地に 47 km におよぶ外来哺乳類防除フェンスが張りめぐらされて，在来生物の保全活動が進められている．

　根絶対策では，ネズミ類・イタチ類・フクロギツネなどではおもに毒餌が使用されているが，種特異的に効く毒餌の開発や根絶確認のための探索犬の飼育（図 3.3）から数理的確認手法まで，新たな技術や手法の開発にも余念がない．

　持続的管理については，伝統的狩猟（毒餌・ワナ・銃猟）による管理，生物学的防除，免疫学的避妊などの手法が用いられている．根絶実現可能性の検討において根絶が不可能と判断された場合であっても，外来生物の影響が

図 3.3 外来ネズミ類探索用に訓練されたボーダーテリアとハンドラー.

認められないということではなく，対策としては生息個体数の減少を目指した持続管理の手法がとられる．商業捕獲（狩猟）もまた害獣管理手法の1つとみなされており，「害獣-資源管理」関係の詳細な検討のもとに，商業捕獲による個体数減少化とほかの手法との複合的戦略が用いられる場合もある（Parkes, 2006）．山岳地帯でのシカ類，ヒマラヤタールなどの管理においては，商業捕獲のみが害獣管理を可能とするとされる一方で，毛皮が防寒衣料などに利用されるフクロギツネでは，商業捕獲だけでは個体数減少化に効果は少ないために，ほかの手法も用いる必要があると考えられている．哺乳類の生物学的防除では，19世紀のイタチ類導入によるアナウサギ管理の試みは，在来生物にとって二次的被害をもたらすという苦い失敗の経験を持ち，1997年の兎ウィルス性出血病の導入により，アナウサギの管理で一時的には個体数を激減することもできたが，耐性を持つ個体が増加するなど，手法的には問題も残されている．

　ニュージーランドにおいても持続的管理がもっとも用いられる戦略であり，フクロギツネ・ネズミ類・イタチ類に対して年間1億2000万NZドルほどの予算が計上されている．なかでもフクロギツネの管理はニュージーランド

最大の問題となっており，最近では不妊化管理など新たな技術開発も積極的に進められている（Clout, 2006；Cowan, 2008）．

**（7） ニュージーランド対策からの教訓**

外来哺乳類管理では世界をリードするニュージーランドではあるが，残された課題も少なくはない．

家畜・ペットの逃亡・遺棄や狩猟獣の放逐の防止，予防策と事後対策のバランス，根絶の際のスケールの問題や生存個体の探知および管理手法，持続的防除の予算配分，複数種を対象とした防除戦略，予想しなかった結果への対応など，日本と同様に多くの課題が残されている．

しかし，最近ではDOCを中心にして戦略の改良も進められている．日本では外来生物対策というと対象種一種に対する防除に終始しがちであるが，ニュージーランドでは，現在はフクロギツネ・ネズミ類・イタチ類など複数種の同時管理を念頭に置いた生態系管理型対策が進められつつあり，スチュワート島やランギトト島（Rangitoto Island），モトゥタプ島（Motutapu Island）など実践されている事例も増加している．その他にも，対策地域の空間的妥当性の検討や費用対効果の検討，さらに動物の福祉問題にも配慮し，非対象種への影響が少なくて環境を汚染しない手法・技術の開発が積極的に進められており，問題解決に生物経済学的モデルの適用もさらに重要になりつつある．

ここでニュージーランドの対策で留意しておかなければならないのは，外来生物対策は社会的問題であり，科学技術的開発のみならず社会的側面にも十分に配慮されているということである．もちろん外来生物対策においては，対象種に対する生態的知識の蓄積および対策技術や手法の科学的検討は必要不可欠であり，こうした側面にも日本とは比較にならないほど投資がなされているが，対策の社会的合意に対する配慮も十分に検討され，対策全体が非常に現実的なものとなっている．

先に，すべての対策が根絶を目指すものではないことを述べた．日本において外来生物対策は根絶か受容かという極論に終始しがちであるが，ニュージーランドでは対策開始以前に対策の実現可能性を検証することで対策に対する現実的な評価を与え，失敗を予防してむだな投資を防ぐとともに，対策

図3.4 外来哺乳類を根絶したティリティリマタンギ島内をうろつくタカヘ.

遂行に対する説明責任を果たすことにもつながっている．こうした傾向は最近の国際会議などでの動向を見ると，ニュージーランドのみならず外来生物対策を積極的に進めている国々においては既定の手順となりつつある．日本においても対策を実施する前に実現可能性研究の導入を積極的に進め，対策の社会的合意形成にも力を注ぐべきであろう．

　ニュージーランドの外来生物対策は，その目的が在来生物や在来生態系の保全であるという理念が社会的にも浸透していることも特色である．日本では外来生物対策というと農業被害などの人間生活への影響が問題とされがちであるが，ニュージーランドでは国民的関心の高いキウイなどの在来種を保護するという目的によって，多くの国民との合意が形成されている．外来生物対策において複数種を対象とした生態系管理が近年主流になりつつあることも，背景にこのような考えが浸透しているからと推察される．実際に，ニュージーランドの外来生物対策では，外来生物を根絶した地域でダメージを受けた在来種の復元事業が並行して行われている事例は少なくない．外来哺

乳類についてネズミ1匹まで根絶することに成功したティリティリマタンギ島（Tiritiri Matangi Island）では，コマダラキウイ *Apteryx owenii* や一時は絶滅したと考えられていたタカヘが普通に目の前を歩いている光景を国民が自分自身で見ることができるようになっている（図3.4）．

　日本においても沖縄島のマングース対策と並行してヤンバルクイナの増殖が図られている例などもあるが，さらに外来哺乳類によって影響を受けた在来種の復元事業を同時に進めることによって，外来生物対策の本質を一般市民にも理解してもらうことが可能になるものと考える．

　外来生物対策への社会的支持を確固たるものにするには，外来生物問題の教育や普及・啓発活動も重要であり，この点においてもニュージーランドは参考になる．学校教育で用いる教材も開発され，就学前児童には地域の児童会でマンガを用いた教育なども進められるなど，日本でも参考とすべき事例が多い．

**（8）　今後の日本の外来哺乳類対策に向けて**

　以上，ニュージーランドの対策事例をあげてきたが，ニュージーランドとてすべての問題が解決されているわけではなく，課題も多々残されている．また，在来の陸上哺乳類がコウモリしか存在しないという特殊な生物学的事情から，対策による非対象種への悪影響（混獲や毒餌を使用した際の二次的被害）の配慮が少ないなど，日本とは異なる背景を持つために，技術や手法のすべてをそのまま日本で応用できるというわけでもない．

　しかし，多くの技術や手法，ならびに対策構築の手順や社会的合意への戦略には学ぶべきことも多い．なによりニュージーランドでは，外来生物問題はごく一部の被害者の問題ではなく，社会全体の問題となっており，あらゆる分野の人間が対策に加わっている．たとえば前述のカロリ・サンクチュアリ・トラストでは，事業設計には生態学者だけではなく，フェンス設計には工学者が参画し，運営面では経営学者が参画するなど多方面の知識が統合されて事業が進められている．しかも，事業開始以前の検討だけでも2年間を費やしており，長期的見通しのもとに経済的にも盤石な体制が整えられている．

　そしてなによりも対策関係者に共通するのは，絶対に対策を成功させると

いう揺るぎない信念である．この信念は研究者にも共通しており，筆者（池田）はニュージーランドで外来生物対策を議論したほぼすべての人々から，絶対に成功させるという強い意志を持つことの重要性を説かれた．確固たる科学技術を基盤として，揺るぎない信念のもとに外来生物対策を進めていくことが，今後のわれわれの課題といえよう．

## 3.2 各国のマングース対策とわが国の対策

### (1) 最悪の侵略的外来種

マングースは，比較的古くから外来哺乳類として問題視され，とくに熱帯域を中心とした島嶼の固有在来種や生態系に大きな被害をおよぼしてきたため，侵略的外来種のモデル的存在といえる．19世紀後半から20世紀初頭の西欧の熱帯域の植民地で農業被害を起こすネズミ対策と毒蛇対策のための天敵として，マングースは導入されてきた．しかし，天敵効果よりも農業や家禽被害を多く起こし，在来種を絶滅させ，さらには人への病気伝播者として，導入は失敗であったとされ，予防対策や定着個体の捕獲対策がとられてきた．マングースはIUCNの「世界の侵略的外来種ワースト100」の1種に指定されている（Lowe et al., 2000）．近年は，マングースの意図的導入はほとんどないが，非意図的導入や偶発的な生息の拡大の危険性は高い．世界的に外来哺乳類対策への取り組みと成果が増えつつあるなかで，マングースでも本格的で戦略的な対策の成功が期待されている．わが国でも，マングースは侵略的外来種として「特定外来生物」に指定され，沖縄県沖縄島北部と鹿児島県奄美大島で大規模で本格的な対策が実施されている（環境省那覇自然環境事務所，2010a, 2010b）．さらに，鹿児島県鹿児島市において本種の定着が明らかになり，対策が開始されている（Watari et al., 2011；国内のマングース問題については第4章参照）．

本節においては，各国のマングース対策を概括し，さらに海外における外来食肉類の大規模な根絶成功事例と比較し，わが国におけるマングースの本格的対策の取り組みがより成果をあげ，成功事例となるために検討する．

## （2） 導入天敵マングースとはどんな動物か

わが国を含め海外に導入されたマングースは，これまで「ジャワマングース *Herpestes javanicus*（英名 small Asian mongoose）」に分類されてきたが，近年，「*H. auropunctatus*（フイリマングース，英名 small Indian mongoose）」が提案され，使われている（Veron *et al.*, 2007；Gilchrist *et al.*, 2009；Patou *et al.*, 2009）．それまでは *auropunctatus* は *javanicus* のシノニムか，あるいは亜種の扱いであったが，DNA 分析により 2 種に明確に区分された．すなわち，導入種の原産地個体群である *auropunctatus*（タイプ標本地はネパール）の分布域は，ミャンマー（サルウィン川 Salween River を境として）を含めて西側と中国の個体群とされ，一方，*javanicus*（タイプ標本地はジャワ，和名ジャワマングース，英名 Javan mongoose）は，タイを含めて東南側の個体群に区分されるためである（図 3.5，図 3.6；Veron *et al.*, 2007）．本節においては，これに準じて，わが国や世界各地に導入されたマングースをフイリマングース *H. auropunctatus* として扱う．なお，「特定外来生物法」では，従来どおりジャワマングース *H. javanicus* が種名として当分使用される．

さて，フイリマングース（以後，マングースという）は食肉目マングース科（15 属 34 種）の 1 種で，原産地はイラン，イラク，アフガニスタン，パキスタン，インド，ネパール，ブータン，バングラデシュ，ミャンマーおよび中国南部と海南島である（Gilchrist *et al.*, 2009）．生息環境として，海岸から高標高（2100 m）までの開放的環境（二次林，草原，農地など）を好む．原産地個体群に対して，IUCN のレッドリストでは，分布範囲は広くかつ個体数も多いため軽度懸念（Least concern），中国のレッドリストでは危急種（Vulnerable）にリストされ，インドでは CITES の付属書 III に登録されている（Gilchrist *et al.*, 2009；CITES, 2010；IUCN, 2010）．原産地においては，本種の生態的知見は少ないが，導入された地域（たとえばカリブ海の島嶼）での研究は多い（Nellis and Everard, 1983；Nellis, 1989 など）．それらによれば本種の交尾期は 1–9 月，出産期は 3–11 月，妊娠期間は 7 週間ほどで，1 回の産子数は 2–3 頭，年に 1–2 回出産する．生まれた子は生後 8–9 カ月で成獣になる．寿命は 2 年以下と短い（Nellis, 1989）．成獣の体サ

**図 3.5** フイリマングース *Herpestes auropunctatus*（撮影：中田勝士）．

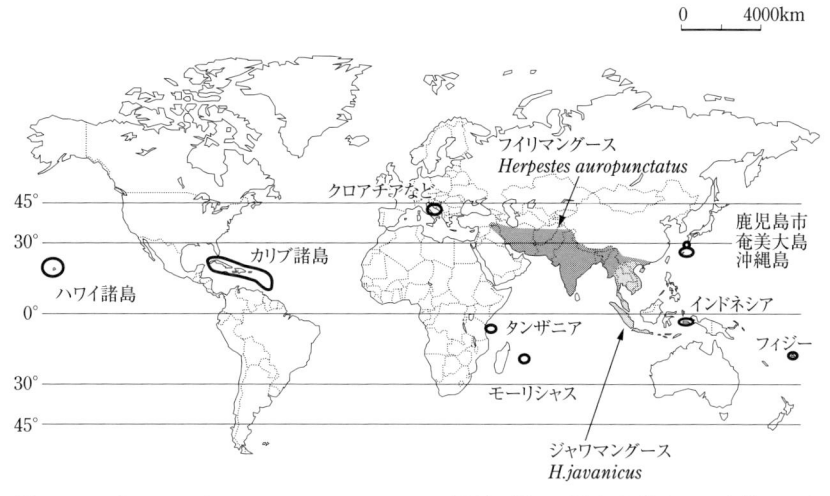

**図 3.6** フイリマングース *H. auropunctatus* の原産地（濃い灰色）と導入され定着した島嶼や地域（丸の囲み）．従来の種名ジャワマングース *H. javanicus* は DNA 分析で 2 種に区分されたため（Veron *et al.*, 2007），ここでは導入種名としてフイリマングースを使用する（本文参照）．

イズは性的二型を示し，体重はオスで 600–1000 g，メスで 400–600 g とオスはメスに比べ 1.5–2 倍大きい．生まれた子は，生後 6 週間（体重約 200 g）ごろから母獣に随伴して狩りを行い，4–6 カ月齢後に独立する．昼間に活動し夜間は休息する昼行性で，とくに時間帯では 10–14 時に活発という．マングースは温暖な環境に適応している．原産国では 1 月の平均気温が 10℃ の等温線を境界として暖かい地域に生息するため，定着地域においてもマングースの体温（39.5℃）を維持できる環境温度（10–41℃）が，分布の生理的制限要因の 1 つにあげられる（Nellis and McManus, 1974; Nellis, 1989）．食性は雑食性で，昆虫，小型の脊椎動物，ほかの無脊椎動物，ときには果実も食べる．マングースは可能な限り水を避けて行動するようで，雨期での行動は低下し，また水深 5 cm 以上の水には積極的には入らず，距離で 120 m 以上の島間での侵入はない（Nellis, 1989）．このため，島間の定着は人為的導入の可能性が高いという（Barun et al., 2011）．

　カリブ海の島嶼におけるマングースの行動圏はメスで 2.2–3.1 ha，オスで 3.6–4.2 ha で，行動圏は重複する（Nellis, 1989）．生息密度は，1 ha あたり 1–10 頭以上（カリブ海の島嶼の例；Nellis, 1989）で，平均では 2.5 頭/ha（Pimentel, 1955a）である．ハワイ・オアフ島では，メスの行動圏は 1.4 ha で，オス 5 頭は 20 ha ほどの面積を重複的に利用するという（Hays and Conant, 2007）．日本においても沖縄島や奄美大島のマングースの生態情報も集められており，繁殖特性は海外例におおむね類似するが，ラジオテレメトリー調査から行動圏はメスで 12.9 ha，オスで 18.4 ha で，カリブ海の事例よりもやや広い（阿部，1995 など；環境庁，2000；Ogura et al., 2001 など；Yamada et al., 2009）．いずれにしても，同程度の体重の小型食肉類（体重 300–900 g）の行動圏（30–120 ha）に比べて，マングースの行動圏はきわめて狭いために，生息密度は比較的高い．

### （3）　導入先と定着個体群の遺伝的多様性の低下

　マングースが導入され定着した地域は，世界で少なくとも 76 の島嶼と地域である（表 3.4；Barun et al., 2011）．地域的にもっとも多い海域はカリブ海（38 島嶼）で，次いで太平洋（24 島嶼），東ヨーロッパ（5 島嶼），アフリカ・インド洋（3 島嶼），および大陸の南米とヨーロッパおよび北米の

## 第3章 海外の外来哺乳類対策

**表 3.4** マングースが導入された世界の島嶼の数と大陸の地域の数 (Barun *et al.*, 2011)

| 海域・大陸 | 島嶼・地域名 | 数 |
| --- | --- | --- |
| カリブ海 | キューバ，ヒスパニョーラ，ジャマイカ，プエルトリコ，トリニダードなど | 38 |
| 太平洋 | ハワイ，ビティレブ島，バヌアレブ島，沖縄島，奄美大島など | 24 |
| 東ヨーロッパ | フヴァル島，コルチュラ島など | 5 |
| アフリカ・インド洋 | モーリシャス，グランドコモロ島，マフィア島 | 3 |
| 大　陸 | ギアナ，スリナム，クロアチア（ペルジェサック半島を含む），ボスニア，ヘルツェゴビナ，モンテネグロ，USA フロリダ | 6 |
| 合　計 |  | 76 |

一部（6地域）で認められる．オーストラリアにも導入記録はあるが，定着に失敗した（Long, 2003）．

　導入年は，カリブ海域のジャマイカ（1872年）が最初である．ヨーロッパ南東部（バルカン半島のアドリア海沿岸）では1883年や1970年に導入があり，そして日本では沖縄島で1910年，および奄美大島で1979年に人為的に導入された．奄美大島が，世界中で最後の導入年となる．このように，マングースはいまから100–140年ほど前にほぼ同時に熱帯地域に拡大し，その後（30–40年前），一部の亜熱帯地域や温帯地域に拡大した．この理由は，植民地の農地開拓の拡大にともなうネズミ被害の増加，また毒蛇への天敵効果の誤信が，地域内や地域間で風評的に伝わり，導入の効果影響の検証やモニタリングのないままにつぎつぎと導入されたためである．一方，近年では，非意図的侵入がおもに定着地の周辺部で起きている．たとえば，ハワイ諸島で唯一未侵入のカウアイ島では2004年にマングースの目撃例があり，またサモアの島嶼（ウポル Upolu 島）では2010年に発見され駆除対策が実施され，オス1頭が捕獲されたという（Martin, 2004; Gray, 2010; ISSG, 2010）．また，ニューカレドニアにおいてもマングースの生息報告があり，2個体が捕獲されたという（ISSG, 2010）．フィジー諸島では，13の島嶼にマングースは生息するが，近年の遺伝解析からフイリマングースとは別種のインドトビイロマングース *H. fuscus* の定着が確認されており，新たな外来マングースの出現とともに，世界自然遺産指定候補の島嶼へのマングースの侵入が危

より改変).

| 国 | 面積 km$^2$ | 導入年 |
|---|---|---|
| キューバ，ハイチ，ジャマイカ，USA，フランスなど | 110861-0.005 | 1872-1910 |
| USA，フィジー，日本，サモア，インドネシアなど | 10432-0.74 | 1883-1979 |
| クロアチア | 297.4-2 | 1883-1970 |
| モーリシャス，コモロス，タンザニア | 2040-394 | 1883 |
| 南米，ヨーロッパ，USA | | 1882-1900 |

惧されている（Morley, 2004, 2007; Patou et al., 2009; Veron et al., 2010）．さらに，ヨーロッパ南東部での近年の分布拡大は，アドリア海沿岸の重要な生物多様性保護地域（両生類やカメ類など）への脅威として危惧されている（Barun et al., 2008; Ćirović et al., 2011）

　マングースは原産地インドから少数個体を創始個体として，1世代を1年程度とすると，世代的にはおよそ30-140世代以上が過ぎたことになる（図3.7）．原産地（2個体群）と導入地個体群（10個体群）との遺伝的研究によると，創始者効果やボトルネック効果などの組み合わせによって，遺伝的多様性の低下や祖先系と異なる遺伝子構成（遺伝子型）が認められている（Thulin et al., 2006）．個体群ごとの近交係数は，原産地の個体群（0.11-0.12，バングラデシュやパキスタン）で高いが，導入先（0.009-0.03，ジャマイカ，ハワイ）で低下し，この値は祖父母と孫との関係以下に相当するが，原産地からマングースを直接導入した沖縄島（0.10）は，原産地（0.11-0.12，バングラデシュやパキスタン）と同じである．一方，対立遺伝子の出現頻度（多様性頻度）は，原産地（4.1，バングラデシュ）で高いが，原産地から3回導入を経たファジョウ（Fajou）島（1.9）で低く，また沖縄島（2.9）や沖縄島から直接導入された奄美大島（2.8）でやや低い．これは，創始者効果の影響と考えられる．これらのことから，外来マングースは，導入の歴史のとおりに導入個体群間の遺伝的関係を示し，遺伝的多様性の低下を起こしている．遺伝的情報の蓄積は，再侵入や非意図的侵入が起きたとき

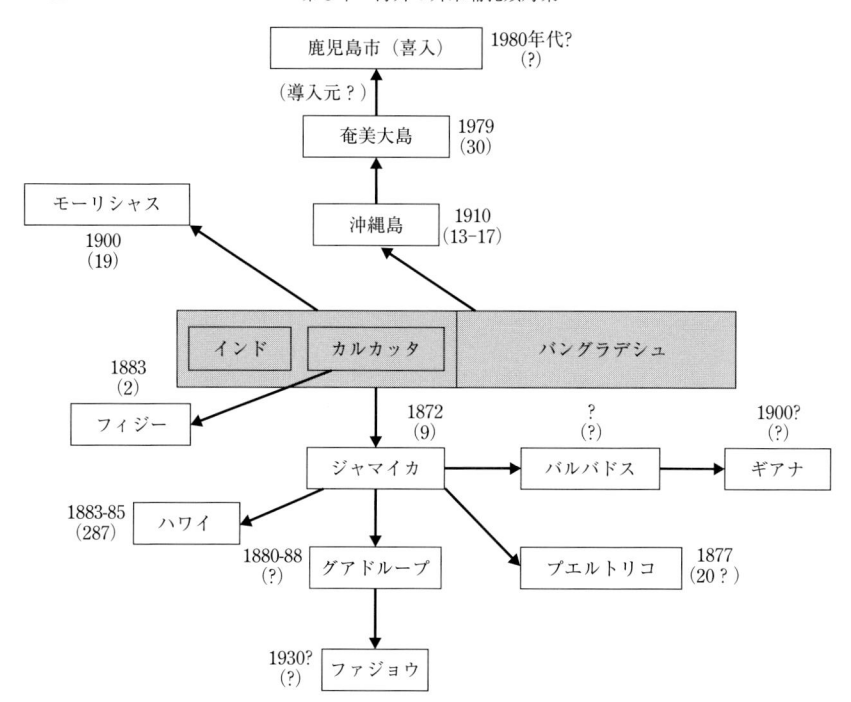

**図 3.7** マングースの導入経路．マングースは原産地（中央の灰色の箱）から導入や再導入によって世界に拡散した．数値は導入年（上段）と個体数（下段のカッコ）を示す (Thulin et al., 2006 より改変).

の原因解明に役立つ．なお，遺伝的情報から見ると，原産地から直接導入された経緯を持つ沖縄島・奄美大島個体群の近交係数は原産地なみに高いが，ボトルネック効果の影響で遺伝的多様性は低下している．しかし，定着年数が長く，遺伝的多様性の数値の低い島嶼個体群においても生存への影響についての報告はないことから，沖縄島・奄美大島個体群においても生存への影響は考えにくい．

### （4） 誤算だった天敵導入

マングースが天敵として最初に導入されたのは，先にも述べたが，西インド諸島のジャマイカである（Espeut, 1882; 岸田, 1927; Nellis, 1989）．イギリスの植民地として 18 世紀末に大規模なサトウキビ農園開発の行われたジャマイカでは，ネズミ類（クマネズミ *Rattus rattus* やドブネズミ *R. nor-*

*vegicus*）による被害が多発した．当時イギリス植民地下のインドではマングースがネズミ駆除に有効で，また船内のネズミ駆除にも効果があるという理由で，1872 年に 9 頭のマングースがインドからジャマイカに導入された．マングース導入後 3 年目にネズミ被害は減少し，それまで収穫の不可能な農作物も栽培可能となった．ジャマイカのネズミ駆除の成功により，同じようなネズミ被害に苦しむカリブ海の島嶼やハワイなどに一挙にマングースは導入された．しかし，やがてマングースの個体数が増えると，農業被害や家禽被害が増加し，ネズミの被害よりも大きいことや樹上性のクマネズミの駆除には効果の少ないことが理解され始めた．さらに，在来種の陸生動物（ヘビ，トカゲ，カニ，カエル，昆虫類など）への捕食影響が強く，爬虫類や陸生鳥類のクイナなどの絶滅が起きた（Espeut, 1882; Nellis and Everard, 1983; Nellis, 1989; Borroto-Páez, 2009; Lewis *et al.*, 2011）．また，狂犬病の媒介やレプトスピラ症の伝播にも関与することが明らかになってきた（Nellis, 1989）．このため，ジャマイカでは 1890 年にマングース駆除が開始され，またカリフォルニアでは 1898 年に検疫法で輸入禁止にした（岸田，1927）．

　マングースの天敵導入の目的は，ネズミ対策に加えてヘビ対策でもあった．これは，R. キプリング著『ジャングル・ブック』（1890 年）のなかで，毒蛇のコブラに対して果敢に攻撃するマングースの寓話が公表されて以来，西ヨーロッパで信じられるようになった．しかし，実際には，マングースの毒蛇への天敵効果の検証はなく，日本ではハブに対するマングースの捕食の証拠が認められず，天敵効果はない（第 4 章参照）．なお，ヘビ対策として導入された地域とヘビの種類は，日本の沖縄島や奄美大島においてハブ *Protobothrops flavoviridis*，西インド諸島フランス領のマルティニークにおいてヤジリハブ（fer-de-lance）*Bothrops lanceolatus*，西インド諸島セントルシア島においてセントルシアヤジリハブ（Saint Lucia lancehead）*B. caribbaeus*，およびアドリア海の島嶼においてクサリヘビ（horned viper）*Vipera ammodytes* である（Barun *et al.*, 2011）．

（5） 世界のマングース対策──根絶とコントロール

　マングース対策でこれまでに根絶対策の成功事例は 7 例ほどあり，またコントロール（個体数調整）対策の成功事例は 9 例ほどある（表 3.5; Barun

表 3.5 導入されたマングースの対策 (Barun et al., 2011 より改変).

| 対策 | 海域・大陸 | 島嶼名・地名 | 国名 |
|---|---|---|---|
| 根絶成功 | 本土 | ドッジ | フロリダ, USA |
| | カリブ海 | ファジョウ | フランス（海外県） |
| | カリブ海 | バック | USA |
| | カリブ海 | グリーン | アンティグアーバーブーダ |
| | カリブ海 | レダック | USA |
| | カリブ海 | プラスリン | セントルシア |
| | カリブ海 | コドリントン | アンティグアーバーブーダ |
| 根絶失敗 | カリブ海 | ビネロス | プエルトリコ, USA |
| | カリブ海 | バック | USA |
| 根絶進行中 | 太平洋 | 沖縄島 | 日本 |
| | 太平洋 | 奄美大島 | 日本 |
| | 太平洋 | 鹿児島県鹿児島市喜入 | 日本 |
| 個体数調整進行中 | カリブ海 | キューバ | キューバ |
| | カリブ海 | ジャマイカ | ジャマイカ |
| | 太平洋 | ハワイ | USA |
| | カリブ海 | プエルトリコ | USA |
| | アフリカ | モーリシャス | モーリシャス |
| | カリブ海 | セントルシア | セントルシア |
| | カリブ海 | グレナダ | グレナダ |
| | アドリア海 | フヴァル | クロアチア |
| | カリブ海 | ヨスト・ヴァン・ダイク | バージン諸島, UK |

*( ) は対策対象の面積.
**ISSG Global Invasive Species Database から.

et al., 2011). 対策の目的は，おもに在来種保護と狂犬病予防および初期発見個体の排除（初動対応）のためである．マングースの根絶成功事例は，現段階では，狭い面積（1 km² 程度）を対象にしての小規模の対策しかなく，一方，コントロールの事例では比較的広い面積を対象に実施し，成果が得られている．しかし，対策の実態や在来種の回復などのくわしい情報は少ない．これらの事例からいえることは，「対策を実施すれば，実施しただけの効果が得られる」であろう．また今後，より大きな面積で大規模な対策を実施し成功に導いていくために，より詳細に吟味すれば参考になると思われる．以下では，Barun ら (2011) のレビューを参考に，さらにほかの文献で補足し，これまで行われてきた各地のマングース対策を紹介する．

| 面積 (km²)* | 人間の住居 | 導入年** | 対策実施年 |
|---|---|---|---|
| 4.00 | 有 | 1976年発見情報 | 1977年根絶成功 |
| 1.15 | 無 | 1930 | 2001年3月実施，17日間で76頭捕獲し根絶成功 |
| 0.72 | 無 | 1910 | 1980年代根絶成功 |
| 0.43 | 無 | 1880年代後期か1900年代初期 | 1970年代根絶成功 |
| 0.06 | 無 | 1884 | 1970年代根絶成功 |
| 0.01 | 無 | 1880年代後期か1900年代初期 | |
| 0.01-0.43 | 無 | 1880年代後期か1900年代初期 | |
| 3.90 | 無 | 1877 | |
| 0.72 | 無 | 1884 | |
| 1208 (340) | 有 | 1910 | 2005 |
| 712 (450) | 有 | 1979 | 2005 |
| 40 | 有 | 1970年代後期か1980年代初期 | |
| 110861 | 有 | 1880年代後期か1900年代初期 | |
| 11190 | 有 | 1882 | |
| 10432 | 有 | 1883 | |
| 9104 | 有 | 1877 | |
| 2040 | 有 | 1902 | 1988 |
| 640 | 有 | 1880年代後期か1900年代初期 | |
| 344 | 有 | 1878 | |
| 297 | 有 | 1970 | |
| 8.50 | 有 | 1884 | |

**根絶に成功した事例**

在来種保護のために根絶に成功した事例では，比較的体系的な対策として，カリブ海のフランスの海外県の1つのグアドループ（Guadeloupe；人口45万人）の北隣の無人島ファジョウ（Fajou）島（面積1.15 km²，海抜1-2 m）があげられる（図3.8）．タイマイ *Eretmochelys imbricate* の営巣産卵やクイナ *Rallus longirostri* 保護のために，2001-02年に外来種のマングース（1930年導入），マウス *Mus musculus* およびクマネズミを同時に根絶させる対策が実施された（Lorvelec *et al.*, 2004）．駆除方法はネズミワナ（640個）と殺鼠剤を用い，多くの場所（面積1.04 km²のマングローブ林）ではマングースの行動圏を考慮して，ワナを30 m×60 mグリッドに設置し，ま

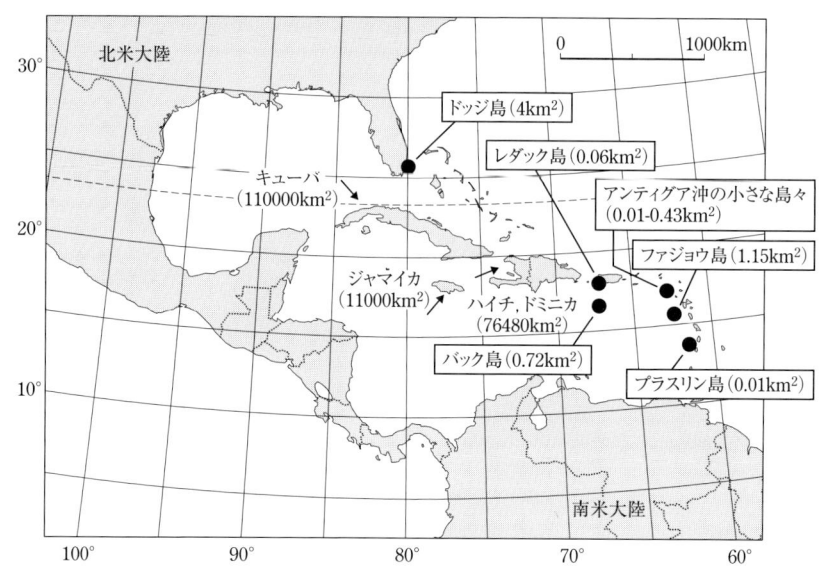

図 3.8 マングースの根絶に成功した6つの島嶼.

た残りの場所（面積 0.11 km² の乾性植生）ではネズミの行動圏を考慮して 30 m×30 m グリッドに設置した．捕獲作戦は3月，12月および1月に実施し，マングースは 12335 ワナ日（2001年1月の17日間）で 76 頭を捕獲し，根絶させた．マウスは最終的に 2002 年 12 月に根絶させたらしいが，クマネズミは根絶に至らなかった（Lorvelec and Pascal, 2005）．この結果，タイマイの卵の孵化率が高まり，クイナやカニの回復が認められた（Lorvelec et al., 2004）.

根絶のほかの例では，カリブ海のアメリカ領の無人島の保護区バック（Buck）島（面積 0.72 km²）で，マングース（1910 年導入）の捕獲を 1960 年から 10 年間実施したが根絶に失敗し，その後，1980 年代初期に再度捕獲により根絶させ，在来種のトカゲ類が増加した（McNair, 2003; Barun et al., 2011）．このほかの事例としては，初期発見個体（1976 年）を捕獲などにより 1977 年に根絶させたアメリカ合衆国のマイアミ港の人工島ドッジ（Dodge）島（4 km²）がある（Nellis et al., 1978）．ドッジ島はカリブ海の島々との貿易港のため，少数個体が貨物に便乗し，非意図的に侵入したと考えられている．早期発見と初動対応の成功例といえる．レダック

(Leduck) 島（0.06 km$^2$）は 1970 年代，カゴワナ（餌は肉）により繁殖個体群を根絶したという．プラスリン（Praslin）島（0.01 km$^2$）では，トラップで 1 頭を捕獲し，生息が確認されていない（Barun et al., 2011）．アンティグア（Antigua）のコドリントン（Codrington）などの島嶼（0.01-0.43 km$^2$）では，クマネズミの殺鼠剤（brodifacoum）による二次毒性によってマングースは根絶したという（Barun et al., 2011）．

### 根絶に失敗した事例

マングース根絶に失敗した事例は 2 つある（表 3.5）．1 つは，プエルトリコで狂犬病予防のために毒餌（殺鼠剤の硫酸タリウム）による根絶作戦を実施したが，後に残存個体を発見し失敗であった（Pimentel, 1955a, 1955b）．プエルトリコ本島（対象地 2.6 km$^2$ を 2 カ所）で毒餌の効果試験を実施した後，対象のピネロス（Pineros）島（面積 3.9 km$^2$，熱帯植生が密生）での根絶作戦のために，約 60 m おきの毒餌給餌（干しダラ）を 14 日間実施し，ワナ捕獲で捕獲ができなくなったため根絶と判断した．しかし，4 カ月後の確認調査で複数の幼獣を捕獲で確認し，根絶に失敗したと判断した．幼獣が巣穴に隠れていたか，体重が軽くワナで捕獲できなかったか，あるいは毒餌設置範囲が不十分で，幼獣が毒餌をとらなかったと考えられた．また，先述したバック島（面積 0.72 km$^2$）で，初期の対策（1962 年）で 10 年間の捕獲や毒給餌を行ったが，マングースは残存したために根絶に失敗した（McNair, 2003；Barun et al., 2011）．

失敗の理由については，対策の情報が少なく推測せざるをえないが，捕獲や毒餌による根絶作戦において，不完全な駆除によって残存個体がおり，また実施後の生息確認が不完全であったことがあげられる．こうした事例からは，残存個体の対処法や作戦実施後の翌年以降も含めて継続的対策などの必要性が教訓として得られる．

### コントロール対策の事例

在来種保護のためのコントロール対策は 7-8 例ほどある（Barun et al., 2011；表 3.5）．ジャマイカでは，絶滅寸前のジャマイカイグアナ *Cyclura collei* の回復保全のために，1997 年から 1000 頭のマングースが捕獲されて

いる．また，ジャマイカの近くの2つの島嶼で，同時に複数の外来種（マングース，ネコおよびヤギ）の根絶対策が計画されている．イギリス領バージン諸島のヨスト・ヴァン・ダイク（Jost Van Dyke；JVD）島（面積8.5 km$^2$，人口250人）では，マングース（1970年代に毒蛇対策で導入）が2006年からカゴワナでの捕獲が開始された．プエルトリコでは，絶滅寸前のプエルトリコオウム *Amazona vittata* を保護するためにマングースの捕獲を行い，また狂犬病予防対策のための捕獲も行われている（Barun *et al.*, 2011）．アメリカ合衆国領バージン諸島では，野生生物局によるウミガメ繁殖地での季節的な捕獲が行われている．セントルシアではイグアナ生息地保護のために捕獲の予備調査が行われた．トリニダードでは，1900年初期にマングース捕獲が行われ，20万頭ほどのマングースが断続的に10年間に捕獲されたという．グアドループでは，1977年に2万頭弱のマングースが捕獲された．ハワイ島では政府などにより繁殖鳥類の保護のための捕獲が，山岳地や沿岸や森林などの小面積（1 km$^2$ 以下）で，カゴワナや毒餌（ベイトステーション）で実施されている．また，アメリカ農務省では，ハワイにおけるマングースの野外試験として，ルアー，誘引物，誘引餌の評価が実施されている（Sugihara *et al.*, 2008）．モーリシャスでは，1988年以降に保護鳥モーリシャスカラスバト *Columba mayeri* の生息地において，木製ワナや捕殺ワナを10-12名の従事者が周年の集中的捕獲によってマングースの低密度化とカラスバトの回復に成功を収め，両種の個体群モデルと感度分析にもとづき長期的に管理されている（Roy *et al.*, 2002）．アドリア海沿岸で，地元の狩猟者がカゴワナやトラバサミで捕獲した個体を買い上げる方式によってコントロールが実施され，また別の場所では，殺鼠剤を使用して駆除作戦が実施されている（Barun *et al.*, 2011）．

　一方，狂犬病対策での事例は2-3例（キューバ，グレナダなど）ある（Barun *et al.*, 2011）．キューバでは，1981-85年に100万個の混獲防止用の竹筒やブリキ製筒に収納された毒餌（鶏卵）とワナによる捕獲が行われた．グレナダでは，1970年代中ごろに狂犬病予防対策のために300個の毒餌（モノフルオロ酢酸ナトリウム，化合物1080をしみ込ませた牛革）を各地に9カ月間にわたり設置し，マングース密度を半減（haあたり7.4頭から2.5頭）させたが，対策終了6カ月以内に個体数は回復したという．

## （6） 外来食肉類の根絶対策の成功事例との比較

マングース対策において，根絶対策の成功事例は小面積（最大で1 km$^2$ 程度）では達成されており，またコントロール対策では，比較的大面積を対象に成果をあげている．これらの成果から，集約的で継続的な対策によって，根絶や個体数管理はある程度達成でき，その結果，在来種回復も達成されることがわかる．またマングースの生態や繁殖などの知見を活用しながら，残存個体の確認や絶滅確認を行う必要があるといえる．

現在のわが国で実施されている大規模面積を対象としたマングースの根絶対策は，集約的で継続的な捕獲作戦を展開しており，現在，捕獲数の急激な減少など個体群を相当除去した段階を達成しており，在来種の回復も認められ，成果が得られつつある（環境省那覇自然環境事務所，2010a, 2010b）．以下では，今後この対策が完全な根絶を達成するために，ほかの根絶事例との比較検討を行ってみる．ニュージーランドのオコジョ *Mustela ermine*（Murtrie *et al.*, 2008, 2011；Clayton *et al.*, 2011；Edge *et al.*, 2011）とイギリスのアメリカミンク *Neovison vison*（Roy *et al.*, 2009 ほか）の根絶対策の事例や進行中の対策との比較によって検討した（表3.6）．これらはマングースとは生態的特性がそれぞれ異なるが，体サイズの類似する食肉類の事例である．これらの事例は，小規模面積での根絶成功をきっかけに，しだいに大規模面積（数百 km$^2$）を対象にして根絶を達成し，あるいは実施中の例である．

### 外来食肉類2種の大規模根絶対策の成功事例

ニュージーランドでは，イタチ類（とくにオコジョ）の根絶対策の成功事例としては，1998年から2005年にかけ，小面積の島嶼（面積5 km$^2$ から13 km$^2$ の3島）で達成され始めた．このシステムを用いて，その後，さらに大きなセクレタリー（Secretaly）島（81 km$^2$，標高1196 m）で2005年から，またレゾリューション（Resolution）島（208 km$^2$，標高1069 m）で2008年から根絶作戦が展開されている（表3.6）．レゾリューション島では，捕獲方法は230 kmのワナラインと2300個ほどのイタチ用トンネルワナで，9 ha あたり1個のワナ配分として，トラップライン沿いにワナの間隔距離

**表 3.6** マングースの根絶対策と外来食肉類の根絶対策の成功事例.

| | 外来食肉類 | 根絶事業の |
| --- | --- | --- |
| | | マングース |
| 島　名 | 奄美大島（進行中）* | ファジョウ島 |
| 面　積（km²） | 712（対象面積 450） | 1.15 |
| 標　高（m） | 694 | 1-2 |
| 侵入年・導入年 | 1979 | 1930 |
| 標的種の行動圏面積（ha） | 4.99 | メス 2.2, オス 3.6 |
| 体　重（g） | | メス 400-600, オス 600-1000 |
| 在来種 | 陸生動物が多種類生息 | タイマイ産卵地, クイナなど |
| 総期間 | 2005-14 年 10 年計画 | 2001 年 3 月の 17 日間 |
| 予　算 | 1.5 億円/年 | ― |
| 人　員 | 42 | ― |
| 駆除方法 | ワナ | ワナ |
| 餌 | 豚脂, スルメ | 魚油, 豚脂など |
| ワナラインの総距離（km） | 1145 | ― |
| ワナラインごとの間隔（m） | 100 以内, 100 以上 | 30, 一部 60 |
| ワナ間隔（m） | 林道沿い 100 林内 50 | 30 |
| ワナタイプ | 生け捕りカゴワナ, 筒ワナ（捕殺ワナ） | 生け捕りカゴワナ |
| ワナ数（個） | 23000 | 640 |
| 総ワナ日 | 220 万/年 | 12335/期間 |
| 作　戦 | | |
| 準　備 | 有害駆除, 1996-2004 年 9 年間予備調査（技術, 評価法の開発） | 技術, 評価法の開発 |
| 捕獲 | 周年毎日のワナと毒（予定） | 2001 年 3 月（76 頭マングース捕獲され根絶達成） |
| 捕獲（根絶確認） | 未定 | 2001 年 12 月と 2002 年 1 月のワナ |

| 事例 | イタチ（オコジョ） | ミンク | |
|---|---|---|---|
| | レゾリューション島（進行中） | ヘブリディーズ諸島のユイスト諸島（南・北ユイスト島とベンベキュラ島） | ヘブリディーズ諸島のルイス島とハリス島（進行中）** |
| | 208 | 706 | 800 |
| | 1069 | 620 | 1039 |
| | 1900 | 1990年代，南ユイストは2002年 | 1960年代 |
| | メス124，オス206 | メス9.7，オス28 | |
| | メス100-300，オス200-500 | | メス400-800，オス800-1500 |
| | 陸生哺乳類はいない，地上営巣鳥類など | ハリネズミなど，地上営巣鳥類 | 陸生哺乳類，地上営巣鳥類など |
| | 2008年からの10年計画 | 2001-06年の5年で達成 | 2007-11年の4年計画 |
| | — | — | 0.13億円/年*** |
| | 18 | 8 | 12 |
| | ワナ | ワナ（殺処分は空気銃） | ワナ（殺処分は空気銃） |
| | 鶏卵 | 魚油，ミンク臭腺商品（アメリカ製） | 魚油，ミンク臭腺商品（アメリカ製） |
| | 230 | — | — |
| | 700 | — | — |
| | 105 | 河川水域沿いに400 | 河川水域沿いに400 |
| | 木製，金網製，アルミ製のボックスにDOC50 | 生け捕りカゴワナ | 生け捕りカゴワナ |
| | 2300 | 4500-10000 | 7500 |
| | | 3万/年 | 3万/年 |
| | 1998年以来，バウザ（4.8 km²），カカフ（5.11 km²），アンカー（12.8 km²）の3島で根絶成功．29島でコントロール実施．2005年からセクレタリー島（81.4 km²）でも945個の集中的ワナネットワークで根絶開始．ノックダウン（2008年の冬季に2回プリベイティング，1回のワナセット） | 技術，評価法の開発 | ヘブリディーズ・ミンク・プロジェクトの発展 |
| | 年に2-3回のワナ | 1つのトラップラインを1-2週間設置．1名の捕獲人は毎日25-60個のワナチェック，捕獲期間の重点化（交尾期2-4月，分散・定着期8-12月） | 1つのトラップラインを1-2週間設置．1名の捕獲人は毎日25-60個のワナチェック，捕獲期間の重点化（交尾期2-4月，分散・定着期8-12月） |

（つづく）

表 3.6 （つづき）

| | 外来食肉類 | 根絶事業の |
| --- | --- | --- |
| | | マングース |
| 島　名 | 奄美大島（進行中）* | ファジョウ島 |
| モニタリング | ワナ，ヘアトラップ，探索犬など | 2001年12月と2002年1月のワナ |
| 評価（捕獲頭数） | 2005-10年に21000（参考1979-2004年に11000） | 76 |
| 評価（在来種回復） | 在来希少種の回復（アマミノクロウサギ，トゲネズミ，ヤマシギなど） | タイマイの卵の孵化成功，クイナやカニの捕獲数の増加 |
| 再侵入予防方法 | ― | ― |
| その他 | ― | 外来マウスも同時に根絶，クマネズミは根絶寸前（毒餌も併用） |
| 引用文献 | 環境省，2010 | Lorvelec et al., 2004 |

*根絶事業の途中で，捕獲数は大幅減少状態で捕獲のない地域の増加，在来種回復認められる．
**ヘブリディーズ・ミンク・プロジェクトにもとづいた推定値．
***1ユーロ=120円で換算．
―：不明．

は 105 m で設置した．またトラップラインどうしの間隔は 700 m とした．いずれかのワナが行動圏（メス 124 ha，オス 206 ha）に入るようにした．ワナは内部に 1-2 個のトラバサミ（DOC150）の入った箱ワナとカゴワナである．捕獲は，環境中に餌の少ない冬季が選ばれている．短期間に掃討するノックダウン作戦として，プリベイティング（事前餌付けとワナ慣れ）では，動物がワナに対して警戒心を少なくするために，ワナのトリガーが作動しないようにしたワナにエサを設置し，動物が自由に餌だけをとれるように仕掛ける．プリベーティングは，現地では冬季に相当する 2008 年 6 月と 7 月の 2 回実施し，そのうえで 8 月に，ワナのトリガーが作動するようにセットし，実際の捕獲を実施し，短期的に根絶を図る計画である．絶滅危惧種（キウイや大型カタツムリなど）の保護や希少種の再導入も予定されている．

| 事例 | | |
|---|---|---|
| イタチ（オコジョ） | ミンク | |
| レゾリューション島（進行中） | ヘブリディーズ諸島のユイスト諸島（南・北ユイスト島とベンベキュラ島） | ヘブリディーズ諸島のルイス島とハリス島（進行中）** |
| ワナ，捕獲個体分析（齢査定，性比） | ワナと捕獲個体分析（齢査定，性比），探索犬（営巣場所探索），目撃情報など | ワナと捕獲個体分析（齢査定，性比），探索犬3頭（営巣場所探索），目撃情報など |
| 258 | 2001-06年 532 | 2007-11年 1479 |
| 在来種回復（キウイ，大型カタツムリなど） | 海洋性鳥類（アジサシ，カモメなど）繁殖増加 | 海洋性鳥類（アジサシ，カモメなど）繁殖増加 |
| 侵入経路にワナ（DNA分析と安定同位体分析で本島産の侵入確認） | モニタリング（ワナかけ） | モニタリング（ワナかけ） |
| 外来アカシカ，マウスも同時に根絶 | 外来フェレット，ドブネズミも駆除 | — |
| Murtrie *et al.*, 2008; Clayton *et al.*, 2011; Edge *et al.*, 2011 | Roy *et al.*, 2009 ほか | Roy *et al.*, 2009; Ian Macleod 私信 |

段階．沖縄島北部やんばるでも同様の根絶事業を実施．

　ほかの成功事例は，イギリス北西部のヘブリディーズ諸島のアメリカミンクの例である．ヘブリディーズ・ミンク・プロジェクトでは，アメリカミンクのおもな生息地である海岸線や内陸水路の縁に沿って，4500個のワナを400 m間隔でトラップライン状に設置した．本種の行動圏はメスで9.7 ha，オスで28 ha程度である．ワナの設置場所は水域から400 m以内に設置された（表3.6）．各ワナは1回に2週間稼働させ毎日点検した．1人あたりの捕獲人のワナ点検数は30-50個であった．したがって，通常，それぞれのトラップラインは年に4-5回捕獲する頻度になる．ワナは生け捕りカゴワナが主体で，誘引餌として魚油を初年度は用いたが，それ以降は，アメリカ製のミンク臭腺の商品を用いた．捕獲個体の殺処分は安楽死の方法として空気銃（ピストルタイプ）が効率を上げた．これらの結果，捕獲プロジェクト期間

の総ワナ数は延べ20万ワナ日になった．記録データとしては，ミンクの捕獲場所，性別と齢区分（当歳子と，歯の摩耗で幼獣と成獣に判別）を記録し，捕獲努力量あたりの捕獲数（CPUE）と場所あたりの捕獲努力量などを集計した．捕獲時期の重点化として，周年雇用の捕獲従事者8名に加えて，捕獲効率の高い時期に従事者の数を増やすことでワナ数を増やした．捕獲効率の高い時期は，交尾期（1–3月）と当歳子の分散期（7–9月）である．一方，活動が不活発になる時期は，とくにメスの営巣期（4–6月）においては，探索犬9頭（犬種はコリーとスパニッシュ）を用いて，とくに営巣地の探索を行った．営巣地が探索された場合は，巣の入口から20 m離して複数のワナをセットし，メスと子を捕獲した．また，探索犬は周年使用し，モニタリングとして残存個体の存否確認に使用した．さらに，一般人からの目撃情報も収集して残存個体の発見に役立てた．2001年から開始した駆除作戦は2006年に最後のミンクが捕獲された．捕獲当初はオスの捕獲が多かったが，最後5カ月間はメスばかり捕獲された．在来種の回復状況を見ると，駆除地域のアジサシの繁殖成功数は，非駆除地域と比べて有意に増加した．その後もモニタリングを続け，2010年に完全な成功を遂げ，2007年からはヘブリディーズ諸島北部で根絶作戦が展開されている（Roy *et al*., 2009; Ian Macleod 私信）．

**わが国のマングース根絶対策の成功のために**

奄美大島と沖縄島北部におけるマングース根絶のための対策は10年間計画（2005年から2014年）とし，捕獲方法はカゴワナと筒ワナが用いられ，雇用従事者（マングースバスターズ）30–40名ほどが周年捕獲作業に従事している（環境省，2010a, 2010b；詳細は第4章参照）．探索犬も用いられ，また沖縄島では，北部地域（やんばる）を分ける地帯に侵入防止柵が設置され，南部からの侵入を阻止している．ここではとくに，奄美大島の対策事例と比較しながら検討する．

奄美大島におけるマングース根絶事業は，本格的な対策が開始されて5年が経過した現在（2010年度末），捕獲努力量の大幅な増加にもかかわらず，マングースの捕獲数は急激に減少する一方で，在来種は回復傾向にある（図3.9；環境省那覇自然環境事務所，2010b）．このため，根絶対策の第一段階

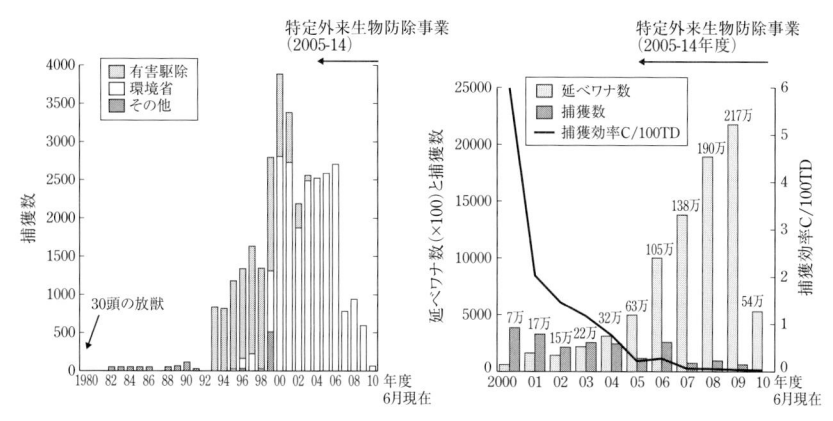

図 3.9 奄美大島におけるマングースの捕獲数の推移（左）と，2000年以降のワナ数，捕獲数および捕獲効率（捕獲数/100ワナ日）（右）．

はほぼ成功したといえる（山田ほか，2009）．つぎの段階としては，地域的な根絶を達成し，最終的には対象地域からの完全排除（根絶）に至ることが目標となる．

奄美大島におけるマングース根絶のための対策は，集約的でかつ大規模で長期の対策期間がとられているため，ほかの食肉類2種の成功事例と遜色なく，むしろ多くの勢力が投入されているといえる（表 3.6）．奄美大島における捕獲投入量は従事者数（42名），ワナ数（2.3万個），年間総ワナ日（最大で220万ワナ日）などの点でもほかの2種の例よりも多い．これは，対象地域の特性（たとえば，奄美大島では対象面積 450 km$^2$，標高 694 m，地形や湿潤亜熱帯植生）や非標的種の在来生物（多種類の陸生動物が周年生息）の豊富さなどが異なるためである．また，標的動物の特性の違いも大きい．たとえば，マングースの行動圏（奄美大島では 4.99 ha と設定）は，ほかの2種（オコジョで 124-206 ha，ミンクで 9.7-28 ha）に比べてかなり狭いため，ワナ間隔（マングースで 50 m，オコジョで 105 m，ミンクで 400 m）をより狭くして，行動圏内でのワナ数が増えるように設定するためである．また，マングースの行動圏は他個体と重複し排他的でなく，生息密度は場所によっては高密度に達する場合があり（例：モーリシャスで 50 頭/km$^2$；Roy et al., 2002，奄美大島で年間最多捕獲数 100 頭/km$^2$；環境省，2010b），

ワナに遭遇する個体を増やすためにも，ワナ間隔をより狭くするために，より投入量が増大する．

作戦としては，奄美大島の場合は事前に9年間の予備調査を実施し，捕獲方法やデータの収集方法や評価法が検討されてきた．これまでの捕獲数（2005-10年の5年間）は2万頭以上に達している．生息数の減少と捕獲効率の低下のために，残存するマングースを積極的に探索して捕獲する段階に達してきている．探索犬やヘアトラップあるいはセンサーカメラなどによって発見された個体を重点的に捕獲する方法で，毒餌の使用も検討されている（第4章参照）．

ほかの食肉類2種の成功事例では，冬季のノックダウン（短期掃討作戦）や動物の活動期や捕獲されやすい時期に捕獲の重点化を図り根絶に成功している．このなかで，先述したマングースの生息の生理的制限要因として「1月の生息環境の温度10℃以上」が指摘されているが（Nellis and McManus, 1974），わが国のマングースの生息地における1月の平均最低気温（気象庁気象統計情報：http://www.jma.go.jp/jma/menu/report.html）は，沖縄島（名護市13℃，最低気温3.6℃，期間1973-2011年）と奄美大島（奄美市名瀬11.8℃，最低気温5.1℃，期間1971-2011年）でそれと同程度か低い日もあり，一方，鹿児島（鹿児島市喜入4.3℃，最低気温マイナス3.6℃，期間1979-2011年）で，それよりかなり低温地域である．わが国に生息するマングースにとっては，冬季はマングース自身の体温維持からみて，きわめて厳しい生存環境に置かれているといえる．捕獲の重点化としては，冬季は効果的な時期の1つになるだろう．

奄美大島と沖縄島北部でのマングース根絶対策の特徴は，世界的に見てこれまでの事例対象地域に比べて，面積の大きさ，生態系の複雑さ，予算的措置の大きさ，さらに組織的な取り組み，データ収集など初めてのケースといえる．未踏の試みであるために，独自の手法や作戦を考案し実施せざるをえない．今後，根絶成功に向けて，さまざまな工夫やマングースの生態的特性を考慮した取り組みが求められ，完全排除の達成と生態系の完全な回復が期待される．

世界的に外来哺乳類対策への取り組みと成果が増えつつあるなかで，マングースにおいても本格的で戦略的な対策の成功事例づくりが期待されており，

わが国の大規模なマングース対策は，本格的な対策のモデルケースとして，大いなる期待が寄せられている．

この根絶対策を成功に導くには，さらに，対策上のリスクの管理，戦略的計画や作戦計画を順応管理的に立てることが重要である．第一段階（個体数を大幅に減少）を達成したわが国のマングース根絶対策が，今後，第二段階（残存個体の排除による地域的絶滅），そして最終段階（根絶確認と完了）に至るためには，さまざまな課題があるだろうが，ほかの外来生物での手法や先進事例などを参考に，国際ネットワークを利用しながら，わが国のマングース対策に適した独自の手法で進めていく必要がある．

## 引用文献

阿部慎太郎．1995．水晶体重量による奄美大島産マングースの齢査定．チリモス，6：34–43．

Archer, M., S. J. Hand and H. Godthelp. 1994. Patterns in the history of Australia's mammals and inferences about palaeohabitats. *In*（Hill, R. S., ed.）History of the Australian Vegetation：Cretaceous to Recent. pp. 80–103. Cambridge University Press, Cambridge.

Barun, A., C. C. Hanson, K. J. Campbell and D. Simberloff. 2011. A review of small Indian mongoose management and eradications on islands. *In* Island Invasives: Eradication and Management. IUCN, Gland（in press）．

Barun, A., D. Simberloff and I. Budinski. 2008. A ticking time-bomb? the small Indian mongoose in Europe. Aliens, 26：14–16．

Bomford, M. and P. O'Brien. 1995. Eradication or control for vertebrate pests? Wildlife Society Bulletin, 23：249–255．

Borroto-Páez, R. 2009. Invasive mammals in Cuba：an overview. Biological Invasions, 11：2279–2290．

Ćirović, D., M. Raković, M. Milenković and M. Paunović. 2011. Small Indian mongoose *Herpestes auropunctatus*（Herpestidae, Carnivora）：an invasive species in Montenegro. Biological Invasions, 13：393–399．

CITES. 2010. Convention on International Trade in Endangered Species of Wild Fauna and Flora. Appendices I, II and III. Valid from 14 October 2010. URL：http://www.cites.org/eng/app/appendices.shtml

Clayton, R. I., A. E. Byrom, D. P. Anderson, K.-A. Edge, D. Gleeson, P. McMurtrie and A. Veale. 2011. Density estimates and detection models inform stoat（*Mustela erminea*）eradication on Resolution Island, New Zealand. *In* Island Invasives: Eradication and Management. IUCN, Gland（in press）．

Clout, M. N. 2006. Keystone aliens? The multiple impacts of brushtail possums. *In*（Allen, R. B. and W. G. Lee, eds.）Biological Invasions in New Zealand.

pp. 265–279. Springer, Berlin.
Cowan, P. E., W. N. Grant and N. Ralston. 2008. Assessing the suitability of the parasitic nematode *Parastrongyloides trichosuri* as a vector for transmissible fertility control of brushtail possums in New Zealand: ecological and regulatory considerations. Wildlife Research, 35（6）: 573–577.
Cromarty, P. L., K. G. Broome, A. Cox, R. A. Empson, W. M. Hutchinson and I. McFadden. 2002. Eradication planning for invasive alien animal species on islands-the approach developed by the New Zealand Department of Conservation. *In*（Veitch, C. R. and M. N. Clout, eds.）Turning the Tide: The Eradication of Invasive Species. pp. 85–91. IUCN, Gland.
Duthie, C., G. Gibbs and K. C. Burns. 2006. Seed Dispersal by Weta. Science, 311（5767）: 1575
Edge, K.-A., D. Crouchley, P. McMurtrie, M. J. Willans and A. Byrom. 2011. Eradicating stoats (*Mustela erminea*) and red deer (*Cervus elaphus*) off islands in Fiordland. *In* Island Invasives: Eradication and Management. IUCN, Gland（in press）.
Espeut, W. B. 1882. On the acclimatization of the Indian mongoose in Jamaica. Proceedings of Zoological Society of London, 50: 712–714.
Fraser, K. W. 2001. Introduced Wildlife in New Zealand: A Survey of General Public Views. Landcare Research Science Series No. 23. Manaaki Whenua Press, Lincoln.
Gibbs, G. 2006. Ghosts of Gondwana: The History of Life in New Zealand. Craig Potton Publishing, Nelson.
Gilchrist, J. S., A. P. Jennings, G. Veron and P. Cavallini. 2009. Family Herpestidae（mongooses）. *In*（Wilson, D. E. and R. A. Mittermeier, eds.）Handbook of the Mammals of the World. Vol. 1. Carnivores. pp. 262–328. Lynx Editions, Barcelona.
Gray, A. 2010. Samoan Invasive Species Team traps mongoose in Samoa. Newsblaze. com. URL: http://newsblaze.com/story/20100216225335zzzz. nb/topstory.html
Hays, W. S. T. and S. Conant. 2007. Biology and impacts of Pacific island invasive species. 1. A worldwide review of effects of the small Indian mongoose, *Herpestes javanicus*（Carnivora: Herpestidae）. Pacific Science, 61: 3–16.
ISSG. 2010. The pacific invasives initiative resource kit for rodent and cat eradication. Aliens, 30: 3–5.
IUCN. 2010. The IUCN Red List of Threatened Species, 2010. 4. URL: http://www.iucnredlist.org/apps/redlist/details/41614/0
環境省．2010．生物多様性国家戦略2010．ビオシティ，東京．
環境省那覇自然環境事務所．2010a．平成21年度沖縄北部地域ジャワマングース等防除事業報告書．環境省．
環境省那覇自然環境事務所．2010b．平成21年度奄美大島におけるジャワマングース防除事業報告書．環境省．

環境庁. 2000. 平成11年度島しょ地域の移入種駆除・制御モデル事業（奄美大島：マングース）調査報告書. 環境庁.

King, C. M. ed. 1990. The Handbook of New Zealand Mammals. Oxford University Press, New York.

King, C. M. 1996. Changing values and conflicting cultural attitudes towards plants and animals in New Zealand. *In*（McFadgen, B. and P. Simpson, comp.）Biodiversity：Papers from a Seminar Series on Biodiversity. Department of Conservation, Wellington.

岸田久吉. 1927. まんぐーすノ食性調査成績. 農林省畜産局鳥獣調査報告, （4）：79-120.

Lewis, D. S., R. V. Veen and B. S. Wilson. 2011. Conservation implications of small Indian mongoose（*Herpestes auropunctatus*）predation in a hotspot within a hotspot：the Hellshire Hills, Jamaica. Biological Invasions, 13：25-33.

Long, J. L. 2003. Introduced Mammals of the World：Their History, Distribution and Influence. CSIRO Publishing, Collingwood.

Lorvelec, O., X. Delloue, M. Pascal and S. Mege. 2004. Impacts des mammiferes allochtones sur quelques especes autochtones de I'Isle Fajou（Reserve Naturelle du Grand Cul-de-sac Marin, Guadeloupe）, etablis al'issue d'une tentative d'eradication. Revue D'Ecologie-La Terre et La Vie, 59：293-307.

Lorvelec, O. and M. Pascal. 2005. French attempts to eradicate non-indigenous mammals and their consequences for native biota. Biological Invasions, 7: 135-140.

Lowe, S., M. Browne, S. Boudjelas and M. De Poorter. 2000. 100 of the World's Worst Invasive Alien Species A Selection from the Global Invasive Species Database. Published by The Invasive Species Specialist Group（ISSG）a Specialist Group of the Species Survival Commission（SSC）of the World Conservation Union（IUCN）, 12pp. First published as special lift-out in Aliens 12, December 2000. Updated and reprinted version：November 2004.

Martin, C. 2004. Mongoose in Kauai. Press release by The CGAPS. 2pp. URL：http://www.hawaiiinvasivespecies.org/pests/mongoose.html

McMurtrie, P., K.-A. Edge, D. Crouchley, D. Gleeson, M. J. Willans and A. J. Veale. 2011. Eradication of stoats（*Mustela erminea*）from Secretary Island, New Zealand. *In* Island Invasives: Eradication and Management. IUCN, Gland（in press）.

McNair, D. B. 2003. Population estimate, habitat associations, and conservation of the St. Croix ground lizard *Ameiva polops* at Protestant Cay, United States Virgin Islands. Caribbean Journal of Science, 39：94-99.

Morley, C. G. 2004. Has the invasive mongoose *Herpestes javanicus* yet reached the island of Taveuni, Fiji? Oryx, 38：457-460.

Morley, C. G., P. A. McLenachan and P. J. Lockhart. 2007. Evidence for the pres-

ence of a second species of mongoose in the Fiji Islands. Pacific Conservation Biology, 13, 29–34.
Murtrie, P. M., K. A. Edge, D. Grouchley and M. Willans. 2008. Resolution Island Operationl Plan Stoat Eradication. Department of Conservation, Invercargill, New Zealand.
Nellis, D. W. 1989. *Herpestes auropunctatus*. Mammalian Species, 342：1–6.
Nellis, D. W., N. F. Eichholz, T. W. Regan and C. Feinstein. 1978. Mongoose in Florida. Wildlife Society Bulletin, 6：249–250.
Nellis, D. W. and C. O. R. Everard. 1983. The Biology of the Mongoose in the Caribbean. Studies on the Fauna of Curacao and other Caribbean Islands. 195. Curacao, West Indies.
Nellis, D. W. and J. J. McManus. 1974. Thermal tolerance of the mongoose, *Herpestes auropunctatus*. Journal of Mammalogy, 55：645–646
Ogura, G., Y. Nonaka, Y. Kawashima, M. Sakashita, M. Nakachi and S. Oda. 2001. Relationship between body size and sexual maturation, and seasonal change of reproductive activities in female feral small Asian mongoose (*Herpestes javanicus*) on Okinawa Island. Japanese Journal of Zoo and Wildlife Medicine, 6：7–14.
Parkes, J. P. 1993. Feral goats：designing solutions for a designer pest. New Zealand Journal of Ecology, 17：71–83.
Parkes, J. P. 2006. Does commercial harvesting of introduced wild mammals contribute to their management as conservation pests? *In* (Allen, R. B. and W. G. Lee, eds.) Biological Invasions in New Zealand. pp. 407–420. Springer, Berlin.
Parkes, J. P. and E. Murphy. 2003. Management of introduced mammals in New Zealand. New Zealand Journal of Zoology, 30：335–359.
Patou, M. L., P. A. Mclenachan, C. G. Morley, A. Couloux, C. Cruaud, A. P. Jennings and G. Veron. 2009. Molecular phylogeny of the Herpestidae (Mammalia, Carnivora) with a special emphasis on the Asian *Herpestes*. Molecular Phylogenetics and Evolution, 53：69–80.
Pimentel, D. 1955a. Biology of the Indian mongoose in Puerto Rico. Journal of Mammalogy, 36, 62–68.
Pimentel, D. 1955b. The control of the mongoose in Puerto Rico. American Journal of Tropical Medicene and Hygiene, 4：147–151.
Roy, S., G. Jones and S. Harris. 2002. An ecological basis for control of the mongoose *Herpestes javanicus* in Mauritius：is eradication possible? *In* (Veitch, C. R. and M. N. Clout, eds.) Turning the Tide：The Eradication of Invasive Species. pp. 266–273. IUCN, Gland.
Roy, S., N. Reid and R. A. McDonald. 2009. A Review of Mink Predation and Control in Ireland. Irish Wildlife Manuals, No. 40. National Parks and Wildlife Service, Department of the Environment, Heritage and Local Government, Dublin.

Seaman, G. A. and J. E. Randall. 1962. The mongoose as a predator in the Virgin Islands. Journal of Mammalogy, 43：544-546.

Sugihara, R., W. Pitt, L. Driscoll, R. Doratt and M. Higashi. 2008. Optimizing Baiting and Detection Techniques for Mongoose in Hawaii. Abstracts of International Symposium on Control Strategy of Invasive Alien Mammal 2008 (CSIAM 2008). Okinawa.

Thomson, H. G. M. 1922. The Naturalisation of Animals and Plamts in New Zealand. Cambridge University Press, Cambridge.

Thulin, C., D. Simberloff, A. Barun, G. Mccracken, M. Pascal and A. Islam. 2006. Genetic divergence in the small Indian mongoose (*Herpestes auropunctatus*), a widely distributed invasive species. Molecular Ecology, 15：3947-3956.

Veron, G., M. L. Patou, G. Pothet, D. Simberloff and A. P. Jennings. 2007. Systematic status and biogeography of the Javan and small Indian mongooses (Herpestidae, Carnivora). Zoologica Scripta, 36：1-10.

Veron, G., M. L. Patou, D. Simberloff, P. A. McLenachan and C. G. Morley. 2010. The Indian brown mongoose, yet another invader in Fiji. Biological Invasions, 12：1947-1951.

Watari, Y., J. Nagata and K. Funakoshi. 2011. New detection of a 30-year-old population of introduced mongoose *Herpestes auropunctatus* on Kyushu Island, Japan. Biological Invasions, 13：269-276.

Wilson, K. J. 2004. Flight of the Huia：Ecology and Conservation of New Zealand's Frogs, Reptiles, Birds and Mammals. Canterbury University Press, Christchurch.

Wodzicki, K. A. 1950. Introduced Mammals of New Zealand：An Ecological and Economic Survey. Department of Scientific and Industrial Research Bulletin No. 98. Department of Scientific and Industrial Research, Wellington.

Worthy, T. H. and R. N. Holdaway. 2002. Prehistoric Life of New Zealand：The Lost World of the Moa. Canterbury University Press, Christchurch.

山田文雄・池田透・小倉剛・常田邦彦・石井信夫・村上興正．2009．国際シンポジウム「侵略的外来哺乳類の防除戦略——生物多様性の保全を目指して」を開催して．哺乳類科学，49：177-183．

Yamada, F., G. Ogura and S. Abe. 2009. *Herpestes javanicus* (E. Geoffroy Saint-Hilaire, 1818). *In* (Ohdachi, S. D., Y. Ishibashi, M. Iwasa and T. Saitoh, eds.) The Wild Mammals of Japan. pp. 264-266. Shoukadoh, Kyoto.

# II
# 日本の外来哺乳類問題

# 4
## フイリマングース
### 日本の最優先対策種

小倉　剛・山田文雄

　フイリマングース *Herpestes auropunctatus* は，毒蛇ハブと野鼠を駆除するために 1910 年にガンジス川河口から沖縄島に導入された．本種は明確な導入目的が残るもっとも古い日本の外来哺乳類である．導入からおよそ 70 年後に影響の深刻さが初めて指摘され，90 年後に大規模な防除が開始され，100 年後に最優先対策種として進められているマングースの防除は，課題を抱えながらも一定の成果をあげて展開されている．南西諸島の生態系修復や生物多様性保全のために，遅まきながらの転換といえる．

　本章では，沖縄島と奄美大島に導入されたマングースについて，導入地におよぼす影響を概説し，わが国が最優先で取り組む防除事業の現状と課題および成果を紹介する．また，防除事業と並行して進められている技術開発についてもふれて，防除技術の効果と副作用の考え方を提示する．

## 4.1　日本への導入と経緯，現在の分布

　フイリマングース（以後，マングースとする）は，本来はイラク，インド，ネパール，中国南部を経て，海南島に分布する（Gilchrist *et al.*, 2009）．本種は，19 世紀後半から 20 世紀初頭にかけて西インド諸島やハワイ諸島など多くの島嶼に，おもに毒蛇や野鼠対策のために意図的に導入された（第 3 章 3.2 参照）．最近では 2010 年に，サモアでフィジーからの物資に紛れて侵入したと推測された本種が 1 頭捕獲されている（第 3 章 3.2 参照）．

　日本では，本種はまず 1910 年に沖縄島に導入され（記者不明，1910），1979 年に沖縄島から奄美大島へ導入された（Yamada *et al.*, 2009）．また，

鹿児島市喜入町には，およそ30年前に定着したと考えられる個体群が存在している（Watari *et al.*, 2010）．なお，本種は沖縄島への導入と同時に渡名喜島へ（記者不明，1910），戦後には沖縄島から伊江島，石垣島，渡嘉敷島（伊波，1966）へも導入されたが，これらの島では定着できなかった．

### （1） 沖縄島

沖縄県では，ハブ咬傷とサトウキビ栽培の野鼠被害は振興上の大きな課題であり，沖縄県民および沖縄県当局は，ハブと野鼠の被害を防ぐために天敵の利用を望んでいた．このような背景のなか，渡瀬庄三郎によってガンジス川河口付近で32頭のマングースが捕獲され，このうち雌雄各6頭および性別不明の1–5頭の計13–17頭が，1910年に現在の那覇市と西原町に放獣された（記者不明，1910；渡瀬，1911；岸田，1927，1931；伊波，1966；吉田，1977；小倉ほか，1998）．その後，マングースは沖縄島の中部および北部に0–2 km/年の速度で分散し（藤枝，1980；高槻ほか，1990），1993年には，中南部からの連続分布域が沖縄島北部の塩屋湾と福地ダムを結ぶライン（SFライン）以北の，希少種や固有種の生息種数の割合が高い「やんばる地域」（当山，2010）に達した（阿部，1994；図4.1）．分散過程のなかで，1950年代にマングースは行政機関あるいは個人によって，とくに名護市以北の北部地域へ積極的に島内移動されたが（伊波，1966；藤枝，1980），やんばる地域に移動・放獣された個体は，定着できなかったと考えられている（阿部，1994）．

現在，やんばる地域の県道2号線以北（図4.3）は，マングースが生息していないか分散個体が散見される程度で，マングースはきわめて低密度である（環境省，2010a）．また2003年3月のとりまとめでは，やんばる地域の県道2号線以南には数百頭から1000頭ほど，やんばる地域より南には約3万頭が全島的に高密度に生息していると考えられている（自然環境研究センター，2003）．

### （2） 奄美大島（鹿児島県）

奄美大島のマングースは，1979年ごろに奄美市の赤崎に放獣された約30頭に由来する．目的はハブ咬傷予防のためであったようだが，詳細は不明で

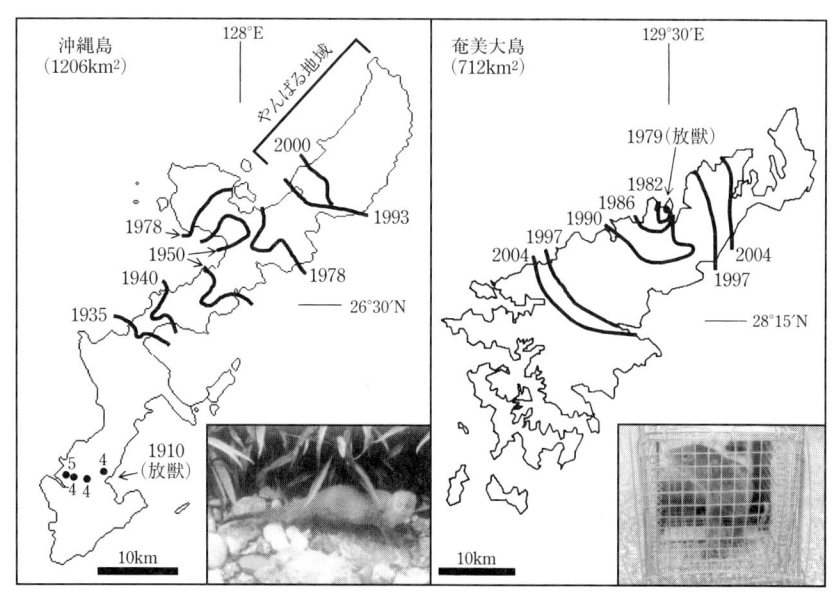

**図 4.1** 日本に移入されたマングースの分散．マングースは，沖縄島（左）では 1910 年に島の南部（●，数字は放獣頭数）に，奄美大島（右）では奄美市（●）に 1979 年ごろに放獣され，その後，分布は両島ともほぼ全島に拡大した．沖縄島のやんばる地域と奄美大島ではそれぞれ 2000 年から，根絶を目指して防除事業が進んでおり，両地域のマングースの生息は低密度になっている（藤枝，1980；阿部，1994；小倉ほか，1998；Yamada and Sugimura, 2004；自然環境研究センター，2003 をもとに作成）．

ある．分布は，1982 年以前は奄美市名瀬中北部に限られていた．しかし 1998 年までに，奄美市名瀬全域，大和村および奄美市住用の東側半分まで連続分布域を拡大し，それまで生息が確認されていなかった島の北部の龍郷町，南部の宇検村へも分布を拡大した（山田ほか，1999；石井，2003；図 4.1）．現在の防除対象範囲はおよそ 400 $km^2$ である．

奄美大島では 1996 年から環境省による「島嶼地域における移入種駆除・制御モデル事業」による捕獲が始まり（環境庁ほか，2000），各種生態調査なども実施されてきた．2000 年には駆除事業が開始されて生息密度は大きく低下し，近年では，たとえば龍郷町や大和村など分布の辺縁部の一部では，マングースが捕獲されない超低密度地域が拡大しており，島の南西部に新たに生息が確認された地域を除けば，捕獲地点数は減少している．捕獲結果を

用いた階層ベイズモデルによれば，2003 年には約 7000 頭，2009 年には約 1000 頭が生息していると推定されている（環境省那覇自然環境事務所・自然環境研究センター，2010）．

### （3） 鹿児島市喜入町

　鹿児島市喜入町は，薩摩半島中部の鹿児島湾沿いに位置する．2006 年ごろから鹿児島市喜入瀬々串町周辺でマングースらしき動物が目撃され，2007 年 8 月に轢死体が発見されたことで生息が決定的となった（中間・小溝，2009）．鹿児島県は 2009 年から生息確認調査を開始し，同地域で約 30 年前に捕獲されたマングースの剝製が確認され，導入は 1980 年以前であることが明らかになった．定着したマングースは沖縄島や奄美大島と同じフイリマングースで（Watari *et al.*, 2010），経緯は不明であるが，目撃地点付近には，かつてマングースを飼育・展示していた施設があった．

　鹿児島県では 2009 年 7 月から聞き取り調査と捕獲調査を行っており，2010 年 8 月までに 98 頭（16537 ワナ日；ワナの設置個数×設置日数）が捕獲された．捕獲は喜入町中名や同・喜入など南北 15 km，東西 5 km 程度の範囲に集中しており，聞き取り調査による生息情報も含めて，喜入町以外からの報告はない．喜入町におけるマングースの捕獲ワナには，イタチ，タヌキ，アナグマおよびネコがときどき捕獲される．また，隣接する旧知覧町や頴娃町における自動撮影調査では，テンが撮影されるがマングースは撮影されないという．喜入町のマングースは，沖縄島や奄美大島と異なる生物的条件（生態系）と生理的条件（気候）にある環境に導入されており，このことが喜入町のマングースが導入後 30 年を経ても比較的限定された生息域にとどまっていることと関連があるという指摘がある（第 3 章 3.2 参照）．

## 4.2　被害の概要

### （1） マングースの食性

　沖縄島では，家禽への影響を知るために岸田（1927）が初めてマングースの胃内容を分析し，哺乳類 5 種，鳥類 2 種，爬虫類 3 種，昆虫類 8 種の餌動

物を同定した．また，当山（1981）は轢死体1例の胃内容を分析し，餌となる動物が広い分類群におよぶことから，在来種への影響を初めて指摘した．

やんばる地域より南の名護市北部と大宜味村南部には，1978年以降にマングースが侵入した（図4.1；藤枝，1980；阿部，1994）．この地域はほかの地域に比べてマングースが高密度に生息しており，マングースの侵入20年後の食性調査では，餌動物として7つの分類群（綱）の動物がマングースの消化管から検出された（小倉ほか，2002）．高い出現頻度を示した餌動物は昆虫類（70%）および爬虫類（11-23%）であった（表4.1）．昆虫類は，餌動物の乾燥重量とその比率においても高値を示し，これは，海岸域におもな生息域を持つ場合（River, 1948）を除いて，同種が導入された奄美大島（阿部，1992；環境庁ほか，2000）やハワイ諸島など（たとえばBaldwin *et al*., 1952；Gorman, 1975；Cavallini and Serafini, 1995）においても同様で，本種が長年定着している生息域における普遍的な食性の特徴である．

奄美大島では，奄美市名瀬とその周辺で捕獲された146頭の胃内容が分析され（阿部，1992），マングースの消化管や糞から昆虫（80%），無脊椎動物（65%），両生・爬虫類（35%），哺乳類（25%）などが検出された（表4.1）．また，金作原や広域の林道周辺で捕獲された190個体の消化管内容物の食性分析（環境庁ほか，2000）では，節足動物（80%），哺乳類（20%）および鳥類（8%）が消化管から検出された（表4.1）．

沖縄島および奄美大島に導入されたマングースは，本来の分布地（Prater, 1971；Corbet and Hill, 1992）やほとんどの導入地（たとえばPimentel, 1955）と同様に，食性は肉食中心の広食性で，餌に対する選択性はほとんどなく，両島の生態系において小型の陸生動物のほとんどを捕食できる高次捕食者であることが，あらためて確認された（表4.2）．なお，これまでの食性分析ではハブはほとんど検出されていないことから，マングースによるハブの駆除効果はないと推察される．昼行性のマングースと夜行性のハブのため，両種の行動が活発になる時間帯が異なり出会わないことが理由の1つとして考えられる．

（2） 固有種への影響

マングースが生息する沖縄島や奄美大島は，在来種に占める希少種や固有

表 4.1 沖縄島と奄美大島におけるマングースの食性.

| 分類群 | 沖縄島 | | | | 奄美大島 | | | |
| --- | --- | --- | --- | --- | --- | --- | --- | --- |
| | 名護市-大宜味村 | | やんばる地域 | | 旧名瀬市 | | 金作原ほか | |
| | 出現数 | 出現頻度 | 出現数 | 出現頻度 | 出現数 | 出現頻度 | 出現数 | 出現頻度 |
| 哺乳類 | 3 | 3.6* | 51 | 13.4* | 85 | 23.9 | 39 | 22.2 |
| 鳥類 | 8 | 9.6 | 19 | 5.0 | 40 | 11.2 | 12 | 6.8 |
| 爬虫類 | 15 | 18.1** | 185 | 48.7** | 125 | 35.1 | 10 | 5.7 |
| 両生類 | 2 | 2.4 | 13 | 3.4 | | | 1 | 0.6 |
| 昆虫類 | 59 | 71.1 | 295 | 77.6 | 253 | 71.1 | 135 | 76.7 |
| ほかの動物質 | 10 | 12.0 | 35 | 9.2 | 217 | 61 | — | — |
| 植物質 | 41 | 49.4 | 320 | 84.2 | 83 | 23.3 | 145 | 82.4 |
| 調査時期 | 1998.11, 1999.03 | | 2000.10-2001.09 | | 1990.01-1992.04 | | 1997.02-08 | |
| 分析頭数 | 83 | | 380 | | 215 | | 176 | |
| 文献 | 小倉ほか (1998) | | 小倉 (未発表) | | 阿部 (1992) | | 環境庁ほか (2000) | |

*$\chi^2$検定 ($P=0.0117$). **$\chi^2$検定 ($P<0.0001$).

種の生息種数の割合が高い地域である．沖縄島やんばる地域のマングースの餌動物には，国指定天然記念物，国内希少野生動植物種，絶滅危惧Ⅱ類該当種などが含まれ（表4.2），奄美大島における調査でも同様にアマミノクロウサギ，ケナガネズミ，アマミトゲネズミ，アカヒゲなどの希少種が含まれていた（環境庁ほか，2000；Yamada et al., 2000）．これらの種のほとんどは，沖縄島あるいは奄美大島および周辺諸島における固有（亜）種である．

### アマミノクロウサギへの影響

マングースの在来種への影響は，食性調査による直接的な捕食の証拠だけでなく，マングースの侵入前と侵入後の在来種の分布や生息数の変化においても認められている．たとえば，希少種が生息する山岳地帯で捕獲したマングース89頭の消化管内容物分析（Yamada et al., 2000）では，アマミノクロウサギは8%の頻度で捕食されていた．また，アマミノクロウサギの1994年と2003年の分布を比較すると，マングースが侵入した地域では，アマミノクロウサギは生息できなくなっており，アマミノクロウサギの育子用巣穴に，マングースが昼間に侵入する画像も撮影された（Yamada and Sugimura, 2004）．マングースは，穴や岩の裂け目などを掘って餌を探索するこ

**表 4.2** 沖縄島やんばる地域で捕獲されたマングースの食性調査で検出されたおもな固有種,希少種.

| 分類群 | 餌動物の種名 | 検出数 | 固有性・希少性 |
| --- | --- | --- | --- |
| 哺乳類 | ワタセジネズミ | 19 | 南西諸島固有種,準絶滅危惧種 |
| 鳥 類 | ホントウアカヒゲ | 2 | 沖縄固有種,絶滅危惧II類 |
|  | リュウキュウハシブトガラス | 1 | 琉球列島固有亜種 |
|  | リュウキュウメジロ | 1 | 琉球列島固有亜種 |
| 爬虫類 | ガラスヒバァ | 2 | 奄美・沖縄諸島固有亜種 |
|  | ハイ | 2 | 徳之島・沖縄諸島固有亜種,準絶滅危惧 |
|  | ハブ | 1 | 奄美・沖縄諸島固有種 |
|  | リュウキュウアオヘビ | 8 | 奄美・沖縄諸島固有種 |
|  | オキナワキノボリトカゲ | 104 | 奄美・沖縄諸島固有亜種,絶滅危惧II類 |
|  | オキナワトカゲ | 1 | 琉球列島固有種 |
|  | ヘリグロヒメトカゲ | 3 | 琉球列島固有種 |
|  | 小型スキンク科 | 47 |  |
|  | アオカナヘビ | 48 | 琉球列島固有種 |
| 両生類 | ハナサキガエル | 5 | 沖縄島固有種,絶滅危惧II類 |
| 昆虫類 | オキナワツヤハナムグリ | 2 | 沖縄島固有亜種 |
|  | オキナワクマバチ | 1 | 琉球列島固有種 |

検出数:表記した餌動物を検出したマングースの頭数.
全調査頭数は384頭(小倉ほか,2003).

ともあるため(Nellis, 1989),奄美大島においても,マングースがアマミノクロウサギの巣穴や繁殖巣穴を探索し,成獣や幼獣が直接捕食される.マングースが一産一子のアマミノクロウサギの繁殖に対して大きな影響をおよぼし,地域的絶滅に追い込むことが危惧されている(Yamada and Sugimura, 2004).

**侵入初期における爬虫類への大きな影響**

マングースが侵入して約15年が経過した高密度地域では,マングースは餌動物として昆虫類を中心に貧毛類や昆虫類以外の節足動物など,地上徘徊性の小動物に餌資源の多くを依存しており,爬虫類が検出された頻度は10-20%であった(表4.1;小倉ほか,2002).しかし,マングースの連続分布の北端であるやんばる地域での調査(小倉ほか,2003)では,爬虫類の出現頻度は約48%にのぼった.とくに,分布北端のなかでももっとも北(当時の謝名城林道付近)では,爬虫類の出現頻度は59%を示した(図4.2).これら両地域の生物学的な環境要因は厳密には同じではなく,爬虫類の現存量

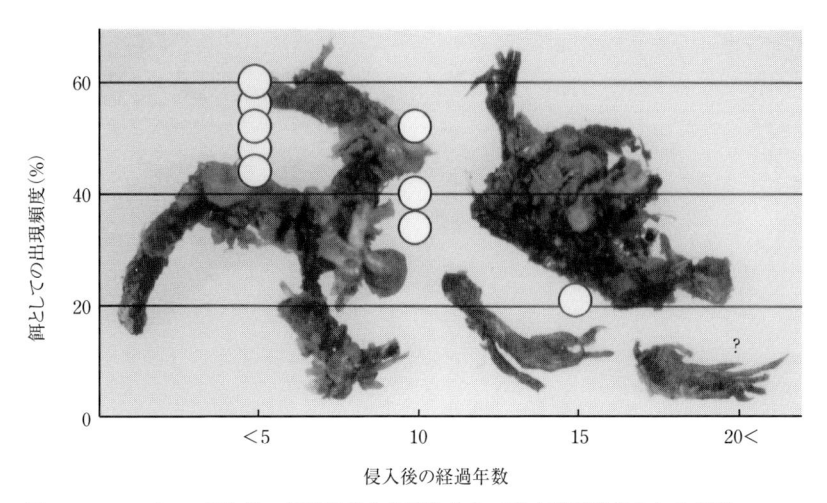

**図 4.2** マングース侵入後の経過年数と餌動物として爬虫類が検出された頻度．マングースは，侵入当初は餌資源を高い頻度で爬虫類に依存し，侵入後約15年が経過した高密度地域では，おもに昆虫類に餌資源を依存している．爬虫類への高い捕食圧が爬虫類の生息密度を経年的に低下させる．背景の写真はマングースの胃から検出されたオキナワキノボリトカゲで，左端は尾，右下は肢端（小倉ほか, 2002）．

に元来違いがあったことも否定できない．しかし，餌動物としての爬虫類の出現頻度より，マングースは，侵入当初は爬虫類に著しい捕食圧をおよぼし，数年後には爬虫類の生息密度を低下させ，その結果，マングースが侵入して約15年が経過した地域では，マングースの食性調査において爬虫類の出現頻度は高くならない，と解釈できる．

すでに西インド諸島やフィジー諸島では，マングースによって多くの種の爬虫類が減少し，絶滅した（第3章3.2参照）．琉球列島に生息する在来種は固有種の割合が高く，遺存種でつくられる生態系は規模が小さく，構成要素が少なく脆弱である．たとえば，ハブを例外として肉食性の哺乳類のような上位捕食者を欠くので，多くの在来種は捕食者への対抗手段を獲得していない．そこに外来種が持ち込まれると，とくに大きな影響がおよぶことは容易に予測される．

**無飛翔性鳥類——ヤンバルクイナへの影響**

マングースは多くの地上生鳥類の減少や絶滅にもかかわってきた（第3章3.2参照）．沖縄島でも，1993年ごろにマングースがやんばる地域に侵入した後，防除事業におけるマングースの捕獲地点は経年的に北上した．一方，飛翔できないヤンバルクイナの生息南限は，1985年から20年間で約15km北上し，生息域の面積は約40%減少した（尾崎ほか，2002；尾崎，2009）．ヤンバルクイナの減少の要因は，たとえばノネコ（第10章参照）など，ほかの外来種の侵入や生息域の分断・消失なども含めて多角的に解析する必要があるものの，マングースが新たに侵入した地域のほとんどにおいてヤンバルクイナが観察されなくなったこと，両種が同所的に生息した場合は餌動物の競合が起こる可能性があることから，ヤンバルクイナはマングースの侵入の影響を受けて生息域をせばめた可能性が高い（尾崎，2009）．

**生物間相互関係や生態系への大きな影響**

マングースのような捕食性外来種の侵入による影響は個々の種にだけおよぶのではなく，捕食による間接的な影響が生態系に広くおよぶことがある．たとえば，マングースの捕食によってトカゲ類やカエル類の個体数が減少し，これらの被捕食者である昆虫類などの個体数が増加するという現象である．奄美大島のように，本来は捕食性哺乳類の生息しない島において，食物連鎖の頂点を占めたマングースの捕食圧は，在来種への直接的捕食による影響だけでなく，中間捕食者の個体数の減少あるいは絶滅を起こすことにより，食物連鎖の段階を一段階越えて，より下位の餌動物の個体数を増加させることが明らかになっている（Watari *et al.*, 2008）．侵略的外来種が，直接的な捕食影響だけでなく，食物連鎖を通じて，生物間相互関係や生態系に大きな影響を与える事例として，重要な発見である．

**（3） 農業への影響**

沖縄島では，マングースが家禽に被害を与えることが断片的に述べられてきた（岸田，1931；国頭郡教育委員会，1967；高良，1973）．近年では，沖縄島北部の106戸の養鶏農家の約20%にマングースによる被害がみられ（与儀ほか，2006），幼雛が入荷当日より高頻度に食害されること，採卵鶏で

は頭部への，食肉鶏では頸部への食害が鶏舎の飼養形態に応じて認められることが報告されている．被害農家あたりの年間被害金額は最大で約130万円（採卵鶏）と推定されている．被害農家の約70%において，侵入防止や捕獲などの自衛対策が講じられているが，農業被害を低減させるための体系的な防除は行われていない．このほかに，北部地域ではマンゴーやタンカン（柑橘類）への食害をしばしば耳にするものの，くわしい調査は行われていない．

奄美大島でも，養鶏農家やバナナ，ポンカンなどの果樹への被害が1990年代に入って報告されている（半田，1992；環境庁ほか，2000）．旧名瀬市における被害額は，1994年度には80万円であったが，1996年度には700万円に急増し，有害鳥獣駆除対策が実施されて1999年には200万円に減少した．名瀬市では1993年度に「名瀬市マングース駆除対策協議会」が設置され，1頭あたり2200円の報奨金を付したワナ猟免許所持者による有害鳥獣駆除が開始され，周辺の村も含めて6年間で8202頭のマングースが捕獲された．

## （4） 人獣共通感染症

病原性のレプトスピラは経皮的または経口的に侵入し，発熱，黄疸，出血などを主徴とする症状を引き起こす人獣共通感染症の原因菌である．沖縄島北部地域におけるマングースのレプトスピラ保菌率は約30%で（石橋ほか，2006），諸外国の導入地のマングースよりも高く，沖縄島北部ではマングースが環境のレプトスピラ汚染をより高位に維持している可能性が示されている．

マングースから分離したレプトスピラの血清型は，沖縄島のヒト，家畜，愛玩動物および野生動物から分離例のある血清型で，また，ヒトから検出したレプトスピラ抗体（中村ほか，2001）の血清型がマングースから分離されたレプトスピラの血清型と一致するなど，生態系へのレプトスピラの感染にマングースの関与が示唆されている．とくに，クマネズミとの関係では，マングースとクマネズミの両種から検出される血清型のほとんどが血清型Javanicaで，食肉目では餌動物の捕食によりレプトスピラの感染が成立することから，沖縄島北部におけるマングースとクマネズミの間に血清型Javanicaについて感染環の存在が推定されている．さらに，ほかの感染種と

同様に，マングースの尿からレプトスピラが分離されており，本種が尿を介して生息環境へレプトスピラを排出していることが明らかになっている．保菌率の高さ，菌の尿中排泄，感染環の存在といったマングースのレプトスピラ保菌状況の特徴から，公衆衛生上，マングースの生息制御の必要性が指摘されている（石橋ほか，2006）．

このほかにも，マングースを導入した西インド諸島では，マングースが狂犬病ウイルスを保有し媒介しており（Tierkel *et. al.*, 1952；WHO, 1972；Everard *et al.*, 1979），人間社会や生態系へ深刻な影響をおよぼしている．

## 4.3 日本の最優先対策種の研究・対策の現状と課題

### （1） 沖縄島

1990年代までマングース対策が実施されなかった理由の1つは，本種が合目的的に公に導入されたことにある．導入当時，沖縄県では毎年約100人がハブ咬傷に遭い，産業は製糖に強く依存しており，戦後は米軍統治下（1972年まで）の産業復興の時期にあった．マングースを保護して野鼠とハブの駆除を期待するという導入後数十年続いた考え方は，経済的にも豊かになった数十年前まで，マングースがハブを駆除すると信じられていたことを考えると，当時は在来種の保全に配慮する余裕はなく，やむをえない時代の流れであったと思われる．しかし，固有種および希少種の割合が高い状態で生物多様性が維持されているやんばる地域にマングースが侵入し，それらの在来種への影響が確認され，導入されたマングースの位置づけは大きく変化した．

**沖縄島におけるマングース防除事業**

沖縄開発庁沖縄総合事務局北部ダム事務所は，大保ダム（図4.3）建設工事が外来種の北上におよぼす影響を把握する目的で，1993年から「移入動物調査」を実施した．この事業は2010年3月に終了したが，沖縄島におけるマングース捕獲事業のパイオニアであり，やんばる地域の南端（塩屋湾から平良湾）を中心に1032頭が捕獲された（八千代エンジニヤリング，2010）．

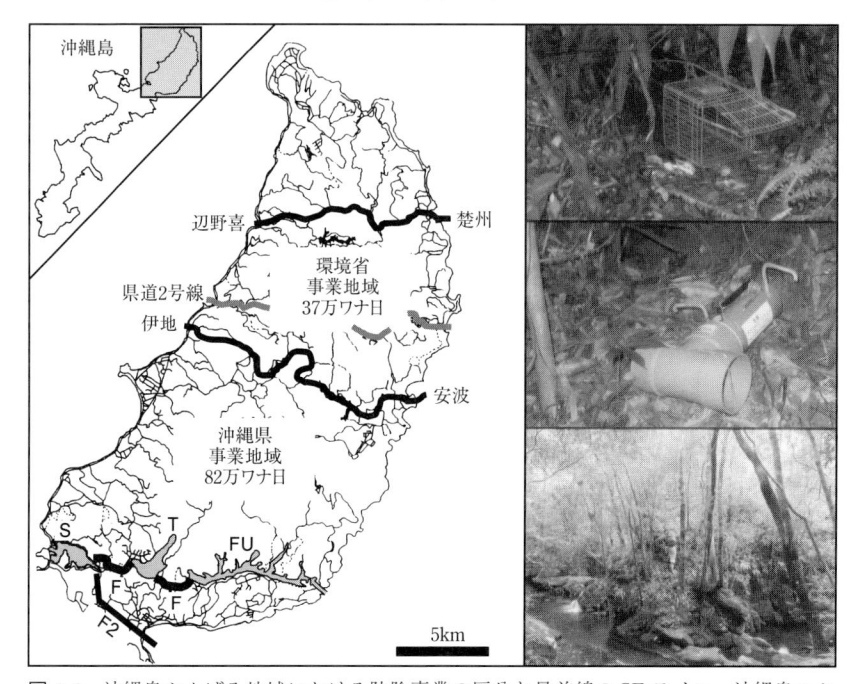

図4.3 沖縄島やんばる地域における防除事業の区分と最前線のSFライン．沖縄島のやんばる地域（左）では，2010年度は伊地-安波ラインより北部を環境省が，南部を沖縄県が担当して，合計約119万ワナ日を費やしてマングースの捕獲を実施した．ワナは生け捕りワナ（右上）と捕殺ワナ（右中）が道路沿いだけでなく，ワナの専有面積を増加させるために林内（右下）にも設置されている．やんばる地域の南端は，西から塩屋湾（S），マングース北上防止柵（F），大保ダム（T），マングース北上防止柵（F）および福地ダム（FU）によって，それ以南と区分されている．このラインはSFラインと呼ばれ，やんばる地域における防除事業の南端・最前線である．まもなく，第2マングース北上防止柵（F2）が設置され，SFラインの直南に緩衝地帯が形成される．

　大規模な防除事業は2000年から始まった沖縄県による「マングース駆除委託事業」で，2000年10月からやんばる地域の南部（SFラインから県道2号線：図4.3）に初年度は86758ワナ日の生け捕り式カゴワナ（生け捕りワナ）を設置し，やんばる地域からのマングースの排除を目指して事業を開始した．また，環境省は2001年から「やんばる地域野生生物保護対策事業」として，マングースがほとんど侵入していない，やんばる地域の北部（県道2号線以北）において，マングースの侵入をモニタリングすることを目的と

して，8500ワナ日の生け捕りワナを設置し，マングースの捕獲を開始した（環境省那覇自然環境事務所，2006）．この地域は希少な在来種がまだ生息していると考えられる保護・保全の核心地域である．環境省と沖縄県の両事業によって，やんばる地域全域がマングースの排除対象地域となった．

2005年に「外来生物法」が施行されたことを受け，沖縄島北部地域におけるマングース防除実施計画が策定された．計画の後期5カ年（2010-14年度）は，前期に引き続いて，SFライン以北のやんばる地域を防除対象地域とし（図4.3），地域内をマングース北上防止柵や地形などを利用して12区分し，各区分は約1km四方の三次メッシュ（標準地域メッシュ，以下「メッシュ」）単位でワナ配置，ワナ占有率，捕獲努力量および捕獲結果が一元的に管理され，事業が実施されている．

### 捕獲によるマングースの排除

マングースの捕獲を効果的に実施するために，防除事業ではワナの有効範囲が設定されている．ワナの有効範囲は，マングースの平均行動圏面積が4.46 haであるので，これを正円とした半径119 mとなる（奄美大島では4.99 ha，半径126 m）．したがって，両島とも100 mの範囲をワナの有効範囲と設定し，メッシュあたりのワナの有効範囲占有率（ワナ占有率）がワナ被覆度を評価するうえでの基準とされている．やんばる地域では事業開始当初，車両が走行できる林道沿いのみに約100 m間隔で生け捕りワナ（図4.3）が配置された．その結果，やんばる地域の低密度地域における単位捕獲努力量あたりの捕獲数（CPUE；capture per unit effortの略で，ここでは捕獲頭数/ワナ日×100として算出）は，捕獲開始当初に高く，その後低下したが（自然環境研究センター，2003），ゼロになることはなかった．このことは，林道沿いに100 m間隔でワナを配置してもワナの有効範囲がおよばない山林が広がっており，林道沿いの密度は多少低下してもマングースは完全に排除できないことを示していた．

そこで2005年から，ワナの有効範囲がおよばなかった林内へのワナの設置（図4.3）が始まり（環境省那覇自然環境事務所，2006），2007年には林内におけるワナ地点が本格的に増やされ，マングースの低密度地域の単位メッシュあたりのワナ占有率は，9-18%（2006年度）から50-62%（2009年

度)に飛躍的に増加した(環境省那覇自然環境事務所，2009，2010a).

　また，捕殺式の筒式ワナ(捕殺ワナ；図4.3)が2007年の試験導入を経て，2008年から本格的に導入された．捕殺ワナは，地上生の在来哺乳類がいないニュージーランドにおいて，外来イタチ類の管理の主要な排除技術で(Parkes and Murphy, 2004)，形状はまったく異なるものの，わが国では奄美大島で1993年に先行導入された．捕殺ワナは生け捕りワナより小型・軽量で捕殺式なので，ワナの点検は2週間から2カ月に一度でよく，毎日点検が必要な生け捕りに比べて，労力は大きく低減できるため，同じ労力ならはるかに多くのワナを設置・管理できることとなった．在来の哺乳類や地上を生活空間の一部とする鳥類の混獲による捕殺が懸念されるが，非標的種がワナに入らない改良が重ねられてきた．なお，今回のマングース防除では，混獲がしばしば問題視されるが，混獲される種の遺伝的な多様性の保全も含めて個体群の存続に影響がなければ，混獲は深刻な問題ではなく，混獲をなくすためにマングースを捕獲しないことのほうが深刻な問題である．

　以上のように，生け捕りワナの林内設置と捕殺ワナの導入によって，2010年度にはマングースの超低密度地域であり在来種が生息する核心地域およびケナガネズミ生息地の約10700地点に生け捕りワナを，そのほかの地域の7500地点に捕殺ワナを設置することができ，1 $km^2$のワナ有効占有率を約53-69%として，マングースの捕獲が行われた．

　個体群の低密度化と地域的な根絶を実現するためには，ワナ占有率を増加させることは不可欠で，防除事業の後期5カ年(2009-14年度)計画では，5260地点のワナ設置地点とそれにともなう263 kmのワナ設置ラインの開拓が予定されている．これによって1 $km^2$のワナ占有率は65-82%となる．このように，防除を効果的に進めるためには，専門知識と経験を持った特定の要員による戦略的かつ精細な計画にもとづいた指揮管理が必要である．沖縄島のマングース防除事業の場合は，環境省の担当官による戦略の指揮管理が行われ，そのもとに担当官と事業請負者による月例戦略会議，および各専門家による半期ごとの対策検討委員会が設置されている．奄美大島の防除事業もほぼ同様の組織形態で実施されている．

## 防除地域を有限化するマングース北上防止柵

外来種を特定の地域から完全に排除するときに，排除地域へ標的種を新たに侵入させないことは定石で（Parkes, 1993），外来種侵入防止柵の設置は多くの対策において適用されている（たとえば Merton et al., 2002）.

やんばる地域におけるマングースの防除事業では，南端の SF ライン（図 4.3）において，マングースの侵入を防ぐことが重要な課題であった．SF ライン付近に構造物を設置してマングースの侵入を防ぐことは，やんばる地域にマングースが侵入したころに提言され（阿部，1994；大島ほか，1997），沖縄県が初めて開催したマングース対策のための会議「マングース対策専門委員会（2004 年）」で設置が発案され，設置に向けて検討が始まった．柵の形状検討では，返しつき柵，平面パネルつき柵など計 15 種類の柵が試作され，柵に対するマングースの行動観察（Ichise et al., 2005；仲松ほか，2006；Ogura et al., 2008）の結果，高さ 120 cm の 3 種類の柵が 2005–06 年に SF ラインに設置され（図 4.4），内湾やダム湖の配置と合わせてマングースのやんばる地域への侵入を防ぐ防御ライン（図 4.3）が完成した．

2007 年と 2009 年には，マングース北上防止柵の機能を評価するために，柵の北側と南側で高密度にワナを設置した捕獲が行われた．その結果，CPUE はいずれの年も柵の南側で明らかに高く，柵の北側では経年的に CPUE が大幅に減少し，柵が機能していることが示された（環境省那覇自然環境事務所，2010a）．また，柵の南に蛍光色素入りの餌を設置したマングースの移動確認試験（Iijima et al., 2008）では，柵の南側の餌を摂食した個体の北側への移動は認められなかった．

マングース北上防止柵は，すべてが道路沿いに設置されている．人間活動の利便性を考慮すると，柵を横切る車道や橋梁などの部分には柵が設置できず，また，柵が設置された道路の地下数カ所には柵を横切る方向に水管が埋設されている．2009 年にはこれら 17 カ所で，自動撮影カメラ，ヘアトラップ，足跡トラップおよびカゴワナによるマングースの生息確認が行われ，その結果，水管 3 カ所および林道 1 カ所で，マングースの撮影あるいは足跡や被毛の採取があった．これらのマングースの移動の方向は不明であるが，マングースの侵入経路となるため，柵が途切れる箇所には捕獲圧を増加させて侵入防止機能を補完する必要がある．さらに，マングース北上防止柵の南に

**図 4.4** やんばる地域の南端に設置されたマングース北上防止柵．SF ラインには，高さ 120 cm・付属パネル幅 30 cm の柵をはじめ 3 形状のマングース北上防止柵が総延長 4168 m にわたって設置され，やんばる地域へのマングースの侵入を防いでいる．柵のパネルには地元の小学生の絵（右下）が掲示されている．

はマングースの高密度生息地域が存在する．柵の南のマングース生息密度を低下させ，柵以北への侵入圧を低減するために，マングース北上防止柵の南に新たな侵入防止柵が設置される予定である（図 4.4）．

### （2） 奄美大島

**奄美大島におけるマングース防除事業**

環境庁（当時）は 1996-99 年に「島嶼地域における移入種駆除・制御モデル事業」として，マングースの捕獲ならびに生息域，繁殖状況，食性分析，生息数推定，ワナ餌の検討を行った（環境庁ほか，2000）．これを受けて，2000 年から 2004 年には，奄美大島全島からの根絶を目指した駆除事業として，一般から捕獲作業の従事者を募って報奨金制度により早期・短期間・広範囲の一斉駆除による生息数の大幅低減を進めた．その結果，5 年間に 92

万ワナ日，5600万円の総報奨金を付与するなかで14500頭のマングースが捕獲され，生息数を当初の4分の1に減少させることに成功した（石井，2003）．しかし，報奨金制度では捕獲が困難な林内の駆除が十分に行えず，マングースの生息範囲は拡大し，辺縁部には生息密度の高い場所があることも明らかとなり，マングースの密度は捕獲作業が十分ではない林内では増加し，希少種への捕食圧は維持されたままとなった．

2005年には「外来生物法」が施行され，奄美大島では2005年からの10年間に，生息域の縮小と局所的な完全排除の達成，高密度生息域の消滅，固有種への影響の軽減を達成目標とし，最終的には全島からの完全排除を目指して防除事業が開始された（環境省那覇自然環境事務所・自然環境研究センター，2010）．事業では，捕獲従事者である奄美マングースバスターズ約40名が，合計2万個以上の生け捕りワナと捕殺ワナを戦略的に設置し，2005-09年上半期までに約600万ワナ日が費やされ，7321頭が捕獲された．その結果，分布の辺縁では約3年間，捕獲が記録されない地域が認められるなど，マングースの分布面積は縮小した．しかし，十分な捕獲努力を費やしても捕獲がなかった場合，マングースが生息していないことを証明できる技術がなく，センサーカメラ，ヘアトラップ，探索犬などのモニタリング技術の開発と性能比較，根絶を確認するための技術確立が進められている．

## 4.4 防除事業の成果

### 在来種のモニタリングと見えてきた回復基調

2000年から始まった沖縄島のやんばる地域におけるマングース防除事業では，毎年の捕獲努力量とその地域内配分が異なるものの，マングースの捕獲地域（捕獲メッシュ）は経年的に北に拡大する傾向にあった．しかし生け捕りワナの林内設置，捕殺ワナの導入によって2009年度の延べワナ数は約120万ワナ日にのぼり（図4.5），捕獲努力量とワナ占有率も増加し，近年はマングースが捕獲される地域の拡大が抑制された．さらに事業評価のための捕獲では，CPUEは2005年から減少傾向にあり，2009年には2005年の約7分の1にまで減少し（表4.3），マングースの密度は大幅に減少していると考えられている（環境省那覇自然環境事務所，2010a；沖縄県，2010）．

**表 4.3** 沖縄島と奄美大島のマングース防除事業における捕獲努力量と捕獲結果の推移.

| 年　度 | | 2000 | 2001 | 2002 |
| --- | --- | --- | --- | --- |
| 沖縄島やんばる地域（約 280 km$^2$） | ワナ日 | 78576 | 126675 | 106756 |
| | 捕獲頭数 | 123 | 208 | 284 |
| | CPUE | 0.16 | 0.16 | 0.27 |
| 奄美大島（712 km$^2$） | ワナ日 | — | 165367 | 147353 |
| | 捕獲頭数 | — | 3375 | 2191 |
| | CPUE | — | 2.04 | 1.49 |

ワナ日：設置したワナ数×設置日数，CPUE：capture per unit effort（捕獲頭数/ワナ日×100）．
数値と定義は，環境省那覇自然環境事務所・自然環境研究センター（2010）および沖縄県

　防除事業の成果は，外来種によって攪乱された生態系の回復であり，遺伝的多様性を確保した種の多様性の回復と保全である．やんばる地域では在来種の回復モニタリングとして，鳥類・爬虫類・両生類各2種について捕獲従事者のワナ点検時の目撃情報を2007年から記録し始めた（たとえば環境省那覇自然環境事務所，2008）．また，翌年からは希少種回復実態調査としてカエル類を中心とした脊椎動物のルートセンサス，鳥類3種のプレイバックセンサス，地上徘徊性の小型哺乳類や鳥類を対象とした自動撮影調査が開始された（たとえば小高ほか，2009；沖縄県，2009）．

　モニタリングは始まったばかりで，同じ方法と規模によるモニタリング結果の経年推移はまだ明らかでない．しかし，それまでマングースの捕獲地点とともに生息域の南限を北上させていたヤンバルクイナは，2000–07年の生息南限のさらに南で，2009年に自動撮影によって確認された（尾崎ほか，2002；尾崎，2009；沖縄県，2010）．加えて2007年から2009年にかけて，ヤンバルクイナの生息が確認されたメッシュは，断続的な分布から連続的な分布になり，推定個体数も増加傾向にあるなど（環境省那覇自然環境事務所，2010b），マングースの防除事業の成果を示す事例が確認され始めている．

　ワナにはマングースだけでなく，ワナ餌であるスルメや塩漬け豚肉に誘引される動物も混獲され，在来種の有効な生息情報を得ている．このなかでケナガネズミの混獲延べ頭数は，2000年から2006年度は2頭以下であったが，2007年には7頭，2009年度には63頭と著増し（図4.5），生息数と生息範囲の回復が示唆されている．

　同様の傾向は奄美大島でも認められている．事業開始から経年的に減少し

| 2003 | 2004 | 2005 | 2006 | 2007 | 2008 | 2009 |
|---|---|---|---|---|---|---|
| 119734 | 189037 | 279481 | 292743 | 355769 | 902740 | 1181581 |
| 519 | 543 | 572 | 551 | 587 | 544 | 390 |
| 0.43 | 0.29 | 0.20 | 0.19 | 0.16 | 0.06 | 0.03 |
| 221403 | 318359 | 630822 | 1051026 | 1380751 | 1899238 | 2174339 |
| 2565 | 2524 | 2591 | 2713 | 783 | 945 | 598 |
| 1.16 | 0.79 | 0.41 | 0.26 | 0.06 | 0.05 | 0.03 |

(2010) による.

てきたマングースのCPUEは，2009年度には0.03となり（表4.3），生息密度を非常に低い状態にすることに成功した．また，在来種である齧歯類が混獲される頭数は，2007年度から2009年度にかけて，アマミトゲネズミが52頭から1225頭に，ケナガネズミでは25頭から166頭に著しく増加し，CPUEも同様に増加しており（深澤ほか，2010），マングース対策による両種の個体数の増加が示唆されている．

## 4.5 対策の課題とそれを解決するための技術開発

　マングースを対象地域から完全に排除するためには，マングースの捕獲・捕殺技術，移動を制限する技術，分布の有無を確認するモニタリング技術など標的種の特性に応じた多くの技術が必要で（表4.4），これらを事業の進捗に応じて開発し，防除事業へ計画的に導入する必要がある（小倉，2007）．マングースの防除を進める環境省では，独自に研究開発を進めているほか，マングース防除事業に生かせる技術を大学や研究機関に委託して開発している．

### マングースの捕獲・捕殺技術——毒餌

　ワナ以外の標的種の排除方法として毒餌があげられる．たとえばダイファシノン（2-ジフェニルアセチル-1，3-インダンジオン）を主剤とする毒餌は，古くから農業被害の原因であるネズミ類の駆除に使われてきた．近年は，さまざまな外来哺乳類の排除に，ダイファシノンをはじめとした化学物質が使

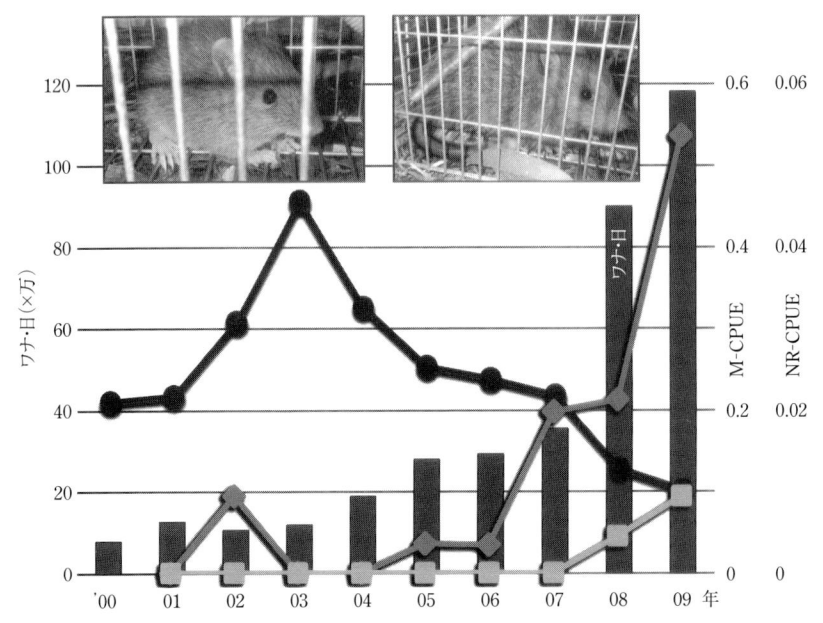

図 4.5　マングースの低密度化と在来齧歯類の回復．2000 年から開始された防除事業の捕獲努力量（ワナ日）は，ワナの林内設置および捕殺ワナの導入が始まった 2008 年から飛躍的に増加した．また，2003 年をピークに減少していた 100 ワナ日あたりのマングース捕獲数（M-CPUE）もさらに減少した．これとは逆に，オキナワトゲネズミ（■，写真左）やケナガネズミ（◆，写真右）の 100 ワナ日あたりの混獲延べ頭数（NR-CPUE）は著増し，在来種の生息数と生息域の回復が示唆された（撮影：城ヶ原貴通）．

用されており（Ross and Henderson, 2003；Spurr *et al.*, 2005），ハワイ諸島ではマングースの生息制御にダイファシノンが使用されている（Keith *et al.*, 1990）．毒餌は薬効量を散布するだけで標的種を排除できるので，生け捕りワナのように捕獲個体を回収する必要がなく，散布地点に行く間隔も生け捕りワナや捕殺ワナより長い間隔でよい．さらに，ワナに対して警戒心が強い個体に対しても効果を示す可能性がある．ダイファシノンは，低容量長期間投与であれば 50 ppm，高容量 3 日間投与であれば 200 ppm の混餌投与がマングースには至適である．

　マングースにおけるダイファシノン残留濃度は，肝臓で 8.0 ppm，筋肉で 1.3 ppm であり，最大残留値（14.6 ppm）を示したマングースの肝臓

## 4.5 対策の課題とそれを解決するための技術開発

表 4.4 マングース防除に必要な技術.

1. マングース
    1) 捕獲・捕殺・致死
        捕獲ワナ（生け捕り・捕殺）
        誘引物質
        林内，基地内，私有地へのワナ展開
        毒餌と専用ベイトボックス
    2) 対象地域の有限化
        侵入防止柵
        忌避物質
    3) 個体の探索と分析
        個体発見（自動撮影カメラ，目撃情報）
        痕跡収集（被毛・足跡・噛み跡，探索犬）
        痕跡の種判別と個体識別
        捕獲個体一般分析（形態計測，繁殖状態など）
2. 在来種
    1) 生息情報の経時的把握（個体数と生息範囲）
    2) 混獲防止方法
3. 防除計画
    1) 事業の結果と成果の分析
    2) 投入技術の立案・修正・決定
    3) 技術開発項目の決定
    4) 予算確保
4. 防除計画にもとづくフィールドワーク
    1) 組織構築と統括
    2) 労務と安全衛生管理
    3) 意識と技術の維持・向上
5. 自治体・機関連携，広報，普及・啓発

10.3 g を体重 100 g のラットが摂食した場合，摂取ダイファシノン量が $LD_{50}$ 値（1.5 mg/kg）に達する．したがって，種間で薬物代謝反応を外挿することは容易ではないが，在来種のなかではオキナワトゲネズミに同様の影響がおよぶ可能性を二次毒性として考慮しなければならない．また，少量のダイファシノンを連日摂食した場合にも同様の可能性が考えられる反面，やんばる地域ではマングースの密度が低いことから，ダイファシノンによって死亡したマングースを在来種が摂食する可能性は低い．

パラアミノプロピオフェノン（PAPP）は，1 回の投与で効果を示す即効性の薬剤で，ヘモグロビンをメトヘモグロビンに変化させ，動物はチアノー

ゼ，歩様蹌踉，横臥を示した後，死亡する．マングースと同じ食肉目で毒性試験が行われており（Fisher and O'Connor, 2007; Murphy et al., 2007 など），食肉目において少量で致死効果を示すが，齧歯目や鳥類などには少量では効果を示さない（Savarie et al., 1983）．そこでPAPPをマングースへ応用するために，予備投与（40-260 mg/kg/body）を行ったところ，多くの個体で嘔吐が確認され，嘔吐したマングースは死亡しなかった（小倉ほか，2009）．現在，嘔吐を防ぐために，抗酸性マイクロコートPAPPが製剤化され，その薬効試験が進められている（小野ほか，2011）．

　毒餌の薬剤としてモノフルオロ酢酸ナトリウム（化合物1080），シアン化カリウムあるいはダイファシノンなどを外来種であるポッサム，ウサギおよび齧歯類の排除に汎用しているニュージーランド（Parkes and Murphy, 2003）や，ダイファシノンをマングースや齧歯類の排除に用いているハワイ諸島（Keith et al., 1990; Smith et al., 2000）とは異なり，沖縄島や奄美大島にはマングースと地上生の在来哺乳類が同所的に生息している．毒餌は，マングースの超低密度個体群ならびに生息数と生息域を回復させた在来種が同所的に生息する地域において防除事業の終盤で用いられる．毒餌の場合，多くのマングースはその場で死亡しないことから，効果を評価しにくい側面を持っているものの，残存しているマングース1頭を捕獲することの意義はきわめて大きい．また，毒餌は捕殺ワナと同様，致死的な駆除技術であるため，在来種への影響が問題視されることがある．しかし，在来種に影響がおよぶという理由だけで毒餌を使用しないという考え方は安直で，在来種に影響がおよんでもその個体群が遺伝的多様度を保ちながら存続でき，残存する少ないマングースを排除できるなら，日本では一般には受け入れられにくい方法ではあるが，毒餌の使用は選択されるべきである．

### 誘引源

　防除事業ではワナ餌としてスルメ，魚肉ソーセージあるいは豚肉の塩漬けが用いられている．モーリシャスではフィッシュオイル（Roy et al., 2001），ハワイではサバの塩漬け，西インド諸島では鶏肉（Corn and Conroy, 1998）が用いられ，プエルトリコでは，干しダラがもっとも好まれている（Pimentel, 1955）．飼育下のマングースは，個体によって餌の嗜好が異なる

ことがあり，野生ではワナに近づくが捕獲されないマングースが観察されている（須藤，2006）．したがって，長期間，同一地点にワナを設置する場合は，餌の種類を数週間ごとに変えられるよう，ワナ餌はマングースに嗜好性の幅がある可能性を考慮すれば複数種類あるほうがよい．ほかのワナ餌として，さまざまなワナ餌候補のマングースへの誘引効果が検討され，塩サンマ，缶詰のツナ，ポークランチョンミート，乾燥ネズミ，鶏唐揚げなどは，これまでのワナ餌と同等以上の効果が確認されており（環境省那覇自然環境事務所，2010a；沖縄県，2010；小倉ほか，2009，2010），防除事業への導入が期待される．マングースの肛門傍洞由来の揮発性脂肪酸，餌動物の内臓や死肉を材料にしたグランドルアーなど，さまざまなにおいによる誘引方法が検討されたが（須藤，2006；小倉ほか，2010），現在使われているワナ餌よりも強い誘引効果を持つ物質は見つかっていない．

通年にわたって毎日4000個以上のワナに用いられるワナ餌や誘引物質の選定には，高密度のマングースをある程度にまで減らす場合は，効果はもとより，安価で，日持ちし，扱いやすく，入手しやすいことが望まれる．ただ，根絶を目前にして残存個体の捕獲を行う場合には，効果がもっとも優先され，ほかの要因は考慮されなくてもよい．

マングースは明度に関する感覚が非常に優れている（Hinton and Dunn, 1967）．色セロファン，黒あるいは白のビニールで生け捕りワナを覆った捕獲試験では，色相の指向性は認められないが，明度では黒に対し有意に高い指向性がある（須藤，2006）．防除事業で行われているように，生け捕りワナを部分的に黒の寒冷紗などで覆うことは，マングースがワナにより入りやすく，ワナ餌や混獲動物の保護にも有効である．

**マングースの探索技術**

マングースの低密度地域ではCPUEはきわめて低く，効果的に捕獲を行うためには，どこにワナを設置すればよいのかを的確に知る必要がある．また，根絶を目前にした段階では，マングースが生息しているのかどうかを確認する必要がある．確認方法は，自動撮影装置，足跡トラップ，ヘアトラップ，あるいは捕獲などがあげられるが，これら定点での監視以外の生息確認手法として，標的種を探索するためにイヌが用いられることもある．生息確

認では，それぞれの手法の能力がおよぶ範囲と質を把握し，能力に応じて，各確認手法を用いる必要がある．

### 探索犬

マングースの糞は直径6-14 mm，長さ15-92 mm（小倉，2007）であり，新鮮であれば，肛門傍洞内容物に由来する揮発性脂肪酸主体のマングース臭がある．また，飼育下ではケージの隅や巣箱のなかに比較的多く排糞され，道路沿いでは縁石の上や排水ますの付近で見つかることが多い．沖縄島と奄美大島のマングース防除事業では，マングース探索犬が開発され，事業に実用化されている（図4.6）．さらに，沖縄島では2006年から探索犬の育成が始まり，2007年にはマングースやマングース糞の探索訓練が終了した．たとえば，第三者によって設置されたマングースの糞の探索試験（図4.6）においては，糞発見率は97%で，告知動作率は100%，一方で糞を設置していない130地点で反応を示したのは1地点のみで，信頼性の高い探索能力が示された（Fukuhara et al., 2010）．

沖縄島の防除事業では，探索犬が2009年に試験導入され，1頭とハンドラー1人で165日間，約415 kmにおいて，おもにマングースの糞を探索し，260カ所で344個の糞を発見した．糞の発見に加えてハンドラーが目視できないマングースの糞の臭気を探索犬が探索・探知することで，マングースの生息をより高感度で把握できる．今後は，①各ワナ地点における探索，②生息が確認されれば捕獲努力量を増加，③メッシュの年間CPUEがゼロになった時点で再探索，④メッシュの年間CPUEがゼロになるまで①-③を繰り返す，という手順で探索作業と捕獲作業を連携させて，マングースの生息監視が行われる（環境省那覇自然環境事務所，2010a）．

超低密度個体群において，探索犬が発見した糞や後述のヘアトラップで検出された被毛が，まだ捕獲されていない個体の糞であることが確認できれば，その地点に的確にワナや毒餌を設置できる．フイリマングースについては，マイクロサテライトの塩基配列が明らかにされ（Thulin et al., 2002），多型検出による個体識別法が確立されつつある．

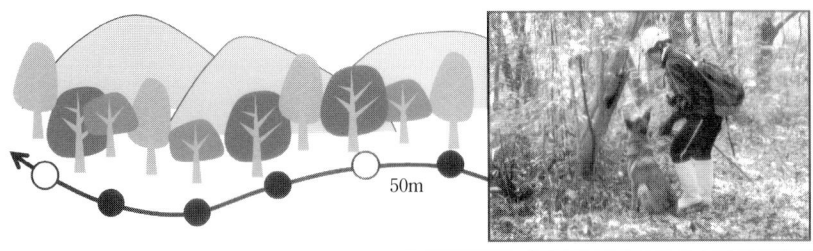

## 4.5 対策の課題とそれを解決するための技術開発

| | | | マングースの糞 | | マングース以外の糞 | |
|---|---|---|---|---|---|---|
| 探索犬 | 試行回数 | 糞の個数 | 発見個数(%) | 告知回数(%) | 糞の個数 | 非告知回数(%) |
| A | 15 | 33 | 32(97) | 32(100) | 63 | 62( 98) |
| B | 15 | 32 | 25(88) | 27( 96) | 67 | 67(100) |
| 計 | 30 | 65 | 60(92) | 59( 98) | 130 | 129( 99) |

図 4.6 マングースの痕跡を捜すマングース探索犬．沖縄島と奄美大島では，マングースの糞や痕跡を捜して，その場所をハンドラーに知らせるマングース探索犬が育成されて防除事業に導入されている．マングースの糞(●)とそれ以外の動物の糞(○)を 50 m 間隔で設置して探索する能力評価試験において，事業に導入された探索犬 A は，マングースの糞を 97% の精度で発見し，発見した場合は 100% の割合でハンドラーに告知し，マングース以外の糞は 98% の割合で告知しないことが確認された (Fukuhara *et al.*, 2010)．写真は探索犬がハンドラーに告知をしているところ (撮影：福原亮史)．

### ヘアトラップと足跡トラップ

奄美大島の防除事業では，マングースの生息モニタリングに大量のヘアトラップが導入されている．フイリマングースは，第二上毛であれば約 2 cm の被毛に 5 本の白黒(茶)のバンドを有しており(小倉ほか，1998)，この特徴は肉眼で容易に観察できる．しかし，第二上毛以外は種判別のための形態学的特徴に乏しく，光学顕微鏡あるいは DNA による種判別が必要である．

足跡トラップは実用化されていないが，泥土やその周辺に足跡そのものや足跡スタンプを見つけることができる．マングースの後肢の中足骨(足の裏の一部に相当)は，前肢の中手骨(掌の一部に相当)に比べて長く，亜成獣-成獣の後足長は 50-70 mm (雄：51-70 mm，雌：49-60 mm) である(小倉ほか，1998)．しかし，後肢の足跡は踵骨の部位(かかと)までが残ることは少なく，前肢・後肢ともに肉球と第 2-5 指・趾のツメの跡を主体とする足跡が残る(小倉，2007)．被毛，足跡ともに，種の判別のためには，マ

ングースだけではなく，同所的に生息する他種の被毛や足跡の特徴を把握しておかなくてはならない．

### 根絶確認法の確立

外来種の防除事業において，標的外来種の生息数の減少にともない，個体の探索技術の確立や，捕獲されなくなった段階での根絶確認法の確立が必要になる．根絶の確認では，防除対象地域，とくに防除の進捗管理単位である各地域・各メッシュに，マングースが残存しているのかいないのか，残存しているのであればどこにどれくらいの数のマングースが残っているのか．これらを知るためには，膨大な監視努力を投入せねばならない．防除事業は，捕獲などによるマングースの排除，監視によるマングースの残存確認，成果である在来種の回復確認の3つが根幹をなす．これらの割合は，防除の進捗にともなって変化する．高密度に生息するマングースの個体群を対象にしている段階では，捕獲による排除が事業の多くの割合を占める．しかし，事業の後半から終盤には，監視によるマングースの残存確認，成果である在来種の回復に多くの努力量を費やすことになり，これらの手法の確立が大きな課題となっている．

### 効果と副作用――混獲をどう考えるか

ワナを用いた捕獲ではマングース以外の動物も混獲され，混獲された動物は，生け捕りワナではその場で放逐されるが，捕殺ワナでは死亡する．しかし，ワナをかけ続ければワナの有効範囲におけるマングースの密度は低下する．マングース北上防止柵は，たとえばオカガニ類やリュウキュウイノシシの移動を妨げる．一方，マングースのやんばる地域への侵入を防止している．効果と副作用である．

2009年のやんばる地域における環境省の防除事業では，マングースが12頭捕獲された．このほかに混獲された哺乳類（延べ混獲頭数）は，外来種のクマネズミ（951），ネコ（52），イヌ（1），在来種ではケナガネズミ（51），ジャコウネズミ（14），オキナワトゲネズミ（11）で，これらのうち在来種では，オキナワトゲネズミ（1）とジャコウネズミ（3）が死亡した．マングースとともに非標的種である在来種が捕獲され，場合によっては死亡する，

このことはどうとらえるべきであろうか．

とくにケナガネズミを例に考えた場合，ケナガネズミの混獲は，前述のように2009年には63頭に顕著に増加した．ケナガネズミの個体群が回復しているのである（図4.5）．すなわち，非標的種への負の影響は比較的小さく，混獲にさらされながらも，マングースが減少したことによってその種の個体群は回復しているのである．同様の傾向は，奄美大島におけるアマミトゲネズミやケナガネズミにおいても認められている（深澤ほか，2010）．

やんばる地域の捕殺ワナは，2008年に希少種のうちケナガネズミとオキナワトゲネズミの生息しない地域に設置が開始された．希少種が生息しない地域であること，マングースの低密度生息域なのでCPUEが低いこと，ワナに入った動物は死亡することから，ワナの点検は数週間から数カ月に一度でよく，低減できた点検の労力をワナ数の増加へ転じることができた．その結果，林内展開が可能となるワナの数が大幅に増加し（図4.5），単位メッシュあたりのワナの占有率が増加して，マングースの低密度化に成功した．捕殺ワナの導入は，やんばる地域のマングースを低密度にした最大の要因である．防除事業は，捕殺ワナの導入なくして現在の状況にはなりえなかったことは明らかである．

副作用があるから，これらの技術の適用をいまのやんばる地域において中止するべきか．答えはNoである．その技術の適用を中止したときに「マングースがおよぼすであろう負の影響」と「副作用」を概略で比較できて，あまりにも副作用が大きいと判断できれば，あるいは，より効果のある代替技術がすでに完成していれば別である．しかし，人間の「マングースだけを排除しようとする行為」にのみピンポイントで効果のあるような都合のよい技術は，現在のところ確立されていない．

逆に，沖縄島や奄美大島とは異なり，地上生の在来哺乳類が生息しておらず，外来種対策の技術開発や防除事例で先進的なニュージーランドでは，外来種を駆除しようとするときに，在来種へ影響があってもその在来種が絶滅しなければ問題ではなく，外来種を完全に駆除あるいは制御できたときに，在来種の個体群は回復する，という姿勢を堅持している（第3章3.1参照）．

さらに，在来種のなかでも国内希少野生動植物種や天然記念物に指定されている種については，混獲の対象となった場合，問題視されることがある．

「文化財保護法」では，文化財指定種は1頭でも混獲があると，混獲が起こらないような改善が求められ，優先されるべき標的外来種の早期排除が遅れ，結果的に文化財指定種の被害増加を招く．このためには，混獲の許容水準を個体群レベルで評価する必要がある．また，日本に生息するオカヤドカリ全種は，国の天然記念物に指定されているが，南西諸島のオカヤドカリは指定の経緯がきわめて曖昧で，当該機関と協議のうえ，混獲の許容量を大幅に拡大する，あるいは指定を解除するなど現実的な対応が望まれる．

われわれ研究者としての立場としては，まず効果のある技術，次いで副作用のない技術の確立を目指すことが求められている．しかし，副作用がない技術はほとんどないので，副作用を極力低く抑えつつ，開発途上で副作用の質と量を予測する．実用化された後は効果と副作用をつねに監視し，その結果を新たな技術の改良へ反映させていく．われわれの究極の目標は，沖縄島やんばる地域ならびに奄美大島の在来生態系の復元である．新しい技術の適用においては，ときには英断をしつつ，つねに作業結果をフィードバックさせながら，極力短期間のうちに目標に到達できることを模索し続けていかなければならない．

なお，本章で紹介したマングースの防除技術の開発は，環境省の平成18-20年度環境技術開発等推進費，平成21-23年度生物多様性関連技術開発等推進費ならびに平成23年度地球環境研究総合推進費（D-11c1），琉球大学の平成21年度亜熱帯島嶼科学超域研究推進機構タスク研究費ならびに平成21年度中期計画実現推進経費の助成を得て実施された．

引用文献
阿部慎太郎．1992．マングースたちは奄美で何を食べているのか？　チリモス，3：1-18．
阿部慎太郎．1994．沖縄島の移入マングースの現状．チリモス，5：34-43．
Baldwin, P. H., C. W. Schwartz and E. R. Schwartz. 1952. Life history and economic status of the mongoose in Hawaii. Journal of Mammalogy, 33：335-356.
Cavallini, P. and P. Serafini. 1995. Winter diet of the small Indian mongoose, *Herpestes auropunctatus*, on an Adriatic island. Journal of Mammalogy, 76：569-574.

Corbet, G. B. and J. E. Hill. 1992. The Mammals of the Indomalayan Region : A Systematic Review. Oxford University Press, New York.

Corn, J. L. and M. J. Conroy. 1998. Estimation of density of mongooses with capture-recapture and distance sampling. Journal of Mammalogy, 79 : 1009–1015.

Everard, C. O. R., A. C. James and S. DaBreo. 1979. Ten years of rabies surveillance in Grenada, 1968–1977. Bulletin of the Pan American Health Organization, 13 : 342–353.

Fisher, P. and C. O'Connor. 2007. Oral toxicity of p-aminopro-piophenone to ferrets. Wildlife Research, 34 : 19–24.

藤枝則夫. 1980. 沖縄島におけるマングース Herpestes edwardsii E. Geoffroy の分散と現状についての一考察. 琉球大学生物学科課題研究論文集, 5 : 256–316.

深澤圭太・橋本琢磨・山室一樹・鑪雅哉・阿部慎太郎. 2010. 奄美大島におけるマングース防除に伴う在来哺乳類の回復. 第16回野生生物保護学会・日本哺乳類学会2010年度合同大会プログラム・講演要旨集.

Fukuhara, R., T. Yamaguchi, H. Ukuta, S. Roy, J. Tanaka and G. Ogura. 2010. Development and introduction of detection dogs in surveying for scats of small Indian mongoose as invasive alien species. Journal of Veterinary Behavior, 5 : 101–111.

Gilchrist, J. S., A. P. Jennings, G. Veron and P. Cavallini. 2009. Family Herpestidae (mongooses). *In* (Wilson, D. E. and R. A. Mittermeier, eds.) Handbook of the Mammals of the World. Vol. 1. Carnivores. pp. 262–328. Lynx Editions, Barcelona.

Gorman, M. L. 1975. The diet of feral *Herpestes auropunctatus* (Carnivora : Viverridae) in the Fijian islands. Journal of Zoology (London), 175 : 273–278.

半田ゆかり. 1992. マングースによる被害調査——総括. チリモス, 2 : 28–34.

Hinton, H. E. and A. M. S. Dunn. 1967. Mongoose : Their Natural History and Behaviour. Oliver and Boyd, Edinburgh and London.

Ichise, T., G. Ogura, K. Yamashita, M. Hamada and Y. Iijima. 2005. Experimental design of fences for the exclusion of introduced mongoose on the islands of Okinawa. Abstracts of Plenary, Symposium, Poster and Oral Papers presented at IX International Mammalogical Congress.

Iijima, Y., K. Yamashita, G. Ogura, M. Iwasaki and K. Nakata. 2008. Evaluation of the effectiveness of mongoose-proof fence by using rhodamine B on the front line of the Yanbaru forest region on Okinawa Island, Japan. CSI-AM2008 International Symposium on Control Strategy of Invasive Alien Mammals 2008 abstracts book.

伊波興清. 1966. マングースの分布と食性について. 沖縄農業, 5 : 39–44.

石橋治・阿波根彩子・中村正治・盛根信也・平良勝也・小倉剛・仲地学・川島由次・仲田正. 2006. 沖縄島北部のジャワマングース (*Herpestes javanicus*) 及びクマネズミ (*Rattus rattus*) におけるレプトスピラ (*Leptospira* spp.)

の保有調査．日本野生動物医学会誌，11：35-41．
石井信夫．2003．奄美大島のマングース駆除事業——とくに生息数の推定と駆除の効果について．保全生態学研究，8：73-82．
環境省那覇自然環境事務所．2006．平成17年度やんばる地域外来種対策事業および希少野生生物生息地域外来種対策事業報告書．環境省．
環境省那覇自然環境事務所．2008．平成19年度沖縄島北部地域ジャワマングース等防除事業報告書．環境省．
環境省那覇自然環境事務所．2009．平成20年度沖縄島北部地域ジャワマングース等防除事業報告書．環境省．
環境省那覇自然環境事務所．2010a．平成21年度沖縄島北部地域ジャワマングース等防除事業報告書．環境省．
環境省那覇自然環境事務所．2010b．平成21年度ヤンバルクイナ生息状況調査業務報告書．環境省．
環境省那覇自然環境事務所・自然環境研究センター．2010．平成21年度奄美大島におけるジャワマングース防除事業報告書．自然環境研究センター，東京．
環境庁・鹿児島県・自然環境研究センター．2000．平成11年度島しょ地域の移入種駆除・制御モデル事業（奄美大島：マングース）調査報告書．自然環境研究センター，東京．
Keith, J. O., D. N. Hirata, D. L. Espy, S. Greiner and D. Griffin. 1990. Field evaluation of 0.00025% diphacinone bait for mongoose control in Hawaii unpublished report. Denver Wildlife Research Center, Denver, Colorado. Available from the Denver Wildlife Research Center.
岸田久吉．1927．まんぐーすノ食性調査成績．農林省畜産局鳥獣調査報告，(4)：79-120．
岸田久吉．1931．渡瀬先生とマングース輸入．動物学雑誌，43：70-78．
記者不明．1910．マングース輸入記録．動物学雑誌，22：359．
小高信彦・久高将和・嵩原建二・佐藤大樹．2009．沖縄島北部やんばる地域における森林性動物の地上利用パターンとジャワマングース *Herpestes javanicus* の侵入に対する脆弱性について．日本鳥学会誌，58：28-45．
国頭郡教育委員会．1967．沖縄県国頭郡志．沖縄出版会，沖縄．
Merton, D. G. C., V. Laboudallon, S. Robert and C. Mander. 2002. Alien mammal eradication and quarantine on inhabited islands in the Seychelles. *In* (Veitch, C. R. and M. N. Clout, eds.) Turning the Tide : The Eradication of Invasive Species. pp. 182-198. IUCN, Gland.
Murphy, C. E., T. C. Eason, S. Hix and D. B. Macmorran. 2007. Developing a new toxin for potential control of feral cats, stoats and wild dogs in New Zealand. USDA National Wildlife Research Center Symosia Managing Vertebrate Invasive Species.
中間弘・小溝克己．2009．鹿児島市喜入瀬々串町で確認されたマングースについて．鹿児島県立博物館研究報告，28：103-104．
仲松陽子・角和也・小倉剛・砂川勝徳・飯島康夫・野原智・岩崎誠・岸本秀幸・新垣善功．2006．ジャワマングースの移動阻止をする柵の最適な形状．野生

生物保護学会第 12 回（沖縄）大会プログラム・講演要旨集.
中村正治・平良勝也・糸数清正・久高潤・安里龍二・大城直雅・大野惇. 2001. 沖縄県内 7 市町村住民のレプトスピラ抗体保有調査. 沖縄県衛生環境研究所報, 35：43-46.
Nellis, D.W. 1989. *Herpestes auropunctatus*. Mammalian Species, 342：1-6.
小倉剛. 2007. 沖縄島におけるジャワマングース対策のための技術開発. 緑の読本, 43：36-46.
Ogura, G., Y. Iijima, Y. Kishimoto and Y. Kishimoto. 2008. Development of mongoose-proof fences from 15 prototypes. CSIAM2008 International Symposium on Control Strategy of Invasive Alien Mammals 2008 abstracts book.
小倉剛・飯島康夫・尾崎清明・桑名貴. 2009. ヤンバルクイナの生息域外保全と野生復帰環境整備技術開発（環境技術開発等推進費平成 18-20 年度最終報告書）. 環境省.
小倉剛・織田銃一・川島由次. 2003. 外来動物ジャワマングースの捕獲個体分析および対策の現状と課題──特集　野生動物モニタリングと環境保護. 獣医畜産新報, 56：295-301.
小倉剛・坂下光洋・川島由次. 1998. 沖縄島に棲息するマングースの外部形態による分類. 哺乳類科学, 38：259-270.
小倉剛・佐々木健志・当山昌直・嵩原建二・仲地学・石橋治・川島由次・織田銃一. 2002. 沖縄島北部に生息するジャワマングース（*Herpestes javanicus*）の食性と在来種への影響. 哺乳類科学, 42：53-62.
小倉剛・山田文雄・池田透・羽山伸一. 2010. 侵略的外来中型哺乳類の効果的・効率的な防除技術に関する技術開発（生物多様性関連技術開発等推進費平成 21 年度進捗状況報告書）. 環境省.
沖縄県. 2009. 平成 20 年度沖縄島北部地域生態系保全事業（マングース対策事業）報告書（概要版）. 沖縄県.
沖縄県. 2010. 平成 21 年度沖縄島北部地域生態系保全事業（マングース対策事業）報告書（概要版）. 沖縄県.
小野清哉・小倉剛・野見山修蔵・Sugoto Roy・長嶺隆・仲地学・田中暁子・種村彰人. 2011. 抗酸性コーティング PAPP のマングースにおける薬効試験. 日本哺乳類学会 2011 年度合同大会プログラム・講演要旨集.
大島成生・金城道男・村山望・小原祐二・東本博之. 1997. 沖縄島北部における貴重動物と移入動物の生息状況及び移入動物による貴重動物への影響. （財）日本野鳥の会やんばる支部, 沖縄.
尾崎清明. 2009.「飛べない鳥」の絶滅を防ぐ──ヤンバルクイナ. （山岸哲, 編：日本の希少鳥類を守る）pp. 51-70. 京都大学学術出版会, 京都.
尾崎清明・馬場孝雄・米田重玄・金城道男・渡久地豊・原戸鉄二郎. 2002. ヤンバルクイナ生息域の減少. 山階鳥類研究所報告, 34：136-144.
Parkes, J. P. 1993. Feral goats：designing solutions for a designer pest. New Zealand Journal of Ecology, 17：71-83.
Parkes, J. P. and C. E. Murphy. 2003. Management of introduced mammals in

New Zealand. New Zealand Journal of Zoology, 30 : 335-359.
Parkes, J. P. and C. E. Murphy. 2004. Risk Assessment of Stoat Control Methods for New Zealand. Science for Conservation 237, Department of Conservation, Wellington.
Pimentel, D. 1955. Biology of the Indian mongoose in Puerto Rico. Journal of Mammalogy, 36 : 62-68.
Prater, S. H. 1971. The Book of Indian Animals. 3rd ed. Oxford University Press, New York.
River, I. L. 1948. Some Hawaiian ecological notes. Wasmann Collector, 7 : 85-110.
Ross, J. G. and J. R. Henderson. 2003. An evaluation of two long-life baits containing diphacinone for the control of ferrets (*Mustela furo*). New Zealand Plant Protection, 56 : 71-76.
Roy, S. S., C. G. Jones and S. Harris. 2001. An ecological basis for control of the mongoose *Herpestes javanicus* in Mauritius : is eradication possible? *In* (Veitch, R. C. and N. M. Clout, eds.) Turning the Tide : The Eradication of Invasive Species. pp. 266-273. IUCN, Gland.
Savarie, J. P., P. H. Pan, J. D. Hayes, D. J. Roberts, J. G. Dasch, R. Felton and J. D. Schafer, Jr. 1983. Comparative acute oral toxicity of para-aminopropiophenone (PAPP) in mammals and birds. Bulletin of Environmental Contamination and Toxicology, 30 : 122-126.
自然環境研究センター. 2003. 平成14年度マングース対策事業（沖縄島マングース生息調査）報告書. 自然環境研究センター, 東京.
Smith, D. G., T. J. Polhemus and A. E. VanderWerf. 2000. Efficacy of fish-flavored Diphacinone bait blocks for controlling small Indian mongoose (*Herpestes auropunctatus*) populations in Hawai'i. Elepaio, 60 : 47-51.
須藤健二. 2006. ジャワマングースの効果的な捕獲技術. 琉球大学大学院農学研究科修士論文.
Sugimura, K. and F. Yamada. 2004. Estimating population size of the Amami rabbit (*Pentalagus furnessi*) based on fecal pellet counts on Amami Islands, Japan. Acta Zoologica Sinica, 50 : 519-526.
Spurr, E. B., C. S. Ogilvie, W. C. Morse and B. J. Young. 2005. Development of a toxic bait for control of ferrets (*Mustela furo*) in New Zealand. New Zealand Journal of Zoology, 32 : 127-136.
高槻義隆・半田ゆかり・阿部慎太郎. 1990. 奄美大島におけるマングースの分布——中間報告. チリモス, 1 : 3-18.
高良鉄夫. 1973. ハブ＝反鼻蛇——恐るべき毒ヘビの全貌. 琉球文教図書, 那覇.
Thulin, C. G., N. Gyllenstrand, G. Mccracken and D. Simberloff. 2002. Highly variable microsatellite loci for studies of introduced populations of the small Indian mongoose (*Herpestes javanicus*). Molecular Ecology Notes, 2 : 453-455.

Tierkel, S. E., G. Arbona, A. Rivera and A. Juan. 1952. Mongoose rabies in Puerto Rico. Public Health Reports, 67：274-278.
当山昌直．1981．マングースの胃内容物の一例．Majaa（琉球哺乳類研究会誌），1：27．
当山昌直．2010．沖縄──沖縄島やんばる．（野生生物保護学会，編：野生動物保護の事典）pp. 756-767．朝倉書店，東京．
Watari, Y., J. Nagata and K. Funakoshi. 2010. New detection of a 30-years-old population of introduced mongoose *Herpestes auropunctatus* on Kyusyu Island, Japan. Biological Invasions, 13：269-276.
Watari, Y., S. Takatsuki and T. Miyashita. 2008. Effects of exotic mongoose (*Herpestes javanicus*) on the native fauna of Amami-Oshima Island, southern Japan, estimated by distribution patterns along the historical gradient of mongoose invasion. Biological Invasion, 10：7-17.
渡瀬庄三郎．1911．渡名喜島の「マングース」繁殖す．動物学雑誌，23：109-110．
WHO. 1972. Rabies surveillance. Weekly Epidemiological Record, 51：153-160.
八千代エンジニヤリング．2010．平成21年度大保ダム周辺における外来動物等調査業務報告書．八千代エンジニヤリング．
Yamada, F., G. Ogura and S. Abe. 2009. *Herpestes javanicus* (E. Geoffroy Saint-Hilaire, 1818). *In* (Ohdachi, S. D., Y. Ishibashi, M. A. Iwasa and T. Saito, eds.) The Wild Mammals in Japan. pp. 264-266. Shoukadoh, Kyoto.
Yamada, F. and K. Sugimura. 2004. Negative impact of an invasive small Indian mongoose, *Herpestes javanicus* on native wildlife species and evaluation of a control project in Amami-Ohshima and Okinawa Islands, Japan. Global Environmental Research, 8：117-124.
山田文雄・杉村乾・阿部慎太郎．1999．奄美大島における移入マングース対策の現状と問題点．関西自然保護機構会報，21：31-41．
Yamada, F., K. Sugimura, S. Abe and Y. Hanada. 2000. Present status and conservation of the endangered Amami rabbit *Pentalagus furnessi*. Tropics, 10：87-92.
与儀元彦・小倉剛・石橋治・川島由次・砂川勝徳・織田銑一．2006．沖縄島の養鶏業におけるマングースの被害．沖縄畜産，(41)：5-13．
吉田朝啓．1977．ハブと人間．ふくむら出版，那覇．

#  5
アライグマ
有害鳥獣捕獲からの脱却

## 阿部　豪

　日本では，アライグマ *Procyon lotor* の侵入によってもたらされる被害に対して，一貫して捕獲による駆除を軸とした対策が展開されてきた．アライグマは，2005 年には生態系や人の生命・身体，農林水産業などに被害をもたらす「特定外来生物」に指定され，アライグマを野外から排除する体制は一見，着実に整備されつつあるようにも見える．しかし，その方法論や実行可能性については，検討すべき課題がまだ多く残されている．現在，国内で行われているアライグマ防除事業の大半は，農業被害や生活被害の防止を目標とした対症療法的捕獲であり，生息数の増加や分布拡大の抑止力としては，十分に機能していない．本章では，近年，一部地域の被害農家や市町村を中心に始まった密度低減に向けた，より積極的な取り組みについて紹介し，その可能性と限界点について考察した．

## 5.1　アライグマの分布と侵入の経緯

### （1）　海外での分布状況

　アライグマは，本来北米に広く分布する中型の哺乳動物である（図 5.1）．都市の開発や灌漑施設の完備，牧場化などの動きにともなって，北米内のアライグマの分布は過去 100 年で急速に拡大しており（Kamler *et al.*, 2003），生息数も 1980 年代には，1930 年代の約 30 倍に増加した（Sanderson, 1987）．また，1990 年代に入ると，毛皮需要の低迷などが原因で狩猟圧が低下したことにより，従来の調査ではアライグマの生息が未確認であった山岳地帯や

図 5.1 樹上で目撃されたアライグマ（江別市美原地区）.

乾燥地帯および南方にまで分布を拡大し，現在では，生息情報をまとめると北はカナダの南部から南は南米コロンビアまで，連続的に分布している (Gehrt, 2003; Long, 2003).

　一方で，外来生物としての分布も拡大しつつあり，アラスカの南東沖の島嶼部（Scheffer, 1947）やバハマ諸島（Sherman, 1954），ブリティッシュコロンビアのクイーンシャーロット島（Hartman and Eastman, 1999）などへの侵入が確認されているほか，ドイツ（Lever, 1985; Lutz, 1995），ルクセンブルク（Rosatte, 2000），デンマーク（Orueta and Ramos, 2001），フランス，ベルギー，オランダ，スイス，オーストリア，ハンガリー，ポーランド，チェコ（Lever, 1985; Stubbe, 1999）などのヨーロッパ諸国，旧ソ連のウクライナ，コーカサス，ロシア，キルギス，ウズベキスタン，沿海州（Aliev and Sanderson, 1966），ベラルーシ（Gehrt, 2003），ユーゴスラビア（Stubbe, 1999）への侵入が確認されている．

### （2）日本への侵入と分布拡大状況

　日本で最初にアライグマの野生化が報告されたのは 1962 年で，愛知県犬山市にある動物飼養施設から 12 頭のアライグマが脱走したのが始まりである（アライグマ動態調査団，1989）．その後，1977 年にフジテレビ系アニメ『あらいぐまラスカル』が放映されると，アライグマブームは急速に全国に波及し，原産地北米から大量のペット用アライグマが輸入されるようになった（揚妻-柳原，2004）．ペット用アライグマは，1980 年代後半のピーク時に，生後 1 カ月くらいの幼獣が 5 万-6 万円で取引されており，札幌のペットショップでは，年間 20 頭程度が売れる人気商品になっていたという（北海道新聞，1998/7/15）．

　しかし，もともと力が強く手先が器用であることに加えて，発情期を迎えるころになるといっそう荒く攻撃的な気性になるアライグマの飼育はむずかしく（野村，1994；飴屋，1997），飼育檻を壊されての逸失や逃亡，飼いきれなくなったことによる遺棄などが全国で頻発した（Ikeda *et al.*, 2004）．ペットの一時的な逃亡や未確認の情報まで含めれば，2006 年 11 月までに，47 都道府県すべてからアライグマの生息情報が寄せられている（金城・谷地森，2007；池田，2008；環境省自然環境局野生生物課外来生物対策室，2011）．野生化したアライグマは，ペット需要が多かった大都市周辺部や，まとまった個体数が一度に逃亡した飼養施設を中心に自然繁殖を繰り返し，しだいに地域の農作物などにめだった被害を出すようになっていった（安藤・梶浦，1985；中村，1991；落合ほか，2002；小野，2002）．

## 5.2　アライグマによる被害の概要

　日本に侵入を果たしたアライグマが引き起こす問題としては，一般に在来生物に対する影響，人獣共通感染症などによる人の健康や生活への影響，農林水産業被害などの第一次産業への影響があげられる．

### （1）在来生物への影響

　在来生物への影響としてもっともイメージしやすいのは直接的な捕食によ

る影響である．一般的に，夜行性のアライグマの場合，在来生物を直接捕食している様子が観察されることはまれである．とくに，もともと生息数が少なくなっている希少な在来生物については，食性分析を行っても，直接消化管の内容物から捕食を裏づけるような証拠が得られることは少ない．事実，国内でもエゾサンショウウオ（池田，2002）やアカテガニ，トウキョウサンショウウオ（かながわ野生動物サポートネットワーク，2002；Hayama et al., 2006），カスミサンショウウオ（佐賀県くらし環境本部有明海再生・自然環境課，2010），アカウミガメ（松沢ほか，2010），ニホンイシガメ（浅田・篠原，2009；小賀野ほか，2010），ダルマガエル（中国新聞，2010/7/28）などの両生類・爬虫類や，シマフクロウ，タンチョウ（池田，2002），オオジシギ（環境省北海道地方環境事務所，2008）などの鳥類，ヤマネやムササビ，コウモリ類（佐賀県くらし環境本部有明海再生・自然環境課，2010）など樹洞性の哺乳類への影響が危惧されているが，絶滅危惧種としてリストアップされている生物のなかで，アライグマの直接的な捕食が複数個体の消化管内容物から確認されているのは，現時点ではニホンザリガニだけである（堀・的場，2001）．

ただし，希少な在来生物について，食性分析などから直接的な捕食の証拠が得られなかったとしても，捕食の影響を軽視することはできない．亘（2009）は，外来生物が生息数の多い普通種の在来生物を効率的に捕食することで高い繁殖率を維持している点に注目し，それぞれの個体が捕食する希少生物は少なくても，全体としての捕食圧は十分深刻なレベルに達する可能性があると指摘している．

これに対し，餌資源や生息場所の競合については，状況証拠は多く集まるものの，実質的な評価がむずかしい．アライグマの定着後，タヌキやキツネの姿を見なくなったという観察例は各地で報告されているが（池田，1999；Ikeda et al., 2004；Hayama et al., 2006），タヌキやキツネの激減には疥癬やジステンパー感染の疑いも指摘されており，アライグマの定着との因果関係は不明である．Abe et al. (2006) や Okabe and Agetsuma (2007) は，同所的に生息するアライグマとタヌキの空間的，時間的な土地利用傾向に差があることを明らかにした．しかし，いずれもアライグマ侵入前のタヌキの生息情報が不十分であるため，両種が親和的にすみわけているのか，競争によ

って一方が駆逐されているのかを評価することは今後の課題として残されている．

　アライグマはまた，寄生虫やウイルスの保菌動物として，在来生物に深刻な感染症を媒介することも知られている．北海道や神奈川県，和歌山県の駆除個体の分析により，これまでに多くの内部寄生虫が確認されたが（Matoba *et al.*, 2003；三根ほか，2010），和歌山県の調査結果によれば，得られた内部寄生虫は，ほとんどが偶発的寄生，あるいは中間宿主である餌動物ごと摂食したことによる一時的寄生であり，真の寄生と呼べるものはわずかであった（佐藤，2009）．一方で，2004年に和歌山県田辺市において捕獲されたアライグマから発見されたアライグマ糞線虫（*Strongyloides procyonis*）は，国内には本来存在しない外来寄生虫であった（佐藤・鈴木，2004；Sato and Suzuki, 2006）．また，関西地方で捕獲されたアライグマが，イヌ科動物に重篤な影響をおよぼすジステンパーウイルスに高い確率で感染していることがわかるなど（Nakano *et al.*, 2009；Kameo *et al.*, 2011），国内における感染症の伝播経路にアライグマが深く関与していることを示すデータも徐々に集まりつつある．

### （2）　人の健康や生活への影響

　アライグマが媒介する人獣共通感染症としては，狂犬病（Rosatte *et al.*, 2007；Blanton *et al.*, 2008）とアライグマ蛔虫（*Baylisascaris procyoni*）による幼虫移行症（Roussere *et al.*, 2003）が有名である．前者は，イヌ，ネコ，アライグマ，キツネなどの狂犬病ウイルスを保有する動物による咬傷などから感染する病気で，動物から動物，あるいは動物から人間へと感染する．発症前にワクチン摂取をすることで，現在では狂犬病による死亡例は極端に減少したが，いったん発症すれば確実に死に至る病として治療法はまだ発見されていない．日本では，1999年の「感染症法」の施行と「狂犬病予防法」の一部改正を経て，アライグマも狂犬病予防法の対象動物に指定された．なお，国内での狂犬病感染は1957年以降報告されておらず，国内で捕獲されたアライグマから狂犬病ウイルスが検出された例もまだない．

　後者のアライグマ蛔虫による幼虫移行症は，アライグマに固有のアライグマ蛔虫に由来する病気で，人に感染すると神経症状や視覚障害，脳炎などを

引き起こし，北米では感染による死亡も報告されている（Roussere et al., 2003）．これまで，国内で野生化したアライグマからはアライグマ蛔虫は検出されていないが，ペットや動物園の飼育個体では感染が確認されていることから（佐藤，2005），引き続き警戒が必要である．

このほかにも，国内の駆除個体からは，高病原性インフルエンザウイルス（Horimoto et al., 2011）や日本脳炎ウイルス（Ohno et al., 2009），レプトスピラ（和田ほか，2010），紅斑熱群リケッチア（Sashika et al., 2010），サルモネラ（藤井，2011）など，人や家畜に感染する危険性のある感染症も検出されており，人間生活への影響が心配されている．

一方，野生化したアライグマが人の生活に与える被害も多く報告されている．ネコやコイ，金魚やニワトリなどの飼育動物がアライグマによって捕食されたという報告（揚妻−柳原，2004）や，屋根裏や納屋などにアライグマがすみ着いたことによって生じる被害報告も多い（千葉県立中央博物館，2004；環境省近畿地方環境事務所，2008）．とくに後者の場合，家屋や家具，貯蔵物などの物損被害に加え，繁殖期の騒音被害や糞尿・毛・ダニなどによる異臭・衛生上の被害，乳幼児などを育てる家庭にとっては，存在そのものが脅威となるような精神的被害を生むこともある（Yomiuri Weekly, 2002/1/27）．また，京都や鎌倉などの古都にすみ着いたアライグマが，重要文化財におよぼす被害も深刻な問題となっているほか（環境省近畿地方環境事務所，2008），まれなケースではあるが，散歩中のイヌに飛びかかってきたアライグマを引き離そうとして，飼い主が手や足を噛まれるといった人身被害も発生している（神戸新聞，2011/7/28）．

### （3） 第一次産業への影響

アライグマによる第一次産業への被害は，原産国でも大きな問題となっている（Hart, 1991；Boggess, 1994；Wywialowski, 1996）．日本で被害報告のある農作物種はトウモロコシやメロン，スイカ，ミカン，モモ，ブドウ，イチゴ，ウリ，ナス，トマトなど多岐にわたるが（大阪府アライグマ被害対策検討委員会，2005；自然環境研究センター，2005；阿部，2008；Ikeda et al., 2008），トウモロコシへの食害はとくに深刻である（図5.2）．北海道では，1晩で1000 $m^2$ の畑が壊滅したとの報告もある（阿部，2008）．北海道

図 5.2 アライグマによるトウモロコシの食害状況(江別市野幌地区).

内における農作物の被害額は,メロンの産地である夕張や穂別などに被害が広がった1990年代後半から急速に増加し,1995年に12.5万円程度だった被害額は,2004年度には3800万円を超え,現在も拡大傾向にある(図5.3).

農作物以外の被害としては,ニワトリやアヒルなどの家禽類,コイやニジマスなど養魚類への食害も多数報告されているほか(揚妻-柳原, 2004),ウシの乳房が噛み切られたり(池田, 1999),生まれたばかりのブタの子どもが1晩で3-4腹(約30-40頭)襲われたというめずらしい報告例もある(阿部, 2008).また,酪農・肉牛農家などでは,配合飼料への食害,畜舎へのすみ着きにともなう糞尿汚染,発酵途中のラップロールを鋭い爪で破いたことによる発酵不順などの被害も報告されている(池田, 1999).とくに,畜舎や納屋にアライグマがすみ着いた場合には,感染症に対する消費者の警戒心が生産物の不買につながるなどの風評被害への不安から,被害の申告や公表を控える動きもある(阿部, 2008).

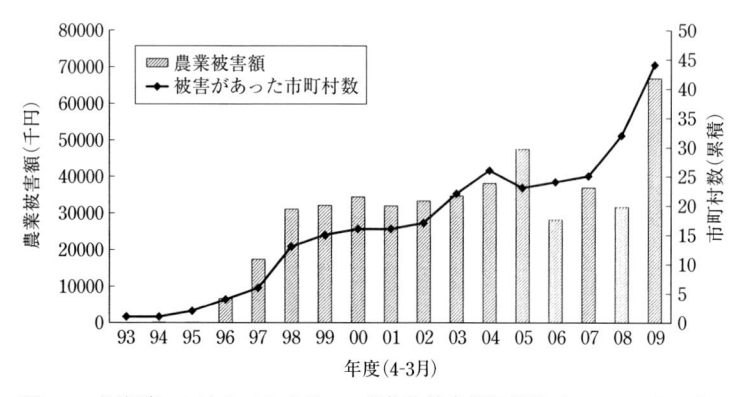

図 5.3 北海道におけるアライグマの農作物被害状況推移(1993-2009 年,北海道資料より作成).

## 5.3 日本のアライグマ対策

### (1) 日本のアライグマ対策が抱える課題

アライグマの侵入によってもたらされる被害に対して,日本のアライグマ対策は,一貫して捕獲による駆除を軸として展開してきた.「鳥獣保護法」の改正によってアライグマが有害鳥獣と認定された1998年以降,全国のアライグマ捕獲数は急増した.2005 年には,アライグマを含む 37 種を「特定外来生物」に指定した「外来生物法」も施行され,アライグマを野外から排除する体制は一見,着実に整備されつつあるように見える.

しかし,アライグマ駆除が熱狂的な雰囲気のなかで進行していくのとは対照的に,その方法論や実行可能性については,検討すべき課題が多く残されている.揚妻-柳原 (2004) は,排除にかかるコスト(費用・労力・在来生物や生態系への悪影響など)とベネフィット(在来生物・生態系の保全)の検討が不十分であるとして,排除を前提にした対策の見直しを求めている.最近では,特定の外来生物の急激な排除がほかの外来生物の増殖を招いたり(Zavaleta et al., 2001; 前園・宮下,2003),外来生物排除のための手段が在来生物やその生息環境に深刻な影響を与える危険性(揚妻-柳原,2004; 阿部,2008)について指摘する報告も増えている.北海道では,アライグマの

捕獲ワナに混獲されたエゾタヌキが駆除の対象となるケースが近年急増しており，アライグマ対策の推進が在来種を減少させてしまっているという一面もある（阿部，2008）．

　日本のアライグマ対策において，在来生物やその生息地または生態系への影響評価が遅れている原因の1つには，外来生物侵入以前の研究蓄積が不足しているという問題がある．とくに，在来生物の生息数減少などの変化は，開発や産業構造の変化による環境改変など，ほかの要因と複雑にからみ合っていることが多く，外来生物による影響だけを明確に抜き出すには，複数地域における長年のデータ蓄積が不可欠である．専門研究機関の整備や専任研究者の養成が遅れ，身近な生物に対する国民の関心も低い日本では，外来生物の侵入による影響を敏感に感知できるモニタリングシステムはいまだ確立されていない．

　しかし，それ以上に注目すべき点は，日本のアライグマ対策がそもそも各地で深刻化する農業被害や生活被害対策として出発，発展してきたという歴史にある．本来，IUCNが外来生物問題のガイドラインのなかで取り上げているのは，「外来侵入種の生物学的な侵入によって引き起こされる生物多様性の減少」にかかわる問題であり，「外来侵入種の生物学的な侵入により引き起こされる経済的な影響（農業・林業・養殖業）や人の健康と文化に与える影響」については言及していない．これに対し，早い時期から農業や家畜への被害が深刻化した日本のアライグマ対策では，むしろ後者の問題解決に対する強い欲求がつねに対策を牽引し，前者の問題を危惧する研究者や行政サイドが制度的にこれを後方から支援するという構図をとって発展してきた．このため，全体としては，野外からの完全排除という厳しいゴールを設けているものの，実際には「被害者」のいない無人エリアでの捕獲は，ほとんど行われず，外来生物対策としてもっとも重視されるべき，在来生物やその生息地，または生態系の損失に関しては，正しい現状認識も事後の影響評価もほとんどなされてこなかった．

**（2）　農業被害防止を主軸に据えた外来生物対策の問題点**

　農業被害対策のなかに外来生物対策が組み込まれた日本のアライグマ対策は，排除の実行可能性やそれにかかるコストを評価するうえでも深刻な問題

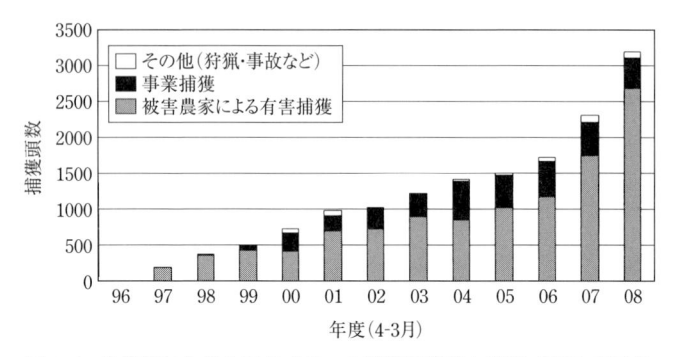

**図 5.4** 北海道におけるアライグマの捕獲数推移と内訳（1996-2008 年，北海道資料より作成）．

を抱えている．国内のアライグマ対策では，その大半が地元自治体や農協が中心になって実施する有害捕獲による駆除でまかなわれている（図5.4）．具体的には，被害申告のあった農家にワナを貸し出し，捕獲された場合にこれを農協職員や自治体の担当者，専門の駆除業者が回収するというシステムを採用している市町村がほとんどである．本州では，自治体の委託を受けた地元猟友会の有害捕獲班が，ワナの設置や捕獲個体の処理を担当するところもあるが，この場合も被害の申告に応じてワナを設置するという仕組みは変わらない．どちらの場合でも，実際のワナの管理は農家に一任されていることが多く，捕獲努力量の記録や誘引餌，ワナの管理方法などの統一が図れず，量的な評価ができないことや（池田，2001），被害の減少や意欲の減退などの理由により捕獲圧を維持できないこと（池田，2000）などが問題として指摘されている．

また逆に，アライグマ対策が完全に農業被害対策に特化できないことによる弊害もある．一般的に在来生物による農業被害対策においては，乱獲による地域個体群の激減や消滅といった危険を回避するために，非致死的な被害防止策に関する十分な検討が求められる（米田，1998；中国農業試験場，2000；農林水産省，2006）．とくに，昼行性のニホンザルによる農業被害対策では，被害農家と都市部のボランティアスタッフが協働して，畑の警戒や追い上げにあたる体制づくり（Enari *et al.*, 2006；鈴木，2008）など，たんに技術力に頼るだけではない社会的な取り組みも活発になりつつある．

これに対し，外来生物による農業被害対策では，捕獲により生息数を減らすことばかりに意識が集中する傾向が強いため，捕獲の被害防止効果の検証やほかの農業被害防止技術の開発・普及は，大幅に遅れている．

### （3） 外来生物対策と農業被害対策の協働の可能性

外来生物対策と農業被害対策は，在来生態系の保全と農業被害の軽減という本来的に異なる目標を持つ独立した対策である．とくに，大半の被害農家にとって自らの農作物に被害をおよぼす可能性のある動物は等しく「害獣」であり，それが在来生物であるか外来生物であるかの区別が意味を持つことはほとんどない．このため，それぞれの目標を達成するためには，財源を分け，個別の計画にもとづいて対策の立案がなされるのが理想である．

しかし一方で，アライグマの生息密度の低減は，農業被害対策にとっても検討すべき目標設定の１つとなることは確実である．したがって，農業被害対策としての捕獲の有効性を検討し，より効率的で効果的な対策手法の開発を進めることに関しては，在来生態系の保全を目指す研究者・行政サイドと，直接的な被害者である農家や農協，地元自治体との協働が成立する余地が残されている．とくに，現場で対策にあたる捕獲従事者や研究者の数，対策資金が圧倒的に不足している日本の外来生物対策の現状では，強力にアライグマの駆除推進を訴える被害農家は，早期の問題解決を目指すうえで不可欠な存在となっている．

以下では，北海道におけるアライグマ対策の実践を通じて，今後の外来生物対策がどのように農業被害対策と協働可能か，また，地域の被害農家が行う自衛手段としての捕獲が，アライグマの密度低減にどこまで貢献可能か，その可能性と限界について考察する．

## 5.4 北海道のアライグマ対策

### （1） 北海道アライグマ緊急対策事業

北海道におけるアライグマ対策の最大の特徴は，農業被害軽減のための駆除支援策とは別に，捕獲による密度低減効果の検証や，効率的な捕獲手法の

開発など，野外からの完全排除を目指すうえで不可欠な客観的データの蓄積を行ってきた点にある．

1999年，北海道は拡大するアライグマの被害に対して，アライグマをたんなる害獣ではなく，外来生物と位置づけ，野外からの完全排除を最終目標に据えた全国で初めての施策，「北海道アライグマ緊急対策事業」（以下，「道事業」）の開始を決定した．道事業初年度は，捕獲方法や生息数の推定法，箱ワナによる捕獲効率の算出基準など，アライグマの排除プログラム策定に最低限必要な情報収集が目標とされた．調査地には，目撃や被害情報が多かった道央圏から環境の異なる3地域が選抜され，捕獲調査が実施された（EnVision環境保全事務所，2000）．2000年以降は，厚生労働省の「緊急地域雇用特別交付金制度」を活用した野生動物管理事業費が道事業の財源に加わったため，とくに農業被害が深刻な地域を中心に，調査実施地域を3地域11地区へと拡大した（北海道森林整備公社，2001-03）．

2003年に策定された「北海道アライグマ対策基本方針」は，こうして得られた過去4年分の調査データをもとに，北海道大学と酪農学園大学の研究者が北海道と協力して打ち出した最初の対策指針である（北海道環境生活部自然環境課，2003a）．基本方針のなかで，①アライグマによる農業等被害の防止，②健康被害の防止，③生物多様性の保全，の3つの目標が，北海道におけるアライグマ対策の中心的な柱となることが確認された．また，同年に発表された「平成15年度アライグマ対策行動計画」では，基本方針に盛り込まれた「野外からの完全排除」を達成するための具体的なアクションプランも示された（北海道環境生活部自然環境課，2003b）．

（2） アライグマ対策行動計画

アライグマ対策行動計画では，まずアライグマの分布情報や捕獲数，捕獲データの蓄積状況などに応じて，対策の緊急性が異なる3地域に全道を区分した．このうち，捕獲頭数の増加傾向が著しく，今後も分布の拡大，生息数の増加が続くと懸念される緊急対策地域では，生息数の推定と排除に向けた駆除目標頭数の試算を行った．

試算ではまず，道事業捕獲と市町村の有害捕獲における捕獲努力量と捕獲数の記録から，アライグマの捕獲効率がその生息密度と比例関係にあること

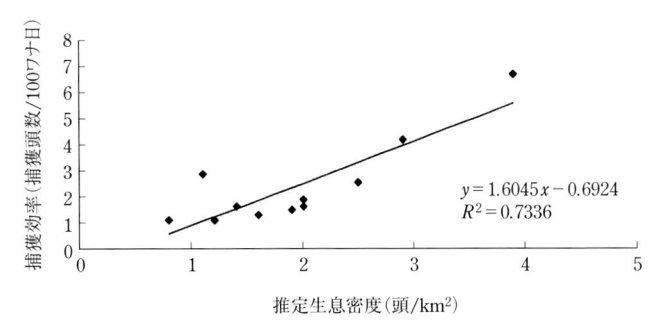

図 5.5 アライグマの生息密度と捕獲効率の関係（環境省北海道地方環境事務所・EnVision 環境保全事務所, 2008）.

が示された（環境省北海道地方環境事務所・EnVision 環境保全事務所, 2008; 図 5.5). これにより，箱ワナによる捕獲がアライグマの密度低減に一定の効果を発揮することが証明された．とくに子育てにオスが関与しないアライグマでは，幼獣が独り立ちする前に子育て中のメスを捕獲すれば，巣に残された子どもは生き延びられなくなるとして，幼獣が巣から出て活動を開始する7月以前のメス成獣の捕獲割合（以下，早期捕獲割合）を向上させることが重要であると確認された．

一方で，緊急対策地域における 2001 年度末のアライグマ推定生息数は 3000（±1000）頭と算出され，2002 年当時の捕獲水準（通年で 840 頭，早期捕獲割合は 25%）のままでは排除達成は困難であることも示された．この結果を受けて，行動計画では最終的な排除達成目標を 10 年後の 2011 年に設定し，年度ごとの捕獲目標頭数と早期捕獲割合（50%）などを定めた具体的なアクションプランを示した．対策初年度の捕獲目標頭数は，2002 年の捕獲頭数の約 2 倍の 2000 頭に設定された．

捕獲目標頭数を達成する工夫として，北海道では，市町村担当者や農協職員を対象としたアライグマ対策研修会の開催や，全道のアライグマ対策関係者を札幌に招集して行う情報交換会などを通じて，自治体の意識向上を図ってきた．また，北海道が購入したワナを自治体の要請に応じて貸与する箱ワナの無償貸し出し制度も始め，自治体の負担を軽減する努力も続けてきた．北海道の積極的な働きかけの結果，2004 年度の緊急対策地域における上半期のワナ総設置日数は前年度の4倍近くまで増加したものの，捕獲数に伸び

**表 5.1** 緊急対策地域におけるアライグマの捕獲実績と目標達成状況（2003-05年，平成15年度（2003年）アライグマ対策行動計画より改変）．

| 年 | 早期捕獲状況 | | 年間捕獲状況 | |
|---|---|---|---|---|
| | ワナ日数/目標日数（達成率） | 捕獲頭数/目標頭数（達成率） | ワナ日数/目標日数（達成率） | 捕獲頭数/目標頭数（達成率） |
| 2003 | — | — | 21849/40000 (55%) | 1080/2000 (54%) |
| 2004 | 29506/20000 (148%) | 479/1000 (48%) | 82478/40000 (206%) | 1140/2000 (57%) |
| 2005 | 22509/45000 (50%) | 459/1000 (46%) | 55056/90000 (61%) | 1012/2000 (51%) |

は見られず，目標達成率は毎年50%程度と目標を大幅に下回る結果となった（表5.1）．

ワナ設置日数が増加したにもかかわらず，捕獲数が伸び悩んだ理由としては，いくつかの要因が考えられる．第一に，生息密度が低下したことによる捕獲効率の低下があげられる．前述したように，アライグマの捕獲効率は，その生息密度と比例関係にある．このため，緊急対策地域のように継続的に捕獲を行ってきた地域では，局所的にアライグマが捕まりづらくなっているエリアがあり，単純に捕獲努力量を増強しただけでは，捕獲数の飛躍的な増加は望めない．

第二の要因としては，早期捕獲割合が増加したことがあげられる．そもそも，早期捕獲割合を増強するという計画のねらいは，幼獣の自立を阻害し，捕獲の効率を最大化しようとするものであった．このため，早期捕獲割合が増加すれば，7月以降に生き残るアライグマの総数は減り，捕獲数だけから見た捕獲効率は相対的に低下する方向に働くというのは，いわば当然の帰結といえる．裏を返せば，早期捕獲割合50%という条件を含んだ目標捕獲頭数2000頭の設定は，単純に従来の2倍の捕獲数を確保すればよいという以上に厳しい数値目標であったということになる．これら2つの要因については，低密度状態のアライグマを効率的に捕獲する技術の開発が待たれるが，ここでは第三の要因を強調したい．

アライグマの捕獲数が伸び悩んでいる第三の要因は，皮肉なことに捕獲従事者の多くが被害農家であったことにある（図5.4）．北海道では，絶対的に不足している捕獲従事者の増員を図って，さまざまな駆除支援策を打ち出

## 5.4 北海道のアライグマ対策

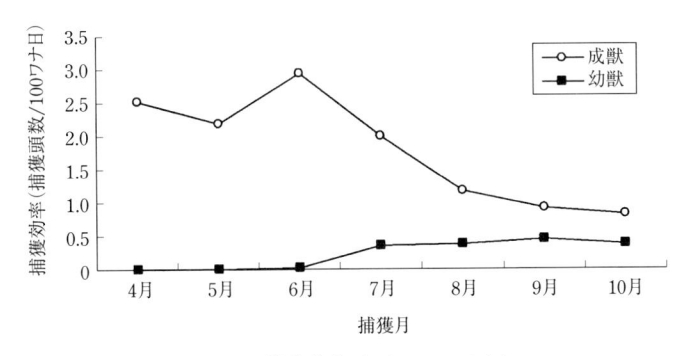

図 5.6 アライグマの月別捕獲効率（阿部，2008 より）．

してきた．なかでも，市町村が開催する捕獲従事者講習会を受講することで，狩猟免許を持たない被害農家が捕獲ワナを設置することができるとした捕獲支援制度は，市町村の無料ワナの貸し出し制度と連動して，多くの潜在的な捕獲従事者を生み出すことに成功した．ワナを手にした農家は，こぞって自分の畑にワナを設置したが，その多くは被害が集中的に発生する農作物の収穫時期，つまり7月から9月にかけて設置された．この時期は，その年生まれの幼獣が母親について行動するようになる時期とほぼ重なっており，農地に出没するアライグマの個体数が，1年のうちでもっとも多くなる時期である．加えて，北海道におけるアライグマの捕獲効率は，7月以降，極端に低下することがわかっている（図5.6）．つまり，北海道におけるアライグマ駆除数の約9割を占める被害農家の自衛的捕獲努力は，1年のうちでもっとも駆除効果の薄い時期に集中的に投入されていることになる．

　集団で行動するアライグマの被害を，ワナによる捕獲だけで完全に防ぐことはできない．ましてや捕獲効率が低下する時期に，電気柵などの被害防止策を講じることなしにワナの増設だけを推進すれば，捕獲の密度低減効果に対する不信感が生まれ，せっかく芽生えた対策意欲を減退させてしまうことにもなりかねない．事実，道事業開始前の1998年から捕獲対策を行ってきた江別市の野幌地区の農家を対象として，2003年に行ったアンケート調査では，ワナによる捕獲が被害防止に効果的と答えた農家はわずか27%にとどまった（阿部，2008）．

　一見すると，問題の解決は，とても簡単なように思える．被害農家が対症

療法的に行う捕獲努力を,より効率的で被害の予防にもつながる春季に動かせばよいだけだからである.しかし,問題はそう簡単ではなかった.次節では,北海道江別市における早期捕獲体制構築の試みについて紹介する.

## 5.5 被害農家を主体とした早期捕獲体制構築の試み

### (1) 調査地概況

江別市は,札幌の東部に隣接する広さ約 19000 ha,人口 12 万人のベッドタウンである.1965 年には 1500 戸あった農家数も,現在では 500 戸まで減少しているものの,稲作や畑作,酪農,肉用牛および施設園芸など多彩な農業を営む農家が市の中心部を取り囲むかたちで全域に広がっている.また,市の西部には札幌市と北広島市にまたがる広さ約 2100 ha の道立自然公園,野幌森林公園が控えており,多くの動植物が生息している.

江別市におけるアライグマの侵入は,1992 年に初めて野幌森林公園内で確認された(門崎,1996).その後,1996 年ごろより周辺地域における農業被害が深刻化し始めると,翌年には園内にあった道内最大規模のアオサギのコロニー消失を引き起こした可能性が高いとして,生態系保全の観点からも注目を集めるようになった(池田,1999).1999 年以降は,道事業の緊急対策地域に指定され,現在まで毎年,捕獲地点を固定した定量的な捕獲調査が継続されてきた唯一の地域である(北海道森林整備公社,2009).継続的な捕獲圧により,園内のアライグマの生息密度は,2 頭/km$^2$ を下回るまでに抑えられてきたが,毎年,秋から春にかけて捕獲数が回復する傾向が確認されており(図 5.7),さらなる低密度化が課題となっている.2003 年に行ったアンケート調査でも,周辺農家の 74% はアライグマによる被害は「変わらない(51%)」,あるいは「増えた(23%)」と,対策の効果に対して否定的な回答を寄せていた(阿部,2008).

### (2) 事前準備と試験運用

筆者は,2004 年 5 月に道内の若手研究者らとともに,アライグマ問題の実態解明と対策の実行可能性の検証,およびアライグマ問題の普及・啓発を

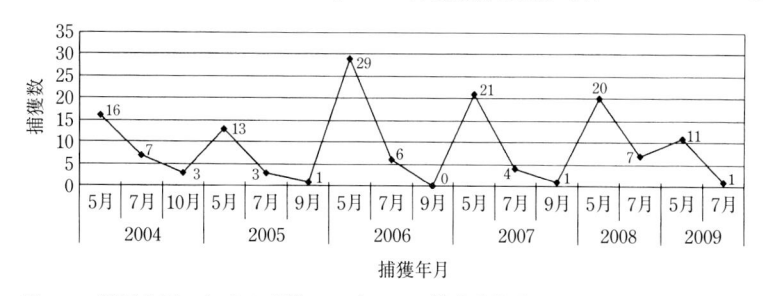

**図 5.7** 野幌地区における成獣アライグマの捕獲数推移（2004-2009 年．北海道および環境省北海道地方環境事務所資料より作成）．

おもな活動目標とする任意団体，「アライグマ研究グループ」（以下，「グループ」）を設立し，野幌森林公園を中心に活動してきた．

なかでも農業被害の軽減は，活動の大きな目標の１つであった．地元の自治総会や区会，江別市と JA 道央共催の研究発表会や市民農園を対象とした説明会などの場を通じて，繰り返し被害防止策の必要性と早期捕獲の重要性について訴え続けてきた．こうした取り組みにより，地元農家との間で情報の共有化が進んだことは大きな進歩であったが，捕獲数も早期捕獲割合も，依然として低迷を続けていた．

そこでグループでは，つぎなる取り組みとして，江別市と JA 道央江別支所，野幌地区自治会などに協力を要請し，野幌地区の希望農家に箱ワナを貸与し早期捕獲を促進する試験的な取り組みを実施した．この際，捕獲ワナの貸与と捕獲時の対応（安楽殺処置と焼却施設への搬送）はグループが担当し，市には捕獲個体の焼却と処置費の実費負担を，JA 道央江別支所には関係者間の連絡調整や不在時の対応など後方支援を依頼した．なお，協力を得られた農家には，ワナの設置と，毎日の見回り，必要に応じて餌の交換，および捕獲時の連絡を依頼した（図 5.8）．

自治会長らの積極的な働きかけの結果，2007 年 3 月 8 日までに 17 戸の協力農家が集まり，合計 20 基のワナを直接協力農家に貸与した．ワナ貸与の際には，あらためて早期捕獲の重要性を伝えたうえで，簡単な設置法の講習を行い，初回の誘引餌を提供した．なお，今回の捕獲は試験的な実施ということで，5 月末までの約 2 カ月間をワナ貸し出しの期限とし，期間中のワナの稼動状況や設置場所，使用している餌の種類と状態，捕獲状況などを調査

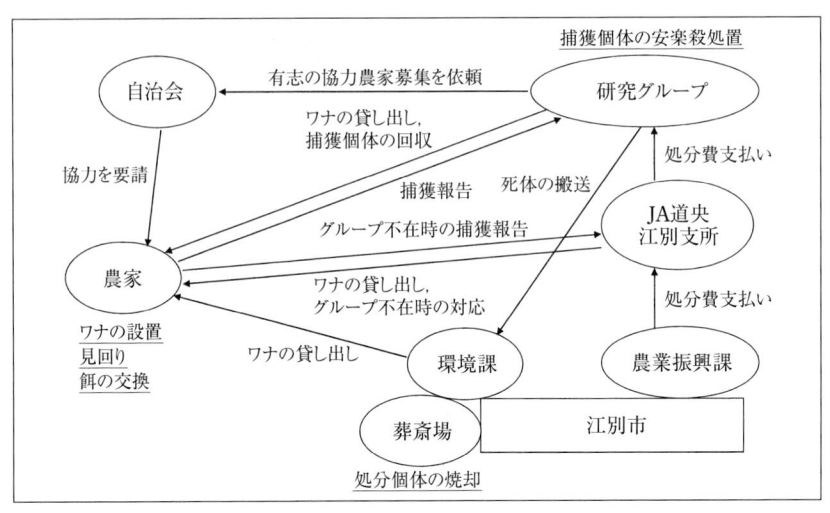

図 5.8 江別市で試験的に立ち上げたアライグマの早期捕獲体制 (2007 年).

した.

　調査の結果, 1 週間が経過した時点で実際にワナを設置していたのは 12 戸で 14 基のワナが稼動していた. ワナは, 過去に農作物などが被害に遭った場所やアライグマを実際に捕獲したことのある場所を中心に設置されていたが, 餌の交換を行っていた農家はわずか 2 戸のみであった. 期間中, アライグマの捕獲はなく, 2 戸でネコの混獲が, 1 戸でドブネズミの混獲がそれぞれ 1 例ずつ報告された. 巡回では, 未設置の農家を含めて再度捕獲の協力を依頼し, 餌の交換や日々のワナ調整などを促した.

　ワナ貸与から約 1 カ月半が経過したが, アライグマが捕獲されないことから, いったんワナを回収することに決めた. 回収時にワナを設置していた農家は 10 戸に減り, 12 基のワナが稼動していた. 前回の巡回時にワナを設置していた 2 戸では, 飼いネコの混獲が続いたため, すでにワナは撤去されていた. ワナの設置場所は前回と変わらず, 餌の交換を行っていた農家も 2 戸のみだった. また, ワナが稼動していた農家のうち 2 戸では, ワナが雑草に埋まり, 事実上機能しない状態になっていた. ワナ回収時に行った聞き取り調査では, ワナを設置しなかった, あるいは管理を怠った理由としては, 「まだアライグマが活動を開始する時期ではない」という回答が多く, 「回収

後も足跡や痕跡を見つけたらワナを設置したいので再度貸してほしい」とワナの継続貸与を希望する農家もあった.

　試験運用では，農家が自発的に行う有害捕獲を外来生物対策の一部として増進させることの問題点が浮き彫りとなった．つまり，被害農家の希望はあくまでも農業被害の軽減であって，アライグマの低密度化は，その手段である限りにおいて対策の1つの選択肢となるにすぎない．このため，外来生物対策の推進において不可欠な技術革新が，たとえ将来的に農家の利益につながる性質のものであったとしても，被害農家が積極的に状況の改善を求めていない状況では，こうした対策が農家によって効果的に実践される可能性は低い．逆に，今回の事例のようにトップダウン式に農家の協力を取りつける方法を選択した場合，その成果が具体的な捕獲数の増加や被害額の低減というかたちで現れない限り，対策全般に対する農家の不信感をいたずらに強化してしまうことにもなりかねない.

(3)　被害農家を主体とした早期捕獲体制の始動

　一方で，試験運用によって得られた成果もあった．対策実施中に設けられた中間報告会の席上で自治会役員から，「地元農家は被害がなければ，どこにワナを置いたらよいのかわからない．ワナを効果的に設置する場所を具体的に指示してもらえれば，自治会から見回りなどの負担を有償で付近の農家に依頼できる可能性もある」との提案を受けた．地域住民が自ら必要性を感じて負担を買って出ようという動きは，実現すれば対策推進の大きな力となる可能性を秘めている.

　また，早期捕獲の取り組みが終了した後の6月から10月までの約5カ月間に，アライグマの目撃情報など，合わせて16件の関連情報が江別市内からグループに寄せられ，合計23頭の捕獲につながった．もっとも多かった情報は幼獣個体の目撃情報で，親とはぐれて路上や食物貯蔵室に現れた個体など計14頭を捕獲した（図5.9）．移動能力に長けたアライグマの場合，目撃情報が古いと捕獲に至る確率はきわめて低くなるため，目撃から捕獲までの迅速な対応が捕獲成功の鍵を握る．今回の取り組みを通じて，市や農協，自治会内部での連絡体制が確立され，速やかな情報伝達が可能になったことで，貴重な目撃情報を効果的に捕獲に結びつけることができたことは，試験

**図 5.9** 被害農家の通報によって捕獲されたアライグマの幼獣（江別市豊幌地区）.

運用の大きな成果であった.

　さらに，目撃や被害の情報を受けて現場に急行すると，毎回のように近所の人々が集まってきたため，グループではこの機会を利用して，可能な限り現地で即席のミニ講習会を開くように心がけた．捕獲された動物や被害に遭った作物類を材料として，獣種の見分け方や体のつくり，生態や行動様式，被害の発生状況や捕獲技術などについて対面式の解説を行うことで，普段は痕跡を目にするだけだったアライグマや在来動物に対する関心が増し，被害農家の対策意欲は目に見えて向上した．この取り組みは早期捕獲体制の構築にも弾みをつけた．グループが提供する捕獲個体の産子数データや，7月に入りつぎつぎと捕獲される幼獣個体の数の多さは，早期捕獲体制構築の必要性を被害農家に実感させるのに効果的であった．

　2008年，こうした実感の積み重ねが体制として結実した．同年，農林水産省の「農地・水・環境保全向上対策事業」の予算を受ける7つの保全会組織が江別市内に設立されると，すべての保全会でアライグマ対策に予算が配

分され，ワナの購入や捕獲個体の処分費用，捕獲作業日当，講習会開催の費用などが予算化された．4月には，各保全会の地元講習会や市主催の捕獲従事者講習会が開催され，新たに従事者証を得た人々にワナが配布された．グループのメンバーも江別市の捕獲従事者登録を受け，捕獲作業に一部参画するかたちで活動を支援した．

### （4） 早期捕獲の成果

早期捕獲の成果は，対策初年度から具体的な数字となって現れた．前年に56頭だった江別地域の有害捕獲数が，1年で93頭と増加したことも成果の1つであったが，より大きな進歩は，早期捕獲割合の伸びにあった．単純に7月以前の捕獲数だけ見ると，どちらも34頭と変化はないように見えるが，成獣幼獣比は完全に逆転しており，前年に8頭だった成獣捕獲数は，1年で28頭と3.5倍に膨れ上がった．さらに，妊娠中のメスを捕獲した場合はもちろん，子育て中の母親を7月前に捕獲すれば幼獣は生き残れないとする行動計画の仮定に従えば，実質的な駆除数は，総駆除数に7月までの駆除個体から得られた胎子・胎盤痕数を加えた最大105頭となり，前年の2倍近くの駆除効果があった計算になる．

駆除頭数の増加はまた，農業被害の軽減にも大きく貢献した．早期捕獲は，その年の収穫時期に畑に出没するアライグマの総数を直接的に減らすため，農業被害対策としても即効性が高い．江別における農業被害額は，2003年以降，350万円程度で横ばいに推移してきたが，早期捕獲の対策を始動した途端，申告された被害額が半減したのである．この年，申告された被害額は，約170万円で過去最低の申告額となった（図5.10）．

被害軽減の実感は，確実に被害農家の対策意欲向上につながった．対策2年目の2009年も7月以前の成獣捕獲数は29頭，胎子・胎盤痕数を加えた年間の推定最大駆除数は118頭と前年を上回る対策努力が続いている．また，これまで江別市ではほとんど普及していなかった電気柵の敷設率も急増しており，被害額も約200万円と対策初年度よりは微増したものの，依然として低い水準を維持している．

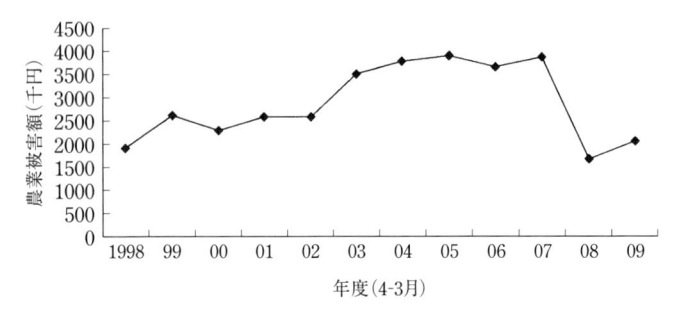

図 5.10　江別市における農業被害額推移（1998-2009 年，江別市資料より作成）．

## 5.6　被害農家を主体とした外来生物対策の限界

　江別市における対策実践の成功例は，アライグマの野外からの完全排除を目標とする外来生物対策において，被害農家による自衛的捕獲努力が地域の低密度状態維持に一定の役割を果たしうる可能性を示唆するものである．しかし，この結果は，同時にその限界をも示している．

　本来，農業被害対策とは，近隣の野生生物に対し抑圧的に機能するものである．対策の形態にはさまざまな種類があり，ただのおどし程度のものから，畑に侵入する野生生物の命を奪うほど強力なものまである．一般的に厳格な対策になればなるほど，その維持や管理にかかる負担は大きくなっていく傾向がある．捕獲を持続するための負担としては，餌を補給し続けることで生じる経済的負担や見回りと管理にかかる労力，捕獲した動物の死やワナ内でついた擦過傷などの怪我を目のあたりにすることで生じる心理的負担や感染症への恐怖などがあげられる．とくにアライグマの生息密度が低い地域では，アライグマを捕獲できることはまれであり，非対象動物の混獲や小動物による餌の持ち逃げ，劣化し腐敗する餌の交換やワナの清掃など，維持管理にかかる負担ばかりがめだつ傾向がある．

　このため現実には，被害に遭った農家が自発的にワナ貸与を申し出たような場合であっても，提供を受けたワナの管理を農家が継続的に行う例はまれである．数日経ってもアライグマが捕獲されなかったり，非対象動物が混獲されたことなどを契機に，徐々に意欲が薄れ，短期間のうちにワナの放置や

撤去に至るケースが多い．また逆に，一度アライグマを捕獲したことで，まだ被害は継続しているにもかかわらず被害感情が収まってしまうこともある．

このように事情はさまざまであるが，農家が対策を放棄する場合，その選択はワナの維持管理に要する負担が，農作物への食害によって農家が被る総合的な損失（精神的な苦痛も含む）を上回った状況にあると理解できる．もちろん，対策維持に要する負担と被害による損失のバランスは個々の農家に内在する基準であるため，単純に数量化することはできないが，対策の実施状況は，各農家の基準を推し量る１つの指標となる．この意味で，被害農家の対策放棄は，きわめて合理的な判断の結果であると理解できる．

加害動物を最後まで追い詰めることのない農家の合理的な態度は，加害動物が在来生物で保全の対象である場合にはプラスに作用するが，野外からの完全排除を目指す外来生物対策では，この態度が障害となり事業を停滞させる要因になる．本章で紹介した江別市の実践事例では，アライグマの生態情報にもとづいた新たな捕獲手法の導入が，農業被害の軽減にも効果的であるという実感が被害農家に浸透したことで，ワナの維持管理にかかる農家の心理的負担を軽減させ，結果的に対策意欲の増進につながった．しかしそれは，対策維持に要する負担と被害による損失の均衡点をわずかにずらしただけのことで，低密度化したアライグマをどこまでも追い詰める力にはなりえない．

## 5.7 日本のアライグマ対策の今後

したがって，これより先，外来生物対策のいっそうの推進を図るためには，外来生物対策独自の安定した予算の確保はもとより，対策の推進に専従できる人材の確保や県域・市町村域をまたいだ広域の連携体制の確立が不可欠である．とくに，非農地や被害作物を生産していない水田地帯など，自発的な対策従事者を確保することが困難な環境での対応策の検討は，対策の成否を分ける重要なポイントとなる．

また，侵入初期地域における統一的な対策指針の策定も，困難は多いが重要な課題である．被害が深刻化していない状況で，まとまった対策予算を確保するのは，現行の地方行政の仕組みでは非常にむずかしい．加えて，低密度状況下での捕獲は非効率的で，関係者の対策意欲を高く保ち続けることは

容易でないという課題もある．高精度かつ迅速に収集された生息情報（目撃や被害情報など）にもとづいて，限られた資源（予算や労力，ワナなど）を効率的に稼働させる体制を構築できなければ，アライグマの分布拡大に歯止めをかけることはできない．侵入初期の対応に遅れたことを反省点に持つ自治体の例に学び，侵入初期にどのような取り組みや支援が必要か，あらためて情報の共有化と議論の蓄積を進めていく必要がある．

一方，対策がある程度軌道に乗り，まとまった捕獲努力がなされるようになった地域では，捕獲効率や被害状況の推移などから，対策の効果に関する評価と対策手法の再検討を行う必要がある．江別市のように，対策の効果がすぐに目に見えるかたちで出ればよいが，多くの場合，そう単純にはいかない．毎年，たくさんのアライグマを捕獲しているにもかかわらず，捕獲数が減少しない地域では，捕獲時期の見直しや捕獲重点地域の設定を行う必要があるだろうし，捕獲効率が著しく低下した地域や非対象の在来生物ばかりが混獲されるような地域では，アライグマだけを選択的に捕獲できる新しい捕獲技術や捕獲手法の導入を検討する必要があるかもしれない．

また，本章ではあまりふれてこなかったが，一連の対策が保全の対象である在来生物相にどのような影響を与えているかについても，しっかりと基準を決めてモニタリングを行っていく必要がある．外来生物対策における最大の目標は，在来生態系の保全であり，アライグマの排除は，あくまでもその手段の1つにすぎない．アライグマの駆除体制の強化が，在来生物まで追い詰めることになっては意味がないし，アライグマの生息密度が低下しても，減少した在来生物の個体数が回復しなければ，目標は達成できていないことになる．現状では，評価の仕組みはもとより，保全すべき在来生物相の生息状況すら把握しきれていないのが実態ではあるが，アライグマ問題をきっかけとして，身近な自然に対する国民の意識向上を図ることで，日本における外来生物対策の素地を築いていくことが必要である．

## 引用文献

阿部豪．2008．北海道におけるアライグマ対策の地域生態学的研究——農業被害防止に主眼をおいた外来種対策の実践と検証．北海道大学大学院文学研究科博士論文．

Abe, G., T. Ikeda and S. Tatsuzawa. 2006. Differences in habitat use of the native raccoon dog (*Nyctereutes procyonoides albus*) and the invasive alien raccoon (*Procyon lotor*) in the Nopporo Natural Forest Park, Hokkaido, Japan. *In* (Koike, F., M. N. Clout, M. Kawamichi, M. D. Porter and K. Iwatsuki, eds.) Assessment and Control of Biological Invasion Risks. pp. 116–121. Shoukadoh, Kyoto and IUCN, Gland.

揚妻-柳原芳美．2004．愛知県におけるアライグマ野生化の過程と今後の対策のあり方について．哺乳類科学，44（2）：147-160．

Aliev, F. F. and G. C. Sanderson. 1966. Distribution and status of the raccoon in the Soviet Union. Journal of Wildlife Management, 30（3）：497-502.

飴屋法水．1997．キミは動物と暮らせるか？　筑摩書房，東京．

安藤志郎・梶浦敬一．1985．岐阜県におけるアライグマの生息状況．岐阜県博物館調査報告，6：23-30．

アライグマ動態調査団．1989．可児川下流域左岸丘陵地におけるアライグマ等野生動物調査報告書．アライグマ動態調査団，可児市．

浅田正彦・篠原栄里子．2009．千葉県におけるアライグマの個体数試算（2009年）．千葉県生物多様性センター研究報告，1：30-40．

Blanton, J. D., K. Robertson, D. Palmer and C. E. Rupprecht. 2008. Rabies surveillance in the United States during 2008. JAVMA, 235（6）：676-689.

Boggess, E. K. 1994. Raccoons. *In* (Hygnstrom, S. E., R. M. Timm and G. E. Larson, eds.) Prevention and Contorol of Wildlife Damage. pp. C101–C108. University of Nebraska Cooperative Extension, Institute of Agriculture and Natural Resources, University of Nebraska, Lincoln, Nebraska, USA; U. S. Department of Agriculture, Animal and Plant Health Inspection Service, Animal Damage Control, Washington, D. C., USA; Great Plains Agricultural Council, Wildlife Committee, Nebraska.

千葉県立中央博物館．2004．千葉の外来哺乳類――春の展示「持ち込まれたケモノたち」解説書．千葉県立中央博物館，千葉市．

中国農業試験場．2000．野生鳥獣による農林業への被害と対策技術研修会概要――イノシシを中心に．中国農業試験場，福山．

中国新聞．2010/7/28．ダルマガエル復活へ幼生放流．

Enari, H., N. Maruyama and H. Sakamaki. 2006. Socio-ecological effects of monkey patrols on Japanese Monkeys in Nishimeya Village, Aomori Prefecture, Japan. Bilosphere Conservation, 7（2）：57-81.

EnVision 環境保全事務所．2000．平成11年度アライグマ捕獲業務委託報告書（北海道事業）．EnVision 環境保全事務所，札幌．

藤井啓．2011．感染源としての野生動物とその対策――十勝における野生動物のサルモネラ保菌調査の結果から．Daly Japan, 56（7）：38-40．

Gehrt, S. D. 2003. Raccoons and allies. *In* (Feldhamer, G. A., B. C. Thompson and J. A. Chapman, eds.) Wild Mammals of North America. 2nd ed. pp. 611–634. Johns Hopkins University Press, Baltimore.

Hart, R. M. 1991. Bugs, Slugs and Other Thugs：Controlling Garden Pests Organically. Storey Books, North Adams.

Hartman, L. H. and D. S. Eastman. 1999. Distribution of introduced raccoons *Procyon lotor* on the Queen Charlotte Islands : implications for burrow-nesting seabirds. Biological Conservation, 88 : 1-13.
Hayama, H., M. Kaneda and M. Tabata. 2006. Rapid range expansion of the feral raccoon (*Procyon lotor*) in Kanagawa Prefecture, Japan and its impact on native organisms. *In* (Koike, F., M. N. Clout, M. Kawamichi, M. D. Porter and K. Iwatsuki, eds.) Assessment and Control of Biological Invasion Risks. pp. 196-199. Shoukadoh, Kyoto and IUCN, Gland.
北海道環境生活部自然環境課．2003a．アライグマ対策基本方針．北海道環境生活部自然環境課，札幌．
北海道環境生活部自然環境課．2003b．平成15年度アライグマ対策行動計画．北海道環境生活部自然環境課，札幌．
北海道新聞．1998/7/15．アライグマ縦横無尽．出没，都市部でも．各自治体ピリピリ．
北海道森林整備公社．2001．野生化アライグマ捕獲業務報告書（北海道事業）．北海道森林整備公社，札幌．
北海道森林整備公社．2002．野生化アライグマ捕獲業務報告書（北海道事業）．北海道森林整備公社，札幌．
北海道森林整備公社．2003．野生化アライグマ捕獲業務報告書（北海道事業）．北海道森林整備公社，札幌．
北海道森林整備公社．2009．平成20年度アライグマ捕獲事業委託業務報告書（北海道事業）．北海道森林整備公社，札幌．
堀繁久・的場洋平．2001．移入種アライグマが捕食していた節足動物．北海道開拓記念館研究紀要，29：67-76．
Horimoto, T., S. Murakami, M. Kiso, K. Iwatsuki-Horimoto, T. Ito, K. Suzuki, M. Yokoyama, K. Maeda and Y. Kawaoka. 2011. Serological evidence of H5N1 highly pathogenic avian influenza virus infection in feral raccoons in Japan. Emerging Infectious Diseases, 17 : 714-717.
池田透．1999．北海道における移入アライグマ問題の経過と課題．北海道大学文学部紀要，47（4）：149-175．
池田透．2000．移入アライグマの管理に向けて．保全生態学研究，5：159-170．
池田透．2001．移入動物アライグマの20年．モーリー，5：38-41．
池田透．2002．アライグマ──ペットが引き起こした惨状．（村上興正・鷲谷いづみ，監修：外来種ハンドブック）p. 70．地人書館，東京．
池田透．2006．アライグマ対策の課題．哺乳類科学，46（1）：95-97．
池田透．2008．外来種問題──アライグマ問題を中心に．（高槻成紀・山極寿一，編：日本の哺乳類学②中大型哺乳類・霊長類）pp. 369-400．東京大学出版会，東京．
Ikeda, T., M. Asano, Y. Matoba and G. Abe. 2004. Present status of invasive alien raccoon and its impact in Japan. Global Environmental Research, 8 : 125-131.
門崎允昭．1996．野生動物痕跡学事典．北海道出版企画センター，札幌．

Kameo, Y., Y. Nagao, Y. Nishio, H. Shimoda, H. Nakano, K. Suzuki, Y. Une, H. Sato, M. Shimojima and K. Maeda. 2011. Epizootic canine distemper virus infection among wild mammals. Veterinary Microbiology (in press).

Kamler, J. F., W. B. Ballard, B. R. Helliker and S. Stiver. 2003. Range expansion of raccoons in western Utah and central Nevada. Western North American Naturalist, 63（3）: 406-408.

かながわ野生動物サポートネットワーク．2002．みんなで考えよう!! 神奈川の野生化アライグマ問題．神奈川県自然環境保全センター自然情報第1号．

金城芳典・谷地森秀二．2007．愛媛県松山市で捕獲されたアライグマ Procyon lotor．四国自然史科学研究，4：27-29．

環境省北海道地方環境事務所．2008．平成19年度国指定ウトナイ湖鳥獣保護区アライグマ等防除に係る調査・分析業務報告書．アライグマ研究グループ，札幌．

環境省北海道地方環境事務所・EnVision環境保全事務所．2008．地域からアライグマを排除するための手引き．環境省北海道地方環境事務所，札幌．

環境省近畿地方環境事務所．2008．近畿地方アライグマ防除の手引き．野生動物保護管理事務所，東京．

環境省自然環境局野生生物課外来生物対策室．2011．アライグマ防除の手引き（計画的な防除の進め方）．環境省．

神戸新聞．2011/7/28．アライグマ，また人襲う．尼崎で7件目．

Lever, C. 1985. Naturalized Mammals of the World. Longman, New York.

Long, J. L. 2003. Introduced Mammals of the World. CSIRO Publishing, Collingwood.

Lutz, W. 1995. Occurrence and morphometrics of the raccoon Procyon lotor L. in Germany. Annales Zoologici Fennici, 32：15-20.

前園泰徳・宮下直．2003．外来魚駆除のジレンマ——ブラックバス，アメリカザリガニ，水草の相互関係．第50回日本生態学会講演要旨集．

米田一彦．1998．生かして防ぐクマの害．農文協，東京．

Matoba, M., M. Asano, K. Yagi and M. Asakawa. 2003. Detection of taenid species Taenia taeniaeformis from aferal raccoon Procyon lotor and its epidemiological meanings. Mammal Study, 28：157-160.

松沢慶将・後藤清・杉山享史．2010．アライグマによるアカウミガメ産卵巣の食害．第16回野生生物保護学会・日本哺乳類学会2010年度合同大会プログラム・講演要旨集．

三根恵・松本淳・加藤卓也・羽山伸一・野上貞雄．2010．神奈川県三浦半島に生息するアライグマの消化管内寄生蠕虫相に関する研究．日本野生動物医学会誌，15（2）：101-104.

中村一恵．1991．神奈川県におけるアライグマの野生化．神奈川自然誌資料，12：17-19．

Nakano, H., Y. Kameo, H. Sato, M. Mochizuki, M. Yokoyama, S. Uni, T. Shibasaki and K. Maeda. 2009. Detection of antibody to canine distemper virus in wild raccoons（Procyon lotor）in Japan. Journal of Veterinary Medical Sci-

ence, 71 (12) : 1661-1663.
野村潤一郎. 1994. 小動物の飼い方. 成美堂出版, 東京.
農林水産省. 2006. 野生動物による農林業被害を防ぐ技術 (農林水産研究開発レポート 17). 農林水産省農林水産技術会議, 東京.
落合啓二・石井睦弘・布留川毅. 2002. 千葉県におけるアライグマの移入・定着. 千葉中央博物館自然誌研究報告, 7 (1) : 21-27.
小賀野大一・小林頼太・小菅康弘・篠原栄里子・長谷川雅美. 2010. 淡水性カメ類の被食被害――房総半島における発生事例. 日本生態学会第 57 回全国大会講演要旨集.
Ohno, Y., H. Sato, K. Suzuki, M. Yokoyama, S. Uni, T. Shibasaki, M. Sashika, H. Inokuma, K. Kai and K. Maeda. 2009. Detection of antibodies against Japanese encephalitis virus in raccoons, raccoon dogs and wild boars in Japan. Journal of Veterinary Medical Science, 71 (8) : 1035-1039.
Okabe, F. and N. Agetsuma. 2007. Habitat use by introduced raccoons and native raccoon dogs in a deciduous forest of Japan. Journal of Mammalogy, 88 (4) : 1090-1097.
小野理. 2002. 北海道でのアライグマ問題. モーリー, 5 : 42-45.
Orueta, J. F. and Y. A. Ramos. 2001. Methods to Control and Eradicate Non-Native Terrestrial Vertebrate Species : Nature and Environment. Council of Europe Publishing, Strasbourg.
大阪府アライグマ被害対策検討委員会. 2005. アライグマ被害対策の手引き――知って防ごうアライグマの被害. 大阪市.
Rosatte, R. C. 2000. Management of raccoons (*Procyon lotor*) in Ontario, Canada : do human intervention and disease have significant impact on raccoon populations. Mammalia, 64 : 369-390.
Rosatte, R., K. Sobey, D. Donovan, M. Allan, L. Bruce, T. Buchanan and C. Davies. 2007. Raccoon density and movements after population reduction to control rabies. Journal of Wildlife Management, 71 (7) : 2373-2378.
Roussere, G. P., W. J. Murray, C. B. Raudenbush, M. J. Kutilek, D. J. Levee and K. R. Kazacos. 2003. Raccoon roundworm eggs near homes and risk for larva migrans disease, California Communities. Emerging Infectious Diseases, 9 (12) : 1516-1522.
佐賀県くらし環境本部有明海再生・自然環境課. 2010. 平成 21 年度版アライグマ防除のための手引き. 佐賀県くらし環境本部有明海再生・自然環境課, 佐賀.
Sanderson, G. C. 1987. Raccoon. *In* (Novak, M., J. A. Baker, M. E. Obbard and B. Malloch, eds.) Wild Frubearer Management and Conservation in North America. pp. 487-499. Ontario Trappers Association, North Bay.
Sashika, M., G. Abe, K. Matsumoto and H. Inokuma. 2010. Molecular survey of rickettsial agents in feral raccoons (*Procyon lotor*) in Hokkaido, Japan. Japanese Journal of Infectious Diseases, 63 (5) : 353-354.
佐藤宏. 2005. 人畜共通感染症としての回虫症――アライグマ回虫症を中心に.

モダンメディア，51（8）：177-186.
佐藤宏．2009．外来種アライグマと在来野生動物との寄生虫相の比較．（田辺鳥獣害対策協議会：田辺鳥獣害調査研究報告書Ⅱ）pp. 30-50．田辺鳥獣害対策協議会，田辺．
佐藤宏・鈴木和男．2004．和歌山県でのアライグマ糞線虫（*Strongyloides procyonis*）の検出――アライグマの国内持ち込み寄生虫を考える．Zoo and Wildlife News, 19：24-29.
Sato, H. and K. Suzuki. 2006. Gastrointestinal helminths of feral raccoons (*Procyon lotor*) in Wakayama Prefecture, Japan. Journal of Veterinary Medical Science, 68（4）：311-318.
Scheffer, V. B. 1947. Raccoons transplanted in Alaska. Journal of Wildlife Management, 11：350-351.
Sherman, H. B. 1954. Raccoons of the Bahama Islands. Journal of Mammalogy, 35（1）：126.
自然環境研究センター．2005．平成16年度移入種（ほ乳類）生息状況等報告書――長崎県委託調査．自然環境研究センター，東京．
Stubbe, M. 1999. *Procyon lotor* (Linnaeus, 1758). *In* (Mitchell-Jones, A. J., G. Amori, W. Bogdanowicz, B. Krystufek, P. J. H. Reijnders, F. Spitzenberger, M. Stubbe, J. B. M. Thissen, V. Vohralík and J. Zima, eds.) The Atlas of European Mammals. pp. 326-327. Academic Press, London. T. and A. D. Poyser Ltd/Societas Europaea Mammalogica, London.
鈴木克哉．2008．野生動物との軋轢はどのように解消できるか？――地域住民の被害認識と獣害の問題化プロセス．環境社会学研究，14：55-69.
和田優子・藤崎由香・前田健・佐藤宏・横山真弓・宇仁茂彦・水野拓也・奥田優．2010．大阪府および兵庫県の2地域における野生アライグマと犬のレプトスピラ抗体保有状況調査．日本獣医師会雑誌，63：707-710.
亘悠哉．2009．マングースは何を食べているのか？――外来生物の食性分析結果の正しい見方．森林技術，803：30-31.
Wywialowski, A. P. 1996. Wildlife damage to field corn in 1993. Wildlife Society Bulletin, 24（2）：264-271.
Yomiuri Weekly. 2002/1/27．古都パニック！　鎌倉でペット喰う．アライグマ大増殖．
Zavaleta, E. S., R. J. Hobbs and H. A. Mooney. 2001. Viewing invasive species removal in a whole-ecosystem context. Trends in Ecology and Evolution, 16：454-459.
Zeveloff, S. I. 2002. Raccoons：A Natural History. Smithsonian Institution Press, Washington and London.

# 6

## タイワンザルとアカゲザル
### 交雑回避のための根絶計画

白井 啓・川本 芳

　生物は40億年前に誕生し，その進化，多様化の過程は現在も進行中である．種が違えば繁殖できないとされているが，種分化の過程にある種間では交雑が生じることがあり，それが人為的に起きた場合，生物多様性保全において重大な問題になる場合がある．

　この章では，野生化したタイワンザル *Macaca cyclopis* およびアカゲザル *M. mulatta* により，日本固有種であるニホンザル *M. fuscata* が交雑の危機に直面している問題とその対策について取り上げる（図6.1）．外来種による影響はそれぞれ深刻であるが，交雑は個体レベルでは不可逆的な影響であり，広範囲に拡大すればニホンザルの種としての絶滅まで危惧され，連綿と続いている進化の過程を損ないかねない深刻な問題である．

## 6.1　ニホンザルと外来種

### （1）　問題となっている外来マカク

　ニホンザルに近縁で野生化すると交雑のおそれがあるのはマカク（学名でマカカ *Macaca* 属）と総称される霊長類で，19–22種に分類されている（Fooden, 1976, 1980; Groves, 2001; Ziegler *et al.*, 2007）．系統的に近いものをまとめて3つあるいは4つのグループ（種グループ）に区別することがあり，ニホンザルはアカゲザル，カニクイザル *M. fascicularis*，タイワンザルと同じ種グループに分類される（Fooden, 1976）．同じ種グループに属す種では，一般的に生息地が重ならない（分布の異所性）という特徴がある．

図 **6.1** 日本で問題になっている外来マカクと日本固有種のニホンザル（本文参照）．
A：下北半島タイワンザル（撮影：白井啓），B：和歌山タイワンザル（撮影：前川慎吾），
C：房総半島アカゲザル（撮影：池田文隆），D：在来ニホンザル（房総半島）（撮影：織本和之）．

環境省の「外来生物法」では，ニホンザルと同じ種グループに属する上記3種類のマカクを「特定外来生物」に定め，輸入・飼育を禁止して海外からの侵入や国内の拡散を防ぎ，定着したものを防除する方針を決めている（環境省，2004）．

（**2**）　自然分布と生物学的特徴

マカクは霊長類のなかでももっとも繁栄しているグループの1つであり，北アフリカに生息する1種以外は，アジアの大陸と島嶼に広く分布する．ニホンザルは寒冷地に展開した種で，世界の霊長類の北限に自然分布する日本の固有種である．マカクの祖先は約600万年前に地中海沿岸地域に登場し，アジアの熱帯・亜熱帯林に展開し，多くの種に分かれていった（Delson，1980）．そのなかで，東南アジアに起源するカニクイザルの祖先が，アジア大陸に分布を北上させ，アカゲザルに分化し，さらに台湾，日本に移りすん

だ子孫がタイワンザル，ニホンザルになったと考えられている（Delson, 1980）．化石研究から，日本への移住は 43 万-63 万年前ごろであったと推定されている（相見，2002）．

　この進化の過程で，マカクには森林だけでなく農耕地や都市のような人間生活空間への定着力を高め，雑草的と呼ばれるほどの適応力および寛容性を獲得した種もおり（Richard *et al.*, 1989），近縁種や生物多様性に脅威的な外来種になりうる．形態・生態・生理・行動には種差が認められる反面，社会構造や染色体構成では共通した特徴が認められる（Chiarelli, 1971；伊谷，1972；Hill, 1974）．別種に分類されながらも近縁であるため，例数は少ないものの自然下で生じたマカクの種間交雑の報告もある（Bernstein, 1966；Groves, 1980）．

（3）　飼育下での交雑

　動物園や研究施設などの飼育環境では，マカクの種間雑種がよく知られている（Chiarelli, 1971；Bernstein and Gordon, 1980）．種の組み合わせにより雑種の繁殖力に違いがあるかを定量的に調べた研究はないが，多くの組み合わせで生殖力のある子が報告されている（Gray, 1971）．これらの状況証拠は，マカクでは分類上区別される別種の間でも繁殖力のある子が残せることを示している．受精後の発生が進むということは，進化的に生殖隔離（正確には交配後隔離）の機構が未発達で，種分化が進行中であることを意味する．この特徴は，種グループの違いとは無関係に認められ，自然で同所的に分布する種間でも，飼育環境では繁殖力のある雑種が報告されている．

（4）　海外での外来マカク問題

　マカクは日本のほかにも，観光・研究・展示・愛玩などの目的で世界各地に輸入された．その一部が逃走しあるいは放逐されて野生化し，交雑のほか，生態系への被害，農林作物への食害などの問題となっている．

　典型的な事例はカニクイザルで多く，ミクロネシア・パラオ共和国のアンガウル島（Poirier and Smith, 1974；Kawamoto *et al.*, 1988；Matsubayashi *et al.*, 1989），アフリカ東方インド洋上のモーリシャス島（Sussman and Tattersall, 1986；Matsubayashi *et al.*, 1992；Kondo *et al.*, 1993；Lawler *et* al., 1995; Kawamoto et al., 2008), ニューギニア島 (Kemp and Burnett, 2003) など, 島嶼への導入により生態系攪乱や農業被害が起きている.

特記すべきはモーリシャス島の例で, 1600年代初期, 船乗りが持ち込んだカニクイザルが野生化し, 1980年代には生息数が25000–35000頭に増えたという報告がある (Sussman and Tattersall, 1986). 農作物の食害のほか, 捕食により在来鳥類への脅威となっていて, モーリシャスルリバト (blue pigeon) が1826年に絶滅に追い込まれた (Long, 2003). このカニクイザルはIUCNの「世界の侵略的外来種ワースト100」にランクされている. 導入から400年以上を経た現在では, 実験用霊長類の生産・供給拠点になり, 繁殖育成したカニクイザルが輸出され, 国際的に研究利用されている (Stanley and Griffiths, 1997; Honess et al., 2010).

また, 1938年にアメリカ合衆国フロリダ州シルバースプリングにおいて, 観光のアトラクションとして導入されたアカゲザルが群れで野生化し, 1986年には3群で185頭が確認されている例もある (Wolfe and Peters, 1987). また, 観光資源として導入されたアカゲザルが, 在来種のアメリカクロクマ, アライグマ, アリゲーターなどとアメリカ本土の同じ森に生息している.

人為導入によりマカクが交雑した例は, 香港とタイで報告されている. 香港では九龍地区にある水源地周辺の公園で, アカゲザル, カニクイザル, チベットモンキー M. thibetana など複数のマカクとそれらの交雑個体が増えている (Burton and Chan, 1996; Wong and Ni, 2000). 人身被害や環境破壊を起こすため, 捕獲除去や避妊薬 (ブタ卵透明帯抗原を含む避妊ワクチンPZP) による個体数コントロールが試みられている (Wong and Chow, 2004). タイには5種類のマカクが自然分布するが, 東北部の仏教寺院のアカゲザルの群れで, 人が放したペットのブタオザル M. nemestrina のオスと交雑した例が報告されている (Malaivijitnond et al., 2007).

### (5) 日本国内での外来マカク問題

#### 野生化している地域

日本でのおもな野生化地域は, 図6.2, 表6.1のとおりである. タイワンザルが東京都伊豆大島 (以下, 伊豆大島タイワンザルと呼ぶ), 静岡県大根島 (大根島タイワンザル), 和歌山県北部 (和歌山タイワンザル) に, アカ

図 6.2 日本における外来マカクの生息地（川本ほか，2008 より改変）．図中の黒い部分はニホンザルの分布域，星印の地点では遺伝子分析でニホンザルとの交雑が確認されている（本章 6.5 参照）．

ゲザルが千葉県南端（房総半島アカゲザル）に群れで野生化している．青森県下北半島（下北半島タイワンザル）においてもタイワンザルが野生化して問題になっていたが，2004 年に群れの捕獲が終了している．

　これらのサルの由来と野生化の原因は，小規模飼育施設からの飼育個体の逃走あるいは放逐であることが共通している．飼育形態は集団の放し飼いあるいはケージ飼育の 2 通りである．野生化の時期は，1940–70 年代で，すべて現在から 40 年以上前である．2010 年現在の野生化の規模は，個体数が約 10 頭から約 3000 頭，面積が約 5 ha から約 60 km$^2$ と幅があるほか，ニホンザル個体群との距離，地理的な特徴，行政による対策実施状況についても地域差がある（表 6.1）．また，これらのほかにも単独個体あるいは少数頭の目撃情報はあるが，詳細は不明である．

表 6.1 日本における外来マカクの生息実態の比較.

| 地域個体群 | 下北半島 | 房総半島 |
|---|---|---|
| 種類 | タイワンザル | アカゲザル |
| 由来 | 私営観光施設 | 私営観光施設* |
| 野生化前の飼育形態 | 放し飼い | グループケージ* |
| 野生化の時期 | 1971年（放し飼い） | 1960年代* |
| 野生化地域の面積（最大面積） | 約 $0.2\,km^2$ ** | 約 $40\,km^2$ *** |
| 野生化当初の個体数（あるいは野生化前の飼育頭数） | (45頭) | 不明* |
| 最大個体数 | 70頭以上 | 600頭以上***** |
| 現在の個体数 | 0頭 | 数百頭***** |
| ニホンザル個体群との距離（あるいは本土までの距離） | 約 50 km | 約 15 km |
| 地理的特徴 | 半島の幅が狭い | 半島の幅が広い |
| 対策状況 | 群れ除去終了 | 千葉県が実施中 |

*萩原私信.
**目撃頻度の高い地域.
***千葉県特定外来生物（アカゲザル）防除実施計画の集中防除区域から推測.
****平成18年度東京都大島支庁の調査結果を参考.
*****千葉県特定外来生物（アカゲザル）防除実施計画の記載を参考.

## 野生化の背景と問題点

タイワンザルやアカゲザルの野生化の背景には，日本に導入されやすい社会的，歴史的な素地があった．ニホンザルは日本人になじみの深い動物であったが，食用や薬用のための昭和初期までの高い狩猟圧で減少し，人を極端におそれるようになっていた（三戸，1999）．同時に，ニホンザルを生け捕りする技術は屋久島以外にとくになく，餌付けられた一部の地域を除くと，見ることも手に入れることもむずかしい時代であった．そこで，戦争や交易などにより古くからかかわりのあった隣国である台湾，中国に目が向いたと考えられる．

また，群れからの離脱がニホンザルのオスの一般的な習性であると研究者によって認識されたのは1960年代に入ってからである（Nishida, 1966）．それ以前はニホンザルに似た習性を持つタイワンザルを放し飼いしても，アカゲザルを野に放しても，オスの分散による交雑の危険性を懸念する感覚がな

|  | 伊豆大島 | 大根島 | 和歌山 |
| --- | --- | --- | --- |
|  | タイワンザル | タイワンザル | タイワンザル |
|  | 動物園 | 私営観光施設 | 私営観光施設 |
|  | 個別ケージあるいはサル山 | 放し飼い | サル山あるいはグループケージ |
|  | 1940年ごろ | 1964年（放し飼い） | 1950年ごろ |
|  | 約 $57.5\,\text{km}^2$**** | 約 $0.05\,\text{km}^2$ | 約 $14\,\text{km}^2$ |
|  | 20頭 | 約30頭 | (10-30頭) |
|  | 約3000頭**** | 不明 | 約300頭 |
|  | 不明 | 7頭 | 約20頭 |
|  | (約25 km) | (約0.0356 km) | 約13 km |
|  | 海洋島 | 磯の続きの島 | 半島の幅が広い |
|  | 大島町が実施中 | ― | 和歌山県および環境省が実施中 |

かった（白井, 2002）．同時に，マカクが輸入され，飼育，逸走などが起きた当時，社会としても生物多様性保全に関する認識が不足していた．これらの状況で，適応力のある外来種が導入されたため，野生化や交雑が現実化してしまった．

この結果，具体的に派生した問題は，ニホンザルとの交雑（ひいてはニホンザルの種としての絶滅の危険性），採食などを通じての生態系への影響の可能性，農林作物への食害であり，対策を講じる必要性と緊急性が高い．つぎに各地の対策について説明する．

## 6.2 下北半島タイワンザルの対策

### （1） 外来種定着の経緯

青森県下北半島のニホンザルは，ヒト以外の霊長類でもっとも北に生息し，学術的に貴重とされ，国の天然記念物に指定されている．この半島の南部に外来マカクの群れが飼育されていた．このサルはタイワンザルで，1952年ごろに台湾から輸入され，当初は十和田市にある山林で飼われていた（松岡，2004）．1971年に野辺地町郊外に開設された私営の観光施設に移されたが，経営不振で1975年にこの施設は閉鎖された（井内，1987；白井，1988）．しかし，タイワンザルは継続して飼育され，さらに，1990年には内陸の牧場に移された（小林，1991）．飼い方はいずれの時期も放し飼いで，囲いの内外で遊動生活する状態が続いていた．オスは群れから離脱する習性があるため，下北半島やほかの近隣地域（白神山地や津軽半島など）のニホンザルと接触するおそれがあった．

### （2） 生息状況と直接観察による交雑状況

1985年の生息地は，陸奥湾と国道にはさまれた山林と原野で，クロマツとカシワの林に広葉樹が混在し，林床にはササが多かった．下北半島のニホンザルの生息地より気温が低く（井内，1987），起伏は乏しく，植生が貧弱で風が避けられる場所は限られていた．

当初群れは1群であったが（井内，1987；白井，1988），2003年の捕獲時には3群であった（松林，2004；松岡，2004）．個体数の変化は十分に把握できていないが，1985年の33頭（井内，1987）から2000年の63頭+α（白井，未発表）の記録から，年間増加率は4%以上となる（表6.2）．2000年のカウントは過小評価の可能性があるものの，この増加率はニホンザルの餌付け群（たとえば滋賀県霊仙山の餌付け時13%；Sugiyama and Ohsawa, 1982）および和歌山タイワンザル交雑群（推定年増加率14%；Ohsawa *et al.*, 2005）に比べて低く，ニホンザル自然群（たとえば滋賀県霊仙山の非餌付け時5%；Sugiyama and Ohsawa, 1982）に同等の値である．また，2003-04年の捕獲数は69頭で，2000年のカウント結果と比べて増加していない．

表 **6.2** 下北半島タイワンザルの推定残存個体数の推移.

| 年 | 個体数 | 引用文献 |
| --- | --- | --- |
| 1952 | 25* | 松岡, 2004 |
| 1985 | 33 | 井内, 1987 |
| 1986 | 37 | 井内, 1987 |
| 1987 | 40 | 白井, 1988 |
| 1988 | 40 | 白井, 1989 |
| 1989 | 40 | 矢野・小林, 1990 |
| 1993 | 50 | 白井, 未発表 |
| 2000 | 63+α | 白井, 2000 |
| 2003 | 69 | 松岡, 2004; 松林, 2004; 川本ほか, 2005 |
| 2004 | 0 | 白井・鈴木・植月, 未発表 |

*所有者からの聞き取り情報.

観光牧場閉鎖で，跡地に残ったシカやイノシシは農業被害を起こして駆除されたが，タイワンザルの被害はさほどではなく駆除されなかった．これらのことから，寒冷地の過酷な生息環境の影響に加えて，所有者による間引きがあったと考えられる（白井, 1988）．

1987–88 年に観察された採食物は，所有者が与えるもの（リンゴ，ジャガイモ，パンの耳など），通行人が与えるもの（菓子類，果物類，野菜類など），自然のもの（クロマツの種子，ササの葉，カシワの当年枝の髄など）であった．

1987–90 年には交雑の可能性を示す両種の中間的な尾長の個体は確認されていなかったが（白井, 1988, 1989,；矢野・小林, 1990），2000–02 年の観察では明らかに短い（タイワンザルの半分かそれ以下の）尾長の 3 個体（オトナメス 1 頭，ワカメス 1 頭，コザル 1 頭）が確認された．

これらのうち尾長が目測で約 20 cm の推定 5 歳のワカメスだけは，尾以外の特徴，つまり体毛や顔の色が薄く，頬部の体毛がめだたず，周囲のサルと明らかに異質な外貌などにより交雑個体と推測された（白井, 2006）．この個体は容易に個体識別できたため，その後の捕獲作業まで断続的に観察され，2004 年 1 月の捕獲後に行った遺伝子分析で交雑個体と判定された（本章 6.5 参照）．

一方，これら以外にも，やや短い尾長の個体は多数観察されていたが，尾端の出血やはん痕（傷跡）が認められたことから，凍傷が疑われた．寒冷地

の場合，こうした外傷が起こりうるので，尾長だけから交雑を判断するのは困難と考えられる．

（3） 対策

1970年代からずさんな飼育管理が（福井，1979），1980年代からニホンザルとの交雑の危険性が（福田，1987）指摘された．そして，1987年9月，研究者有志が日本霊長類学会霊長類保護委員会に，ニホンザルとの交雑の危険性，タイワンザルの捕獲の必要性を緊急提案として行い，マスコミ報道もなされた（森，1990）．

野辺地のタイワンザル飼育地からの分散が疑われる目撃が起きた．たとえば，横浜町ではニホンザルと明らかに違うサルが数頭目撃され（和，1988；白井，1988），むつ市ではオス2頭が捕獲された（森，1989；白井，1990）．このように交雑が危惧される状況により，1992年，下北半島タイワンザルの問題を取り上げた外来種対策に関する勧告が，総務庁行政監察局から環境庁，農林水産省に出された（総務庁行政監察局，1993）．このときは対策につながらなかったが，わが国の外来種問題に関する初めての行政の意志表明ともいえる重要な動きであった．また，日本霊長類学会および日本哺乳類学会も，早急に外来種対策をとるよう国と県に要望した．しかし，当時の青森県には動物管理条例がなく，行政指導の根拠が整備されていなかった．また，「外来生物法」，「生物多様性国家戦略」，「生物多様性条約」もなく，識者からの啓発にも社会からの反応は乏しかった．

1999年に飼養動物の適切な扱いに関する「動物愛護管理法」が改正され，事態は転機を迎えた．2003年に青森県は「動物の愛護及び管理に関する条例」を施行した．この条例で，タイワンザルを「特定動物」に指定し，所有者に厳しい指導を行う方針を打ち出し，県からの働きかけで，所有者は飼育を断念した．飼育地からサルを除去するにあたり，青森県は識者に協力を要請し，捕獲が実行された（松林，2004；松岡，2004）．作業は2003年11月に始まり，69頭が捕獲され2004年1月に終了した．この捕獲群には下北半島先端の大間町で発信機を装着されたニホンザルのオスが1頭入っており，ニホンザル側からこの群れへの侵入が認められた（本章6.5参照）．その後，踏査や聞き取りでサルの情報は得られず（白井・鈴木・植月，未発表），生

息地からの群れの除去は完全に成功したと判断した（表6.2）.

## 6.3　和歌山タイワンザルの対策

### （1）　野生化の経緯

　和歌山県北部で野生化したタイワンザルの由来は，1954年に閉鎖された私営観光施設で飼育されていた個体である．導入されたサルが飼育由来か，野生由来かはわからない．飼育場で作業中に誤って逃がしたか，所有者が閉鎖時に放したことが逸走の原因であるといわれている（前川，2000）．野生化当初，適応できず死亡した個体がいたかもしれないが，大池地域に定着し個体数を増加させた．その後，農林業被害が発生し駆除されていたこともあったが，外来種としての関心はなく，当初は食害だけが問題と考えられていた．

### （2）　対策開始まで

　1976-77年の第2回環境庁自然環境保全基礎調査において，前川慎吾氏がタイワンザルと思しきサルが海南市・和歌山市に分布することを初めて報告した（和歌山県，1979）．しかし，当時は外来種について社会的関心が低く，対策が講じられることはなかったが，やがて以下の動きを契機に，対策の開始に至った．

　第一は研究者による啓発である．1995年，研究者の会合で和歌山の外来種問題が再度報告された（前川，1995）．1996-98年，研究者グループによる予備調査に至り，タイワンザルを示す尾の長いサルの群れの存在や，分布の拡大が明らかとなった．さらに1998年4月に行われたニホンザル調査では，中津村（現・日高川町）に設置していた小型オリに，ニホンザルよりも長くタイワンザルより短い尾長（29 cm）のオトナオスが捕まり，関係者に大きな衝撃を与えた．この個体は遺伝子分析からタイワンザルの交雑個体と確認され（本章6.5参照），大池地域のタイワンザル野生化個体群においてニホンザルオスの侵入による交雑が起き，生まれたオスが南下したものと推察された（川本ほか，1999）．さらに，同年12月には美山村（現・日高川

町）における有害鳥獣駆除で，外部形態から明らかに外来種と見られる尾の長いオトナオスが射殺された（前川，1999）．中津村で発見された個体は発信機が装着され，1999年までに大池地域から約50 km南の和歌山県上富田町まで移動していたことから（白井・荒木，未発表），外来種の影響が紀伊半島に広がる危険性が裏づけられた（前川，1999）．1999年1月，研究者グループは直接観察により，顔にニホンザルの面影のあるオトナメス，尾が長くない個体を複数目視し，大池地域では交雑がかなり進んでいると推察した（和ほか，未発表）．これらの発見から，早急な対策実施の必要性が認識されるに至った．

第二は，地元住民の対策への高いモチベーションである．1999年1月，食害拡大に業を煮やした住民は，サルを生け捕りし，和歌山市役所および和歌山県庁に持ち込み，対策の必要性を訴え，協議会を設置し，自らサルの捕獲を開始した．こうした地元の高い意識は，現在でも対策の原動力になっている．

一方，行政も危機感を高めていた．1998年，和歌山県は市町村の鳥獣担当者および鳥獣保護員の勉強会を開くなど，外来種対策の準備を始めていた．1990年代に外来生物法はまだ制定されていなかったが，1992年に生物多様性条約が採択され，マングースやアライグマの対策に向けた活動がNGO，大学関係者，行政により始まっていて（第4章，第5章参照），生物多様性保全の考え方や外来種問題が議論されるようになり，和歌山での対策に追い風となった．

以上のように，地元住民，行政，研究者，社会の危機感が高まり，さらに従事者が確保されたことで対策を実行する条件が整った．ほかにも，学会からの調査協力や要望書による支援，民間財団からの助成，NGOなどのシンポジウム開催（岸本，2001）やマスコミ報道による啓発が，日本における外来マカクの対策に向けた社会的合意形成を促した．これらが一体化し，対策が開始され，現在に至っている．

### （3）実態調査

**分布・群れ数・個体数**

1999年，和歌山県と研究者グループが協力し実態調査を行った．対策を

急ぐための最小限の調査として，群れの分布域，群れ数，個体数，交雑状況の把握を目的に聞き取り，ラジオテレメトリーによる群れ追跡，区画法調査が行われた．この結果，逸走元の飼育施設から南側の丘陵に群れが定着し，その分布域は約 $14\,\mathrm{km}^2$ で，生息数は 2 群合計約 200 頭（$1\,\mathrm{km}^2$ あたり約 14 頭）と推定された．和歌山の在来ニホンザルと比べて約 3 倍の密度であるものの，周囲の河川や幹線道路が分布の拡大を抑制していると考えられた．

### 目視による交雑予測

直接観察では，タイワンザルと同じかそれに近い尾の長い個体は 35.6% と少なく，タイワンザルとニホンザルの中間の長さの尾を持つ個体が 55.1% ともっとも多かった．また外見でニホンザル程度に尾の短い個体（9.3%）でも，ニホンザルと比べると違和感を覚える個体が多かった．つまり，純粋のタイワンザルの個体数よりも，尾の短い交雑個体が多いと推定された．予備調査時の予想どおり交雑はかなり進んでいると考えられ，後に，この直接観察の結果は捕獲個体の形態と遺伝子の分析で裏づけられた（本章 6.5 参照）．

### 食性と食害

タイワンザルおよびその交雑個体は，ニホンザルと同様にツブラジイ，コナラ，アケビ，イヌビワ，ヤマモモなどの果実，ヤマイモの種子やムカゴ，タケの葉などを採食していた．ニホンザルと採食傾向が類似していたため，外来種による在来生態系への特別な影響があるかどうかは，現時点では断定できていない．

一方，この地域は有田ミカンの生産地であり，県内随一のタケノコ（モウソウチク，ハチク，マダケ）の産地でもあるが，地域住民はサルによる食害に悩まされ続けてきた．狭い面積に 100 頭近い群れが出没していたため，被害は甚大であった．

### （4） 対策の計画と実行

#### 対策の緊急性と実現性

実態調査からニホンザルへの交雑波及の危険性，農作物への甚大な食害発

生が確認され，緊急対策の必要性が裏づけられた．一方，生息地は逸走地周辺に限られ，個体数は予想よりも多かったものの，2群のみでまとまりがあることが判明し，早急に対応すればタイワンザルの影響を排除できる可能性があると考えられた．

紀伊半島のニホンザル個体群は日本アルプスの個体群とともにニホンザル分布の中核を担っているため，交雑が拡大すると種としてのダメージは計り知れない．そのため，タイワンザル，あるいは交雑ザルのオスの移動によるニホンザル生息地への交雑波及を防ぐためには分散個体を捕獲除去すべきだが，分散個体の所在が定まらず，発見できても捕獲は容易ではないことが課題であった．また，捕獲しても交雑群からの分散は続く．このため対策では，分散個体の捕獲よりも，大池地域に生息する母群の全頭除去の対策を優先すべきだと判断された．管理計画策定のために開かれた検討会でも，緊急性および実現性の面から「母群の全頭捕獲による生態系からの除去」という方針が支持された．

### 計画の法的根拠と実施内容

当時，外来生物法はなく，施行直前だった「特定鳥獣保護管理計画」が採用された．外来種対策を特定計画で扱うことは例外だったが，緊急性に鑑み妥当と判断された．検討会，パブリックコメント，公聴会，審議会を経て，「和歌山県サル保護管理計画」が策定された．このとき，捕獲後の安楽殺処分が妥当かどうか，和歌山県は代替案（無人島への放獣，県有林への放獣，避妊・去勢してもとの生息地に放獣などの案）と比較検討を行い，和歌山県民に対するアンケートも実施したうえで，最終的に捕獲後の処置を判断した．この計画は2002-04年度に実施され，計画期限が切れた後は，有害鳥獣駆除（後に有害鳥獣捕獲）による県事業として，保護管理計画の内容を踏襲して計画的，順応的に継続されている．

計画の実施内容の中心は，大型オリによる捕獲である．交雑防止が目的のため，ニホンザルを捕獲した場合は放逐し生態系に戻す方針をとっている．このため，形態と遺伝子から捕獲した個体がニホンザルかを判定し，対応を決めている．

モニタリングも実施されているが，捕獲に必要な最小限であり，群れの分

布域，群れ数，個体数の変化を把握するために，和歌山県と研究者グループが協力し，おおむね2年おきに一斉調査を実施してきた．

タイワンザルはニホンザルのように，母系の群れをつくる．通常メスは群れから離れないため，メスに発信機をつければ群れの行動域が把握できる．捕獲などにより群れは分裂する場合があるので，1群のメス3-5個体に発信機を装着してきた．

全頭除去が目的なので，タイワンザル，あるいは交雑ザルのメスを放す場合は「卵管焼灼」による不妊手術を施している．この方法は，腹腔鏡（内視鏡の1つ）を使って卵管を焼き取る方法である．卵巣は正常に働くので，発情，月経，排卵の性周期は残り，交尾もするが，受精は起きないので妊娠しない．

(5) 現状と課題

この交雑個体群の個体数は，計画当初（1999年）に約200頭（2群合計）であったが，2003年の出産季後（夏）には最大となり，300頭近く（3群合計）にまで増加したと推測された．しかし，2003年3月から2010年3月までに356頭が除去され，その結果，2010年3月末の推定残存個体数は約20頭となった．これは過去の推定最大個体数の約7%，除去合計数の約6%に相当し，交雑個体群の全頭除去の達成が可能なところまで進んできた（表6.3）．とくに，捕獲開始の1年間に生息数の約70%が捕獲されたことは，個体数抑制に効果的だったと考えられる．捕獲による群れの分裂（2002年に3群，2004年に4群に増加）を引き起こしたが，高い捕獲圧をかけ続けられたため，その後も個体数は減少し，群れ数も3群に減少した．

この交雑個体群の年間増加率は，捕獲前（1999–2002年）において14%であり，ニホンザル餌付け群の高値に匹敵するほどであった（Ohsawa et al., 2005）．前述の下北では5-6%程度であり，和歌山のタイワンザル交雑群の繁殖力はきわめて高いことを示している．子連れ率（オトナメス数に対するアカンボウ数の割合）は，1999年7月において67.4%（2群平均），2002年7月において50.0%（以上，捕獲事業開始前）であった．捕獲個体の妊娠率は2003年3月において75.0%，2004年3月において87.9%であった．このように和歌山のタイワンザルの繁殖パラメータが高い要因としては，年間

**表 6.3** 和歌山タイワンザルの除去数および推定残存個体数の推移.

| 年度 | 推定残存個体数 | 群れ数 | 捕獲数* | 除去数** | 不妊数 |
| --- | --- | --- | --- | --- | --- |
| 1999 | 170-200 | 2 | | | |
| 2000 | | | | | |
| 2001 | | | | | |
| 2002 | 239-250 | 3 | 18 | 15 | |
| 2003 | | | 206 | 174 | |
| 2004 | 50-80 | 4 | 68 | 55 | |
| 2005 | | | 53 | 40 | 3 |
| 2006 | 30-50 | 3 | 65 | 52 | 1 |
| 2007 | | | 24 | 13 | 3 |
| 2008 | 22-30 | 3 | 11 | 3 | $-1$*** |
| 2009 | 15-22 | 3 | 6 | 4 | 1 |
| 合計 | | | 451 | 356 | 7 |

*すべての捕獲数（除去数，不妊やテレメトリー装着による放獣個体の数の合計）.
**生態系から除去した数.
***2008年度の不妊数は，新たに不妊した個体が1頭，以前不妊した個体の除去が2頭．

を通じてミカンやタケノコなど栄養価の高い農林作物を食べていることや，捕獲が進み生息数が減少することによって，毎年出産したために，むしろ繁殖率が上昇した可能性が考えられる．

なお，個体数が減少したにもかかわらず，群れの分布域の縮小はいまのところわずかであるが，サルの食害はほとんどなくなった．

現在の最大の課題は，全頭除去寸前の段階で際立つ存在となったトラップシャイ個体（トラップを回避する個体）の捕獲と，残存個体数の大幅減少の代償として困難になった残存個体のモニタリングの新たな手法の開発である．個体数が少ないため，テレメトリーの受信，物音，音声などによりサルの存在はわかっても，正確なサルの数の把握は非常にむずかしくなっている．これらの課題を打破するために，現在（2010年），大型オリの改造，新たな捕獲方法の模索，GPS発信機と自動撮影カメラの導入，地元住民によるサルの目撃情報の収集などが進められている．

同時に，タイワンザルの食害がほとんどなくなり，対策開始から10年を超えたことで，社会的サポートや予算の減少が起き，事業への求心力が低下している面もある．しかし，予算確保のために必要かつ有効なサポートを適任者に依頼し，人手確保やモチベーションの維持向上のために地域住民や関

係者への説明，協力要請を繰り返し，最大の難関である根絶直前の作業が進められている．

この根絶への最終段階の作業においても，サルの習性を考慮し，現実の体制も勘案し，根絶達成のために最大の成果が得られるように対策を進める工夫と強い意志が必要である．現段階では新たな出生がほとんどなく，根絶のための絶好のチャンスが到来しており，これを逃してはならない．

## 6.4 その他の地域の外来マカク問題

### （1） その他に野生化している地域

#### 房総半島アカゲザルの問題

千葉県の南端には，私設観光施設から逸走したアカゲザルが野生化している．現在，群れの分布域面積（約 40 km$^2$）は和歌山の約3倍であり，野生化している群れ数，個体数は和歌山よりかなり多い．千葉県が母群の捕獲を実施しており，2010年8月までに700頭以上が捕獲され，継続中である．また，和歌山や下北半島では未確認であるニホンザル個体群内でメス交雑個体が確認されていて（川本ほか，2004），千葉県により交雑対策が検討されている（千葉県，2010）．

#### 大根島タイワンザルの問題

1965年以来，伊豆半島先端の小さな島（約5 ha）で観光を目的にタイワンザルが放し飼いされている．本土との距離は約36 mと近いため，サルが海を泳ぐか流されて漂着した場合，伊豆半島のニホンザルとの交雑が懸念される．同時に，大根島は食べものになる植物がほとんど生えていない．これは外来種問題であり，一方では動物福祉の問題でもあり，早急な対策が望まれる．聞き取り情報によると，個体数は当初の約30頭から自然減少し，2001年4月には17頭，2009年12月には7頭となった（鳥居ほか，未発表）．

#### 伊豆大島のタイワンザル問題

第二次世界大戦のころに島内の動物園から逸走したタイワンザルが野生化

している．1980年代は東部に局在した分布が，90年代以降に短期間で全島に拡大した（渡邊，1989；風間・乘越，1991；佐伯，2004）．群れの分布は島内のほぼすべての森林に拡大しており，その面積は捕獲開始時の和歌山の約5倍，個体数は約10-15倍と非常に多数のタイワンザルが高密度で野生化している．

　伊豆大島にニホンザルは生息しておらず，本土から遠く離れた海洋島であるため，島内での交雑の心配はない．しかし，これだけ多数のタイワンザルが野生化しているため，移入元にならない管理がきわめて重要である．外来生物法で特定外来生物の移動は禁止されているが，確固たる方針，体制で島外への移出は避けなければならない．農作物への食害が発生しているため，2006年度の東京都の調査の後，2008年度から大島町が調査を継続し，管理計画を検討中である．根絶あるいは封じ込めと食害防除をどう両立させるのかが課題である．

### 地内島のカニクイザル問題

　伊豆諸島の新島の西方1.5 kmに位置する地内島に，かつてカニクイザルが野生化していた．ニホンザルが生息していないため島での交雑問題はなかったが，本来の生息環境である森林がなく，風雨にさらされた好ましくない環境に置かれていた．導入当初の1971年には10頭であったが，1974年には5頭に減少し，1991年に最後の目撃，1995年に糞だけの確認の後，新島住民にも目撃されなくなり消滅したものと考えられている（麻布大学動物研究会，1990；小河，2011）．ほかの事例と同様，観光で導入されたが成立せず放置された経緯が共通している．

### （2）飼育外来マカクの問題

　ここまで述べてきたように，野生化した外来マカクの問題は，いずれも飼育個体の逸走が原因である．マカクでは種間の交雑が起きやすいため（本章6.5参照），予防原則に則り，飼育管理において逃亡や逸失を厳重に防止する必要性が高い．所有者および飼育者が，外来生物法における飼養などの許可要件を遵守することは当然であり，管理責任が十分にあるかどうかの判断を厳しく行政が実施するべきである．万一の逃亡に備えて，個体識別のため

にマイクロチップによる標識の装着や，繁殖を行わない場合の不妊・避妊処置が必須であると考える．

（3）　国内外来種としてのニホンザル

日本の固有種であっても，本来の生息地から人為的に導入されたニホンザルは国内外来種であり，ニホンザルの遺伝子攪乱を引き起こし，在来生態系に影響を与えかねないことにも配慮が必要である．

## 6.5　個体分析による状況評価

（1）　外来種の研究

日本国内で発生したニホンザルと外来マカクの交雑や定着に関する生物学的調査においては，大学や民間の研究者や学生の貢献がきわめて大きい．県の行政機関と共同で行った野外調査や個体分析から，定着状況や交雑の原因および推移に関する理解が進み，国の法律制定や県の管理計画実施の助けになっている．こうした調査では，野外での生息状況調査と並行して，捕獲や非侵襲的方法（糞採取など個体を捕獲しない試料収集法）で得た試料を利用した個体分析が行われている．ここでは，こうした分析から得られた結果を要約する．

（2）　外来種の状況

和歌山タイワンザル

国内で行われた体系的な外来マカク調査の初例で，生態調査と並行で進んだ遺伝学，形態学，病理学の研究結果が報告されている．遺伝学研究では，種の同定，群内の交雑度のモニタリング，周辺のニホンザル個体群への拡散状況，交雑の発生機構にメスが入った．

種の同定では，ミトコンドリア DNA（mtDNA）の非コード領域の配列を解読し，既知のデータと照合することにより，交雑した種がタイワンザルであることが明らかになった（川本ほか，1999）．交雑の進行を調べるには，種に特徴的な核遺伝子を利用して，個体ごとに両親から伝わった遺伝子を調

べる必要がある．和歌山では，3種類の血液タンパク質遺伝子と核DNAの1塩基多型（SNP; single nucleotide polymorphism）を標識にタイワンザルの交雑が分析された（川本ほか，1999, 2001, 2008; Kawamoto, 2005）．2003年から4年間，交雑群の遺伝子構成をモニターした結果を表6.4に示す．これは，除去のため県事業で捕獲した287個体から血液試料を採り，各標識遺伝子を分析した結果である．mtDNAは母性遺伝し，母から息子や娘に遺伝子が伝わるだけで，父からは遺伝しない．ニホンザルやタイワンザルのオスは性成熟すると群れを出るため，mtDNAを用いると個体の出生地が推定できる．ニホンザルタイプを持つサルがいれば，ニホンザル生息地からの移入個体と考えられる．

表6.4の交雑判定では，1世代と2世代以上が区別されている．これは，交雑1代目の個体ではすべての標識遺伝子でヘテロ接合体（ニホンザル由来の遺伝子とタイワンザル由来遺伝子が1つずつ存在するかたち）になると期待でき，2世代以上の交雑個体では，標識遺伝子によってヘテロ接合体とホモ接合体が混在することを根拠に判定した結果である．交雑が始まった時期は不明だが，調査全期間（2003-06年）における群れ生まれのサルの多数は交雑個体（平均87％）で，かつ2世代以上経過して生まれた個体の割合が高かった（平均74％）．mtDNAから，これらの交雑個体はすべてもともとタイワンザル群だった群れで生まれたことが確認された．また，ニホンザルのmtDNAを持つ個体がすべてオトナのオスだったことから，周辺から侵入したニホンザルのオスとタイワンザルのメスが交雑したことが原因で，外来種の群れで交雑が進んだことが明らかになった（川本ほか，2008）．さらに，父親から息子に遺伝するY染色体遺伝子を分析して拡散を調べた結果では，紀伊半島やほかの近畿地方への影響は検出されず，ニホンザルのメスが交雑群由来のオスとコドモを残した証拠は得られていない（川本，2004; 齊藤ほか，2008; 川本ほか，2009）．

和歌山では，捕獲個体の交雑度の判定とともに，身体計測で形態特徴が記録され，比較された．この結果から，尾の長さ（正確には尾を構成する尾椎骨の長さや数を指す）と交雑度に高い相関があることが明らかになった（濱田ほか，2008）．すなわち，尾は個体の交雑度を反映するので，交雑を判定するのによい指標となると考えられる（図6.3）．交雑個体の形態特徴につ

表 6.4 捕獲個体の遺伝子分析にもとづく構成評価.和歌山における 2003-06 年の捕獲個体に関する評価結果(川本ほか,2008).

| 個 体 | 調査期間 | | | | 合 計 |
|---|---|---|---|---|---|
| | 2003年3月～2004年4月 | 2004年8月～2005年3月 | 2005年6月～2006年3月 | 2006年5月～2006年6月 | |
| ニホンザル(オトナオス) | 10 | 0 | 4 | 0 | 14 |
| タイワンザル | 26 | 1 | 7 | 1 | 35 |
| 1代交雑 | 30 | 1 | 5 | 1 | 37 |
| 2代以上交雑 | 151 | 7 | 28 | 15 | 201 |
| 合 計 | 217 | 9 | 44 | 17 | 287 |
| ニホンザル(オトナオス)を除いた合計 | 207 | 9 | 40 | 17 | 273 |
| 交雑率* | 83.4%(=181/207) | 88.9%(=8/9) | 82.5%(=33/40) | 94.1%(=16/17) | 87.2%(=238/273) |

*交雑率は,交雑個体(1代交雑と2代以上交雑)の合計数をニホンザル(オトナオス)を除いた合計数で割った値.

いては,ほかに側頭線(毛利ほか,2008)および歯牙(國松・山本,2008)に関する報告がある.

種間交雑は動物により感染症や疾病の罹患を高める場合があるが,和歌山での獣医学的検査では,交雑個体にそうした疾病の増加は認められていない(後藤,2008).また,和歌山のタイワンザル交雑群では高い繁殖性が報告されているが(Ohsawa *et al.*, 2005),オスの造精機能を組織学的に検査した結果でも,交雑個体に繁殖障害の兆候は認められていない(松林ほか,2008).

### 下北半島タイワンザル

和歌山と同様の手法で,青森県下北半島に定着したタイワンザルでも遺伝子分析で交雑が調査され,和歌山と異なる状況が明らかになった(川本ほか,2005).捕獲された 3 群 69 個体全頭の分析では,ニホンザルのオトナオスが 1 個体加入していた以外は交雑個体が 2 個体だけと判定された.下北半島のニホンザルとの近接が長期におよび交雑が危惧されたが(白井,1988;森,

図 6.3 和歌山タイワンザルとニホンザル．左の個体が中間の長さ，中央の個体が短い長さ，右の個体はニホンザル（撮影：白井啓）．

1989；松林，2004；松岡，2004），タイワンザルの群れでは交雑がほとんど進んでいなかった．

**房総半島アカゲザル**

和歌山のタイワンザルに劣らぬ交雑問題が千葉県でも起きている．mtDNA の分析から，外来種はアカゲザルで，原産地は中国あるいはその近隣地域からの導入と推定されている（萩原ほか，2003）．房総半島先端に定着したアカゲザルの群れでは，房総丘陵に生息する在来のニホンザルのオスが侵入し，アカゲザルとの交雑が進行し，8割近い交雑率が検出されている（川本ほか，2007）．さらに深刻なことに，在来のニホンザル群でも交雑の発生が確認され（川本ほか，2004），国内初の在来種への交雑拡大という事態を迎えている．

**伊豆大島タイワンザル**

糞や血液を用いた mtDNA 分析から，外来種がタイワンザルであること，拡大は群分裂により 2 つの母系が島内で反対方向に広がった結果であることが判明している（川本ほか，2003；佐伯ほか，2009）．

## 6.6　今後の課題と展望

### （1）　交雑状況の多様性

飼育下ではニホンザルと交雑できるアカゲザルとタイワンザルだが，自然分布を考えれば，地理的隔離を人が乱さない限り交雑が起きることはなかった．興味深いことに，人がつくりだした不自然な分布状態で，和歌山，青森，千葉の交雑状況はそれぞれに異なっていた（表 6.5）．野生化した外来マカクは群れをつくり，そこで生まれたサルたちは同種と繁殖できたので，近親交配を嫌わなければ交雑は起きなかったはずである．実際には，群れに加入するニホンザルのオスをメスが受け入れて交雑が進んだのだが，青森の例ではこれが起きにくかったことになる．

一方，外来マカクの群れから出るオスによる交雑は，これまでのところ，千葉だけで確認されている．ニホンザル側で起きたこの交雑は，外来種のアカゲザルもしくはアカゲザルとニホンザルの交雑で生まれたオスを在来種のニホンザルのメスが受け入れた逆方向の配偶者選択が原因である．つまり，交雑に見られたこうした状況の違いは，交配前隔離（行動や生態の違いから配偶者を選択する生殖隔離機構）の働き方と関係がある．アカゲザルとタイワンザルという種の違いや，定着した場所の環境の違いの影響も考えられる．

結果に生じた違いは，マカクでの外来種交雑が一様に語れないことを示している．そして，現在その原因は不明だが，この結果の違いは，生物の進化機構を反映したものと考えても不思議ではない．異種の交雑を考えるには，生物がどのように種分化や進化を遂げるかという基本的な問題が関係しており，交雑原因や影響を理解するには，種の進化機構をさらに研究する必要がある．種保存の観点から見ると，マカクのように進化的に種の分化が未熟な哺乳類では，人為攪乱で遺伝子浸透（交雑）が容易に派生する可能性が高い

表 6.5 外来種の交雑状況の比較.

| 地 点 | 外来種 | 外来種内の交雑の有無（交雑率） | 周辺地域のニホンザル側での交雑の有無 | 生息状況* | 備 考 |
|---|---|---|---|---|---|
| 和歌山県北部 | タイワンザル | 有 (87.2%)** | 未確認 | 3群少数生息 | 県事業により捕獲を継続中 |
| 千葉県房総半島 | アカゲザル | 有 (78.9%)*** | 確認済 | 3群以上多数生息 | 県事業により捕獲を継続中 |
| 青森県下北半島 | タイワンザル | 有 (2.9%)**** | 未確認 | 残存せず | 排除完了 |
| 静岡県大根島 | タイワンザル | 無 | 未確認 | 1群少数生息 | 対策未定 |
| 東京都伊豆大島 | タイワンザル | 無 | 未確認 | 全島に多数生息 | 有害捕獲あり |

*生息状況は 2010 年 12 月時点.
**川本ほか（2008）. ***川本ほか（2007）. ****川本ほか（2005）.

ため，外来生物問題が起きないよう注意する必要がある．

（2） 交雑モニタリングの課題

　外来種の影響を知るのに交雑判定は重要である．交雑後の時間が短い場合には，観察だけで経験者ならば交雑の有無を判定できる．しかし，和歌山や千葉のように時間を経た地域では，形態や遺伝子の特徴を詳細に調べて判定しなければならない事態を迎えている．一方，こうした判定には技術的な問題がある．形態では，尾率（頭胴長に対する尾長の割合）や毛（色や生え方）に見られる種の違いが判定基準に利用できる．しかし，こうした違いは連続的に変化するため，計測して判定を必要とする微妙な違いとなると，その基準が必要になる．実際には，タイワンザルやアカゲザルでそのような基準はできていない．この基準をつくるには，種の変異幅を考える必要があるものの，問題となる外来種に関する情報が不十分で基準はできていない．また，形態で不連続な変化が利用できれば，交雑判定に有効だが，そうした形質もいまのところ見つかっていない．

　形態特徴と同様に，種内の個体変異を知ることは，遺伝子を利用するモニタリングでも重要である．特定外来生物に指定されたマカク 3 種のうち，アカゲザルとカニクイザルは形態や遺伝子の特徴で大きな地域差が認められる（Fooden, 1995, 2000）．一方，小島嶼に分布するタイワンザルは多様性が低

いと予想されるものの，形態や遺伝子に関する情報が十分でない（Fooden and Wu, 2001; Chu et al., 2007）．

　遺伝子の場合，その違いは不連続なので基準を考えやすい．しかし，ここにも別な問題がある．理想的な標識遺伝子とは種に固有で，種内には個体差がなく，種間では明瞭に区別できる性質を持つものである．しかし，交雑を起こす種はたがいに進化的に近縁であるため，このように都合のよい標識を見つけるのは容易でない．しかも，交雑が進んだ群れでは，さまざまな程度に遺伝子が混合していて，1つの標識遺伝子だけでは交雑個体を判定しにくい．多数の標識を調べて判断すればよいのだが，マカクの近縁種では，都合よく種に固有で固定している標識遺伝子は思うほど多くはない．ゲノム研究が進んでいるアカゲザルやカニクイザルでは，種内でDNAの個体差が大きく，種間で同じような変異を共有することが多く，交雑判定に便利な種特異的で固定した遺伝子が少ないことが明らかになってきた（Street et al., 2007; Satkoski et al., 2008）．

　交雑が相当に進むと，さらにニホンザルと区別しにくいサルになることが考えられる．遺伝子を利用して確実に交雑を判定することには限界がある．「遺伝子が薄まれば，ニホンザルと変わらなくなる」と見る人がいるが，ニホンザル側から見たら，外来の遺伝子が減り，交雑がなくなるわけではない．遺伝子がさらに広くニホンザルに浸透すると，個体や個体群，周囲の環境にどういう影響をおよぼすかは予測できない．しかし，それはニホンザルや環境への変化であることは疑いない．技術的な限界を考えると，私たちにできることは，見た目や検出技術で交雑が区別できるうちに，外来種の影響を極力排除することしかない．また，万一，今後新たに交雑が起きるなら，早期の確認と拡大防止に向けた対応が重要であり，もちろん外来種の野生化が新たに起きない予防がもっとも重要であることはいうまでもない．

### （3）　保全の目的

　日本における外来マカク対策は生物多様性保全および被害防止（人身および農林産業への）に重点を置き，根絶を目標にしている．一方，海外のマカク交雑対策は日本と異なっている．先に紹介した香港の場合，個体数調整に主眼を置いた管理が計画され，避妊が試みられている．タイでも香港と同様

の対策を採用する動きがある（Malaivijitnond and Hamada, 2008）．これまでの証拠から，交雑個体群に適応度減少の兆候はない（Ohsawa et al., 2005）．したがって，ニホンザルでも異系交配弱勢（outbreeding depression）による繁殖障害が起こるとは考えにくい．しかし，感染症の感受性などに関する体系的な調査や評価がないので，そうしたリスクを否定することはむずかしく，外来種の脅威に関する認識は，国や対象により統一性を欠くのが現状である．

　自然の人為改変への対策には根本的に2つの異なる考えがある．1つは，人為改変を復旧させ，本来の状態（自然）に戻そうとする考えである．もう1つは改変を容認し，人が決めた方向に管理するものである．異なる考えのどちらに立つかは，状況により判断が問われ，復旧が困難な場合には，後者の選択以外にない．自然再生や外来種排除計画では，どちらに立つかの選択が求められる．日本の外来生物法制定では，明治時代より前に定着した外来種は対象にしないと定義した．復旧の目標となる本来の状態を定めなければ，対象も対策も客観的には決められない．当然ながら，完全に人為の介在しない自然への復帰はありえないが，人間による一方的な自然の攪乱を防止するためには，なんらかの定義により，いきすぎた破壊を防ぐ規制が必要である．

　ニホンザルの交雑問題は，固有種の状態を保全するという目標や，復旧の具体的なかたちが明瞭である．保全の目的に照らして，和歌山や千葉の外来種排除事業が成功例となることを願ってやまない．

（4）　合意形成に必要な倫理の充実

　外来種対策の対象になっている動物に本来責任はなく，問題の原因は海外から輸入し野外に放獣した人為にあるため，倫理とその解決への社会的合意が必要である（白井，2006）．日本の外来生物法は，生物多様性保全のグローバルスタンダードである生物多様性条約にもとづいているため，すでに一定のコンセンサスは得られているものの（第2章参照），根絶や封じ込めのための捕獲に対して疑問を呈する人は少なからずいる．また，保全の目的や目標とする生態系の姿については，倫理面を考慮した検討や整理がさらに必要である．

　タイワンザルなどの外来種対策においても，環境倫理的観点からのコメン

ト（瀬戸口，2003；池田，2004；加藤，2005；伊勢田，2005, 2008；須藤，2005；関，2009；立澤，2009など）や家畜の屠殺やコンパニオンアニマルの処分に関する生命倫理の検討（森，2004；佐藤，2005；内澤，2007；今西，2009など）などを参考に，同時に，次世代を担う青少年を含めた道徳としての議論（藤井，2007）も含めて検討を重ねる必要がある．

　このとき，交雑という1つの側面だけではなく，生態系への影響も検討材料に加味されるべきである．大根島では海鳥のコロニーが消滅したというし，下北半島では小型の野鳥の羽をむしり肉を咬みちぎり，与えた鶏卵をタイワンザルが好んで食べていた．また，台湾の野生タイワンザルではサギの雛の摂食の目撃例があり（田村，2011）．カニクイザルによる事例であるが，モーリシャスではモーリシャスルリバト（blue pigeon）が絶滅に追い込まれた（本章6.1参照）．このように予防原則の観点から，外来マカクによる生態系への影響の解明は遅れているが，否定できない重大な問題である．

　また，外来種対策は早期発見，早期対策が重要であるため，迅速な判断および実行が求められることが多い．したがって，十分な調査研究を待つことが困難な局面があることも事実だが，上記の倫理の検討・充実は対策にあたる行政の担当者や現場の従事者の精神的な支えにもなると考える．

**（5）　対策の展望**

　下北半島のタイワンザル問題を解決できたことは大きい．放飼タイワンザルの対策であったが，在来生態系に入り込んでしまった特定外来生物の除去であり，この事例はわが国の外来種対策の貴重な経験として活かすべきである．

　和歌山でも，全頭捕獲まであと一歩という局面を迎えている．和歌山県が順応的に長期間，捕獲事業を継続してきたことはたいへん評価できる．今後も関係機関，関係者が協力して，必ず根絶を達成するべきである．和歌山での対策の進め方，技術のノウハウは，千葉のアカゲザル対策に必要不可欠であるし，根絶の実現は外来種対策で苦悩する各地の関係者に大きな励みとなるだろう．加えて，後回しになっている分散個体の対策が課題として残っている．

　数十万年から数百万年の進化の過程で別の道を歩んでいる別種のサルを人

為的に導入し，交雑を起こし，地域の生物多様性を脅かすことは，自然の摂理に合うとはいいがたい．今後も強い意志で対策を進める必要があるだろう．さらに，原因は輸入であり飼育であるため，予防が第一であることも忘れてはならない．

　最後に，この章の記載内容は，地元住民，行政，研究者，調査参加者，学会関係者など多くの方々の対策，調査研究，普及・啓発の成果を，筆者らが代表してまとめさせていただいたものである．
　なお，行政事業のほかに，日本生命財団研究助成，WWF・日興グリーンインベスターズ基金，日本学術振興会科学研究費補助金，日本霊長類学会自然保護活動費に資金的援助を受けて進めてきた．

## 引用文献

相見滿．2002．最古のニホンザル化石．霊長類研究，18：239-245．
麻布大学動物研究会．1990．地内島調査報告書（Voice of Animal）．麻布大学動物研究会．
Bernstein, I. S. 1966. Naturally occurring primate hybrid. Science, 154: 1559-1560.
Bernstein, I. S. and T. P. Gordon. 1980. Mixed taxa introduction, hybrids and macaque systematics. *In* (Lindburg, D. G., ed.) The Macaques. pp. 125-147. Van Nostrand Reinhold, New York.
Burton, F. D. and L. Chan. 1996. Behavior of mixed species groups of macaques. *In* (Fa, J. E. and D. G. Lindburg, eds.) Evolution and Ecology of Macaque Societies. pp. 389-412. Cambridge University Press, Cambridge.
Chiarelli, A. B. 1971. Comparative cytogenetics in primates and its relevance for human cytogenetics. *In* (Chiarelli, A. B., ed.) Comparative Genetics in Monkeys, Apes and Man. pp. 273-308. Academic Press, London and New York.
千葉県．2010．千葉県特定外来生物（アカゲザル）防除実施計画．千葉県．
Chu, J. H., Y. S. Lin and H.-Y. Wu. 2007. Evolution and dispersal of three closely related macaque species, *Macaca mulatta, M. cyclopis* and *M. fuscata*, in the eastern Asia. Molecular Phylogenetics and Evolution, 43：418-429.
Delson, E. 1980. Fossil macaques, phyletic relationships and a scenario of deployment. *In* (Lindburg, D. G., ed.) The Macaques. pp. 10-30. Van Nostrand Reinhold, New York.
Fooden, J. 1976. Provisional classification and key to living species of macaques (Primates：*Macaca*). Folia Primatologica, 25：225-236.
Fooden, J. 1980. Classification and distribution of living macaques (*Macaca* Lacé-

pède, 1799). *In* (Lindburg, D. G., ed.) The Macaques. pp. 1-9. Van Nostrand Reinhold, New York.

Fooden, J. 1995. Systematic review of Southeast Asian longtail macaques, *Macaca fascicularis* (Raffles, [1821]). Fieldiana：Zoology, new series, 81：1-206.

Fooden, J. 2000. Systematic review of the rhesus macaque, *Macaca mulatta* (Zimmermann, 1780). Fieldiana：Zoology, new series, 96：1-180.

Fooden, J. and H.-Y. Wu. 2001. Systematic review of the Taiwanese macaque, *Macaca cyclopis* Swinhoe, 1863. Fieldiana：Zoology, new series, 98：1-70.

福田史夫．1987．野辺地のタイワンザルは下北のニホンザルに何をもたらすか──もう一方からの下北のニホンザルの危機．（さるとひば）pp. 1-4. 下北西北域に生息するニホンザルを考える会，青森．

福井庸雄．1979．自然教育とは（よし37号）．あしの会，青森．

藤井英之．2007．ニホンザルとタイワンザル．（御前充司・宮崎正康・藤井英之：中学生の道徳力をつける──授業ですぐ使える新資料35選）pp. 128-140. 明治図書，東京．

後藤俊二．2008．ニホンザルとタイワンザルとの交雑集団における寄生虫等の感染状況．平成16-19年度科学研究費補助金（基盤研究（B））研究成果報告書「生物多様性への移入種の影響──タイワンザル交雑群に関する総合的研究」pp. 151-156.

Gray, A. P. 1971. Mammalian Hybrids：A Checklist with Bibliography. 2nd ed. Commonwealth Agricultural Bureaux, Slough.

Groves, C. P. 1980. Speciation in Macaca: the view from Sulawesi. *In* (Lindburg, D. G., ed.) The Macaques. pp. 84-124. Van Nostrand Reinhold, New York.

Groves, C. 2001. Primate Taxonomy. Smithonian Institution Press, Washington and London.

萩原光・相澤敬吾・蒲谷肇・川本芳．2003．房総半島の移入種を含むマカカ属個体群の生息状況と遺伝的特性．霊長類研究，19：229-241.

濱田穣・毛利俊雄・國松豊・茶谷薫・山本亜由美・後藤俊二・川本芳．2008．和歌山県におけるタイワンザルとニホンザル交雑に関する形態学的検討Ⅰ──尾長・尾椎骨と交雑度の関係．平成16-19年度科学研究費補助金（基盤研究（B））研究成果報告書「生物多様性への移入種の影響──タイワンザル交雑群に関する総合的研究」pp. 9-39.

Hill, W. C. O. 1974. Primates, Comparative Anatomy and Taxonomy. Ⅶ. Cynopithecinae (*Cercocebus, Macaca, Cynopithecus*). Edinburg University Press, Edinburg.

Honess, P., M.-A. Stanley-Griffiths, S. Narainapoulle and T. Andrianjazalahatra. 2010. Selective breeding of primates for use in research：consequences and challenges. Animal Welfare, 19：57-65.

池田清彦．2004．生きとし生けるものの倫理──生物学の視点から．（越智貢・金井淑子・川本隆史・高橋久一郎・中岡成文・丸山徳次・水谷雅彦，編：岩波応用倫理学講義1 生命）pp. 67-85. 岩波書店，東京．

今西乃子．2009．犬たちをおくる日．金の星社，東京．

伊勢田哲治．2005．動物解放論．（加藤尚武，編：環境と倫理——自然と人間の共生を求めて［新版］）pp. 111-133．有斐閣，東京．
伊勢田哲治．2008．動物からの倫理学入門．名古屋大学出版会，名古屋．
伊谷純一郎．1972．霊長類の社会構造（生態学講座20）．共立出版，東京．
井内岳志．1987．サルとヒトの種間インタラクション——野辺地町野生化タイワンザルの事例から．弘前大学人文学部卒業論文．
環境省．2004．特定外来生物による生態系等に係る被害の防止に関する法律．環境省．
加藤尚武．2005．環境問題を倫理学で解決できるだろうか．（加藤尚武，編：環境と倫理——自然と人間の共生を求めて［新版］）pp. 1-16．有斐閣，東京．
川本芳．2004．和歌山タイワンザル交雑群の遺伝学的研究——Y染色体特異的標識遺伝子の開発を含む交雑評価ならびに周辺地域への遺伝子拡大のモニタリング．平成13-15年度科学研究費補助金（基盤研究（B）(2)）研究成果報告書「霊長類の異種交雑にともなう遺伝的変化の研究」pp. 1-18．
Kawamoto, Y. 2005. NRAMP1 polymorphism in a hybrid population between Japanese and Taiwanese macaques in Wakayama, Japan. Primates, 46：203-206.
川本芳・萩原光・相澤啓吾．2004．房総半島におけるニホンザルとアカゲザルの交雑．霊長類研究，20：89-95．
川本芳・川本咲江・川合静．2005．下北半島におけるタイワンザルとニホンザルの交雑．霊長類研究，21：11-18．
川本芳・川本咲江・川合静・齊藤梓・大沢秀行・後藤俊二・和秀雄・室山泰之・白井啓・森光由樹・鈴木和男．2008．和歌山県におけるタイワンザルの交雑に関する遺伝学的研究．平成16-19年度科学研究費補助金（基盤研究（B））研究成果報告書「生物多様性への移入種の影響——タイワンザル交雑群に関する総合的研究」pp. 77-114．
川本芳・川本咲江・川合静・白井啓・吉田淳久・萩原光・白鳥大祐・直井洋司．2007．房総半島に定着したアカゲザル集団におけるニホンザルとの交雑進行．霊長類研究，23：81-89．
Kawamoto, Y., S. Kawamoto, K. Matsubayashi, K. Nozawa, T. Watanabe, M.-A. Stanley and D. Perwitasari-Farajallah. 2008. Genetic diversity of longtail macaques (*Macaca fascicularis*) on the island of Mauritius：an assessment of nuclear and mitochondrial DNA polymorphisms. Journal of Medical Primatology, 37：45-54.
川本芳・川本咲江・佐伯真美・乗越皓司．2003．伊豆大島に生息するマカク外来種に関する遺伝学的調査．霊長類研究，19：137-144．
Kawamoto, Y., K. Nozawa, K. Matsubayashi and S. Gotoh. 1988. A population-genetic study of crab-eating macaques (*Macaca fascicularis*) on the island of Angaur, Palau, Micronesia. Folia Primatologica, 51：169-181.
川本芳・齊藤梓・川本咲江．2009．血液試料からの直接PCRによるY染色体STR多型検索法の開発とニホンザル——外来種交雑モニタリングへの応用．日本哺乳類学会2009年度台北大会プログラム・講演要旨集．

川本芳・白井啓・荒木伸一・前野恭子．1999．和歌山県におけるニホンザルとタイワンザルの混血の事例．霊長類研究，15：53-60．
川本芳・大沢秀行・和秀雄・丸橋珠樹・前川慎吾・白井啓・荒木伸一．2001．和歌山県におけるニホンザルとタイワンザルの交雑に関する遺伝学的分析．霊長類研究，17：13-24．
風間計博・乗越皓司．1991．伊豆大島のタイワンザル．遺伝，45：51-55．
Kemp, N. N. and J. B. Burnett. 2003. Finar Report：A Biodiversity Risk Assessment and Recommendations for Risk Management of Long-Tailed Macaques (*Macaca fascicularis*) in New Guinea. Indo-Pacific Conservation Alliance, Washington.
岸本真弓．2001．公開シンポジウム「移入種問題とは何か？ タイワンザルを取り上げて」開催．ズー・アンド・ワイルドライフニュース，12：4-6．
小林和広．1991．下北半島におけるタイワンザルの現状．(下北半島のサル1990年度調査報告書) pp. 31-35．下北半島のサル調査会，青森．
Kondo, M., Y. Kawamoto, K. Nozawa, K. Matsubayashi, T. Watanabe, O. Griffiths and M.-A. Stanley. 1993. Population genetics of crab-eating macaques (*Macaca fascicularis*) on the island of Mauritius. American Journal of Primatology, 29：167-182.
國松豊・山本亜由美．2008．和歌山交雑タイワンザルの歯牙形態．平成16-19年度科学研究費補助金(基盤研究(B))研究成果報告書「生物多様性への移入種の影響——タイワンザル交雑群に関する総合的研究」pp. 51-76．
Lawler, S. H., R. W. Sussman and L. L. Taylor. 1995. Mitochondrial DNA of the Mauritian macaques (*Macaca fascicularis*)：an example of the founder effect. American Journal of Physical Anthropology, 96：133-141.
Long, J. L. 2003. Introduced Mammals of the World. CSIRO Publishing, Victoria.
前川慎吾．1995．和歌山県に生息する哺乳動物（とくにホンドザル・ニホンカモシカ・ホンドジカ）．京都大学霊長類研究所ニホンザル現況研究会資料．
前川慎吾．1999．「和歌山市東南部から海南市北東部にかけて生息するタイワンザルについて」発表内容に関する資料．1999年度日本哺乳類学会ミニシンポジウム「和歌山における移入タイワンザルのニホンザルとの雑種化とその対策」資料．
前川慎吾．2000．和歌山県東南部から海南市北東部にかけて生息するタイワンザルについて．2000年度日本霊長類学会大会自由集会「移入マカク類の生息の現状と対応策」資料．
Malaivijitnond, S. and Y. Hamada. 2008. Current situation and status of long-tailed macaques (*Macaca fascicularis*) in Thailand. The Natural History Journal of Chulalongkorn University, 8：185-204.
Malaivijitnond, S., O. Takenaka, Y. Kawamoto, N. Urasopon, I. Hadi and Y. Hamada. 2007. Anthropogenic macaque hybridization and genetic pollution of a threatened population. The Natural History Journal of Chulalongkorn University, 7：11-23.
松林清明．2004．野辺地タイワンザルの処置の経緯．霊長類研究，20：169-171．

Matsubayashi, K., S. Gotoh, Y. Kawamoto, K. Nozawa and J. Suzuki. 1989. Biological characteristics of crab-eating monkeys on Angaur Island. Primate Research, 5：46-57.

Matsubayashi, K., S. Gotoh, Y. Kawamoto, T. Watanabe, K. Nozawa, M. Takasaka, T. Narita, O. Griffiths and M.-A. Stanley. 1992. Clinical examinations on crab-eating macaques in Mauritius. Primates, 33：281-288.

松林清明・中野まゆみ・榎本知郎．2008．和歌山交雑ザルの精巣組織所見．平成16-19年度科学研究費補助金（基盤研究（B））研究成果報告書「生物多様性への移入種の影響――タイワンザル交雑群に関する総合的研究」pp. 133-149.

松岡史朗．2004．「北限のサル」との交雑回避――下北・タイワンザル問題の経緯と顛末．（下北半島のサル2003年度調査報告書）pp. 77-84．下北半島のサル調査会，青森．

三戸幸久．1999．有獼猴――日本列島にニホンザルあり．（三戸幸久・渡邊邦夫：人とサルの社会史）pp. 7-170．東海大学出版会，秦野．

森治．1989．下北半島のタイワンザル問題．モンキー，229・230：3-7.

森治．1990．下北半島のニホンザルとタイワンザル．（さるとひば）pp. 1-6．下北西北域に生息するニホンザルを考える会，青森．

森達也．2004．いのちの食べかた．理論社，東京．

毛利俊雄・濱田穣・國松豊・山本亜由美・茶谷薫・川本芳．2008．和歌山交雑ザル（*Macaca cyclopis* × *M. fuscata*）の側頭線．平成16-19年度科学研究費補助金（基盤研究（B））研究成果報告書「生物多様性への移入種の影響――タイワンザル交雑群に関する総合的研究」pp. 41-49.

和秀雄．1988．外来種による日本在来種の危機．生物科学，40：111-112.

Nishida, T. 1966. A sociological study of solitary male monkeys. Primates, 7：141-204.

小河千文．2011．「Voice of Animal」――地内島を振り返って．（FIELD NOTE 110号）pp. 3-8．野生動物保護管理事務所，東京．

Ohsawa, H., Y. Morimitsu, Y. Kawamoto, Y. Muroyama, S. Maekawa, H. Nigi, H. Tori, S. Goto, T. Maruhashi, N. Nakagawa, J. Nakatani, T. Tanaka, S. Hayakawa, A. Yamada, S. Hayaishi, H. Seino, M. Saeki, S. Kawai, H. Hagiwara, K. Suzuki, K. Suzuki, S. Uetsuki, M. Okano, T. Okumura, A. Yoshida and N. Yokoyama. 2005. Population explosion of Taiwanese macaques in Japan. The Natural History Journal of Chulalongkorn University, Supplement 1：55-60.

Poirier, F. E. and E. O. Smith. 1974. The crab-eating macaques (*Macaca fascicularis*) of Angaur Island, Palau, Micronesia. Folia Primatologica, 22：258-306.

Richard, A. F., S. J. Goldstein and R. E. Dewar. 1989. Weed macaques：the evolutionary implications of macaque feeding ecology. International Journal of Primatology, 10：569-594.

齊藤梓・川本芳・川本咲江・白井啓．2008．Y染色体マイクロサテライトマー

カーによるタイワンザル移入判定の可能性と課題．平成 16-19 年度科学研究費補助金（基盤研究（B））研究成果報告書「生物多様性への移入種の影響——タイワンザル交雑群に関する総合的研究」pp. 115-131.
佐伯真美．2004．伊豆大島における外来種タイワンザル（*Macaca cyclopis*）の生態学的および遺伝学的研究．上智大学大学院修士論文．
佐伯真美・川本芳・川本咲江・白井啓・川村輝．2009．伊豆大島に生息するタイワンザルの分布変遷と遺伝学的集団構造．日本哺乳類学会 2009 年度台北大会プログラム・講演要旨集．
Satkoski, J. A., R. S. Malhi, S. Kanthaswamy, R. Y. Tito, V. S. Malladi and D. G. Smith. 2008. Pyrosequencing as a method for SNP identification in the rhesus macaque (*Macaca mulatta*). BMC Genomics, 9：256.
佐藤衆介．2005．アニマルウェルフェア——動物の幸せについての科学と倫理．東京大学出版会，東京．
関礼子．2009．自然と社会をデザインする．（関礼子・中澤秀雄・丸山康司・田中求：環境の社会学）pp. 165-182．有斐閣，東京．
瀬戸口明久．2003．移入種問題という争点——タイワンザル根絶の政治学．現代思想，31（13）：122-134．
白井啓．1988．下北半島におけるタイワンザルの現状．モンキー，219・220：20-24．
白井啓．1989．下北半島のタイワンザル移植群の冬季調査結果．（下北半島のサル 1988 年度調査報告書）pp. 10-15．下北半島のサル調査会，青森．
白井啓．1990．トピックス．（下北半島のサル 1989 年度調査報告書）p. 43．下北半島のサル調査会，青森．
白井啓．2002．タイワンザル渡来．（大井徹・増井憲一，編：ニホンザルの自然誌——その生態的多様性と保全）pp. 253-273．東海大学出版会，秦野．
白井啓．2006．外来サル類によるニホンザルの遺伝子攪乱を防ぐ対策を進めよう．自然保護，493：8-9．
総務庁行政監察局．1993．絶滅のおそれのある野生動植物の保護対策の現状と課題．大蔵省印刷局．
Stanley, M.-A. and O. L. Griffiths. 1997. Supplying primates for research. *In* (Bolton, M., ed.) Conservation and the Use of Wildlife Resources. pp. 191-198. Chapman & Hall, London.
Street, S. L., R. C. Kyes, R. Grant and B. Ferguson. 2007. Single nucleotide polymorphisms (SNPs) are highly conserved in rhesus (*Macaca mulatta*) and cynomolgus (*Macaca fascicularis*) macaques. BMC Genomics, 8：480.
須藤自由児．2005．自然保護．（加藤尚武，編：環境と倫理——自然と人間の共生を求めて［新版］）pp. 163-186．有斐閣，東京．
Sugiyama, Y. and H. Ohsawa 1982. Population dynamics of Japanese monkeys with special reference to the effect of artificial feeding. Folia Primatologica, 39：238-263.
Sussman, R. W. and I. Tattersall. 1986. Distribution, abundance, and putative ecological strategy of *Macaca fascicularis* on the island of Mauritius, south-

western Indian Ocean. Folica Primatologica, 46：28-43.
田村典子. 2011. リスの生態学. 東京大学出版会, 東京.
立澤史郎. 2009.「外来対在来」を問う.（鬼頭秀一・福永真弓, 編：環境倫理学）pp. 111-129. 東京大学出版会, 東京.
内澤旬子. 2007. 世界屠畜紀行. 解放出版社, 大阪.
和歌山県. 1979. 第2回自然環境保全基礎調査動物分布調査報告書（哺乳類）. 和歌山県.
渡邊邦夫. 1989. 伊豆大島のタイワンザル. モンキー, 226：4-6.
Wolfe, L. D. and E. H. Peters. 1987. History of the freeranging rhesus monkeys (*Macaca mulatta*) of Silver Springs. Florida Scientist, 50 (4)：234-245.
Wong, C. L. and G. Chow. 2004. Preliminary results of trial contraceptive treatment with SpayVac™ on wild monkeys in Hong Kong. Hong Kong Biodiversity, AFCD Newsletter, Issue No. 6：13-16.
Wong, C. L. and I.-H. Ni. 2000. Population dynamics of the feral macaques in the Kowloon Hills of Hong Kong. American Journal of Primatology, 50：53-66.
矢野滋久・小林和弘. 1990. 下北半島におけるタイワンザルの現状（1989年8月6-11日, 12月25-27日）.（下北半島のサル1989年度調査報告書）pp. 36-42. 下北半島のサル調査会, 青森.
Ziegler, T., C. Abegg, E. Meijaard, D. Perwitasari-Farajallah, L. Walter, J. K. Hodges and C. Roos. 2007. Molecular phylogeny and evolutionary history of Southeast Asian macaques forming the *M. silenus* group. Molecular Phylogenetics and Evolution, 42：807-816.

# 7 ヌートリア
生態・人とのかかわり・被害対策

## 坂田宏志

　ヌートリアは，南米原産の齧歯類であるが，おもに毛皮獣として世界各国で導入された．この章では，ヌートリアの特徴や生態を示しながら，国内外での導入や野生化の経緯，生じた被害や問題，さらに対策の状況などを紹介する．現在まで，多くの地域で，さまざまな規模や方法での対策が試みられている．その成果には明暗があるが，適切な手法と努力により根絶に成功した地域もある．これらの事例は，一定規模以上の捕獲事業を行いながら，将来的に必要な対策の規模を推定することの重要性を示している．また，その見込みにもとづいて，確固たる意思決定と十分な体制のもとに，適切な規模の対策を継続的に行うことで，根絶や大幅な被害軽減を実現できることを示している．

## 7.1　世界各地への移入の現状

　ヌートリア *Myocastor coypus* は，成獣の頭胴長が50-70 cm，体重が6-9 kg程度の長い尾を持つ大型の齧歯類である．生涯成長し続けるオレンジ色の発達した切歯を持つ．水辺の生活や水中での活動に適応した動物で，後足には水かきが発達している（図7.1，図7.2）．流れの緩い川や水路，ため池などに生息している．土手や堤防などに巣穴をつくるほかに，水面上に水生植物をまとめて，「プラットホーム」と呼ばれる浮巣をつくって暮らすこともある．原産地は南米の南部であるが，Carter (2010) のとりまとめによれば，アフリカ，アジア，ヨーロッパおよび北米に導入され，オーストラリア大陸と南極大陸を除く世界各地に生息している（表7.1）．

図 7.1　ヌートリア.

　ヌートリアの原産地以外への人為的な導入の目的の1つは，養殖して毛皮を生産することであった．半水生動物で水中でも体温を維持できるヌートリアの毛皮は，質の高い有用なものである．飼育や繁殖も比較的容易なため，多くの国に導入された．ヌートリアの毛皮は現在でも比較的高級な素材として扱われている．時期的には，1880年代からフランスで養殖が試みられ，20世紀半ばまでにはヨーロッパや北米の多くの地域に導入されている．本来，毛皮の生産の目的では，人間の管理下で逸出しないように飼育されるのが普通であるが，結果的には，導入されたほとんどの地域で逸出や放逐によって，野生での繁殖が確認されるようになっている．
　また，雑草管理の目的のためにヌートリアを導入し，人為的に定着させた地域もある．半水生の草食動物という特徴を生かして，水草や水辺の雑草を除去しようということである．アメリカ合衆国では，この目的で，州や連邦政府などの行政機関によって導入された地域も多い（Lueth, 1949；Evans and Ward, 1967；Evans, 1970, 1983）．その他，狩猟の対象として導入され

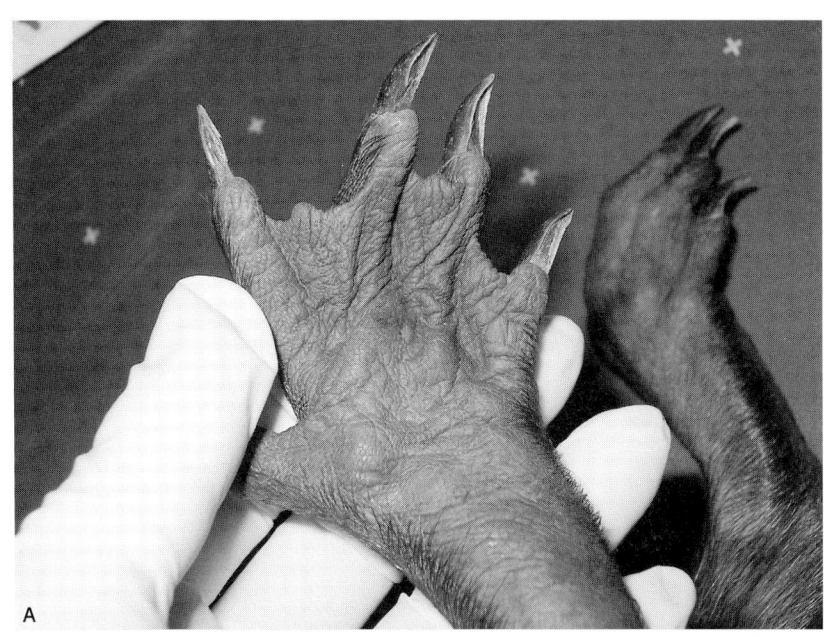

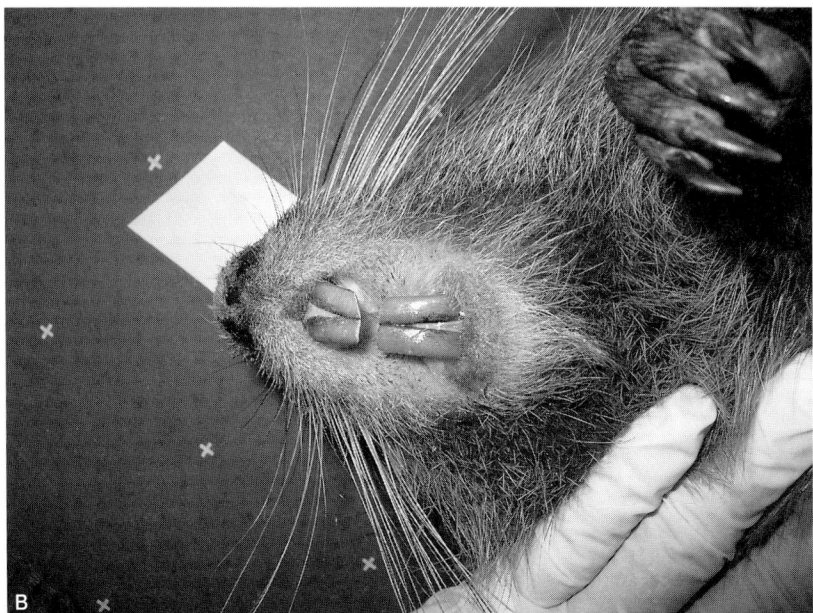

図 7.2 ヌートリアの水かき（A）と切歯（B）．

表 7.1　各国のヌートリアの導入・定着状況.

| 地域 | 国・州 | 導入時期 | 状況 |
|---|---|---|---|
| アフリカ | ケニア | 1950 | 逸出・放逐により野生化 |
| | ジンバブエ | <1958 | 野外に定着せず |
| | ザンビア | <1958 | 野外に定着せず |
| | ボツワナ | <1958 | 野外に定着せず |
| 東アジア | 中国 | 1960s | 野外に定着せず |
| | 日本 | 1910 | 逸出・放逐により野生化 |
| | タイ | 1993 | 野外に定着せず |
| ヨーロッパ | オーストリア | <1946 | 逸出・放逐により野生化 |
| | ベルギー | 1930s | 逸出・放逐により野生化 |
| | ブルガリア | <1999 | 逸出・放逐により野生化 |
| | チェコ共和国・スロバキア | <1967 | 逸出・放逐により野生化 |
| | デンマーク | 1930s | 絶滅 |
| | イングランド | 1929 | 根絶成功（1989） |
| | フィンランド | <1967 | 絶滅 |
| | フランス | 1882 | 逸出・放逐により野生化 |
| | ドイツ | 1926 | 逸出・放逐により野生化 |
| | ギリシア | 1948 | 逸出・放逐により野生化 |
| | ハンガリー | <1982 | 逸出・放逐により野生化 |
| | アイルランド | <1967 | 絶滅 |
| | イタリア | 1928 | 逸出・放逐により野生化 |
| | オランダ | 1930 | 逸出・放逐により野生化 |
| | ノルウェー | <1946 | 絶滅 |
| | ポーランド | <1948 | 逸出・放逐により野生化 |
| | ルーマニア | <1989 | 逸出・放逐により野生化 |
| | スペイン | <1967 | 近隣から分布拡大 |
| | スウェーデン | <1967 | 絶滅 |
| | スイス | <1999 | 逸出・放逐により野生化 |
| | セルビア・モンテネグロ | <1967 | 逸出・放逐により野生化 |
| | ボスニア・ヘルツェゴビナ，マケドニア，クロアチア，アルメニア | 1940 | 逸出・放逐により野生化 |
| 中央アジア・中東 | アゼルバイジャン | 1930s | 逸出・放逐により野生化 |
| | ジョージア | 1930s | 逸出・放逐により野生化 |
| | イスラエル | 1940 | 逸出・放逐により野生化 |
| | ヨルダン | <1946 | 逸出・放逐により野生化 |
| | カザフスタン | 1930 | 逸出・放逐により野生化 |
| | ロシア | 1926 | 逸出・放逐により野生化 |
| | タジク | 1949 | 逸出・放逐により野生化 |

| 地域 | 国・州 | 導入時期 | 状況 |
|---|---|---|---|
| | トルコ | 1984 | 逸出・放逐により野生化 |
| | トルクメン | 1930 | 逸出・放逐により野生化 |
| 北米 | アラバマ | 1949 | 逸出・放逐により野生化 |
| | アーカンソー | 1940s | 逸出・放逐により野生化 |
| | カリフォルニア | 1899 | 根絶成功（<1978） |
| | コロラド | <1978 | 逸出・放逐により野生化 |
| | デラウェア | <2000 | 近隣から分布拡大 |
| | フロリダ | 1950s | 逸出・放逐により野生化 |
| | ジョージア | <1970 | 逸出・放逐により野生化 |
| | アイダホ | <1978 | 絶滅（<2000） |
| | イリノイ | <1998 | 絶滅（<2000） |
| | インディアナ | <1978 | 根絶成功（<1978） |
| | カンサス | <1978 | 絶滅（<2000） |
| | ケンタッキー | <1970 | 野外に定着せず |
| | ルイジアナ | 1930s | 逸出・放逐により野生化 |
| | メリーランド | 1943 | 逸出・放逐により野生化 |
| | ミシガン | 1930s | 野外に定着せず |
| | ミネソタ | <1978 | 野外に定着せず |
| | ミシシッピ | <1971 | 近隣から分布拡大 |
| | ミズーリ | <1978 | 絶滅（<2000） |
| | モンタナ | <1981 | 絶滅（<2000） |
| | ネブラスカ | <1978 | 野外に定着せず |
| | ニューメキシコ | <1970 | 逸出・放逐により野生化 |
| | ノースカロライナ | <1978 | 逸出・放逐により野生化 |
| | オハイオ | 1937 | 野外に定着せず |
| | オクラホマ | <1978 | 移入元不明 |
| | オレゴン | 1937 | 逸出・放逐により野生化 |
| | テキサス | 1941 | 逸出・放逐により野生化 |
| | テネシー | 1996 | 近隣から分布拡大 |
| | ユタ | 1939 | 野外に定着せず |
| | バージニア | <1978 | 近隣から分布拡大 |
| | ワシントン | 1930s | 逸出・放逐により野生化 |
| | ブリティシュコロンビア | 1943 | 逸出・放逐により野生化 |
| | オンタリオ | <1974 | 逸出・放逐により野生化 |
| | ノバスコシア | <1978 | 絶滅 |
| | ケベック | 1927 | 逸出・放逐により野生化 |
| | 北メキシコ | <2002 | 近隣から分布拡大 |

た地域もある．除草や狩猟の目的で導入された場合は，毛皮のための養殖と異なり，野外に定着させることが導入目的を達成する条件となり，導入事業の成功が，そのまま野生化や分布拡大につながってしまう．

　ヌートリアの導入後の経緯は，導入された条件やその地域の環境条件によって異なる．多くの地域では，野生化・定着の後，繁殖を続けている．一方で，野外への逸出やその後の目撃はあったものの野生では定着しなかった地域や，定着の後，自然に絶滅した地域もある．デンマーク，ノルウェー，フィンランド，スウェーデンなどの北欧の国々やアイルランドでは，1900年代半ばには野生で確認されているが，1999年までには，野生では確認されなくなり，自然に絶滅したと考えられている（Mitchell-Jones *et al.*, 1999）．アメリカ合衆国では，北部や中央部に定着しなかったり，自然に絶滅した州が多い．アフリカ大陸南部のジンバブエ，ザンビア，ボツワナでも，1967年以前から導入はされてはいるが，2001年の段階で野生での定着は確認されていない．導入された規模によってその後の経過は異なり，定着個体数が少ない場合や，少ない時期に根絶に向けた対策を行った地域では，自然に絶滅したり，根絶に成功している．また，寒冷な地域や乾燥した地域では，個体群が存続しにくいようである．しかしながら，野生化したヌートリアが自然に絶滅するケースは，全体から見れば少ない．

　一度ヌートリアが野生で定着した多くの地域では，生息環境が適していれば，その後も繁殖を続けている．さらに生息頭数の増加や，分布の拡大が見られる地域が多い．これらの地域の多くで，ヌートリアは，湿地の自然植生を破壊したり，巣穴を掘ることによって堤防や護岸を損傷させたり，農業被害を出すことが問題になり，有害獣とされている．メキシコやスペインなどでは，隣国のアメリカ合衆国やフランスから国境を越えて，逸出や放逐のなかった地域に分布が拡大しているケースもある．もともとヌートリアは，毛皮の生産のために導入されたため，産業面から見てそれを有益と見なすかどうかは，毛皮の価格にも左右される．現在では，毛皮の価格の低下によって，ヌートリアの価値は下がり，逸出や放逐も増え，有害獣としての側面がクローズアップされることになったのである．ヌートリアは，IUCNによる「世界の侵略的外来種ワースト100」の1つにあげられている．各地で，根絶や個体数コントロールの試みが進められているが，成功しているプロジェクト

もあれば，現在も継続中のプロジェクト，さらに失敗に終わったプロジェクトもある．これらの根絶や対策事業の詳細については，ヌートリアの特徴や被害などについて解説した後で述べることとする．

## 7.2 ヌートリアの生態

### （1）繁殖

ヌートリアは 3–10 カ月で性成熟する．妊娠期間は 127–138 日，1 回の胎子数は 2–9 頭，平均的には 5–6 頭であることが多い．年 2–3 回の出産が可能である．一方，妊娠後 13 週から 14 週ぐらいまでは出生前の胎子の損失も多く，これは寒さや母体の健康状態に影響される（Woods *et al.*, 1992）．

このように原産国では，繁殖力が旺盛な動物として知られているが，導入先の地域でも旺盛な繁殖が確認されている．日本国内に導入された個体群においても，原産国と同等に高い繁殖力であることが明らかになっている．たとえば，兵庫県における調査結果（江草ほか，未発表）からは，オス・メスともに生後 5–6 カ月になると，ほとんどの個体が性成熟し，繁殖できるようになっている．早いものでは生後 3–4 カ月で妊娠していることも確認されている．さらに，季節を問わず繁殖が見られ，1 年中どの季節でも妊娠率は 70% 程度であった．冬場でも繁殖活動が中断されないため，原産国と同様に年間 2–3 回の繁殖が可能であると考えられる．胎子数についても，季節による違いはなく，1 回の妊娠あたり平均 5 頭程度であった（江草ほか，未発表）．ただし，Woods ら（1992）の示したように，寒い時期には流産の割合が高くなっている可能性はある．

生まれる子どもは 200 g 程度であるが，毛も十分に生えそろい，目も開き，比較的成熟した状態で生まれてくる．ただし，多産ではあるが，出生後の幼獣の死亡率は，環境条件によって大きく変動することは十分考えられる．野生下での寿命は 2 年ほどであるが，飼育条件下では，10 年以上生存する例もある．

## （2） 食性

　基本的に草食性の動物で，ヨシやヒシ，マコモ，ホテイアオイなど植物を中心に，水生と陸生を問わず幅広い植物種を食べる．利用部位も葉や茎，根茎などさまざまである．このような食性によって，湿地のアシ・ヨシ帯を衰退させることもある．また，貝や魚類などを食べることもある．

## （3） 環境への適応

　ヌートリアは恒温性の哺乳動物であるが，寒さには弱いと考えられている．流産の割合の増加のほかに，毛皮のない尾が凍傷になることが観察されている．北欧や北米では，野外での定着後でも自然に絶滅している地域も多いが，これには気候条件が大きく影響していると考えられる．また，イングランドにおける根絶事業の成功においても，寒さの厳しい冬が3年間も続いたことが成功の一因になっている（Gosling and Baker, 1989）．

　日本においては，たとえば，鳥取県や兵庫県北部の山間部においても継続的に生息し，分布拡大している．このことから気候の面では，少なくとも西日本では，ほとんどの地域で生息可能だと考えられる．高標高地域以外では，気候条件によってヌートリアが自然に減少するというようなことは期待しないほうが賢明であろう．

　一方，台風などの水害などの後では，ヌートリアが見られなくなったという集落からの報告も複数例ある．とくに兵庫県においては，2004年の台風23号による水害の後，ヌートリアを見なくなった，あるいはヌートリアが減ったという情報が豊岡市や養父市などを中心に寄せられている．逆に，水害以後，被害が出始めたり多くなったという地区もあり，増水などによりヌートリアの分布が拡大してしまうこともあるようだ．しかし，現在把握している情報では，消失したり減少した集落が36に対して，増えた集落が3と，全体的に大規模な増水や水害はヌートリアを減少させる効果があるようである．また，河川改修や護岸工事などにより，ヌートリアが減ったり見られなくなったというケースも多い．一部では，すぐに再侵入するケースもあるが，日本の河川に生息するヌートリアに対して，大規模な増水は，1つの抑制要因になっている可能性はある（坂田ほか，未発表）．

図 7.3　ヌートリアの巣穴（左）とプラットホーム（右）．

### （4）巣

土手や堤防などに巣穴をつくったり，水面上に水生植物をまとめて，「プラットホーム」と呼ばれる浮巣をつくって暮らしている（図 7.3）．

### （5）活動の日周期

自然条件下のヌートリアは夜行性であるが，活動時間の可塑性は高い．たとえば，原産地であるアルゼンチンや導入されたドイツの自然環境下では，夜行性の活動パターンが見られるが，ドイツのザール（Saale）川のザールフェルド（Saalfeld）市街地を流れる部分に生息するヌートリアは昼行性の活動パターンを示す（Meyer et al., 2005）．市街地では，天敵が少ないことに加え，人間が餌になるものを与えたり，放置したりすることによって，それを利用するために活動パターンが変わってきたのではないかと考察されている．同様の生活パターンの変化は，日本でも見られ，農村部では，おもに夜間に活動するが，兵庫県伊丹市の昆陽池のような都市公園となっているため池では，昼間にも活動している．

## 7.3　日本でのヌートリア導入の経緯

日本では東海，近畿および中国地方を中心にヌートリアが確認されている．

中国地方や近畿地方では近年分布拡大の傾向がある．

　ヌートリアの日本への導入の歴史は，明治末期にさかのぼるといわれている．日本でも，ほかの国と同じく養殖して毛皮をとるために導入された．その経過は，三浦（1994）に概要がまとめられている．当時は世界的にも毛皮の需要が多かったため，国内の需要だけに限らず，多くの毛皮が輸出されていた．輸出された毛皮にどの程度養殖したヌートリアの毛皮が含まれていたかは不明であるが，ヌートリアに限らず，野生動物の毛皮は，新興国の日本が外貨を獲得する1つの手段でもあった．また，軍隊での需要も多かったようである．ヨーロッパなどと比較すると野生動物がまだ多く残っていたという背景もあってか，日本での毛皮の生産はさかんだった．この時期，日本では多くの野生動物が毛皮のために捕獲され，大きく数を減らしてしまったのである．たとえば，毛皮を利用されていたカワウソや，羽毛を利用されていたトキが絶滅に追いやられる原因となったのもこの時期である．

　1930年代には，関東以西で推定4万頭のヌートリアが飼育されていたといわれている．戦前戦中は軍服用として飼育が奨励されていたが，終戦により各地で放逐された．また，戦後1950年代には毛皮ブームにより再び大量に飼育されたが，ブームの衰退により，数年で下火になった．このとき放逐されたものが，現在の分布の源といわれている（三浦，1976）．

　数を減らし絶滅が危惧される野生動物の代わりに，ヌートリアを養殖し，生活必需品に活用するのは，生物資源活用の1つの考え方である．もし，ヌートリアの適切な利用によって，国民の生活が豊かになり，絶滅の危機に瀕した野生動物の捕獲を減らすことができたのであれば，価値ある事業と評価できる．しかし，毛皮の生産という一定の成果は果たしたが，ほかの毛皮獣となる野生動物の保全につながったわけではなかった．また，長期的には，毛皮の需要は減り，ヌートリアの養殖は衰退し，各地で放逐されて現在の被害問題の原因になってしまったのである．野生動物の導入や利用は，長期的な展望や生態系全体への配慮や対策を練ったうえで，慎重に行う必要があった．

　現在の日本では，毛皮を活用する必要性も少なく，「外来生物法」による「特定外来生物」に指定され，導入や飼育，放逐などは禁止されている．

表 7.2 全国のヌートリアの捕獲数.

| 府県 | 1998 年度 | 2006 年度 |
|---|---|---|
| 岐阜 | 461 | 764 |
| 愛知 | 151 | 212 |
| 三重 | 12 | 17 |
| 京都 | 78 | 316 |
| 兵庫 | 311 | 626 |
| 鳥取 | 60 | 420 |
| 島根 | 126 | 291 |
| 岡山 | 1952 | 2475 |
| 広島 | 50 | 54 |
| 徳島 | 1 | 0 |
| 香川 | 0 | 4 |
| 合計 | 3202 | 5179 |

数字は狩猟と有害捕獲で捕獲された頭数.

## 7.4 分布の拡大

　現在，全国的なヌートリアの分布やその拡大の経過を正確にとらえた資料はない．環境省生物多様性センターから『日本の動物分布図集』（環境省，2010）が発行されているが，現在の分布を十分には把握できていないようである．鳥獣統計による捕獲数から見ると，狩猟および有害鳥獣捕獲でヌートリアが捕獲された都道府県は，1998年度と2006年度を比較するとほとんど変化はなく，東海，近畿および中国地方に限定されている．ただし，捕獲頭数は約3000頭から約5000頭へと大きく増加している（表7.2）．環境省から公表されている捕獲数は，2010年8月時点で2006年度までであるが，兵庫県では2006年度の626頭から2009年度は1201頭，鳥取県では420頭から3516頭などと大幅に増加している．急激な増加が見られる地域もあるので，迅速な状況把握が求められる．

　兵庫県における分布の拡大の経過を図7.4と図7.5に示す．これは，県内約4000の農業集落へのアンケート調査によって，各集落にヌートリアが侵入した時期を調査したものである．外来生物の分布拡大の速度を表すのはむずかしいが，ヌートリアが生息する集落数をベースに，5年ごとに区切って集計して状況を把握してみる．集落数の増加率から見ると，増加率のもっと

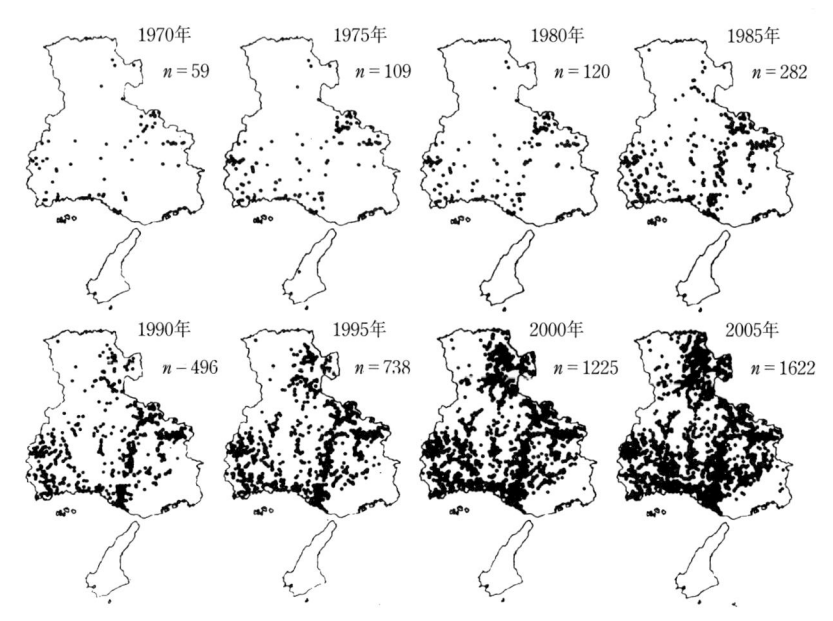

図 7.4 兵庫県でのヌートリアの分布拡大．アンケート調査により，集落へのヌートリア侵入時期を5年ごとに集計した．

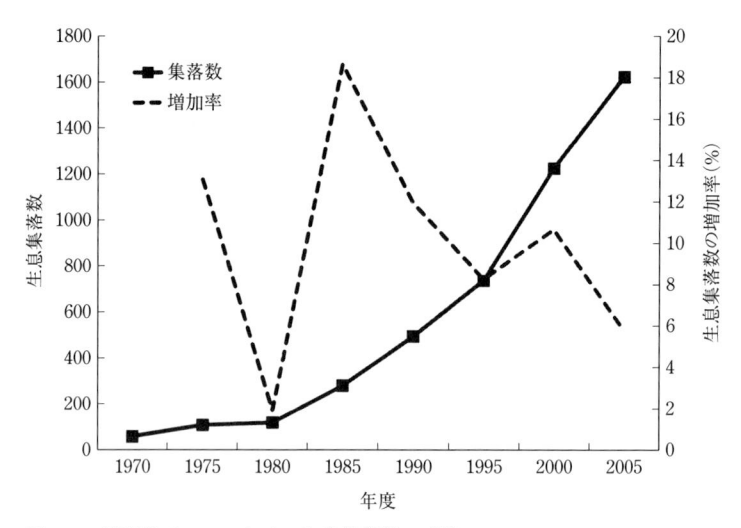

図 7.5 兵庫県でのヌートリア生息集落数の変化．

も高かった1980年から1985年の間では，1年あたり18.6%もヌートリアの生息する集落数が増加し，侵入された集落の絶対数がもっとも多かった1995年から2000年の間では，1年あたり100近い集落に新たな侵入が見られている．現在，兵庫県の本州部ではすでに多くの集落にヌートリアが侵入してしまったために，今後は新たに侵入される集落の数は減っていくであろう．しかし，侵入した集落のなかで個体数が増加することが推測されるため，捕獲数や被害発生状況には注意しなければいけない．

多くのヌートリアが放逐されたと考えられる1950年代から，じつに30年近く経過してから，急速な増加が見られている．これについては，野生動物は条件がよければ，指数関数的に増加することを考えると理解できる．増加率は一定であっても，放逐当初は，もとの数が少ないため，増加する頭数や新たに侵入される集落数も少ない．人目にもあまりつかなかったのであろう．しかし，個体数や生息集落数の増加にともなって，徐々に毎年の増加する頭数や侵入集落数も大きくなると，多くの人に生息が確認されるようになり，毎年の増加も強く認識されるようになるであろう．その結果，現在までの状況に至ったと考えられる．

## 7.5 ヌートリアの被害

ヌートリアの生息する河川や水路，ため池などに隣接する農地では，田植後のイネや根菜，葉菜，果菜を問わず，多くの作物が被害に遭う．ヌートリアを含む野生動物による農業被害の全国的な状況把握は，市町村からの報告をもとに，都道府県，国で集計している被害面積や被害額を参考にするしかない．現時点では，多くの市町村では，被害把握調査のための十分な体制は確保されていないため，この集計値は十分なものとはいえない．しかし，数値の正確さはさておき，全国的な被害の傾向や動向を把握する目安になると考えられる．全国での被害額は1億2400万円（2008年度）と集計されており，獣種のなかでは10番目の被害額である．被害を受ける作物はイネが半分を占め，野菜が3分の1を占める．

ヌートリアが生息する地域は限られているため，全国的にはほかの哺乳類より被害は少ないが，たとえば兵庫県では，ヌートリアはニホンジカ，イノ

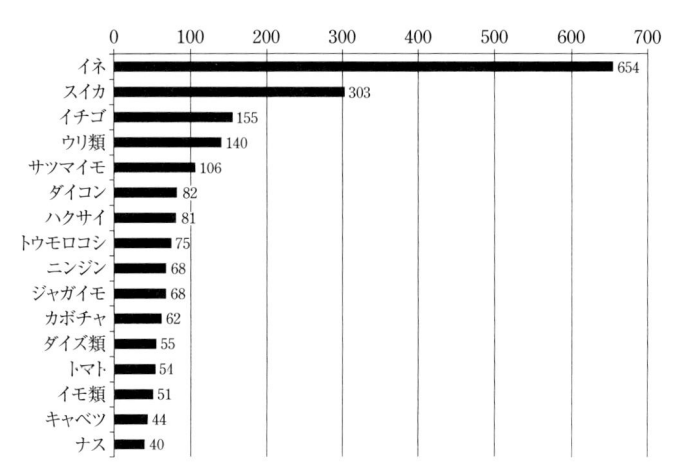

```
                0    100   200   300   400   500   600   700
         イネ                                              654
        スイカ              303
        イチゴ      155
        ウリ類      140
      サツマイモ    106
       ダイコン    82
       ハクサイ    81
     トウモロコシ   75
       ニンジン    68
      ジャガイモ   68
       カボチャ    62
       ダイズ類    55
        トマト     54
       イモ類     51
       キャベツ    44
        ナス      40
```

図7.6 ヌートリアによる被害作物．数字は2006年から2009年までの兵庫県内の調査で被害作物種として回答があった延べ集落数．

シシ，アライグマに次ぎ，哺乳類のなかでは第4位の被害額が集計されている．2006年から2009年の兵庫県での調査で把握された被害作物を図7.6にあげる．やはりイネを筆頭に果菜，根菜，葉菜，イモ類など幅広い作物が被害を受けている．ただし，アライグマやシカ，イノシシなどと比べると，その被害は散発的で，分布の広がりの割には，被害規模は小さい．たとえば，兵庫県内での同じ外来生物のアライグマと比べると，ヌートリアは淡路島を除くほぼ全県に分布しているのに対し，アライグマは南東部を中心に分布はまだ限定されているが，被害額はアライグマのほうが大きい．被害額と分布のバランスから考えると，被害はアライグマのほうが深刻である．ヌートリアは，水辺の多種類の植物を食べることができるので，田畑に侵入して採餌しようという動機が比較的弱いということが，その理由の1つではないかと考えられる．しかし，ほかの哺乳類と同様に，栄養価の高い作物が簡単に得られれば，繰り返し出没する傾向もあるため，被害が継続して出る場所では，柵などによる防除や捕獲などの対策が必要になる．

また，海外では水辺の除草のために導入が試みられた動物でもあり，湿地や水辺の植物に対する食害による生態系への影響は大きい．ヌートリアの食害によって，ヨシやガマなどの抽水植物帯が衰退したり，ハスなどの観光資

図 7.7　ヌートリアによって崩された堤体.

源になっていた水草が消滅してしまうこともある．

　食害だけではなく，巣穴を掘るというヌートリアの特徴のために，川やため池の土手や堤防を崩すという被害も起こる．ヌートリアの営巣を放置しておくと，1つの営巣穴だけにとどまらず，増殖した個体がつぎつぎと穴を広げたり，新たに掘るので，堤体の強度が低下し，崩れてしまうことがある．巣穴は確認しやすいので，見つけ次第，捕獲や追い出しを行い，穴を埋めればよいが，管理の行き届いていないため池などでは，知らないうちにヌートリアによって堤体が崩れていることもある（図7.7）．ため池などの堤防にあけられた巣穴は，注意して探せば容易に確認できるので，巣穴を探索の手がかりにして対策を行うのも有効だと思われる．兵庫県内の調査によれば，毎年およそ300程度の農業集落から，田の畦やため池の堤体を破損させるという報告が集まっている（坂田ほか，未発表）．

## 7.6 ヌートリアの対策

　ヌートリアは，日本をはじめ世界各国の生態系のなかで，急速に増殖する性質のある侵略的な外来生物である．そのため，日本では「外来生物法」にもとづく「特定外来生物」に指定され，放逐はもとより運搬や飼育も禁止されている．しかし，放逐が禁止されても，それまでに野生化したヌートリアは増殖を続け，分布の拡大も懸念される．特定外来生物に指定された生物は，農業被害などの人への影響だけでなく，地域固有の自然環境への影響も懸念されることから，各地域で防除計画が立てられ対策が進められている．現実的には，ヌートリアによる人の生活に対する影響は，農業被害が重大であるため，農業被害を防ぐことをおもな目的に対策が進められている場合が多い．

　ヌートリア対策には，海外の事例も含めると銃器・ワナによる捕獲，毒殺，天敵などを用いた生物学的防除などが考えられる．しかし，天敵を用いた生物学的防除事例では，ケニアでニシキヘビの仲間を使った事例があるが，成功していない (Harper *et al.*, 1990)．また，ルイジアナではアリゲーターによる生物学的防除が試みられたようであるが (Lowery and Life, 1974; Deems and Pursley, 1983)，現在は銃器とワナによる捕獲で対策が行われている (Jordan and Mouton, 2010)．ハブとマングースの事例を思い起こすまでもなく，生物学的防除では，用いる生物の生態的な特徴や対策の効果と副作用を十分に把握することがむずかしい．多くの事例で安定した効果が期待できないだけでなく，生態学的にも行動学的にも人間があらかじめ予測できない挙動を示すこともあり，二次的な問題が発生する場合も多い．とくに，哺乳類に対する生物学的防除は慎重になるべきである．また，毒物の使用に関しては，安価に効果を上げることが期待されるが，同様に，人間やほかの生物に対する影響が懸念される．現在までヌートリアに関して根絶に成功したり被害の軽減に効果を上げているプロジェクトでは，ワナと銃器を用いた捕獲が中心に行われており，現時点では，この方法で対策を行っていくのが最善であると考える．

　日本におけるヌートリア対策は，農業被害防止のための対策が中心になっている．対策の手法は，捕獲と，電気柵やトタン，金網などの柵による農作物の防護が中心となっている．捕獲には，箱ワナがよく使われる．制度的に

は「鳥獣保護法」にもとづいた許可を受けての捕獲と外来生物法にもとづく防除計画に沿った捕獲が進められているが，外来生物法が施行されて防除計画にもとづく捕獲が徐々に定着し，広まりつつある．鳥獣保護法にもとづく有害鳥獣としての捕獲許可も，多くの地域で市町村に権限が委譲され，ヌートリアの被害がある場合は，申請すれば捕獲許可は受けやすくなっている．ただし，ワナでの捕獲に取り組むには，原則としてワナの狩猟免許を所持している必要がある．また，外来生物対策の事業を進めている自治体も増えている．近年では外来生物法による計画にもとづき，農家も地域の猟友会などと協力をして捕獲をサポートしていく体制を組んだり，講習会を開いて受講した住民にワナを貸し出すなど，さまざまな工夫をして捕獲を推進している自治体も多くなってきた．被害が出た場合や捕獲が必要な場合は，まずは，対応する行政機関に相談し，できる限り迅速に捕獲に取り組むことを勧める．

　ワナを仕掛けるときは，あらかじめヌートリアがどこにいて，どこから田畑に出てくるのか見当をつけてから仕掛ければ，効率が上がる．ヌートリアは生息が確認された場所では，比較的容易に捕獲できる動物でもあるので，被害の状況や足跡，草の倒れた様子などの痕跡をよく確認してワナを設置するのがよい（図 7.8）．基本的には川やため池などから水路を伝って侵入してくることが多いので，それを想定して侵入路の見当をつけて確認する．その時点で，ヌートリアが利用している場所や移動ルートがわかれば，そこに餌を撒き，ワナを設置すると捕獲できる．餌はニンジンやキャベツなどの野菜を用いる．スイカの皮やキャベツの芯など野菜くずで十分であるが，くずでも新鮮なものを使い，こまめに餌を追加することがポイントとなる．ワナのなかだけではなく，ワナの入口周辺に野菜などの撒き餌を撒いておくと，早く誘引できる．ヌートリアは，比較的警戒心が弱く，捕獲しやすい動物であるので，被害が出た場合は，できるだけ早くワナを仕掛け，捕獲してしまうことも効果的な手法になる（図 7.9）．

　ただし，被害を受けている作物を，そのまま放置していたのであれば，ワナを仕掛けても，捕獲できるまでの間は被害が続く．また，ヌートリアのほうも，安全に作物を食べることができるのなら，危険を冒してまで，ワナのなかの餌を食べようとしないこともある．さらに，ワナで，被害を出すヌートリアを全部すみやかに捕獲できるとは限らない．これらの理由から，被害

図 7.8　ヌートリアの痕跡.

を防ぐためにも，捕獲の効率を高めるためにも，被害を受けている作物を柵で囲うことは重要である．のり網などでは破られてしまうので，トタンや目の細かいワイヤーメッシュ，電気柵などを使うことが必要となる．被害が出た際には，作物を囲って，作物をとられにくくしたうえで，ワナを仕掛けるなど，防護と捕獲を併用することが効果的だと考えられる．

また，分布や被害の拡大と生息頭数の増加にともない，捕獲頭数が増加してきているが，捕獲したヌートリアの殺処分やその死体の処分などの作業量も増加している．殺処分などは避けたがる人も多い作業であるが，被害対策のうえでは必要不可欠な作業である．捕獲数や被害状況など，地域の事情や自治体の状況に応じて，体制を整備しておく必要がある．

現実問題として，ヌートリアにかかわらず，多くの野生動物が増加傾向にあり，被害も増えている．とくに外来生物の増加と分布拡大には深刻なものがあり，各自治体では，それを食い止めるために捕獲に従事するための人手や予算も不足しがちである．そのようななかで，社会全体が捕獲の必要性や

図 7.9 箱ワナで捕獲されたヌートリア.

　捕獲に関する制度を理解し，被害者をはじめ，できるだけ多くの人が技術を身につけて，それぞれの努力で捕獲や殺処分を進めていくということも必要になってきている．ヌートリアの生息がこのように拡大してしまった以上，防護や捕獲に相当の労力や費用をかけなければ，被害は食い止められず，対策の効果は上がらない．

　兵庫県のなかでヌートリアの捕獲と防護柵による防除の実施の状況と，その効果を見てみよう．図 7.10 は，2006 年から 2009 年までの農業集落へのアンケート調査の結果を集計したものであるが，各農業集落において，被害の深刻さに応じて，どの程度の被害対策がなされているかを示している．被害状況に応じて対策をとる集落の割合は増えている．被害が「大きい」と「深刻」と答えた集落では，半数以上が防護柵や捕獲などの対策に取り組んでいる．一方，被害が「大きい」と「深刻」であるにもかかわらず，対策をとっていない集落も 30% 程度あるということも事実である．

　また，同じ調査で，対策の効果について集計したのが図 7.11 である．対

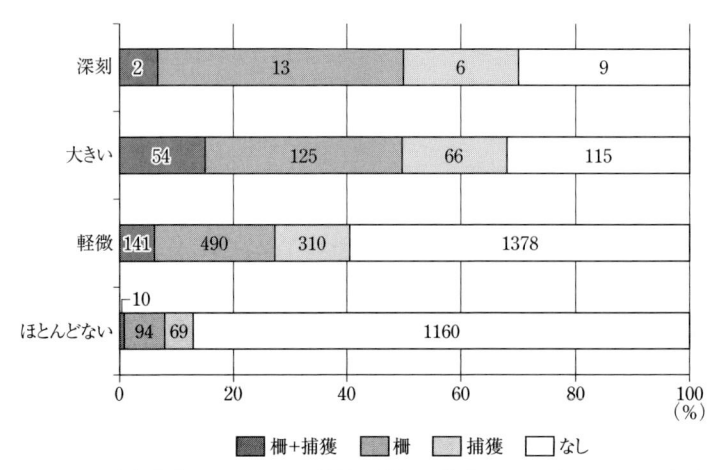

図7.10 兵庫県内のヌートリア対策の状況. 数字は2006年から2009年までの兵庫県内の調査で回答があった延べ集落数. 被害程度別に集計した.

策の効果が「ある」とする集落数が若干多いものの，効果が「ない」と回答する集落も少なくはない．対策を行っているものの，満足のいく成果をあげられていない集落も多いという現実も，浮き彫りになっている．対策を行っても，それが十分に行えず，目に見えた成果が出ていない場合もある．一方，捕獲を集中して進め，地域的な根絶や生息数の減少に成功し，被害がなくなったという集落もある．さらに，防護柵によってうまく被害を防いでいる農家も多い．捕獲では規模によって大きく効果が左右されるし，防護柵は，突破されないように細心の注意が必要である．現在のところ，費用や労力をかけても徹底した対策をとること以外に，ヌートリアの被害を防ぐ手段はない．

## 7.7 海外での根絶や対策プロジェクトの事例

イングランド，アメリカ合衆国のカリフォルニア州やルイジアナ州などで，野外に一度定着したヌートリアを根絶した事例がある．ここでは，アメリカ合衆国とイギリスの事例を紹介する．

(1) アメリカ合衆国におけるヌートリアの根絶事業の事例

アメリカ合衆国に最初にヌートリアが導入されたのは，1899年にカリフ

## 7.7 海外での根絶や対策プロジェクトの事例

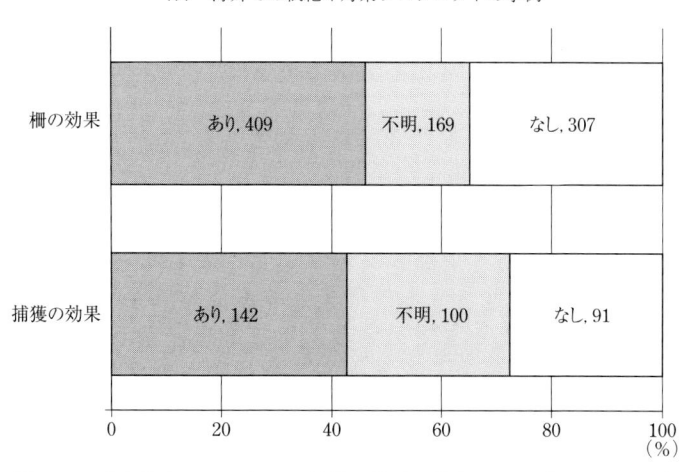

図 7.11 の棒グラフ：
- 柵の効果：あり, 409／不明, 169／なし, 307
- 捕獲の効果：あり, 142／不明, 100／なし, 91
- 横軸：0〜100 (%)

図 7.11 兵庫県内のヌートリア対策の効果．数字は 2006 年から 2009 年までの兵庫県内の調査で回答があった延べ集落数．

ォルニア州のエリザベス湖だといわれている（Evans, 1970）．毛皮をとるための養殖が目的である．しかし，最初の導入は成功せず，1940 年に再度導入されることになる．カリフォルニアでは，1958 年から農業法のなかで，ヌートリアの飼育には許可が必要なこと，ヌートリアを飼育している者はその処分方法について報告をしなければならないこと，また，ヌートリアを逸出しないような囲いのなかで管理しなければならないことなどを定め，飼育に関しての規制を取り決めていた．これらの規制の効果もあってか，カリフォルニアの野生化ヌートリアは増加しなかった（Schitoskey Jr. *et al.*, 1972）．その後，カリフォルニア州では，比較的小規模な根絶事業によって，1978 年までにはヌートリアの根絶に成功している（Deems and Pursley, 1983）．これは，カリフォルニアの環境条件がヌートリアには適していなかったためとも考えられているが，注意深い規制も 1 つの要因となっていただろう．適切な対策によって，外来生物の野生化や野外での大規模な繁殖を防ぐことができた事例である．

一方，ルイジアナ州では，1930 年代初めにヌートリアが野外に逸出したが，その際は，すみやかに捕獲により根絶された．しかし，1940 年にハリケーンにより破壊された施設からヌートリアが逸出して野生化した（Evans, 1970; Lowery, 1974）．1950 年代には，サトウキビやイネなどへの被害も深

刻になり，現在では，毎年 65-91 km$^2$ の湿地帯の植生を消滅させている．捕獲頭数も，2002 年から 2010 年まで，平均して毎年 30 万頭以上のヌートリアが捕獲されている．捕獲されたヌートリアは毛皮を活用するとともに，食肉としても活用しようという動きがある．現在のところ根絶には至っていないが，ヌートリア対策プログラムが始まってから食害を受けた植生の面積は，ピーク時の 10 分の 1 以下に減少している（Jordan and Mouton, 2010）．

また，メリーランド州では，1943 年に連邦政府による実験的な毛皮用の養殖事業が始まった．すぐに採算が合わないことがわかり，プロジェクトは終了したが，残ったヌートリアは逸出したり，放逐された．1952 年から野外でのヌートリアが確認され始めたが，最初の根絶事業は失敗に終わり，年代を追って湿地帯の植生の衰退が激しくなった．1995 年から植生の野外実験と調査が行われ，ヌートリアの影響やエクスクロージャー（囲い地）のなかでの植生の回復の程度などが確認された．2000 年から米国魚類野生生物局（U. S. Fish and Wildlife Service）によるメリーランド・ヌートリアプロジェクト（The Maryland Nutria Project）が開始され，エクスクロージャーによる植生の保全や集中的な捕獲が始められた．2004 年には，2 年間の集中的な捕獲事業によりブラックウォーター国立野生生物保護区（Blackwater National Wildlife Refuge）のなかでの根絶には成功した．しかし，ほかの地域では，ヌートリアの根絶には至っておらず，捕獲事業が継続されている．これらの対策により，野生生物保護区（wildlife refuge）の外においても，個体数は徐々に減少しつつある（U. S. Fish and Wildlife Service, 2010）．

これらの事例は，初期の小規模の個体群は，それに応じた規模の対策で根絶できるが，大規模な逸出や野外での増殖が進んだ後では，大規模かつ継続的な対策が必要になってしまうことを示している．一方，完全な根絶に至っていない地域においても，継続的な対策プログラムを続けることで，特定の区域内での根絶や，被害の大幅な軽減を実現することは十分可能であることも示されている．

（2）　イギリスにおけるヌートリアの根絶事業の事例

広域に増殖してしまった侵略的な外来生物を根絶するのは，非常に困難である．しかし，不可能ではない．イギリスでは，広域的に広がったヌートリ

アの計画的根絶に成功している（Gosling and Baker, 1989）．その経過を見てみよう．

イギリスのヌートリアは1920年代に毛皮獣として導入されたが，多数の個体が逃亡し，湿地帯などへ定着した．1950年には，生息数は20万頭以上に増加したと推定され，河川の土手に穴をあけたり，農業被害，河畔のヨシ湿地帯など固有の植物への影響が発生し，在来水生植物のなかには，ハナイの一種 *Butomus umbellatus* やドクゼリの一種 *Cicuta virosa* など希少種になってしまうものも出た．

1962年から捕獲事業が開始された．1962–63年の冬は200年間でもっとも寒い冬となり，個体群のうち約90％ものヌートリアが死亡したと推定される幸運にも恵まれ，ほとんど根絶事業は成功したかに見えた．しかし，それにもかかわらず，70年代までは，根絶には失敗し続ける．その理由の1つは，その時点では，ほんとうに必要な捕獲数を把握できていなかったため，十分な予算や人員を確保していなかったことにあった．また，対策の効果が出始めると，捕獲の手を緩めてしまったことも原因である．被害が減ると，捕獲に対する社会的要請も減るし，対策実施者のモチベーションも下がる．また，生息数が減ると，捕獲もむずかしくなり効率も落ちる．しかし，そこで対策の手を緩めると，ヌートリアは再び増殖し，被害が増加してしまう状況が繰り返された．

そのような経緯のなか，70年代にはヤール（Yare）川の30 km程度の範囲の地域で，専門的に雇用された3人のワナ猟師チームにより集中的に捕獲活動が行われ，6年間で地域的な根絶に成功した．この成功を受け，イギリス全土のヌートリアを根絶するために，必要な努力量が計算された．その結果をもとに予算が確保され，1980年に新たな組織がつくられ，24人のワナ猟師と3人の監督者による根絶プロジェクトが始まる．

大規模なプロジェクトの実施には，根絶までに必要な予算や労力の目途をしっかり立てておかないと，計画を策定し，社会的な合意を得ることはできない．その試算のためには，一定規模の試験的な事業を行い，その経緯のデータを収集して分析する必要がある．ヤール川での一定地域での根絶成功とその過程のデータ分析は，全体の根絶事業実施には必要不可欠であった．

また，プロジェクトによる根絶成功を確認する手段を明確に規定しておく

ことも必要である．このプロジェクトでは，最後のヌートリアの捕獲が確認された後，21カ月間，一定の捕獲努力や餌付けを続け，それでもヌートリアの捕獲や痕跡が見つからなかった時点で根絶成功と判断することとしたのである．1989年，最後のヌートリアが捕獲されてから21カ月間，なんの痕跡も見つからず，プロジェクトは成功裏に終了した．この成功には，平年より厳しい冬が3年連続で続いたという幸運もあったが，プロジェクトで個体数を下げていなければ，冬の寒さだけでは根絶は実現しなかったであろう．さらに，実施者のモチベーション維持向上のため，目標時期より早く根絶を達成した場合には，短縮期間に応じたボーナスが用意されるなど，従事者への保証にも工夫があった．

　このように，広く定着し，かつ何度も根絶事業に失敗した外来生物の最終的な根絶の成功には，根絶に必要な方針を立てたり，努力量を計算する根拠となった予備的な取り組みの成果が重要であった．予備的な試行とはいえ，地域的な根絶が実現可能な程度の一定規模以上の試みがなければ，有用な予備データは収集できない．この事例では，ヌートリア調査研究室の20年以上のデータ分析の積み重ねや，3万頭にもおよぶ捕獲個体の検死結果から，性比や出生率，胎子数などを調査し，根絶に必要な個体数変動のシミュレーションや必要な捕獲数，労力の推定が可能になった．イギリスでの根絶成功以来，現在では，統計解析やシミュレーションの技術も進歩している．また，対策の進んでいる地域では，捕獲に関するデータも収集・蓄積されつつある．日本においても，内外の多くの事例を参考に一定規模の体制とプロジェクトを立ち上げれば，より低コストで有益な推定とそれにもとづく有効な対策が可能になるであろう．

　また，何度かの捕獲事業による個体数や被害の軽減にもかかわらず根絶できなかったために，再び個体数も被害ももとに戻ってしまった経験は重要な教訓として作用したと考えられる．その教訓に従って，「根絶が確認できるまで捕獲努力を緩めない」という確固とした方針を打ち立て継続することが可能となったと考えられる．

## 7.8 対策の規模や手法を検討するシミュレーション

これまで見てきたように，ヌートリアの地域的な根絶は不可能ではない．また，生息可能な範囲が，水辺の周辺に限られることや，比較的捕獲しやすい動物であることから，狭い区域から排除することは，ほかの外来哺乳類と比べると比較的容易な動物種と考えられる．一方，旺盛な繁殖によって，環境条件が適した地域であれば，分布を拡大する能力も高い．とくに，広範囲にヌートリアが拡大してしまった地域においては，そのなかの限られた区域からヌートリアを排除できたとしても，再び侵入される可能性は高い．

兵庫県における過去の分布拡大のデータから，環境要因の違いも考慮してヌートリアの分布拡大の速度を割り出し，集落単位での根絶を行った場合の再侵入の過程をシミュレーションした結果がある（江草ほか，未発表）．これによると，やはり，すでに近隣にヌートリアが生息しているかどうかが，侵入を左右するもっとも重要な要因であった．環境要因では，ため池や河川の密度やヌートリアの利用可能な土地なども検討したが，統計的に有意な影響をおよぼすのは農耕地の割合や河川の勾配であった．おおざっぱにいえば，ヌートリアは，近隣から侵入してくるが，農耕地が多く河川の勾配が緩い地域はその速度が速いという結果である．

その結果をもとに，予測シミュレーションが可能になる．たとえば，兵庫県の約4000の集落のうち，ヌートリアが確認されている集落は，2005年の時点で1622集落であった．全県から100集落をランダムに選んで根絶させた場合と，特定の地域で集中して100集落で根絶させた場合，それから5年の間にそれぞれの集落にヌートリアが再び侵入してくる確率を計算し，比較してみることができる．全県からランダムに選んだ場合は，根絶しても近隣にヌートリアが生息しているため，5年以内に再侵入される可能性は平均で68.5%と非常に高くなった．一方，集中して根絶を実施した場合は，近隣の集落も同時に根絶されるため，集中して捕獲した地域の外側からしかヌートリアは侵入しない．そのため，一度ヌートリアを根絶した集落に，再び侵入する確率は平均で18.4%と低く抑えることができる．また，同じ地域で集中して根絶したとしても，根絶する集落が50集落では5年以内の再侵入の確率は30.0%，30集落では39.5%と高くなってしまう．これらの結果は，

地域的な根絶を目指す際も，できる限りまとまった地域で同時に根絶するほうが，その後の再侵入や増加の速度を抑えることができるということを示唆している．

ただし，これらの要因分析やシミュレーションの結果は，前提とする仮定や考慮する要因，モデルの設定の仕方に大きく左右される．現実の課題に適用しようとする場合は，その実施主体が責任を持って収集したデータを用いて，責任を持って必要な仮定やモデルを決めることが重要である．そして，実施主体が責任を持って分析結果を解釈し，意思決定をすることが必要である．また，必ず事業の実施にあたっては，その進行状況をモニタリングし，対策の効果や予測モデルの妥当性を検証しながら，データの更新やモデルの改善を行い，シミュレーションを修正していく必要もある．

## 7.9 今後の対策に向けて

ヌートリアは世界各国に広がり，農業被害や自然植生への被害を引き起こしているため，世界各国で被害対策が進められている．そのなかで，この章で見てきたように，根絶に成功した事例や被害が大幅に軽減された事例もある．しかし，そのための費用と労力が膨大なものとなっている．これまでの経緯から見て，日本の自然環境はヌートリアの生息に適していると考えられる．世界のいくつかの地域で見られたように，自然に減少し絶滅するということは考えられない．私たちが，私たちの生活に恩恵をもたらしてくれる固有の生態系と農業生産を守るためには，腰を据えた対策が必要になる．先行事例から，方法論や技術的な手法の多くはほぼ確立している．後は，対策のコストとベネフィットを検討し，大規模な対策を実施する社会的な判断ができるかどうかということになるだろう．まずは一定規模の計画的な対策を行い，必要な技術的データを収集しなければ，どの程度の規模の対策を強いられるのかは判断できない．

### 引用文献

Carter, J. 2010. Worldwide Distribution, Spread of, and Efforts to Eradicate the Nutria (*Myocastor coypus*). http://www.nwrc.usgs.gov/special/nutria/

index.htm

Deems, E. and D. Pursley. 1983. North American Furbearers：A Contemporary Reference. Intl. Assn. of Fish & Wildlife, Maryland.

Evans, J. and A. L. Ward. 1967. Secondary poisoning associated with anticoagulant-killed nutria. Journal of Ameican Veterinary Medical Association, 151：856-861.

Evans, J. 1970. About Nutria and their Control. U. S. Bureau of Sport Fisheries and Wildlife : for sale by the Supt. of Docs., U. S. Govt. Print. Off., Washington, Denver.

Evans, J. 1983. Nutria. Prevention and Control of Wildlife Damage, Editor RM Timm. Great Plains Agricultural Council, Wildlife Resource Committee, Nebraska.

Gosling, L. and S. Baker. 1989. The eradication of muskrats and coypus from Britain. Biological Journal of the Linnean Society, 38: 39-51.

Harper, D., K. Mavuti and S. Muchiri. 1990. Ecology and management of Lake Naivasha, Kenya, in relation to climatic change, alien species' introductions, and agricultural development. Environmental Conservation, 17: 328-336.

Jordan, J. and E. Mouton. 2010. Nutria Harvest and Distribution 2009-2010 and A Survey of Nutria Herbivory Damage in Coastal Louisiana in 2010. http://www.nutria.com/uploads/0910CNCPfinalreportB. pdf

環境省．2010．自然環境保全基礎調査動物分布調査——日本の動物分布図集．環境省自然環境局生物多様性センター，富士吉田市．

Lowery, G. and L. Life. 1974. The Mammals of Louisiana and its Adjacent Waters. Louisiana State University Press, Baton Rouge.

Lueth, E. 1949. The first year of nutria investigation on the Mobile Delta, pp. 98-104. in Proceedings of the annual conference, Southeastern Association of Game and Fish Commissioners, Vol. 3 by Southeastern Association of Game and Fish Commissioners New Orleans, Louisiana.

Meyer, J., N. Klemann and S. Halle. 2005. Diurnal activity patterns of coypu in an urban habitat. Acta Theriologica, 50：207-211.

Mitchell-Jones, A., G. Amori, W. Bogdanowicz, B. Krystufek, P. Reijnders, F. Spitzenberger, M. Stubbe, J. Thissen, V. Vohralik and J. Zima. 1999. The Atlas of European Mammals. Poyser Natural History, London.

三浦慎悟．1976．分布から見たヌートリアの帰化・定着，岡山県の場合．哺乳動物学雑誌，6：231-237．

三浦慎悟．1994．ヌートリア．（水産庁，編：日本の希少な水生生物に関する基礎資料）pp. 539-546．水産庁．

Schitoskey, Jr., F., J. Evans and G. LaVoie. 1972. Status and control of nutria in California, pp. 15-17. in Proceedings of the 5th Vertebrate Pest Conference by Rex E. Marsh Davis, California.

U.S. Fish and Wildlife Service. 2010. Nutria and Blackwater Refuge. http://www.fws.gov/blackwater/nutriafact.html#latest

U.S. Geological Survey. 2000. Nutria, Eating Louisiana's Coast. http://www.nwrc.usgs.gov/factshts/020-00.pdf

Woods, C., L. Contreras, G. Willner-Chapman and H. Whidden. 1992. *Myocastor coypus*. Mammalian Species, 398 : 1-8.

# 8
# クリハラリス
### 個体群動態のモデル

## 田村典子

　本章では，1930年代から各地で野生化し始めたクリハラリスについて，原産地での生態研究をもとに，日本での定着メカニズムや分布拡大予測を行う．また，その生態から予想される日本の生態系や人間生活への被害について言及する．最後に，これまで各地で行われてきた駆除など対策の実態についてまとめ，今後の課題を検討する．

## 8.1　原産地の分布と生態

### （1）　クリハラリスの種名

　クリハラリス *Callosciurus erythraeus* は，15種に分類されているタイワンリス属（ハイガシラリス属）の1種で，シッキム，ブータン，アッサムから中国南部，海南島，台湾，インドシナ南部，タイおよびマレー半島にかけて広く分布する（図 8.1；Corbet and Hill, 1992）．種名が示すとおり一般的には腹部は栗色（赤褐色），背部はオリーブブラウンの毛色であるが，地域変異が顕著である（図 8.2）．たとえば，台湾では中部から北部の個体群は，腹部が赤褐色あるいは腹部の中央に灰色の線が見られるが，南部の個体群は腹部がほとんど灰色で，ときおり四肢のつけ根が赤い個体が見られる（林・陳, 1999）．こうした毛色の違いはあるが，台湾に分布するクリハラリスは現在では1つの亜種 *C. e. erythraeus* とされている．*C. e. erythraeus* は台湾のほか，海南島，マレー半島，タイ，アッサム，シッキムおよび中国にかけて分布している．クリハラリスは毛色の違いなどから25亜種に分けられて

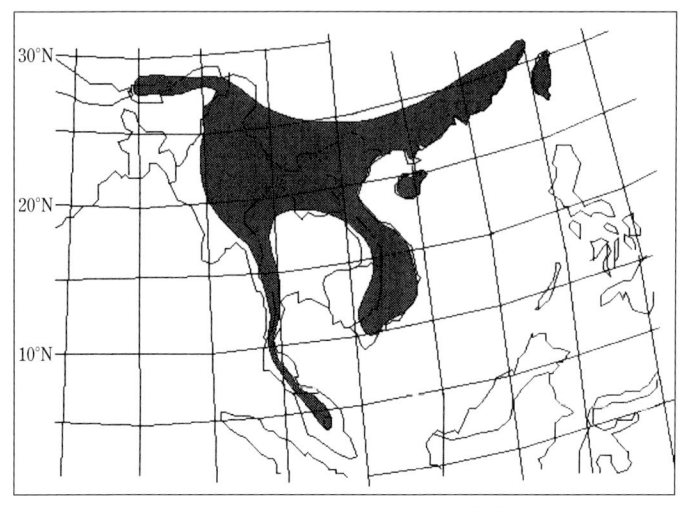

図 8.1 クリハラリス *Callosciurus erythraeus* の分布（Corbet and Hill, 1992 より改変）.

いるが（Wilson and Reeder, 2005），中間的な毛色の個体もあり，分類学的には今後もなお詳細な研究が必要である．

日本に導入されたクリハラリスは腹部の毛色が灰色または栗色であり，いずれも亜種 *C. e. erythraeus* に属する．これまで，このクリハラリスを日本ではタイワンリスと呼んできた．台湾から導入したケースが多いことから，台湾からのリスとしてタイワンリスが通称となっている．しかし，本書では *C. erythraeus* に対する和名であるクリハラリスを用いることにする．

### （2） 原産地の植生と餌利用

クリハラリスの分布の北限は北緯 30 度付近までであり，ほとんどの分布域は低緯度の熱帯モンスーン気候に属する．ただし，マレー半島では標高 1000 m 以上，ネパールや中国南部でも標高が高い地域に生息する．したがって，植生環境としては，熱帯あるいは亜熱帯の常緑広葉樹林のほか，落葉広葉樹林や針葉樹林の環境もその分布域には含まれている．台湾南部の自然林での調査によると，月平均気温は 20.4℃ から 27.8℃，降水量は乾期に 20 mm，雨期に 522 mm であり，気温の季節変化は少ないが，乾期と雨期で

図 8.2 クリハラリス Callosciurus erythraeus.

降水量の違いが顕著であった．調査地内に幅2m，長さ500mの植生調査区を設け，毎木調査をした結果，1000 $m^2$ のなかに43種の木本類が合計で493本確認された（Tamura et al., 1989）．同様の調査を神奈川県の山林においても行った．後述するが，神奈川県はクリハラリスが外来種として日本に定着した生息地の1つである．神奈川県では同じ面積に27種354本が確認され，原産地での樹種数に比べて少ない傾向が見られた．原産地台湾の森林に優占していた樹種は，アカギ Bischofia javanica，ムクイヌビワ Ficus cuspidata，オオバアカテツ Palaquium formosanum で，巨大な木が多くの果実を実らせていた．この3種で全体の49%の胸高断面積を占める．中下層にはリュウキュウガキ Diospyros maritima が多く，本数としては全体の38%を占めた．

　台湾南部の自然林でクリハラリスが餌として利用していることが確認された植物は30種におよんだ．アカギやリュウキュウガキの果実は9–12月に多く利用されたが，それ以外の時期にはオオバアカテツやムクイヌビワなどのイチジク科の果実が多く利用され，結果的には，1年中入れ替わり立ち替わ

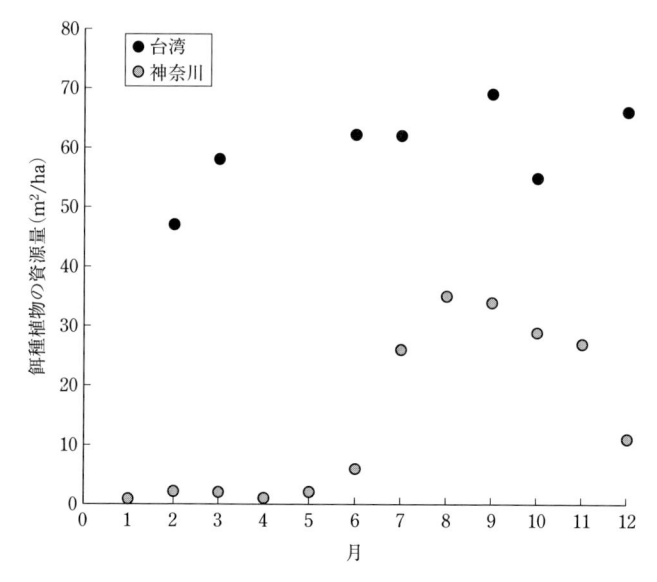

**図 8.3** 原産地台湾南部と神奈川県における餌種植物資源量の季節変化（Tamura *et al.*, 1989 より改変）．幅 2 m，長さ 500 m の区域において各月に結実するリスの採食種樹木の胸高断面積合計を計測し，餌として利用可能な資源の評価を行った．台湾での調査は 2, 3, 6, 7, 9, 10, 12 月の 7 カ月間，神奈川での調査は各月行った．

り，多様な種類の果実が利用可能な状態が続いた．前述した毎木調査区のなかで，各季節にリスが餌として果実を利用できる種類の相対量を比較してみると，図 8.3 のようになる．結実量そのものを調査できなかったので，大きな木ほど多くの果実をつけるものと仮定し，胸高断面積合計をその指標とした．この図を見ると，台湾南部ではリスが利用可能な餌植物の量はほとんど季節変化せず，つねに高い値を示していることがわかる．一方，日本の神奈川県でリスが餌として利用していた種類はやはり 31 種あったが，果実や種子をつける時期が秋に限定され，それ以外の季節には餌として利用できる植物の量が激減した．以上より，熱帯モンスーン気候の原産地でクリハラリスは，年間を通して結実する多様な果実を餌として利用していることが明らかになった．

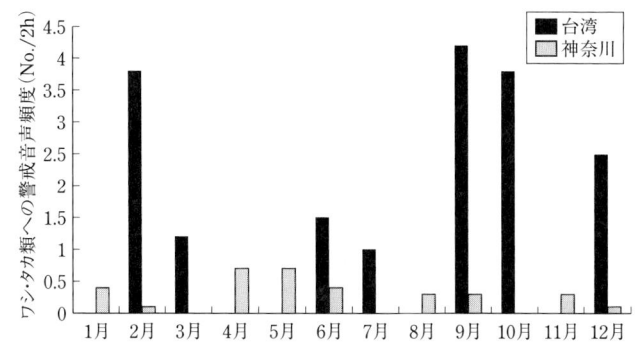

図 **8.4** ワシ・タカ類への警戒音声の頻度（Tamura *et al.*, 1989 より改変）．台湾南部と神奈川県で，朝のセンサス2時間あたりに聞こえるワシ・タカ類の警戒音声をカウントすることによって，捕食者との遭遇頻度を評価した．台湾での調査は 2, 3, 6, 7, 9, 10, 12 月の 7 カ月間，神奈川での調査は各月行った．

（3） 原産地での生活史，とくに捕食者との関係

　台湾南部では，生息個体数が1 ha あたり 6-7 個体である（Tamura *et al.*, 1989）．この密度は，日本の一般的な野生動物と比較すると，かなり大きな値である．クリハラリスはじめ，タイワンリス属のリスは東南アジア一帯では，普通に見られる野生動物である．台湾南部でも，もっとも多く見られる動物の1つである．前に述べたとおり，餌が豊富なので，これだけの生息密度が維持できるのであろう．しかし，クリハラリスは原産地の生態系のなかでは多くの捕食者の餌にもなっている．主要な捕食者はワシ・タカ類である．カンムリワシ *Spilornis cheela* などがクリハラリスを襲う場面を目撃する機会も多い．クリハラリスはワシ・タカ類が上空を飛ぶと，「ガッ」という警戒音声を発する．この声は，100 m 離れた場所からも聞こえるほど大きな声なので，センサス中，その声をカウントすることによって，リスとワシ・タカ類との遭遇頻度を推定することができる．クリハラリスがもっとも頻繁に活動する日の出直後2時間に聞こえたワシ・タカ類への警戒音声は，平均 2.7 回であった．とくに，秋から冬にかけて，台湾南部が渡りのルートとなっているサシバ *Butastur indicus* が飛来する時期には，2時間あたり4回前後の遭遇が推定された（図 8.4）．

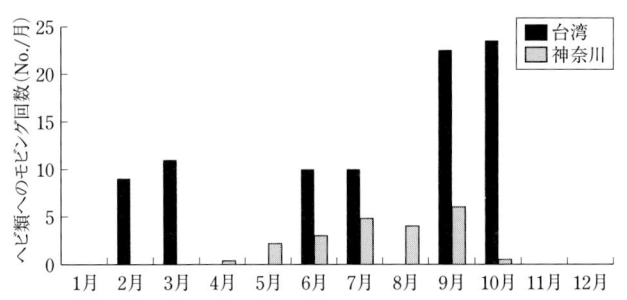

図 **8.5** ヘビ類へのモビングの頻度（Tamura *et al*., 1989 より改変）．台湾南部と神奈川で，ヘビ類へのモビングをカウントすることによって，ヘビとの遭遇頻度を評価した．台湾での調査は 2, 3, 6, 7, 9, 10, 12 月の 7 カ月間，神奈川での調査は各月行った．

巣のなかの子どもはいろいろな種類のヘビに捕食されている可能性がある．リスはヘビを見かけると，「チーチー」という声を出して威嚇する．その声を聞きつけると，ほかのリスが集まってきて，協同してヘビを威嚇する．この擬攻（モビング）は，タイワンハブ *Protobothrops mucrosquamatus*，アオハブ *Trimeresurus stejnegeri*，ヒャッポダ *Agkistrodon acutus*，タイワンスジオ *Elaphe taeniura* などに向けて行われていた．これらすべてのヘビ類が巣のなかの子リスをねらう捕食者であるかどうかは不明である．モビング行動はヘビが退却するまで続けられることが多く，ときには 1 時間以上続いた（Tamura, 1989）．台湾南部ではヘビの種数も個体数も多く，モビング行動は月に平均 12 回観察された（図 8.5）．

クリハラリスには特定の繁殖期はなく，1 年中交尾が観察される．同じメスが 1 年間に 3 回，子育てを行っていることも観察された．出産時の産子数は不明だが，巣立つ時期における子どもの数は 1 または 2 個体である（田村, 1990）．台湾南部でのクリハラリスの生残率は低い．オス 12 個体，メス 18 個体の標識個体について，それらが調査地内に定住していることが確認された期間は 6 カ月以内のケースがもっとも多く（オスで 58%，メスで 45%），1 年以上定住していた個体はオス，メスともわずか 33% であった（Tamura *et al.*, 1989）．同様に，外来種として定着した神奈川県のクリハラリスで調べた結果，6 カ月以内で消失した個体はオスで 46%，メスで 9%，1 年以上定着していた個体はオスで 44%，メスで 81% であった．したがって，クリハ

ラリスは原産地では，つねに豊富な餌が利用でき，1年中繁殖可能であるが，高い捕食圧にさらされ，生残率はそう高くないことが明らかになった．

## 8.2 導入の経緯と分布拡大

### (1) 日本への導入の歴史

日本でもっとも古くクリハラリスが野生化したのは東京都伊豆大島である．戦前，東海汽船がリスを台湾から購入し，1935年に泉津村の自然動物園で飼育されていた約30個体が逃亡した．このほか，元村動物園から逃亡したものや島民のペットが逃げたものなども混在しているらしい．1950年代には全島いたるところで見られるようになった（宇田川，1954）．伊豆大島で定着したクリハラリスは，1951年に神奈川県の江ノ島植物園に50個体が導入され，これもオリから逃げて，江ノ島で野生化した．これが，後に藤沢，鎌倉など神奈川県一帯に分布を広げていったという説と，戦前，鎌倉でペットとして飼われていたクリハラリスが逃げて鎌倉一帯で野生化したという説がある（小野，2001）．また，1954年には，約100個体のクリハラリスが伊豆大島から和歌山県友ヶ島へ導入された．4年後の1959年にはすでに友ヶ島全域に分布を広げた（Setoguchi, 1990）．1955年ごろ，大分県高島にも2-3つがいのクリハラリスが放され，その後，定着して全島に分布するに至っている．岐阜県金華山においても，1955年におそらく10個体以下のクリハラリスが放され，現在では市街地のなかの緑地で野生化している．1970年代には大阪城公園，姫路城，和歌山城公園，浜松城公園にもそれぞれクリハラリスが放され，それらが定着した．これらの公園ではいまのところ，市街地のなかの限られた緑地に分布がとどまっているが，今後，周囲の連続林に侵入していく可能性が危惧されている．

その後もクリハラリスの新たな生息地は増えていく．1980年代に入り，静岡県東伊豆町周辺で電話線の損傷による故障などクリハラリスによる被害が報告され始めた．伊豆半島の東側からしだいに南伊豆や伊豆半島中部方向へ分布を拡大中であり，伊豆半島の生態系や農産物への被害が指摘されている（伏見，1989）．長崎県五島列島の福江島や壱岐島においても，1980年代，

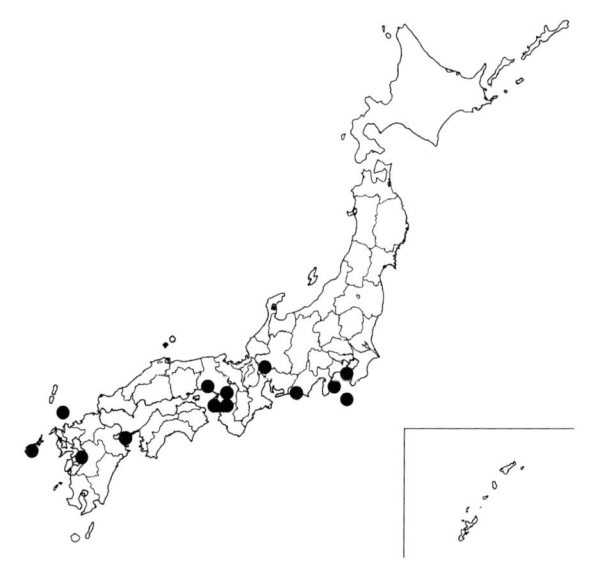

図 8.6 日本におけるクリハラリスの野生化した地域(黒丸:東京都伊豆大島,神奈川県湘南地域,静岡県東伊豆町,浜松市,岐阜県金華山,和歌山県和歌山城,友ヶ島,大阪府大阪城,兵庫県姫路城,大分県高島,長崎県壱岐島,福江島,熊本県宇土半島).

　観光リス園から逃亡したと考えられるクリハラリスが野生化し,分布を拡大中である.長崎県では駆除を行っており,生息範囲はいまのところ全島にはおよんでいない(鳥居ほか,2010).さらに 2008 年になって,新たな生息地が見つかった.熊本県宇土半島でクリハラリスが野生化し,ブドウや柑橘類などへの被害が出始めている(安田,2010).日本国内では以上,少なくとも 13 地域でクリハラリスが生息していることが明らかになっている(図8.6).さらに,2011 年に入って,東京都あきる野市や埼玉県入間市の緑地でクリハラリスの野生化が確認された.このような事例がほかでもまだ起こる可能性がある.

　日本に導入されたクリハラリスがすべて,台湾からのものであるというわけではない.記録によると,東京都伊豆大島,神奈川県江ノ島および和歌山県友ヶ島については台湾から導入されたもの,あるいはいったん導入した個体を移動し導入したものである.大阪城公園については中華民国青年会議所

が寄贈したものとされている（朝日，1983）．しかし，それ以外については，詳細な導入の記録はなく，日本国内からの導入であるのか，別の輸入経路で入ったのか，不明である．ミトコンドリア DNA コントロール領域の塩基配列多型にもとづき，これらの個体群の遺伝学的なグループ分けを行った結果，伊豆大島，東伊豆町，福江島などは台湾集団中に含まれた．しかし，浜松市の個体は台湾ではなく，中国大陸由来であると考えられ，しかも，近縁で別種のフィンレイソンリス *Callosciurus finlaysonii* か，これとクリハラリスとの交雑種の可能性もあり（押田，2007），今後の検討が必要である．

　クリハラリスは，日本以外の国でも，外来種として野生化している．1970年代にアルゼンチンのブエノスアイレスで，囲いで飼育されていたものが逃亡し，それらが定着した．2003年には 680 km$^2$ の範囲に分布が拡大し（Guichón and Fasola, 2005），さらに 2010 年には 1340 km$^2$ の範囲に達した（Benitez et al., 2010）．アルゼンチンでは，果物や林業などへの被害がある一方で，ペットや愛玩対象としてクリハラリスを受け入れている傾向もあり，さらに別の地域コルドバなどへの再導入も起こっていることから，今後さらなる分布拡大が心配されている．また，フランスのルカプ・アンティーブ（Le Cap d'Antibes）でも 1970 年代初頭に愛玩用として導入されたものが定着し，在来種キタリス *Sciurus vulgaris* との競合が危惧されている（Gurnell and Wauters, 1999）．2005 年には，ベルギーのダディゼールの公園にもクリハラリスが定着していることが明らかになった．2005 年からワナによる捕獲が開始され，翌年までに 200 個体以上が捕獲された（Stuyck et al., 2009）．このほか，イタリアのバレーゼやオランダのウェールトでも近年，クリハラリスの野生化が報告されている（Bertolino，私信）．

### （2）　分布拡大

　クリハラリスがどのように個体数を増加させ，分布拡大していったのかは，日本各地のそれぞれの分布地で状況が異なる．最初の導入（逃亡）個体数，森林の連続性（市街地か山林か），小さな島か本土か，駆除/放置/給餌などの人間の対応などさまざまな要因が，クリハラリスの分布拡大の速度にかかわっていることが予想される．

　まず，島嶼地域において，分布拡大の経過が多少なりとも記録されている

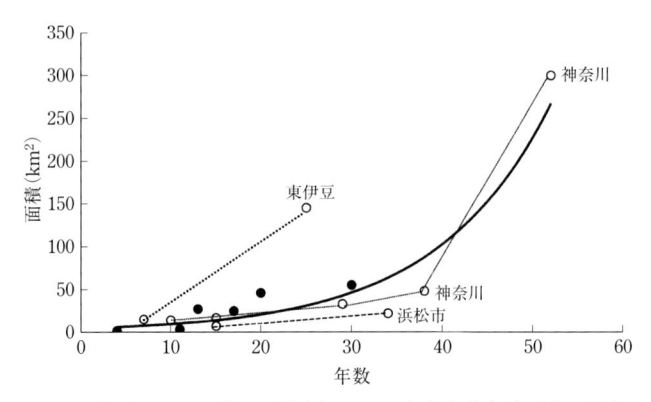

**図 8.7** 各地における導入（逃亡）からの年数と分布域面積．白丸は本土，黒丸は島嶼部を示す．太線は島嶼部の分布拡大の近似曲線である．

4件について見てみる．東京都伊豆大島では，逃亡から13年後には約27 km$^2$，30年後には火山によってできた砂漠地帯を除く全島55 km$^2$に分布がおよんでいる（宇田川，1954）．定着当初には駆除はまだほとんど行われなかった．長崎県福江島でも導入の11年後には3 km$^2$，15年後に17 km$^2$，17年後に25 km$^2$に森林被害面積が広がった（鮎川ほか，2005）．なお，福江島では導入の15年後以降2000個体近くの駆除を毎年行っている．和歌山県友ヶ島では100個体が導入された．わずか4年後には全島面積1.5 km$^2$に分布を拡大している（Setoguchi, 1990）．長崎県壱岐島では，逃亡から20年以内で島の北半分にあたる約46 km$^2$に分布を広げた（鳥居ほか，2010）．これらの島嶼間では導入頭数も，地域も，島の面積も，駆除の有無もそれぞれ異なるにもかかわらず，分布拡大の経過はほぼ同じ増加曲線上に乗る（図8.7）．

つぎに，本州の連続した地域における分布拡大状況を見てみる．調査が比較的よく行われている神奈川県では，分布域の面積は，導入から約10年後で14 km$^2$（木下，1989），30年後で33 km$^2$（Shoji and Obara, 1981），40年後で48 km$^2$（古内ほか，1990），50年後で300 km$^2$に達している（園田・田村，2003）．この間，駆除はごく少数で，むしろ餌付けなど，増加を促す行為も一部で行われていた．神奈川県では，最初の30年間，比較的自然度が

高い山林を中心に分布していたが，しだいに分布を拡大していくなかで，市街地や農地などの異なる環境に侵入していく．したがって，最近の分布域には，市街地などが多く含まれており，300 km$^2$ 全域に同じ密度でクリハラリスが生息しているわけではない．まったく生息していない地域を除くと実質的な分布面積は約 140 km$^2$ になる．静岡県浜松市については，逃亡した環境が市街地区域であったことから，15 年後で 7 km$^2$（伊東，私信），34 年後に 22 km$^2$（高野ほか，2005）と，比較的ゆっくりとしたペースで，しかし市街地を伝ってしだいに分布を拡大している．神奈川県の最近の傾向や浜松市の状況を合わせて考えると，市街地内のわずかな緑地でも分布の飛び石になり，周囲へ分布が広がっていく可能性がある．岐阜県金華山，姫路城，大阪城，和歌山城などほかの市街地分布地域でも，今後，分布が急激に広がる危険はある．個体数が少ないうちに早めに駆除することが賢明である．静岡県東伊豆町では，市街地ではなく農地や山林が続く絶好の生息地で 1980 年ごろから野生化が始まった．電話線や柑橘類への被害を出しつつ，温暖な海岸部を中心に生息範囲を広げ，7 年後には 15 km$^2$（伏見，1989），25 年後には 145 km$^2$ と早いペースで分布が拡大している（大橋・大場，2007；図 8.7）．島嶼部では島の面積が分布拡大の限界値になるのに対して，連続した分布地ではそのゴールがなく，今後，日本の生態系にさまざまな影響を与える可能性が危惧される．

（3） 個体数増加モデル

クリハラリスのオスは約 4 ha の行動圏をメスやほかのオスたちと重複させて暮らしているが，繁殖メスは，平均 0.7 ha の行動圏をたがいに排他的に持ち，モザイク的に分布している（Tamura *et al.*, 1988）．したがって，繁殖メスの個体数が増加するのと平行して，メスの分布面積が増加することが予想される．メスの個体数増加は $N=N_0 e^{rt}$ ……①で表される（$N_0$ は最初のメス数，$t$ は時間，$r$ は内的自然増加率）．メスが完全に排他的に生息すると仮定すると，メスの分布面積（$A$），メスの平均行動圏面積（$s$），メスの個体数（$N$）の関係は $A=sN$ ……②で表される．①と②の 2 つの式から $A=sN_0 e^{rt}$ が得られる．この式を対数変換すると，$\ln A = rt + \ln A_0$ という式が求められる．これは，時間にともなって一定の割合（内的自然増加率）で増

加する単純な一次式である．メスの分布面積はオスの分布面積と重なるので，これをクリハラリスの分布域と考えることにする．

このように分布面積の増加パターンを，密度効果がない単純な個体数増加によって説明するためには，内的自然増加率を知る必要がある．そこで，1982年から1988年の7年間，神奈川県の鎌倉市にある調査地3 haで捕獲したすべてのクリハラリスを個体識別し，繁殖状況や定住期間を調査した．調査地内で生まれたメス28個体，周囲で生まれ1歳までに移入してきたメス13個体を含めた41個体のメスの年間生残率，繁殖履歴を求めた．1歳までの生残率は0.70, 2歳までは0.49, 3歳までは0.28, 4歳までは0.02であり，5歳以上生きた個体はいなかった．以上の結果から，年齢別生残率 ($l_x$) を求めた．メスは1歳で成熟して繁殖を開始する．年間繁殖回数は平均1.2回 (0-3回)，離乳までに至った子の数は平均1.3頭 (1-2頭) であるため，1頭のメスが1年間に残すメスの子の数 ($m_x$) は0.78である．以上の値から内的自然増加率 $r$ を求めた結果，$r=0.089$ という値が得られた．この値を用いると，$\ln A = 0.089t + 0.693$ というモデル式が得られる（この際，1950年を0年とし，そのときに2 km$^2$ の区域で分布していたので，$A_0 = 0.693$ となる）．この式は，神奈川県での実際の分布拡大経過を近似する回帰式 $\ln A = 0.081 t + 1.135$ ($R^2 = 0.92$, $P < 0.01$) と近い値を示し，切片 ($1.135 \pm 0.772$) と傾き ($0.081 \pm 0.023$) はそれぞれ95％信頼限界に含まれた（図8.8）．したがって，神奈川県ではおおよそのところ，クリハラリスの分布拡大は密度効果がない個体数増加にともなって進んでいると考えられる（田村，2004）．今後もこのような増加パターンで指数関数的に分布域が増加していくとすれば，毎年増加分だけを駆除する現状維持でもたいへんな労力になる．

しかし，分布拡大速度は，内的自然増加率の大きさによって変わることが予想される．たとえば，餌環境が1年中良好であれば，年3回繁殖するメスが増える．上記の神奈川県で用いた1.2回繁殖の値と比べると，最大で2.5倍まで増加率があがることになる．また，連続した山林が続く環境では，若齢個体の生残率が神奈川県での値よりも高くなることも予想される．実際，東伊豆町では神奈川県よりも早いペースで分布拡大が進んでいることからも，地域の状況によっては個体数増加速度が異なると考えられる．

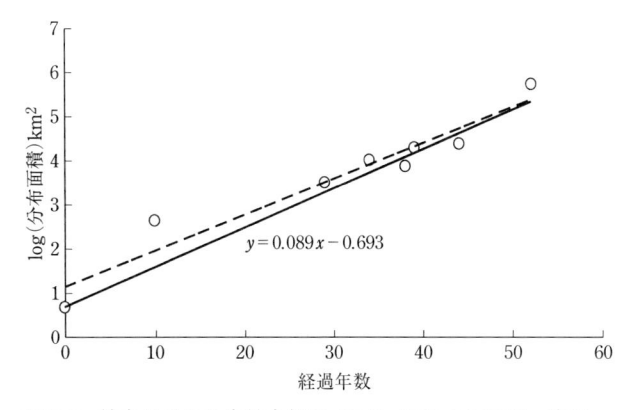

図 8.8　神奈川県の分布拡大経過（田村，2004 より改変）．実際の分布域は白丸および破線で示し，モデル式は実線で示した．

## 8.3　生態と在来種への影響

### （1）餌

　日本におけるクリハラリスの食性の研究は，伊豆大島（宇田川，1954；園田ほか，2001），神奈川県野毛山（尾崎，1986），和歌山県友ヶ島（朝日・渡辺，1967；Setoguchi, 1990），神奈川県鎌倉（Tamura et al., 1989）でそれぞれ行われてきた．クリハラリスはほかの樹上性リス類と同様，果実・種子を好むが，いずれの地域においても，新芽や葉，花弁や花蜜，樹皮や樹液，昆虫類，キノコ類など多様なものを食べる．特筆すべき点は，樹皮・樹液食や動物食への依存度が意外と高いということである．特定の樹木の樹皮を剝いで樹液を舐める傾向があるため，個体数が多いところでは，しばしば樹木が枯死する程度にまで剝皮される（図 8.9，図 8.10）．原産地の台湾でも，植林地では樹皮剝離が問題になっている（Wang and Kuo, 1980）．日本では自然林においても（瀬戸口，1984），ヒノキ造林地においても（鳥居，1993），樹皮剝離が問題になっている．神奈川県の混交林で樹皮を採集し，成分を調べた結果，剝皮される木はされない木に比べて糖分が多く含まれていたが，タンニンなどの忌避成分の影響は明確ではなかった（Tamura and Ohara, 2005）．樹液に含まれる糖分は，ほかの餌が少ない冬から春にかけて，クリ

図 8.9 樹皮剝離をするクリハラリス (撮影:山本成三).

ハラリスの重要な餌となっている (篠原, 1999). 一方, 定量化はむずかしいが, 動物食への依存度もかなり高い. キイロスズメバチ *Vespa simillima* の巣を襲う事例 (清水・中村, 2003) やメジロ *Zosterops japonica* の食卵行動 (東, 1998) も報告されている.

　クリハラリスの生息密度は神奈川県でも1haあたり5-7頭で, かなり高い (Tamura *et al.*, 1989). したがって上記のような食性は, 日本在来の生態系へ少なからず影響することが予想される. 樹木の枯損が激しい場合, 頻繁に幹折れや落枝が起こり, 森林環境の変化も引き起こされるだろう. 鳥類の卵を捕食する習性があるため, ある種の鳥類の個体数は減少する可能性があるだろう. 日本固有の在来種ニホンリス *Sciurus lis* と競合することも予想される. ニホンリスが好んで利用するマツ類の種子やオニグルミ核果は, クリハラリスも利用する. ニホンリスが冬越しのために貯食した食べものを盗まれる可能性もある. ニホンリスはクリハラリスと異なり, 多様な種類の餌を利用する習性を持たず, オニグルミやマツ類に強く依存して生活しているため (矢竹・田村, 2001), これらの食物がクリハラリスによって消費さ

図 8.10 樹液を舐めるための特徴的な環状食痕.

れると，生息に影響することが予想される．

(2) 巣

クリハラリスは枝や樹皮でつくった球状巣をもっとも頻繁に利用するが，樹洞，巣箱，地上の岩の割れ目，人家の戸袋なども利用することが知られている（図 8.11; Setoguchi, 1991; 藤田ほか，1999; 小野，2001）．

和歌山県友ヶ島の調査では，ヤマモモ *Myrica rubra* など常緑広葉樹に巣をかけることが多い（Setoguchi, 1991）．神奈川県横浜市においても，営巣木としてスダジイ *Castanopsis cuspidata* がもっとも多く利用されていた（大久保ほか，2005）．とはいえ，針葉樹や落葉広葉樹にも球状巣が確認されている．球状巣の構造を調べてみると，樹上性リス類の巣では基本と考えられる外層と内層の二重構造（あるいは外層/中層/内層の三重構造）が見られる．とくに，気温の低い日本の冬には，クリハラリスは 1 日の大半を巣内で過ごすため，保温効果のある内層巣材の果たす役割は大きい．内層として利

図 8.11　人家の戸袋に穴をあける生活被害.

用されるのは，スギやヒノキなどの針葉樹の樹皮を細かく裂いてまとめたものである（図8.12；大久保ほか，2005）．これによって，造林地では樹皮剥離の被害が出る．在来種ニホンリスが巣をかけるのも常緑高木であることが多く（矢竹・田村，2001），同じ地域に生息した場合，巣をかける木について競合する可能性がある．

　また，クリハラリスは樹洞も利用する．入口が小さな樹洞や巣箱でも，穴を削って大きくして利用する．限られた資源である樹洞を利用する動物は日本の森林には数多く，そうした野生鳥獣への影響が予想される．たとえば，ニホンリスのほか，ムササビ，モモンガ，ヒメネズミ，ヤマネ，コウモリ類，カラ類，キツツキ類，ブッポウソウ，フクロウ類などの休息や繁殖場所として，樹洞は欠かすことができない（佐野ほか，2004）．個体数密度が高いクリハラリスによって，こうした樹洞がつぎつぎと占拠されることになれば，これらの動物たちの生息にも影響することになるだろう．

図 8.12 クリハラリスの球状巣.

## 8.4 被害と対策

### （1） 農林業への被害

　クリハラリスが林業に被害を与えることは，原産地でも重大な問題として古くから研究されてきた（Wang and Kuo, 1980 など）．単一あるいは限られた樹種で構成される造林地では，クリハラリスの餌は限られ，その場合，リスは針葉樹の内樹皮を餌として利用することもある．しかし，一般的には餌の乏しい針葉樹造林地のなかよりは混交林と隣接した造林地に生息することが多い．ここでは，リスは食べものを混交林の多様な樹種に求め，針葉樹の樹皮はおもに巣材の内層として利用する．被害と林齢との関係については，10年生までの若い造林地で被害率が高く，20年生以降ではしだいに被害率が下がる傾向がある（鳥居ほか，2010）．したがって，クリハラリスが侵入した地域での新たな造林はむずかしい．造林木被害への対策は，駆除による個体数コントロールがもっとも効果的であるが，リスが生息しにくい環境を

つくることも必要である．クリハラリスは鬱蒼と茂った環境を好んで利用するので，間伐によって林内を開けた状態にし，下層植生をきれいに刈り払い，下枝を落として樹上移動しにくくするなど造林作業によって，リスが生息しにくい環境をつくりだすことができる（Kuo, 1991）．逆に，多様な種類の下層木が繁茂し，下枝が混み合った複雑な林内環境がつくられているような放置された造林地は，クリハラリス増殖の温床となってしまう．

　シイタケ栽培にも，被害が報告されている．神奈川県三浦半島では，シイタケのほだ木がクリハラリスによって荒らされ，シイタケを食害されている．在来のニホンリスもシイタケのほだ木を荒らすことが報告されているが，地域性があり，全国的な被害にはおよんでいない（藤下ほか，1998）．ニホンリスは一般に個体数密度が低く，とくに関東以西の地域では絶滅の危機に瀕している個体群もある．一方，クリハラリスは個体数密度が高くなるので，分布域では甚大な被害が予想される．静岡県や九州各地などの分布域でもシイタケ栽培がさかんに行われているため，今後被害が増えることが懸念される．

　柑橘類，ブドウ，ビワなどの果樹への被害は東京都伊豆大島，神奈川県三浦半島，静岡県東伊豆町，浜松市，長崎県壱岐島，福江島，熊本県宇土半島でそれぞれ報告されている（図8.13）．クリハラリスはもともと果実を好んで利用するため，こうした果樹への食害は避けられない．リス類は通常，1個の果実を最後まで食べず，途中で止めて，別の果実にとりかかるという採食行動を示すために，生息個体数や体サイズから予想されるよりも，被害総数は多くなる．伊豆大島ではこのほか，特産のツバキの種子を食害する．ツバキの種子は油分が多く，クリハラリスは実が緑色の未熟な時期から種子がはぜて落下する冬まで，ほぼ1年中利用する（園田ほか，2001）．伊豆大島では，リスによってツバキ油の生産量が大きく減少した．これらの果樹類被害への対策は，これまで述べてきたものと同様，駆除による個体数管理が有効であるが，実際，どれだけの個体数まで下げれば被害がどの程度までなくなるのかといったデータはまだない．リスにとって，これらの果実は好物であるから，かなり密度を下げても依然，餌場として訪れることも予想される．柵で囲ったり，できるだけ立ち入りにくい環境をつくる努力も同時に必要であろう．林内から連続的に侵入できる場所は，頻繁に被害を受けるが，開け

図 8.13　クリハラリスによる柑橘類の食害（撮影：鎌倉市環境部環境保全課）．

た場所に孤立した果樹園は被害を受けにくい．

　クリハラリスは樹上性のリスであるため，開けた地面におりることを躊躇する．できるだけ，安全な茂った森の樹上にいることを好む．しかし，最近では畑へも出てきて，ダイコン，キャベツ，ホウレンソウ，スイカなどの農作物を食べることがある（図 8.14）．とくに山林のなかに点在する畑は格好の餌場となってしまう．三浦半島では，こうした被害が報告されるようになり，被害総額も年々増加する状況である．木材や果樹のみならず畑作への被害も考慮しなくてはならないとなると，今後，分布が拡大していくにつれて，各地でいろいろな問題を引き起こすことが予想される．そうした畑作への被害に対して，どのような対策があるのか，まだわかっていない．ただ，出荷しなかった野菜類を畑に残しておいたり，まとめて捨てておくと，野生動物がそこを餌場として利用するのは避けられない．農作物の処理などを徹底する必要がある．

図 8.14 クリハラリスによるダイコンの食害（撮影：鎌倉市環境部環境保全課）.

（2） 生活被害

　これまで分布していなかった地域でクリハラリスの生息が気づかれる発端は，電話線が齧られ，不通になるという苦情に始まることが多い．それまで，なんとなくリスがいるらしいと思っていたとしても，行政があらためてクリハラリスの存在を認識するのは，こうした生活被害の苦情から始まるようである．東京都伊豆大島，神奈川県鎌倉市，静岡県東伊豆町，浜松市，最近では熊本県宇土半島でも電話線の被害は新聞沙汰になった．伊豆大島では全島の電話ケーブルを鋼帯入りのものに張り替え，端子函は金網で覆った．東伊豆町でも総延長 23 km に剝離被害が生じ，被害金額は 1 億円を超えたため，16 km の長さを鋼帯ケーブルに張り替えた（伏見，1989）．電話線はクリハラリスの移動通路となっているので，電話線付近の樹木の枝を払うなど，移動路として利用されないようにすることも被害軽減に役立つ．
　神奈川県鎌倉市では木造の住宅や社寺などで，戸袋や軒，押し入れなどに穴をあけてすみ着く事例が見られた．この場合，リスによって建造物が破損

されるという問題だけではなく，リスの糞や尿が家のなかに残されるなどの衛生上の問題も指摘されている．日本に野生化したクリハラリスには外部寄生虫として，ノミの一種 *Ceratophyllus anisus*，シラミの一種 *Neohaematopinus callosciuri*，ダニの一種 *Haemaphysalis flava* が付着していることが報告されている（Shinozaki *et al.*, 2004a, 2004b）．このうち，ノミは日本，台湾，中国でネズミ類やネコなどに広く寄生する種類である．ダニは，日本や台湾に分布し，幼ダニのステージでは小中型哺乳類や鳥類に寄生し，成ダニのステージでは家畜や小中型哺乳類に寄生することが知られている．シラミの *N. callosciuri* は，日本で初めてクリハラリスにおいて寄生が確認された．クリハラリスの侵入にともなって日本へ侵入した可能性が高い．野生動物では，こうした外部寄生虫の付着は一般的であるが，人間との接点が多いクリハラリスではとくに注意が必要である．人家への侵入はできるだけ防ぐべきである．クリハラリスが侵入しやすい戸袋は侵入口をふさぎ，古くなった屋根裏や軒などの隙間は補修して，クリハラリスを誘引しないようにする必要がある．

また，内部寄生虫としては，東京都伊豆大島や長崎県福江島で捕獲されたクリハラリスの小腸から毛様線虫の一種 *Brevistriata callosciuri* と糞線虫の一種 *Strongyloides* sp., 胃から Kathlanidae に類似の線虫が見つかっている（松立ほか，2003；浅川，2005）．*B. callosciuri* は東南アジア一帯のリス類に多く見られるが，日本の伊豆大島や福江島のアカネズミには寄生していない．クリハラリスとともに侵入し，宿主域を広げていない状況であると考えられる．糞線虫 *Strongyloides* 属には，人や家畜に病原性の強い種もあるので，今後，詳細な研究を行う必要性がある．しかし，そうした危険を未然に防ぐためにも，人家周辺のクリハラリスの糞，尿などの処理や衛生管理は徹底すべきである．

（3） 対策事例

実際に，これまでに行われてきた対策事例のいくつかを紹介することにしよう．最初にクリハラリスが導入された東京都伊豆大島では，野生化して約35年経った1970年から本格的な捕獲を実施し始めた．その後，狩猟者による捕獲と有害鳥獣駆除を合わせて毎年3000頭前後のリスが捕獲され，行政

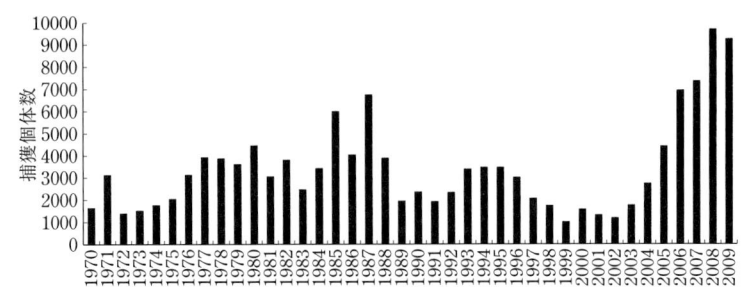

**図 8.15** 伊豆大島におけるクリハラリスの捕獲数（大島支庁提供）．

がその買い取りを継続してきた（図 8.15）．しかし，伊豆大島においてもっとも注目されているツバキ油の生産量は，好転の兆しを見せていない．もちろん，ツバキ油の生産量自体に年変動もあり，また需要の変化もあるため，リスの被害だけが要因となっているとは限らない．とはいえ，被害報告書によると，収穫量の約 10% にあたる約 50 万円程度の被害額が推定されている．50 年間もの長期間，リスを捕獲しているのに，めだった効果が出ていない理由は，リスの個体数増加が毎年の捕獲数を上回っているか，少なくとも均衡しているということである．

　伊豆大島全体のクリハラリスの生息数を推定することは困難だが，一定範囲の生息密度を求め，それに生息可能な森林面積をかけ合わせて，およその総数を算出した試みがある（寺内，1987）．伊豆大島東部における 1980 年代の標識調査で，生息密度は 15 頭/ha という値が得られた．これに生息可能面積の 5450 ha を乗じて，全島で約 8 万頭のリスが生息していると推定された．個体数増加率を鎌倉で求めた値と同様と仮定し，9% として計算すると，このときの生息数で年間約 7000 頭ずつ増加することになる．生息密度を調べた東部地域は，島内のほかの地域に比べて生息数が多い場所であったので，この数値はやや過大評価の傾向はある．また，個体数増加率は伊豆大島と鎌倉で異なるはずである．それでも，毎年捕獲している 3000 頭程度では，おそらく個体数の減少を実感できるレベルではないことは明らかである．伊豆大島では，クリハラリスの駆除に対する住民の意識が高まったことから，2008 年度から行政が捕獲器を無償で貸し出し，住民による捕獲作業への協力を呼びかけた．その結果，2008 年度以降約 1 万頭の捕獲数が達成された．

これだけ捕獲すると，リスの減少をしだいに実感する声も聞かれる．今後も集中的な捕獲を継続できる体制をつくるとともに，その効果をモニタリングしていく必要がある．

一方，もっとも最近になって野生化が確認された熊本県宇土半島では，迅速な対応が実現している（安田，2010）．聞き取り調査では，1990年代終わりには宇土半島西部ですでに野生化が始まっていたと考えられるが，2008年11月，交通事故死体を回収した熊本県立西高等学校生物部によって報告されたものが最初の記録である．2010年3月の時点で目撃や痕跡の分布から，生息範囲は約 $25\,\mathrm{km}^2$ と報告された（天野ほか，2010）．熊本県宇土半島は柑橘類やブドウなどの果樹が主要な産物であり，クリハラリスの農産物に与える被害は深刻な問題となることが予想された．また，今後，半島部にとどまらず九州全土に広がった場合の農林業被害は計り知れない．

2009年9月には県主催のクリハラリス対策学習会が催され，行政，地元農家，猟友会，有識者らによって今後の対応を議論した．そこでは，行政が主体となりつつも，有識者，農家，捕獲従事者含めすべての住民が協力体制をとるという方向性が出された（安田，2010）．2010年1月に日本哺乳類学会から熊本県知事，環境大臣，農林水産大臣に要望書を提出し，早期対策による根絶を目指した予算措置を求めた．2010年の4月から本格的な特定外来生物の防除として防除活動が開始され，捕獲器の貸し出し，捕獲への報奨金支払いが行われる体制が整った．5月には連絡協議会が発足，防除活動を住民へ啓発・普及するための活動が始まった．そして，2010年11月までに2000頭を超える捕獲数を実現した．分布のモニタリングや被害情報の収集，捕獲体制の整備や捕獲努力，防除計画のための繁殖データ収集などの諸活動が，報告後わずか2年のうちに迅速に進められた事例は，これまでにない．それが可能となった背景には，研究者，高校生物部による調査，果樹生産者や猟友会など捕獲従事者の努力，行政関係者による体制整備，マスコミによる啓発活動，住民の情報提供など関係者間での緊密な連携があったからである（安田・天野，2011）．こうした早期対策が根絶の成功につながるように，今後も，状況に応じた防除の継続が期待される．

クリハラリスはかわいい動物であるという印象のため，これまでも外来種としてのさまざまな問題に目をつぶり，むしろ観光のため，愛玩のためとい

って導入，誘致され，対策が遅れてきた過去がある．これは日本だけではなく，海外での外来リス対策に共通する問題点である．しかし，生態系への被害，農林業への被害，そして，身近な生活への被害がしだいに明らかになり始めている．また，人々が被害を訴える時点ではすでに個体数が多くなりすぎ，対策が困難になってしまう．動物愛護の観点から見ても，対策が遅れるほど犠牲になるリスの個体数は増加することを念頭に入れておかなければならない．上記の事例のように，防除対策を成功させるためには，地域住民の理解と協力は欠かすことができない．外来種クリハラリスについて，これまでに明らかになってきた被害や問題を伝えることによって，正しい判断，早めの対策を広めていかなければならない．

クリハラリスは特定外来生物に指定されたため，今後，新たに導入される心配はなくなった．すでに飼育している施設で，逃亡しないように注意すること，すでに野生化しているところで分布拡大を抑えていくことが，今後の課題となる．野生化してまもない地域や市街地のなかで孤立した分布をしている地域では，早めに根絶を目指して駆除を実施していく必要があるだろう．すでに広範囲に分布を広げてしまった地域，高密度で生息している地域でも，分布拡大を少しでも抑えたり，個体数を減らすことによって農林業や生態系への影響を軽減していくための努力が必要である．

### 引用文献

天野守哉・吉村聖・船本翔・武元祐助・亀崎頌・藤本峻哉・松浦祐樹・秋山剛樹．2010．熊本県宇土半島におけるクリハラリス *Callosciurus erythraeus* の生息状況と生態．熊本野生生物研究会誌，No. 6：13-22.

朝日稔．1983．日本で分布をひろげた哺乳類．動物と自然，13：2-8.

朝日稔・渡辺節子．1967．友が島のタイワンリス．IV 胃の内容．哺乳動物学雑誌，3：152-157.

浅川満彦．2005．外来種介在により陸上脊椎動物と蠕虫との関係はどうなったのか？——外来種問題を扱うための宿主-寄生体関係の類型化．保全生態学研究，10：173-183.

鮎川かおり・前田一・久林高市．2005．タイワンリスによる森林被害と対策——長崎県五島列島福江島の事例．森林防疫，54：115-121.

東陽一．1998．タイワンリスによるメジロの卵の捕食．Strix, 16：175-176.

Benitez, V. V., A. C. Gozzi, M. Borgnia, S. Almada Chavez, M. L. Messetta, G. Clos and M. L. Guichon. 2010. La ardilla de vientre rojo en Argentina. *In* (GEIB Grupo Especialista en Invasiones Biologicas, ed.) Invasiones Biologicas. pp. 255-260. Leon, Espana.

Corbet, G. B. and J. E. Hill. 1992. The Mammals of the Indomalayan Region：A Systematic Review. Natural History Museum Publications, Oxford University Press, New York.

藤下章男・大場孝裕・鳥居春巳．1998．椎茸ほだ木を加害するニホンリス．森林防疫，47：168-172．

藤田薫・東陽一・中里直幹・古南幸弘・大屋親雄．1999．横浜自然観察の森における13年間にわたるタイワンリスの個体数変化．BINOS, 6：15-20．

古内昭五郎・荒井和俊・鈴木一子．1990．神奈川県におけるリス類（ムササビ・ニホンリス・タイワンリス）の生息状況について（2）．神奈川県立自然保護センター報告，7：127-134．

伏見裕之．1989．東伊豆町におけるタイワンリス被害対策．森林防疫，38：15-18．

Guichón, M. L. and M. B. L. Fasola. 2005. Expansion poblacional de una especie introducida en la Argentina：La ardilla de vientre rojo *Callosciurus erythraeus*. Mastozoologia Neotropical, 12：189-197.

Gurnell, J. and L. Wauters. 1999. *Callosciurus erythraeus. In*（Mitchell-Jones, A. J., W. Bogdanowicz, B. Krystufek, P. J. H. Reijnders, F. Spitzenberger, M. Stubbe, J. B. M. Thissen, V. Vohralik and J. Zima, eds.）The Atlas of European Mammals. pp. 182-183. Poyser Natural History, Academic Press, London.

木下節子．1989．外来種台湾リスは何故鎌倉で分布を広げることができたのか．トヨタ財団第5回研究コンクール奨励研究報告書．

Kuo, P. C. 1991. Damages and Control of Squirrels in Taiwan. Council of Agriculture in Cooperation with Department of Forestry National University Taiwan, Taipei.

松立大史・三好康子・田村典子・村田浩一・丸山総一・木村順平・野上貞雄・前田喜四雄・福本幸夫・赤迫良一・浅川満彦．2003．我が国に定着した2種の外来齧歯類（タイワンリス *Callosciurus erythraeus* およびヌートリア *Myocastor coypus*）の寄生蠕虫類に関する調査．野生動物医学会誌，8：63-67．

小野衛．2001．鎌倉のタイワンリス．かながわの自然，63：12-13．

押田龍夫．2007．日本に持ち込まれた外来リス類の分子系統学的研究．生物科学，58：229-232．

大橋正孝・大場孝裕．2007．伊豆半島東海岸におけるタイワンリスの分布拡大．静岡県産業部農林水産関係試験研究成果情報，2007：102-103．

大久保未来・田村典子・勝木俊雄．2005．神奈川県における外来種クリハラリス（*Callosciurus erythraeus*）の巣場所選択と巣材．森林野生動物研究会誌，31：5-10．

尾崎研一．1986．タイワンリスの食物と採食行動．哺乳動物学雑誌，11：165-172．

林良恭・陳彦君．1999．腹部毛色の特徴に基づいたタイワンリス *Callosciurus erythraeus* の分類学的検討について．哺乳類科学，39：189-191．

佐野明・水野昌彦・繁田真由美（編）．2004．樹洞は誰のもの？ （樹洞シンポジウム報告集） pp. 1-58. 樹洞シンポジウム実行委員会，東京．
瀬戸口美恵子．1984．友ヶ島に移入されたタイワンリスの植生への影響について．（関西自然保護機構，編：友ヶ島学術調査） pp. 79-91. 氷川書房，東京．
Setoguchi, M. 1990. Food habits of red-bellied tree squirrels on a small island in Japan. Journal of Mammalogy, 71：570-578.
Setoguchi, M. 1991. Nest-site selection and nest-building behavior of red-bellied tree squirrels on Tomogashima Island, Japan. Journal of Mammalogy, 72：163-170.
清水順士・中村一恵．2003．タイワンリスがキイロスズメバチの巣を襲った．神奈川県自然誌資料，24：69-70．
篠原由紀子．1999．タイワンリスに樹皮食いされた樹木．BINOS, 6：21-26.
Shinosaki, Y., T. Shiibashi, K. Yoshizawa, K. Murata, J. Kimura, S. Maruyama, Y. Hayama, H. Yoshida and S. Nogami. 2004a. Ectoparasites of the Pallas squirrel, *Callosciurus erythraeus* introduced to Japan. Medical and Veterinary Entomology, 18：61-63.
Shinozaki, Y., K. Yoshizawa, K. Murata, T. Shiibashi, J. Kimura, S. Maruyama, Y. Hayama, H. Yoshida and S. Nogami. 2004b. The first record of suckling louse, *Neohaematopinus callosciuri*, infesting Pallas squirrels in Japan. Journal of Veterinary and Medical Science, 66：333-335.
Shoji, T. and H. Obara. 1981. The movements of Formosan golden-backed squirrel in the urban environment. Chiba Bay-Coast Cities Project, 3：103-105.
園田陽一・木崎卓平・倉本宣・田村典子．2001．伊豆大島におけるタイワンリス（*Callosciurus erythraeus thaiwanensis*）の食性について．明治大学農学部研究報告，129/130：31-38.
園田陽一・田村典子．2003．神奈川県における土地利用とリス類3種（ムササビ・ニホンリス・タイワンリス）の環境選択性．神奈川県自然環境保全センター，2：13-17.
Stuyck, J., K. Baert, P. Breyne and T. Adriaens. 2009. Invasion history and control of a Pallas squirrel *Callosciurus erythraeus* population in Dadizele, Belgium. Proceedings of the Science Facing Aliens Conference, Brussels. 11th May 2009, Poster 6. (Instituut voor Natuur-en Bosonderzoek Kliniekstraat 25)
高野彩子・鳥居春巳・藤森文臣．2005．静岡県浜松市の市街地に生息するタイワンリスの管理を目指して．リスとムササビ，17：6-8．
Tamura, N. 1989. Snake-directed mobbing by the Formosan squirrel *Callosciurus erythraeus thaiwanensis*. Behavioral Ecology and Sociobiology, 24：175-180.
田村典子．1990．タイワンリスの原産地と帰化地における社会構造変異．個体群生態学会報，46：36-42．
田村典子．2004．神奈川県における外来種タイワンリスの個体数増加と分布拡大．保全生態学研究，9：37-44．

Tamura, N., F. Hayashi and K. Miyashita. 1988. Dominance hierarchy and mating behavior of the Formosan squirrel, *Callosciurus erythraeus thaiwanensis*. Journal of Mammalogy, 69：320–331.

Tamura, N., F. Hayashi and K. Miyashita. 1989. Spacing and kinship in the Formosan squirrel living in different habitats. Oecologia, 79：344–352.

Tamura, N. and S. Ohara. 2005. Chemical components of hardwood barks striped by the alien squirrel, *Callosciurus erythraeus*, in Japan. Journal of Forest Research, 11：1–5.

寺内まどか．1987．伊豆大島におけるタイワンリスの基本生態およびその適正管理に関する考察．筑波大学大学院環境科学研究科修士論文．

鳥居春巳．1993．タイワンリスによるヒノキ被害．静岡県林業技術センター研究報告，21：1-7.

鳥居春巳・小寺裕二・高野彩子．2010．壱岐におけるクリハラリスによる造林木被害．リスとムササビ，24：14-18.

宇田川龍男．1954．伊豆大島におけるタイワンリスの生態と駆除．林業試験場研究報告，67：93-102.

Wang, T. D. and P. C. Kuo. 1980. Squirrel damage to economic forests in Taiwan. National Science Council Monthly R. O. C., 8：527–550.

Wilson, D. E. and D. E. M. Reeder. 2005. Mammal Species of the World：A Taxonomic and Geographic Reference. Johns Hopkins University Press, Baltimore.

安田雅俊．2010．熊本県宇土半島で野生化したクリハラリス．リスとムササビ，24：2-6.

安田雅俊・天野守哉．2011．熊本県宇土半島におけるクリハラリスの防除活動について．リスとムササビ，26：26-27.

矢竹一穂・田村典子．2001．ニホンリスの保全ガイドラインつくりに向けて．III ニホンリスの保全に関わる生態．哺乳類科学，41：149–157.

# 9
# シベリアイタチ
### 国内外来種とはなにか

## 佐々木浩

　シベリアイタチ *Mustela sibirica* は東アジアに広く分布する種であるが，日本では対馬にのみ自然分布し，現在，西日本に広く分布している個体は国内外来種ということになる．西日本では固有種であるニホンイタチ *Mustela itatsi* が分布しているところにシベリアイタチが侵入したことになり，両種の関係が問題となっている．体が大きく分布を一気に広げたシベリアイタチがニホンイタチを駆逐しているという考えが一般的であるが，その実態は明らかになっていなかった．本章では，被害問題や外来シベリアイタチと在来ニホンイタチの競合関係を明らかにし，シベリアイタチへの対応を考える．

## 9.1　シベリアイタチとは

（1）分類と形態

　シベリアイタチ（図 9.1）は，北はロシアのウラル山脈の西側からシベリア，中国にかけて，南はパキスタンからタイ，ベトナムまで広く分布している種である（Sasaki, 2009）．タクラマカン砂漠やゴビ砂漠の乾燥地帯には分布していない．朝鮮半島，済州島および対馬に分布するシベリアイタチは，チョウセンイタチ *Mustela sibirica coreana* という亜種にされており，この亜種和名を名称として使う場合も多い．また，以前は，ユーラシア大陸に分布するということでタイリクイタチや，対馬の別称である対州からタイシュウイタチなども名称として用いられた．

　シベリアイタチは国内では対馬にのみ自然分布し（今泉，1970），「2007

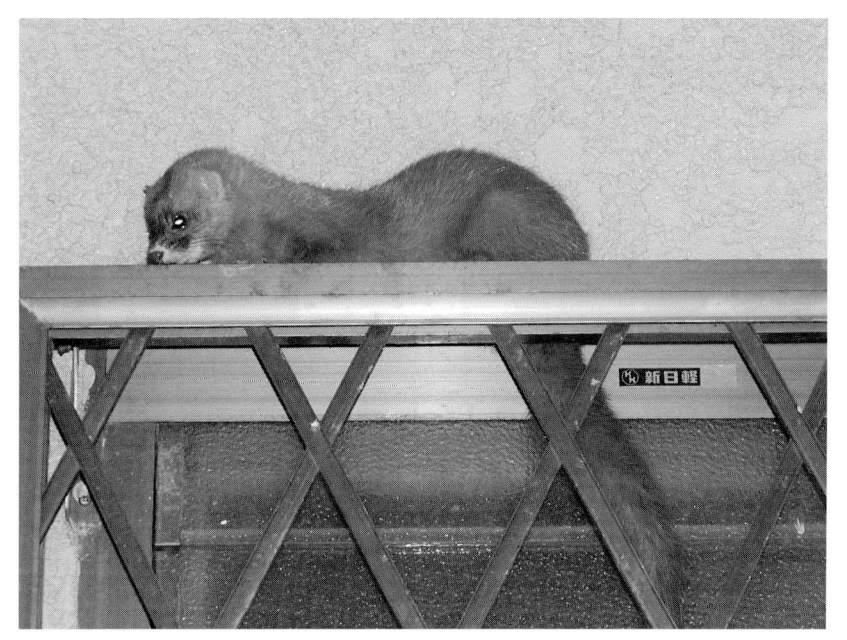

図 9.1 シベリアイタチ（雌）.

年度版環境省レッドリスト」では，対馬に生息するシベリアイタチ（チョウセンイタチ）が準絶滅危惧種に追加指定された．現在，シベリアイタチは西日本に広く分布しているが，対馬以外の地域では国内外来種ということになる．なお，「外来生物法」の「特定外来生物」は国内外来種を対象としていないため，シベリアイタチは検討から外されている．

　対馬以外に自然分布する日本のイタチは，独立種ニホンイタチ *Mustela itatsi* Temminck 1844 として記載されたが，今泉 (1960) は，シベリアイタチの亜種 *Mustela sibirica itatsi* とした．現在は，遺伝学的研究の進展からニホンイタチは再び独立種 *Mustela itatsi* として扱われている (Masuda and Yoshida, 1994a, 1994b; Kurose *et al.*, 2000a, 2000b; Sato *et al.*, 2003). 分類が変更になったため，*Mustela sibirica* と記載されていてもニホンイタチを指していたり，イタチと記載されていてもシベリアイタチを含んでいることがあり，文献の解釈には注意を要する．「鳥獣保護法」においても 2003 年から，それまで一括してイタチとして扱われていたシベリアイタチとニホン

表 9.1 シベリアイタチとニホンイタチの体重と尾長(佐々木,1996 より).

| 種 名 | オス | | メス | |
|---|---|---|---|---|
| | 体重 (g) | 尾長 (mm) | 体重 (g) | 尾長 (mm) |
| シベリアイタチ | 460-1040 | 170-215 | 220-410 | 135-175 |
| ニホンイタチ | 290-650 | 122-163 | 115-175 | 76-115 |

イタチはそれぞれチョウセンイタチ,イタチとして分けて扱われるようになった.

シベリアイタチは,体サイズの性的二型(雄雌の大きさの違い)が大きく,体重(平均±標準偏差)はオス・メスそれぞれ $717±176$ g ($n=35$),$355±134$ g ($n=18$)であり,オスの体重はメスの2倍である(Sasaki, 2009;表9.1).体色は,目から鼻の周辺にかけて黒く,鼻のまわりから口,喉にかけて白い.それ以外の部分は冬には明るい茶色,夏になると綿毛が抜けて少し色が暗くなる.尾率(%;尾長/頭胴長)は,50%以上とされている(今泉,1960).毛色が似ているニホンイタチとの区別に尾率が用いられることが多く,ニホンイタチの尾率は36-50%(今泉,1960)とされている.しかし,尾率は,シベリアイタチもニホンイタチも成長に従って大きくなるため(図9.2),幼獣期にはこの方法が適用できない.ちなみに,頭胴長は鼻先から肛門まで,尾長は肛門から尾の先(毛を除く)までを計る.頬から耳にかけての毛色が,ニホンイタチでは灰色であるが,シベリアイタチでは胴体と同じ茶色であるのも重要な識別点である.雌雄の区別がついているなら,尾長が種判定に使えるとも考えられている(太田,未発表;荒井,私信;表9.1).いまのところ,外部形態から種の判定をする場合,頬の近辺の色,体重,性,尾率,幼獣か成獣かなどを総合して判断することになる.

(2) 生態

シベリアイタチは,母子グループで行動することはあるが,基本的には単独で生活している.オスどうし,メスどうしはなわばりを持ち,オスとメスの行動圏は重複する.オスは農漁村などの良好な生息環境では行動圏を重複させて高密度で生活している(Sasaki, 1994;渡辺,2005b).行動圏の大きさは,シベリアイタチのオス,メスがそれぞれ 1-20 ha,1-3 ha 前後である(Xia *et al.*, 1990;Sasaki, 1994;Sasaki and Ono, 1994;古川,1998;渡辺,

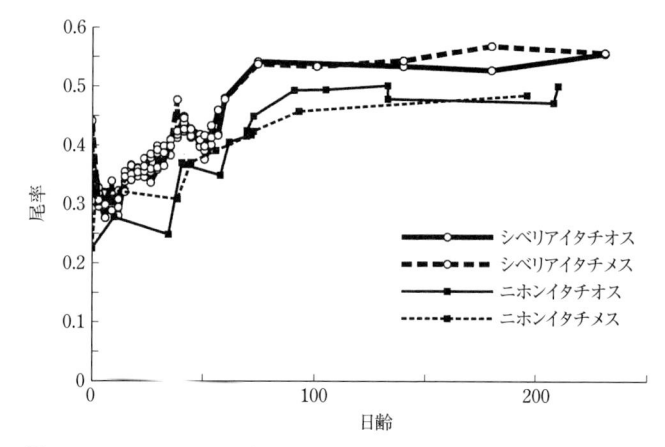

図 9.2 シベリアイタチとニホンイタチの成長による尾率の変化.シベリアイタチは飼育下のオス3頭,メス2頭の計測値を,ニホンイタチは御厨(1980)に示されている異なった個体の計測値を用いた.

2005b).筆者は長崎県松浦市青島という面積が100 ha ほどの島でシベリアイタチの生態調査を行った.オスの行動圏は1-8 ha と広さのばらつきが大きかったのに対して,メスの行動圏は1-3 ha ほどの狭い面積であり,餌が豊富で,納屋やワラのなかなどの暖かい巣が確保できるところに行動圏を持っていた(Sasaki and Ono, 1994).これは中華人民共和国(以下,中国)の農村部においても同様であり,狩猟犬を利用して見つけた40の巣は,22個は屋外のワラ積み,12個は納屋内のワラ積み,3個は墓,2個は石積みのなかであった(Sheng and Lu, 1982).メスにとって暖かい巣を確保することはとくに重要と思われる.

おもな餌は齧歯類であるが,両生類,魚類,果実なども餌としている(Sheng, 1964;湯川,1968;Sasaki and Ono, 1994;Tatara and Doi, 1994).人家周辺では,砂糖菓子,マヨネーズなど多彩なものを餌としており,広食性は大きな特徴である.

長崎県青島に生息するシベリアイタチは,メスは4月にのみ発情し,6月から8月にかけて捕獲したすべてのメスが育児を行っていた.オスは,精巣が10月から12月の間は縮小しているが,3月から4月にかけてもっとも肥大し,メスの発情が起こる4月前後に活動が活発になると考えられた(Sasaki, 1994). 一般的に，イタチ類は特異な交尾行動をする．ニホンイタチは交尾刺激によって排卵が起こる交尾排卵型の動物で，オスは陰茎に陰茎骨を持ち，交尾時間は平均で 94 分にもわたる．オスはメスをこの長い時間保定するために，首筋をかなり強く噛んで押さえている（御厨，1980）．これらの繁殖行動は，シベリアイタチもほぼ同様であると考えられ，交尾のために首筋が赤く腫れたと考えられるメスを捕獲したことがある．発情は年 1 回であり，交尾行動から見て，メスが複数回交尾を行うとは考えられず，一夫多妻が基本と考えられる．平均産子数は 5.14 頭（Sheng et al., 1979）である．青島では，シベリアイタチは，その年に生まれた体重 300 g から 400 g のオスイタチが 7 月から捕獲されるようになるため，5 月ごろに生まれた子どもはこの時期に親から独立して生活を始めると考えられる．シベリアイタチのメスの負担は大きく，2 カ月間 5-6 頭の子どもを自分と変わらないくらいの大きさになるまで，オスの助けもなく育てなければならない．また，野生のシベリアイタチの平均寿命は 2.1 歳であり，2 歳になるまでに 8 割が死亡する（Miyagi et al., 1983）．ニホンイタチの平均産子数は 4.28 頭（御厨，1980）であり，ニホンイタチよりシベリアイタチのほうが若干多産である．ニホンイタチについては，平均寿命は 1.4 歳という報告があり（柴田・山本，1977），シベリアイタチより短い．なお，外来シベリアイタチと在来ニホンイタチの交雑は起こっていないと考えられている．

### （3） 毛皮獣から天敵としての利用へ

在来種であるニホンイタチの毛皮はかつて輸出の花形であり，1929 年にはアメリカに 75 万枚輸出され，養殖業者はおもにニホンイタチを飼育していた．その後，輸出は減りつつも，1957 年でも 34 万枚を輸出していた（片山，1960）．輸出の促進と農林業の保護のために，1928 年にニホンイタチのメスの狩猟が禁止になり，同種とされていたシベリアイタチのメスも保護され現在に至っている．しかし，現在では，養殖はほとんど行われておらず，狩猟や有害鳥獣駆除として捕獲されているイタチ両種は，合わせても年間数百頭程度である．

イタチ両種はその後，ネズミ駆除のための天敵として利用されることとなった．農林水産省は，1959 年から 1977 年までイタチ増殖事業所を栃木県日

光市に設置し，増殖させたニホンイタチ1276頭をネズミ駆除のために全国で放獣している（御厨，1969,1980）．また，宮古島3204頭，石垣島3097頭，奄美大島1585頭など，北は樺太から南は波照間島まで，合計16000頭以上のイタチ両種がネズミ駆除やハブ対策のために放されている（伊波，1966；白石，1982）．利用されたのはほとんどがニホンイタチであるが，宮崎県延岡市サギ島と長崎県松浦市青島にはシベリアイタチが放獣され，ドブネズミの駆除に効果を上げている（平岩ほか，1958；白石，1980）．イタチ両種の生息しない島々への放獣は，当然，生態系への悪影響が懸念されるが，当時はそのようなことは省みられなかった．伊豆諸島や座間味島では，導入されたニホンイタチが在来種に影響を与えていることが報告されているが（Hasegawa, 1999；関口ほか，2002），その他の島の状況についてはわかっていない．ニホンイタチが導入された北海道や多くの島嶼においては，ニホンイタチは国内外来種であり，外来種問題として対策を検討する必要があるだろう．

## 9.2 シベリアイタチの侵入の経緯と現在の分布

シベリアイタチの侵入は，兵庫県と福岡県の2カ所で起こった．シベリアイタチが関西において分布を拡大していった経過を，毛皮業者や農林技官などから情報を得て徳田（1951）がまとめ，その当時の分布を示している（図9.3）．兵庫県では，1930年ごろに尼崎市，明石市において毛皮養殖業者が野外に放したのが最初とされ，1935年ごろには明石市や大阪市で，1951年には近畿，四国および中国地方で生息が確認されている．吉倉（1978）によると，福岡県では，昭和の初期から北九州に入り始め，1955年ごろに久留米市，1960年ごろに大牟田市，1965年ごろに熊本県へと南下し，1978年には鹿児島県まで到達している．しかし，宮下（1963）は，戦後の混乱期に北九州に侵入したのではないかと考えている．昭和の初期に少数の個体が北九州に侵入したかもしれないが，戦後の分布拡大の急激さを考えると，戦後に多数入ってきた可能性が高い．

図9.4は，宮下（1963）に示されていた1962年の分布図に，2010年の境界線を筆者が最近の情報を入れて加筆したものである．1962年の分布図上

9.2 シベリアイタチの侵入の経緯と現在の分布　　265

✳ 非常に多数
＊ やや多数
＋ 少数

**図 9.3**　1950 年ごろのシベリアイタチの分布（徳田，1951 より）.

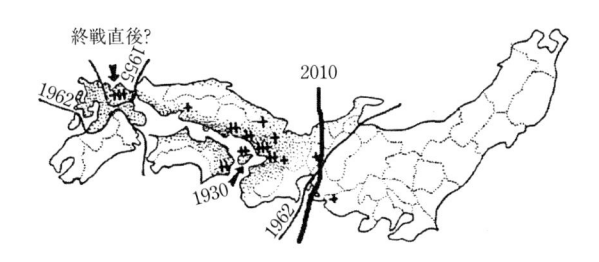

**図 9.4**　シベリアイタチの分布の変化（宮下，1963 より改変）．宮下（1963）に示されていた 1962 年の分布図に，2010 年の境界線を加筆した．点は神戸輸出品検査所，藤田省三課長および森尾惣一氏からの情報．＋印は，徳田（1951）の調査結果とされているが，静岡，福岡の分布は，徳田（1951）にはなく，徳田（1969）に初めて記載されている．

の点は当時の神戸輸出品検査所，藤田省三課長および森尾惣一氏などからの情報，＋印は徳田（1951）の調査結果とされているが，静岡県，福岡県の分布は，徳田（1951）の図（図 9.3）にはなく，徳田（1969）に初めて記載されているため，宮下（1963）の分布図は，徳田氏から調査結果の追加情報を得て修正されたものと思われる．宮下（1963）では東への分布の拡大は，富山県，岐阜県および三重県までとなっており，静岡県にも分布の記載があるが不確かなものとされている．静岡県での生息情報はこれ以外にないため，

静岡県にシベリアイタチは定着していないと思われる．

その後，筆者らは1998年から2001年にかけて中部地方を中心にイタチ両種の交通事故死体回収や捕獲を行い，分布を調査した（佐々木ほか，2001）．その結果，沖縄県を除く西日本全府県にシベリアイタチは分布しており，分布の東限は，福井県，岐阜県，および三重県であった．しかし，宮尾ほか（1984）は愛知県安城市などにシベリアイタチが分布することを報告しており，岐阜県では，1987年に岐阜市でシベリアイタチの雄が捕獲されている（安藤，1989）．福井県では，筆者らの調査においては嶺南地方の敦賀市までしか確認されなかったが（佐々木ほか，2001），山脈を越えた東側である嶺北地方の福井市で2006年に自動撮影によってシベリアイタチの写真が撮られている（香川・香川，2007）．これらのことから，2010年のシベリアイタチの分布の東限は，福井県，岐阜県および愛知県と考えられる．

2010年の分布を1962年と比較してみると，九州では鹿児島県まで，中部では愛知県まで分布を拡大したが，北陸では福井県まで後退したことになる．ただ，富山県や石川県でシベリアイタチが分布していたという記録は宮下（1963）以外にはない．

## 9.3 人間の被害

シベリアイタチの被害でおもに問題となるのは，民家への侵入である．胴長短足であり，毛も短いため，体温を失いやすい．熱を放散しやすいというのは，獲物を捕獲するために走るには適しているが，寒さに弱いということになる（佐々木，1985）．また，イタチ類は，寝るときに円形ではなく楕円形になってしまい，熱を失いやすい（Brown and Lasiewski, 1972）ため，シベリアイタチは巣として暖かな場所を求め，住宅地では屋根裏の断熱材を巣として利用することが多い．また，巣の近くに糞場をつくるため，糞尿による悪臭，尿がしみ込むことによる変色などの被害も起きる（図9.5A, B）．人家に生息するネズミを探して入ってくることもある．ネズミを捕ってくれるのはありがたいことではあるが，天井を走り回ると驚くような大きな音がするため，かなりの騒音被害がある．人家やスーパーで，鶏肉などの食べものが盗まれるといった被害もある．畑のイチゴを食べたり，まだ実が固まっ

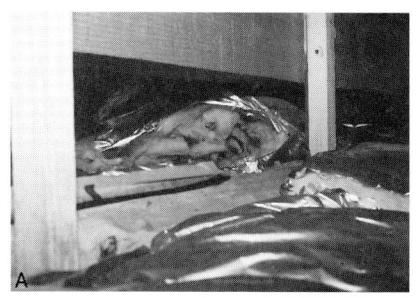

**図9.5** 住宅地の屋根裏につくられたシベリアイタチの巣．グラスウールの断熱材のなかに巣をつくっている（A）．巣の近くにつくられた糞場（B）．

ていない畑のトウモロコシに齧りつくシベリアイタチもいる．トウモロコシを食べた後の糞は，黄色でトウモロコシの種皮だらけである．巣にトウモロコシを何本も持ち込むこともあり，子どもに与えている可能性がある．シベリアイタチは意外に甘いものも餌として食べており，果実などの農作物被害も生じている．

　ニワトリ小屋にイタチが侵入して，ニワトリを全滅させたという話はよく聞く話である．多くはニホンイタチによるものであると思われるが，シベリアイタチもいくぶんかはかかわっているかもしれない．血だらけになった鳥小屋を見て，イタチが生き血を吸うという話が生まれた．しかし，飼っているニホンイタチに血を与えても飲まず，多くのネズミやカエルを入れた広い箱のなかにニホンイタチを放したら，瞬く間に首筋を嚙んですべての動物を殺し，その後，1匹ずつ食べたという報告がある（犬飼，1975）．ニワトリ小屋のように，餌動物が狭い場所にたくさん集まっているというのは，自然状態ではあまりありえない状況であり，獲物がいればとりあえず殺して確保するという肉食獣の習性にすぎないのだろう．

　外来シベリアイタチは日本顎口虫症を起こす日本顎口虫 *Gnathostoma nipponicum* の終宿主である．中国大陸原産の日本顎口虫症は1941年に京都で初めて報告されており，この寄生虫の分布とシベリアイタチの分布がかなり一致することから，横畑（2002）はシベリアイタチによる日本への持ち込みを仮説として出している．このほかにもシベリアイタチとニホンイタチには太平肺吸虫 *Paragonimus ohirai* や宮崎肺吸虫 *P. miyazakii* などいくつか

の寄生蠕虫類が確認されており，人間への寄生虫の伝播を危惧する意見もあるが（白石，1980），さまざまなルートで伝播していく寄生虫をシベリアイタチだけを取り出して，その寄与を評価することはむずかしい．

## 9.4 近縁在来種ニホンイタチとの競合

シベリアイタチの放獣がドブネズミの駆除に効果を上げているところはあるが，それ以外の生物に捕食によって大きな影響を与えているという報告はいまのところない．シベリアイタチがもっとも影響を与えていると考えられるのは，生態的な地位が似ているニホンイタチである．ニホンイタチは，佐賀県では絶滅危惧II類，東京，神奈川，鳥取，島根，広島，山口，香川，福岡，大分，熊本，宮崎の各県では準絶滅危惧種に指定されており，外来シベリアイタチの生息する西日本の多くの県でニホンイタチは絶滅の危機にある（図9.6）．このような状況に追い込んだおもな原因は，都市化とシベリアイタチとの競合だと考えられている．

日本固有種であるニホンイタチは，本州から九州まで広く分布していたが，現在，西日本ではおもにシベリアイタチが平野部に生息し，京都や大阪の都心でも多くシベリアイタチが確認されている（渡辺，2005a）．福岡においても，都市部にはシベリアイタチしか生息していない．中国では，シベリアイタチは山地から平野部にかけて生息し，とくに農村で密度が高い．また，体重も山地より平野部のほうが重いため（Sheng, 1987），シベリアイタチにとって山地より平野部のほうが好適な生息地といえる．

東日本にはシベリアイタチが分布しないため，シベリアイタチの影響がない状態での，ニホンイタチの近年の動向を知ることができる．東京都では，現在でも多摩川河川敷には下流から上流までニホンイタチが分布しているが（東，1988；東京都立八王子広陵高等学校生物部，1999），1920年代から1970年代に都市化よってニホンイタチの分布は急速に減少していった（千羽，1974；千羽・桜井，1974）．また，茨城県では市街地を避け，田や針葉樹林を好み，河川沿いに生息している（Kaneko *et al.*, 2009）．ニホンイタチはシベリアイタチが生息していなくても都市化によって姿を消していっている．

9.4 近縁在来種ニホンイタチとの競合　　　269

■ 絶滅危惧II類
■ 準絶滅危惧
□ その他
▦ 情報不足

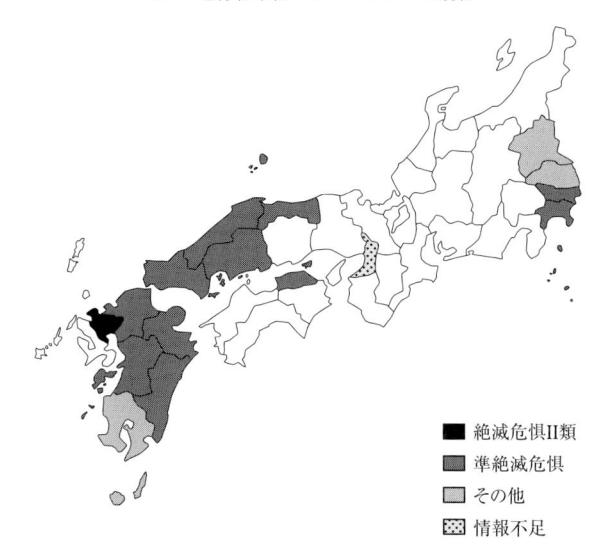

図 9.6　各県でのニホンイタチのレッドデータランク．日本のレッドデータ検索システム http://www.jpnrdb.com/ より（2011 年 10 月 5 日確認）．

　イタチ両種の生息状況を知るために，福岡県と佐賀県の県境にある背振山地において捕獲による分布調査を行った（佐々木, 2000）．シベリアイタチは，低地部を中心に生息し，標高 500 m 以上の高いところでも人家や田畑があれば分布していたが，ニホンイタチはおもに田畑が近くにない河川に生息していた．

　捕獲調査で全体的な傾向を把握した後，詳細な生息状況を把握するため，糞を利用して分布調査を行った．背振山地には，シベリアイタチ，ニホンイタチおよびテンが同所的に分布するために，糞 DNA を抽出して種判定をする方法を新たに開発して調査を行った（Sekiguchi et al., 2010）．腸の上皮組織の寿命は 1 日といわれており，大量の細胞が毎日腸から剥がれ落ち，糞に含まれて排泄される．この細胞に含まれるミトコンドリア DNA の D-ループ領域やチトクローム $b$ 遺伝子の塩基配列の違いを種判定に用いた．

　まず，通常調査の方法である道路沿いの調査を 2005 年 11 月から 2006 年 3 月にかけて行い，テン，ニホンイタチおよびシベリアイタチと思われるすべての糞を採集して種の判定を行った（図 9.7；佐々木ほか, 2008）．しか

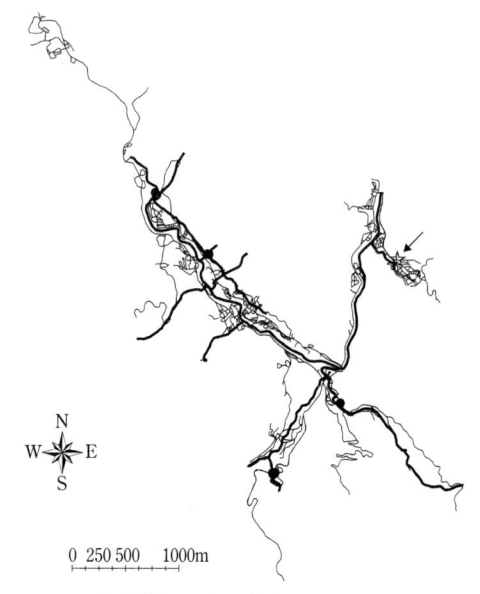

図9.7　九州背振山地の道路沿いの外来シベリアイタチと在来ニホンイタチの糞の分布（2005年11月から2006年3月）．丸印はニホンイタチ，星印（矢印）はシベリアイタチ．太い線は河川，細い線は道路．調査は道路でのみ行った．

し，ほとんどがテンの糞であり，イタチ両種の糞はごく少数しか発見できず，シベリアイタチの糞は集落内で1個（図右上，矢印），ニホンイタチの糞は道路が河川や水路と交わるところで7個見つかった．この結果から，調査ルートを河川沿いに変更して，2006年12月と2007年3月に調査をし，多くのニホンイタチの糞を発見することができた（図9.8；佐々木ほか，2008）．河川沿いでは，ほとんどがニホンイタチの糞であり，シベリアイタチの糞は1個（図左上，矢印）であった．この調査によって，山地の河川沿いにはおもにニホンイタチが生息し，シベリアイタチはほとんどいないことが明らかとなった．

　これまでは，ニホンイタチは西日本の多くの県でレッドリストにあげられているため，環境アセスメントの際に調査が行われていた．しかし，ほとんどの場合，種判定は行われず，イタチ類という扱いに終わっており，在来種

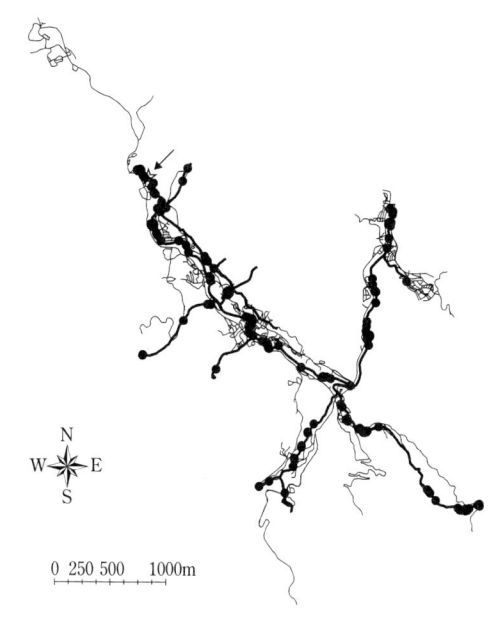

**図 9.8** 九州背振山地の河川沿いの外来シベリアイタチと在来ニホンイタチの糞の分布（2006年12月および2007年3月）．丸印はニホンイタチ，星印（矢印）はシベリアイタチ．太い線は河川，細い線は道路．調査は河川でのみ行った．

と外来種の区別が行われていない．これではアセスメントとして成り立たない．また，痕跡調査の方法も道路を歩くだけであり，河川沿いを歩くことはないため，ニホンイタチの痕跡の多くを発見できない．筆者らは種判定と同時に，核遺伝子を使って，性判定や個体識別も行ったが，これらの手法は，動物に大きな影響を与えない調査方法である（関口ほか，2009）．個体識別まで行えば，経費は高くなるが，種判定だけなら，同定の実費は1個2000-3000円程度である．今後は，イタチ両種の調査では，河川沿いの糞採集を行い，糞DNAからの種判定などを行う必要があるだろう．

　これらの調査から，山地部では，人の住まない河川沿いに在来ニホンイタチが生息し，外来シベリアイタチは山地部でも農村などの人が活動しているところに限って生息していることが明らかになった．大阪や和歌山でも同様

の結果が得られており（渡辺，2005b；渡辺・原田，2007）．西日本ではこのような分布が一般的であろう．荒井（2002）は，熊本県内の県道におけるイタチ両種の交通事故死体を調査し，シベリアイタチが県一円に分布し，シベリアイタチが数の上では優位であると報告している．これは，シベリアイタチが人間活動とともに侵入していることの反映であると考えられる．在来のニホンイタチは都市化の進行によって山地部に分布を縮小し，空白となった平野部に外来のシベリアイタチが分布を広げ，その境界線である山際や山中の人の活動が入り込んで環境が攪乱されたところには，両種が生息していると考えるのが妥当であろう．

## 9.5　なにがシベリアイタチの分布を決めるのか

シベリアイタチの分布拡大を阻害する要因の1つは地形であると考えられている．青井・前田（1997）は，紀伊半島では，紀伊山地や尾鷲山塊に囲まれた地域にはシベリアイタチは分布せず，急峻な地形とそれにともなう人間活動の抑制がシベリアイタチの分布の拡大を阻止してきたとしている．福井県では，福井市と敦賀市の間にある急峻な山塊が分布の境目となっていた．この山塊は伊吹山地の北端となっており，伊吹山地，鈴鹿山脈，布引山地および紀伊山脈などが，シベリアイタチの東への分散を抑制しているようである．しかし，これらの障壁を超えて，おそらく道路沿いに，シベリアイタチは福井県福井市，岐阜県岐阜市，愛知県などに分布を広げている．また，福岡や近畿での調査結果を見ても，人間活動がないところにはシベリアイタチは進出できないと考えられる．

ニホンイタチも齧歯類をおもな餌としている（岸田，1927；大津，1971；藤井ほか，1998；Kaneko et al., 2009）．イタチ両種の食性の比較を行った朝日（1975）は，シベリアイタチのほうがカキ果実などの植物質を食べている割合が高いが，ニホンイタチはシベリアイタチより魚類を多く食べており，河川環境も積極的に利用していると報告している．餌となる齧歯類の種類は，ニホンイタチはハタネズミであるが（岸田，1927），中国のシベリアイタチはセスジネズミと，おそらくドブネズミが多いと思われるが，クマネズミ属である（Sheng, 1964；Gao, 1987）．ハタネズミの体重は50 g程度，セスジ

ネズミも 50 g 程度であるが，クマネズミ属は 100 g 以上あり，シベリアイタチのほうが大型のネズミを食べている．長崎県青島では，ドブネズミの駆除のために，最初はニホンイタチを導入したが定着せず，その後，シベリアイタチを導入してドブネズミの数を減らすことに成功している（白石，1982）．しかし，北海道の焼尻島や屋内で，ニホンイタチがドブネズミ駆除に有効であったという報告もある（犬飼，1975）．外来シベリアイタチは都市部で人の食べものやドブネズミなどの大型の齧歯類を餌としていると考えられるが，都市は衛生的になり，そこに生息するネズミは，ドブネズミからクマネズミに変化し，シベリアイタチにとってもすみづらい環境になってきている．また，人工的な餌に適応できないニホンイタチにとって，都市部はすみにくいものと考えられる．

　現在の境界である福井県，岐阜県および愛知県では，なぜ分布の東への拡大が停滞しているのであろうか．筆者らの調査では，この 3 県において交通事故などで死亡したイタチの内訳は，ニホンイタチ，シベリアイタチがそれぞれ，福井県が 5 頭と 1 頭，岐阜県が 10 頭と 5 頭，愛知県が 40 頭と 0 頭であった．今後，さらなる情報収集は必要であるが，この 3 県，とくに愛知県（とくに東部）では圧倒的にニホンイタチが多いと考えられる．

　シベリアイタチはニホンイタチより体が大きいため，シベリアイタチがニホンイタチを駆逐していると考えられがちである．しかし，この考え方では，シベリアイタチの東への分布の拡大が停滞していることの説明がつかない．

　近畿での調査結果から渡辺（2005b）は，開発でニホンイタチがすめなくなった空間にシベリアイタチが入ったと指摘している．シベリアイタチは，西日本ではニホンイタチがすめなくなった都市部を中心に分布を広げているが，ニホンイタチが生息している山地には入り込めず，人間活動が行われている農村部などではシベリアイタチが侵入できている．シベリアイタチは中国では山地にも生息しており，日本で山地に生息できない理由は，ニホンイタチが生息しているからと考えるのが妥当だろう．山地がシベリアイタチの分布拡大を阻害しているのではなく，山地に生息しているニホンイタチがシベリアイタチの分布拡大を阻害しているということになる．

　シベリアイタチは，侵入当初，ニホンイタチのいない都市部で分布を広げることができたが，福井県，滋賀県，奈良県および三重県をつなぐ山塊には

ニホンイタチが生息しているために分布の拡大に歯止めがかかり，分布の東限である福井県，愛知県，岐阜県ではシベリアイタチはニホンイタチの生息がむずかしいような一部の都市環境に入り込んで生息しているが，それを取り囲むように分布しているニホンイタチの存在によって分布の拡大が阻止されていると考えるのが，もっとも無理がない考え方である．外来シベリアイタチは在来ニホンイタチを駆逐していないのである．

シベリアイタチのおもな生息地であるロシアでは，1920, 30年代に西部で分布を拡大したが，その後，拡大は止まり，境界地域では分布に変動がある (Novikov, 1956; Heptner *et al.*, 1967)．また，日本のように小集団から始まった個体群は分布拡大になんらかの歯止めが遺伝的にかかる可能性もあり，遺伝的な多様性についても今後検討する必要があるだろう．

## 9.6 なぜニホンイタチがいるとシベリアイタチは生息できないのか

長崎県青島の調査では，餌が多く暖かい巣が利用できる集落周辺にシベリアイタチのメスの密度は高く，そのような場所にオスも集中していた．メスがどこに行動圏を定めるのかは，その種の分布を決める大きな要因と考えられる．ニホンイタチのメスがどのように行動圏を定めるかはよくわかっていないが，シベリアイタチが利用できない地下のモグラやネズミのトンネルなどを利用しており，河川環境も積極的に利用している．ニホンイタチはシベリアイタチより，立体的に効率よく生息環境を利用していると考えられる．ニホンイタチのメスが定着したところには，オスも当然入ってくる．とくに，山地などの大型の齧歯類も少なく，ニホンイタチが定着している環境では，シベリアイタチのメスは育児をするための十分な餌を確保できないかもしれない．今後は，平野部でニホンイタチが優占している愛知県などにおいて両種の生態を研究していくことが重要と考える．

## 9.7　今後の対策

### （1）　被害対策

　被害防除のために，イタチ両種を捕獲してもほかの地域から分散してくる可能性が高く，捕獲は根本的な対策とならない．そのため，イタチ両種が出入りできないようにすることがもっとも有効な被害対策である．ニワトリ小屋ではこの方法で問題が解決できる．最近の家屋では，イタチ両種が入り込めるような隙間が減ってきているが，出入りしている場所を見つけて，追い出した後，その場所をふさぐことが最良の方策である．しかし，シベリアイタチでも3cm程度の隙間があれば，軒先，戸袋，床下とあらゆる隙間を見つけて侵入する．入る気になれば，木の板に齧りついて隙間を大きくすることも可能である．

　昔から「イタチは光りものが嫌い」といわれている．入ってこないようにする方法としてアワビの殻を吊るしたりしていたが，いまはクリスマスツリーのイルミネーションを使ったり，アルミホイルを揉んでぶら下げたりしている人もいる．また，ダニ対策などに用いられる噴霧タイプの薬剤を屋根裏に撒く人もいる．しかし，これらの対策は一時的にしか効果がないようである．

　やむをえず捕獲する場合は，被害を受けた人が市町村に有害鳥獣駆除申請を出して駆除を行うことになっている．この点については後述する．

### （2）　分布の拡大の阻止と縮小

　対馬以外の日本に分布するシベリアイタチは，これまで国内外来種として扱われてきた．しかし，ミトコンドリアのチトクローム *b* 遺伝子の塩基配列比較により，本州や九州のシベリアイタチは，韓国に生息するシベリアイタチに近いことがわかり（Hosoda *et al.*, 2000），対馬からではなく韓国のシベリアイタチが兵庫や福岡で分布を広げたと考えられている．これが意味することは，外来シベリアイタチは，国内外来種ではなく「海外」外来種であるということである．「海外」外来種となれば，明治以降に外国から入ってきた生物を対象とする「外来生物法」の対象となる．また，「鳥獣保護法」で

シベリアイタチのメスは保護されているが，森林に生息せず，毛皮獣としてもほとんど利用されていないため，ネズミ駆除への影響を検討したうえで，保護解除を検討する必要があるだろう．

外来シベリアイタチは，すでに国内に広く定着し，固有種のニホンイタチとも似ているため，あまり違和感なく受け入れられている．すでに定着したイメージを変えることは容易ではない．しかし，外来種であるシベリアイタチを減らしていくためには，イタチは2種類いること，その識別方法，対馬以外ではシベリアイタチは外来種であることやその対策を広く伝える必要がある．ニホンイタチかシベリアイタチかの区別がつかなければ，対策も実施できない．行政の担当者，狩猟者，関係する地域住民への普及・啓発は重要となる．

シベリアイタチは，西日本の平野部に広く生息しており，すぐにこれをすべて駆除しようというのは現実的ではない．東への分布の拡大を阻止し，長期的に少しずつ減少させていく方策を考えるべきである．国内外来種の場合，地域によって保護する対象であったり，駆除する対象であったりするため，対応が複雑となる．また，シベリアイタチの場合，ネズミ駆除に役立つということもあり，多少の被害があっても社会的に許容される場合も多い．その存在が社会的に許容されれば被害問題はないということになる．社会的に許容されているものを駆除するためには，普及・啓発や方法についてよりいっそうの工夫が必要となる．

**生息地管理の重要性**

ニホンイタチが生息していればシベリアイタチは侵入しにくいと考えられるため，ニホンイタチが生息しやすい環境を保全することが重要となる．岡田ら（2007）は，神奈川県のニホンイタチを研究し，生息環境として市街化調整区域と，コリドー（回廊；動物が移動に使う道）としての河川の重要性を指摘している．東京都都市部では多摩川沿いにニホンイタチがいまでも生息していることから考えても，河川の生物多様性を保全し，河川環境を保全することは重要となるだろう．ニホンイタチは水田周辺，草地などでネズミを駆除するのに活躍し，魚，カエル，ザリガニ，昆虫などを川や河川敷で捕る．このような環境を保全する必要があるだろう．高次捕食者であるニホン

イタチの保全には，農薬の使用にも配慮する必要がある（小原，1972）．ニホンイタチの分布を回復することにより，シベリアイタチの分布を縮小させることが可能であると考える．

ドブネズミなどがすめなくなるような都市の衛生環境の改善や動物の侵入が困難な住居の普及も進んでおり，これをさらに推進することによって，シベリアイタチが生息できないような環境を広げることも可能である．

**鳥獣保護法による捕獲の問題点**

2006年度の統計では，全国で273頭のニホンイタチが有害鳥獣として駆除され，そのうち大阪府で244頭捕獲されている．大阪府では種判定がされずに，（ニホン）イタチとして集計されているが，捕獲された「イタチ類」のほとんどはシベリアイタチと考えられる．数値からは被害が大阪に集中しているように見えるが，これは大阪府がイタチ両種の有害鳥獣駆除を行いやすいようにしているのが大きな要因であろう．大阪府は鳥獣保護事業計画のなかにイタチ両種の有害鳥獣駆除を明記し，アライグマを捕獲する場合と同様に，ワナ猟免許を持たなくてもワナが使用できるようにしている．大阪府内の市町村ではワナを貸し出しているところもあり，申請すれば有害鳥獣捕獲許可とワナの貸し出しが受けられる．捕獲後は，河川などに放すか安楽死をさせることになっている．

しかし，イタチ両種を捕獲できるワナはホームセンターなどで入手可能であり，大阪府以外では，かなりの数のイタチ両種を，駆除業者や個人が有害駆除申請せずに捕獲したり，ワナ猟免許を持たない人がワナを用いて捕獲していることも多いと考えられ，実際に捕獲されているシベリアイタチの数はかなり多いと思われる．捕獲には申請が必要であることをまず周知し，法律を遵守させる必要があり，イタチ類捕獲に使われているワナは安易に購入できないようにすべきである．

捕獲を行った後は，まず正しく種判定を行う必要がある．ニホンイタチの場合は捕獲地点近くか山沿いの河川に放獣し，シベリアイタチの場合，山間部にはニホンイタチが生息しているため，山に放すべきではなく，原則として殺処分となるだろう．また，ネズミ駆除のためにシベリアイタチを放して効果を上げている離島もある．このような地域ではシベリアイタチの駆除を

行うことは困難であり，生息地管理をおもな手法とする必要がある．

捕獲後の処置として，安楽死か，ほかの地域へ放逐をするという指導も十分とは思われない．一般の人がイタチ類を殺処分するにはワナごと水没させるくらいしか方法はなく，安楽死とはほど遠いものとなる．殺処分するのであれば，獣医師の麻酔などによる処分が望ましいと考える．

### 分布の東限での対応

現時点で重要なのは，シベリアイタチの分布の東限である福井県，岐阜県および愛知県での分布の拡大を阻止することである．ニホンイタチのすめる環境を保全し，都市環境をさらに衛生的なものとしてドブネズミの繁殖を抑え，シベリアイタチを捕獲して殺処分することになる．定期的に糞を採取して種判定を行い，シベリアイタチを確認したら捕獲を行う必要があるだろう．

### 対馬における保護

対馬に生息するシベリアイタチは，日本で唯一の自然個体群であり，ほかの地域からシベリアイタチが侵入しないように配慮し，また保護する必要があるだろう．

## 9.8　ほかのイタチ科の動物の外来種問題

北海道には，イイズナ *Mustela nivalis*，オコジョ *M. erminea*，クロテン *Martes zibellina* が本来分布していたが，明治時代の開拓とともにニホンイタチが本州から侵入し，また，ネズミ駆除のために放された（犬飼，1934；御厨，1968）．その後，毛皮の養殖場から逃げたアメリカミンク *Neovison vison* が全道に広がった（北海道，1985）．さらに，毛皮のための養殖場から逃げたテンが，北海道の道南を中心に増えており（Murakami and Ohtaishi, 2000; Sugimoto et al., 2010），イタチ科の動物相は大きく混乱している．

アメリカミンクは「特定外来生物」に指定されており，本州や九州でも繁殖が確認されている．とくに，長野県では急速に分布を拡大しており，他府県での調査を含め，対策が急務となっている（Shimatani et al., 2010）．テンは，佐渡にも人為的に放獣され，2010年には飼育ケージ内のトキを襲っ

たことが大きな問題となった.

　フェレット Mustela putorius furo は「要注意外来生物」に指定されている．フェレットはヨーロッパケナガイタチ M. putorius を家畜化したもので，ウサギ狩りに使われていたが，日本ではペットとして飼われている．通常，飼育しやすいように臭腺を除去する際に不妊去勢もするため，ペットとして多く飼育されているにもかかわらず，野外での繁殖は確認されていないが，今後も監視をする必要があるだろう．

　とくにイタチ科の動物は，一度分布を広げると，根絶するには多大なる努力を要するし，根絶できない場合も多い．野生化をしないように最大限の努力をし，野生化が確認されたら早期に対策を実行することが重要になる．根絶できない場合は，毎年，捕獲を継続しながら，どのような共存が可能なのかを探ることが重要になっていくだろう．

　この研究の一部は，平成 8, 9 年度科学研究費補助金基盤研究（C）(2)（課題番号 08640814）および平成 11, 12 年度筑紫女学園大学・短期大学部特別研究助成によって実施された．

## 引用文献

安藤志郎．1989．岐阜県に帰化したチョウセンイタチ．岐阜県博物館調査研究報告, 10：15-16.
青井俊樹・前田喜四雄．1997．チョウセンイタチ侵出地域におけるニホンイタチの棲息分布とその保全に関する研究．（第 6 期プロ・ナトゥーラ・ファンド助成成果報告書）pp. 7-11．日本自然保護協会，東京．
荒井秋晴．2002．チョウセンイタチ．（村上興正・鷲谷いづみ，監修：外来種ハンドブック），p. 73．地人書館，東京．
朝日稔．1975．近畿地方捕獲のイタチの消化管内容物――特にそのカロリー量に関連して．動物学雑誌, 84：190-195.
Brown, J. H. and R. C. Lasiewski. 1972. Metabolism of weasels：the cost of being long and thin. Ecology, 53：939-943.
藤井猛・丸山直樹・神崎伸夫．1998．多摩川中流域河川敷におけるニホンイタチの食性の季節的変化．哺乳類科学, 38：1-8.
古川泰人．1998．対馬におけるチョウセンイタチ Mustela sibirica coreana の行動圏と環境選択．琉球大学生物学科卒業論文．
Gao, Y. 1987. Fauna-Sinica, Mammalia Vol. 8 Carnivora. Sience Press, Beijing (in Chinese).

Hasegawa, M. 1999. Impacts of the introduced weasel on the isular food webs. In (Ota, H., ed.) Tropical Island Herpetofauna: Origin, Current Diversity, and Conservation. pp. 129–154. Elsevier Science, Amsterdam.

Heptner, V. G., N. P. Naumov, A. A. Yurgenson, A. F. Sludskii, A. F. Chirkova and A. G. Bannkikov. 1967. Mammals of the Soviet Union Vol. II Part 1b. Carnivora (Weasels; additional species). Science Publishers, Plymouth (2002年英語訳本).

東英生．1988．多摩川河川敷におけるイタチの棲息状況の把握並びに行動圏の調査（ラジオテレメトリー法による）．とうきゅう環境浄化財団，東京．

平岩馨邦・内田照章・濱島房則．1958．延岡市サギ島における鼠禍 II 駆除対策とその効果——特に天敵イタチの導入について．九州大学農学部学芸雑誌，17：335-349．

北海道．1985．野生動物分布等実態調査報告書（野生化ミンク）．北海道生活環境部自然保護課，北海道．

Hosoda, T., H. Suzuki, M. Harada, K. Tsuchiya, S. Han, Y. Zhang, A. P. Kryukov and L. Lin. 2000. Evolutionary trends of the mitochondrial lineage differentiation in species of genera *Martes* and *Mustela*. Genes & Genetic Systems, 75：259-267

今泉吉典．1960．原色日本哺乳類図鑑．保育社，東京．

今泉吉典．1970．対馬の陸棲哺乳類．国立科学博物館専報，3：159-176．

伊波興清．1966．野鼠の天敵としてのイタチの導入記録．沖縄農業，5：45-53．

犬飼哲夫．1934．鼬の北海道内侵入径路とその利用．植物及動物，2：1309-1317．

犬飼哲夫．1975．北方動物誌．北苑社，札幌．

香川正行・香川智恵．2007．福井県嶺北地方におけるチョウセンイタチの初記録．福井県自然史博物館研究報告，54：103-104．

Kaneko, Y., M. Shibuya, N. Yamaguchi, T. Fujii, T. Okumura, K. Matsubayashi and H. Yoshiyuki. 2009. Diet of Japanese weasels (*Mustela itatsi*) in a suburban landscape: implications for year-round persistence of local populations. Mammal Study, 34：97-106.

片山胖．1960．いたちの毛皮とその輸出．山脈，12：25-29．

岸田久吉．1927．猟期に於けるイタチの食性調査成績．鳥獣調査報告，4：121-160．

Kurose, N., A. V. Abramov and R. Masuda. 2000a. Intrageneric diversity of the cytochrome *b* gene and phylogeny of Eurasian species of the genus *Mustela* (Mustelidae, Carnivora). Zoological Science, 17：673-679.

Kurose, N., R. Masuda, T. Aoi and S. Watanabe. 2000b. Karyological differentiation between two closely related mustelids, the Japanese weasel *Mustela itatsi* and the Siberian weasel *M. sibirica*. Caryologia, 53：269-276.

Masuda, R. and M. C. Yoshida. 1994a. Nucleotide sequence variation of cytochrome *b* genes in three species of weasels *Mustela itatsi*, *Mustela sibirica*, and *Mustela nivalis*, detected by improved PCR product-direct sequencing

technique. Journal of Mammalogical Society of Japan, 19：33-43.
Masuda, R. and M. C. Yoshida. 1994b. A molecular phylogeny of the family Mustelidae (Mammalia, Carnivora), based on comparison of mitochondrial cytochrome $b$ nucleotide sequences. Zoological Science, 11：605-612.
御厨正治. 1968. イタチの北海道侵入年代について. 鳥獣行政, 13：23-24.
御厨正治. 1969. イタチ——有益獣増殖所設立10周年記念. 宇都宮営林署, 宇都宮市.
御厨正治. 1980. 有益獣増殖事業20年のあしあと. 宇都宮営林署, 宇都宮市.
Miyagi, K., S. Shiraishi and T. Uchida. 1983. Age determination in the yellow weasel, *Mustela sibirica coreana*. Journal of the Faculty of Agriculture, Kyushu University, 27：109-114.
宮尾嶽雄・花村肇・高田靖司・酒井英一. 1984. 哺乳類. (佐藤正孝・安藤尚, 編：愛知の動物) pp. 286-325. 愛知県郷土資料刊行会, 愛知.
宮下和喜. 1963. 帰化動物 (5). 自然, 18：69-75.
Murakami, T. and N. Ohtaishi. 2000. Current distribution of the endemic sable and introduced Japanese marten in Hokkaido. Mammal Study, 25：149-152.
Novikov, G. A. 1956. Carnivorous Mammals of the Fauna of the USSR. Israel Program for Scientific Translations, Jerusalem (1962).
小原秀雄. 1972. 日本野生動物記. 中央公論社, 東京.
岡田昌也・黒田高綱・勝野武彦. 2007. 神奈川県の複数流域におけるイタチの分布とその生息環境に関する研究. 神奈川県自然誌資料, 28：55-58.
大津正英. 1971. イタチの冬期の食性とその保護. 日本応用動物昆虫学会誌, 15：87-88.
佐々木浩. 1985. 性的二型から見たイタチ. 個体群生態学会会報, 40：57-60.
Sasaki, H. 1994. Ecological study of the Siberian weasel *Mustela sibirica coreana* related to habitat preference and spacing pattern. Ph. D. Thesis, Kyushu Univertity.
佐々木浩. 1996. ニホンイタチとチョウセンイタチ. (川道武男, 編：日本動物大百科1 哺乳類I) pp. 128-131. 平凡社, 東京.
佐々木浩. 2000. イタチ属における近縁種間の競争関係に関する研究. 平成8-9年度科学研究費補助金基盤研究 (C) (2) 研究成果報告書.
Sasaki, H. 2009. *Mustela sibirica*. *In* (Ohdachi, S. D., Y. Ishibashi, M. A. Iwasa and T. Saitoh, eds.) The Wild Mammals of Japan. pp. 242-243. Shoukadoh, Kyoto.
佐々木浩・青井俊樹・太田恭子・渡辺茂樹・横畑泰志. 2001. シベリアイタチ *Mustela sibirica* の東への分布拡大の現状. 日本哺乳類学会2001年度大会講演要旨集.
Sasaki, H. and Y. Ono. 1994. Habitat use and selection of the Siberian weasel *Mustela sibirica coreana* during the non-mating season. Journal of the Mammalogical Society of Japan, 19：21-32.
佐々木浩・関口猛・渡辺茂樹・栗原淑子・森山大吾・黒瀬奈緒子・松木吏弓・佐伯緑. 2008. 福岡県背振山地五ヶ山におけるニホンイタチの生息状況. 日本

哺乳類学会 2008 年度大会プログラム・講演要旨集.
Sato, J. J., T. Hosoda, M. Wolsan, K. Tsuchiya, Y. Yamamoto and H. Suzuki. 2003. Phylogenetic relationships and divergence times among mustelids (Mammalia: Carnivora) based on nucleotide sequences of the nuclear interphotoreceptor retinoid binding protein and mitchondorial cytochrome *b* genes. Zoological Science, 20: 243-264.
関口恵史・小倉剛・佐々木健志・永山康彦・津波滉邉・川島由次. 2002. 座間味島におけるニホンイタチ (*Mustela itatsi*) の夏季および秋季の食性と在来種への影響. 哺乳類科学, 42: 153-160.
関口猛・佐々木浩・栗原淑子・関口郁子・渡辺茂樹・森山大吾・黒瀬奈緒子・松木吏弓・佐伯緑・山﨑晃司. 2009. ニホンイタチ *Mustela itatsi* の個体識別法. 日本哺乳類学会 2009 年度台北大会プログラム・講演要旨集.
Sekiguchi, T., H. Sasaki, Y. Kurihara, S. Watanabe, M. Moriyama, N. Kurose, R. Matsuki, K. Yamazaki and M. Saeki. 2010. New methods for species and sex determination in three sympatric mustelids, *Mustela itatsi*, *Mustela sibirica* and *Martes melampus*. Molecular Ecology Resources, 10: 1089-1091.
千羽晋示. 1974. 環境変化と動物群集 (2). 文部省特定研究――都市生態系の特性に関する基礎的研究.
千羽晋示・桜井信夫. 1974. 多摩地区 (主として丘陵地帯) の動物――保全地区指定のための基礎調査報告書. 東京都公害局 (この論文は,「野生哺乳動物――東京における野生哺乳動物の生息地のうつりかわり (自然環境保全に関する基礎調査報告書第一)」(日本自然保護協会編, 東京都公害局刊) というタイトルで別冊子になっているようである. 千羽 (1971) からの引用としてイタチについて記載しているが, 該当する文献が見つかっておらず, 千羽 (1974) からの引用の可能性がある).
Sheng, H. 1964. 黄鼬种群生態 II 黄鼬冬季性的研究. 華東師範大学学報 (自然科学版) (in Chinese).
Sheng, H. 1987. Sexual dimorphism and geographical variation in the body size of the yellow weasel (*Mustela sibirica*). Acta Theriologica Sinica, 7: 92-95 (in Chinese with English abstract).
Sheng, H. and H. Lu. 1982. The environment preference of nesting and nest density of the female weasels (*Mustela sibirica*). Acta Theriologica Sinica, 2: 29-34 (in Chinese with English abstract).
Sheng, H., H. Lu and G. Yang. 1979. Reproduction of Siberian weasel. Journal of Zoology (Peking), 4: 36-39 (in Chinese).
柴田義春・山本時夫. 1977. 下顎骨の年層によるイタチ類の齢査定. 森林防疫, 26: 109-111.
Shimatani, Y., Y. Fukue, R. Kishimoto and R. Masuda. 2010. Genetic variation and population structure of feral American mink (*Neovison vison*) in Nagano, Japan, revealed by microsatellite analysis. Mammal Study, 35: 1-7.
白石哲. 1980. イタチ (対策) について. 住環境の有害鳥獣対策レポート.
白石哲. 1982. イタチによるネズミ駆除とその後. 採集と飼育, 44: 414-419.

Sugimoto, T., K. Miyoshi, D. Sakata, K. Nomoto and S. Higashi. 2010. Fecal DNA-based discrimination between indigenous *Martes zibellina* and nonindigenous *Martes melampus* in Hokkaido Japan. Mammal Study, 34：155-159.
Tatara, M. and T. Doi. 1994. Comparative analysis on food habits of Japanese marten, Siberian weasel and leopard cat in the Tsushima islands, Japan. Ecological Research, 9：99-107.
徳田御稔．1951．イタチの棲み分け．科学朝日，11：38-39．
徳田御稔．1969．生物地理学．築地書館，東京．
東京都立八王子広陵高等学校生物部．1999．東京都多摩区における野生動物の分布と環境評価の試み．東京都高尾自然科学博物館研究報告，18：11-33．
渡辺茂樹．2005a．京都市におけるシベリアイタチの棲息状況，22年前のデータより．京都女子大自然科学・保健体育研究室自然科学論叢，37：39-50．
渡辺茂樹．2005b．都市のイタチ，田舎のイタチ．（森本幸裕・夏原由博，編：いのちの森――生物親和都市の理論と実践）pp. 270-299．京都大学学術出版会，京都．
渡辺茂樹・原田正史．2007．大阪府北部におけるイタチ類2種の分布について．京都西安高等学校西安紀要，14：63-86．
Xia, Q., B. Xiao and H. Sheng. 1990. Home ranges and activity patterns of Siberian weasel (*Mustela sibirica*). Journal of East China Normal University (Mammalian Ecology Supplement)：102-109 (in Chinese with English abstract).
横畑泰志．2002．日本における外来哺乳類の寄生蠕虫類について．野生動物医学会誌，7：91-102．
吉倉眞．1978．天草の哺乳類．合津臨海実験所報（*Calanus*），6：1-9．
湯川仁．1968．チョウセンイタチについて．哺乳動物学雑誌，4：58-59．

# 10
# イエネコ
もっとも身近な外来哺乳類

## 長嶺　隆

　伴侶動物としてあまりにも身近な存在であるイエネコは全国で約1000万頭が飼育されている．しかしながら，高いハンティング能力を持つイエネコが適切に飼育されていないと在来の野生動物を捕食し，生態系に大きな影響をおよぼしてしまう．しかも島嶼においては種の絶滅を招きかねない．ここではイエネコを伴侶動物としてではなく，生態系に大きな影響をおよぼす外来哺乳類という視点からとらえ，現状と対策を紹介する．本章では，とくに沖縄島北部（やんばる地域）におけるイエネコ対策の取り組みをおもに述べ，さらにほかの地域の事例を概括する．沖縄島やんばる地域や西表島におけるイエネコ対策の事例は，対策によって野生動物の生息状況の回復の兆しや，リスクの軽減効果が現れてきた世界的にもまれなノネコのコントロールの成功事例といえるためである．

## 10.1　イエネコの起源と国内での飼育現況

　現在，世界中で飼育されているイエネコ *Felis catus* の起源は約6000年前，古代エジプトでネズミ対策としてリビアヤマネコ *Felis silvestris lybica* を家畜化したものが起源とされている（平岩，2009）．人とのかかわりという点では，約1万年前のヨーロッパの古代遺跡から小型のネコ科動物の化石が多数発見されているが，いわゆるペットとしてなのか，食料としてなのかは明確ではない．

　日本への導入は明確な記録ではないが，仏教の伝来あるいは朝鮮半島ルートを経由して渡ってきたと考えられ，源氏物語や枕草子にもネコに関する記

述がみられる（平岩，2009）．現在では，北海道から沖縄県まで日本全国でイエネコは広く存在している（環境省，2003；大日本猟友会，2006）．

　イエネコは現在，国内ではイヌに次ぐ飼育頭数を誇り，人と暮らすことにうまく適応し，伴侶動物として人の心をとらえて放さない重要な地位にあるといえる．ペットフード協会の飼育率調査によると，2009年の全国におけるイエネコ飼育頭数は約1000万頭（氏政，2011）で，この数字の背景には日本社会が経済的に豊かになり，心の豊かさを求めていることと同時に，人の健康面での効果も期待されているといわれている（日本住宅総合センター，1989；望月，2010）．しかし，飼い主の明確でないイエネコは飼育頭数には反映されず，イエネコは家畜でありながら飼い主の存在しない場合も多い．

　イエネコは種としては同一であっても，生息状況の違いによって大まかに以下の3つに分類することができる（伊澤，2002；大日本猟友会，2006；長嶺，2007）．

　①飼いネコ（domestic cat, house cat）――特定の飼い主によって飼育管理されているイエネコ

　②ノラネコ（stray cat, homeless cat）――人あるいは人間生活に依存して生活するが，特定の飼い主を持たないイエネコ

　③ノネコ（feral cat）――人間生活に依存せず，自然環境下で自立して繁殖をしているイエネコ（図10.1）

　このようにイエネコといっても必ずしも飼い主が存在しているわけではなく，このことが，イエネコの生息状況の把握を困難にしている．また，ノネコは「鳥獣の保護及び狩猟の適正化に関する法律」（以下，「鳥獣保護法」）において狩猟鳥獣に含まれる一方で，ノラネコは「動物の愛護及び管理に関する法律」（以下，「動愛法」）では飼いネコとともに愛護動物に該当し，法的にも異なる取り扱いとなる．しかし，実際にはノネコとノラネコを厳密に区別することはむずかしく，イエネコへの対応はさらに混乱した状況となっている．このように，イエネコは家畜であると同時に野生動物でもあり，生態学的な調査研究を実施しなければ，国内におけるイエネコの生息の実態把握は困難であろう．

**図 10.1** やんばるの森に生息するノネコ（沖縄県国頭村西銘岳，撮影：佐藤文保）．

## 10.2 イエネコがもたらす社会的影響

　イエネコがもたらす影響は，住宅や敷地への侵入による食料被害，糞尿の被害を筆頭に，鳴き声，ペットである小動物の捕食，ヒトへのノミなど寄生虫の伝播，養豚場へのトキソプラズマなどの人獣共通感染症の伝播，在来種の捕食，在来種であるツシマヤマネコやイリオモテヤマネコへの感染症の伝播など，枚挙にいとまがない．今後は，走行中の車両が路上を徘徊するイエネコを回避するために発生する交通事故の問題が顕在化してくる可能性がある．

　イエネコは，飼育頭数が示すように，伴侶動物として不動の地位を築いているにもかかわらず，適正に飼育管理されないことが多く，上述の住宅や敷地への侵入による食料被害などの負の影響は増大し，全国の都道府県や市町村の担当窓口はこれらの苦情処理に苦慮している．加えて，地域的な違いはあるものの，全国の各都道府県が運営する動物愛護管理施設などにおける

「イエネコ」の処分頭数は年間20万頭を超えており，その被害や苦情は全国的に増加傾向にある（地球生物会議，2010）．

## 10.3 外来種としてのイエネコのなにが問題か

国際自然保護連合（IUCN）が「世界の侵略的外来種ワースト100」のなかでリストアップしている哺乳類は14種で，そのなかでイエネコも侵略的外来種として位置づけられている（村上・鷲谷，2002）．一方，2005年に制定された「外来生物法」では，「特定外来種」に指定されてはおらず，防除すべき対象とはなっていない．イエネコのうちノネコに関しては飼育動物であると同時に，生態系へ甚大な影響をおよぼすことが明確である以上，イエネコを特定外来生物として指定し，徹底的な防除を実施すべきである．

イエネコが侵略的外来種としてリストアップされる最大の理由は，在来種の捕食によって生物多様性を低下させ，生態系へ影響をおよぼすことである．とくに，規模の小さな島においてはイエネコが野生動物に与える影響は大きい．たとえば1894年ごろ，ニュージーランドのスティーブン島における無飛翔性のスティーブンイワサザイは，灯台守が持ち込んだ1頭のイエネコによる捕食で絶滅に追い込まれたとされている（Ross and Brown, 2004）．国内ではとくに鳥類への影響は大きく，海鳥繁殖地である天売島における海鳥の捕食（長・綿貫，2002；池田ほか，2005），小笠原諸島における海鳥およびアカガシラカラスバトの捕食（堀越，2006；堀越ほか，2009），沖縄島北部（やんばる地域）におけるヤンバルクイナの捕食（大島ほか，1997）など，在来種のなかでも固有種や地域個体群の絶滅の原因となりうる影響をおよぼしている．また，哺乳類への影響としては，琉球列島の固有種であるケナガネズミやトゲネズミ類（城ヶ原ほか，2003；Yamada et al., 2010），奄美大島のアマミノクロウサギ（Izawa, 2009），小笠原諸島のオガサワラオオコウモリ（稲葉ほか，2002；鈴木ほか，2010）や沖縄県南大東島のダイトウオオコウモリ（東，2004；金城，2009）が，イエネコに捕食されている．

ダイトウオオコウモリの事例では，餌として捕食された個体はわずかで，ほとんどの個体は捕殺されたのみであった．このようにイエネコのハンティングは「捕食」と「遊び」の両面を持ち，少数のイエネコが1つの繁殖コロ

ニーを絶滅させるおそれもある．

国内に生息する2種のヤマネコのうち，対馬（長崎県）に生息するツシマヤマネコには，イエネコ由来とされるネコ免疫不全ウイルス（feline immunodeficiency virus; FIV）の感染が3例確認されている（Nishimura *et al.*, 1999）．西表島（沖縄県）に生息するイリオモテヤマネコには，FIVの感染は確認されていない（阿久沢，2002）．しかし，イエネコの数が多い両島では，同じ小型ネコ科であるヤマネコとイエネコが狭い島嶼内で同所的に生息する地域があり，FIVの感染症リスクの増大，生息域の重複による餌資源の競合といった影響が危惧されている（環境省自然環境局，2004）．

## 10.4　イエネコが侵略的外来種となる要因

イエネコは本来，愛玩動物として人間に管理されているはずの家畜である．そのイエネコが野生動物に影響をもたらすためには，イエネコが個体群を維持できることが必要である．その要因は以下の3点に集約される．

### （1）　高い狩猟能力

ネコはイヌと異なり，毛色や柄，長毛，短毛などの形態が重視された品種もあるものの，特定の機能（労働）に特化した育種の歴史はほとんどない．習慣的にネズミを捕食するなど高い狩猟能力が期待され，その能力を残したまま飼育され続けているため，野生化しやすい可能性がある（伊澤，2002）．奈良時代からネズミ対策として飼育されてきたように，現在でもその捕食能力に着目して飼育されていることもある．ネコのハンティングにおける大きな特徴は，「遊び」を含めたハンティングを行うことであり（Biben, 1979），獲物は必ずしも捕食されるわけではない．

### （2）　高い繁殖力

イエネコは性成熟が早く，最初の発情兆候は3.5-12カ月齢の間で，通常は5-9カ月齢で現れる季節繁殖性の多発情動物で，年2-3回の発情期ごとに数回の発情をする（ボニー，2009）．交尾排卵動物であるため受胎率が高く，1年の平均出産回数は2.5回，1回の平均産子数は4頭で，最大9頭を出産

する．筆者らの調査では，沖縄県国頭村内で2-3月に捕獲された飼い主のいないネコ41頭のメスの妊娠率は60.9%にのぼっていた（環境省那覇自然環境事務所，2009a）．メスネコは生涯に50-150頭の子ネコを出産することが可能であり，毎年，1世代で8頭の子ネコを出産すると仮定すると，1頭のメスネコが7年間で約175000頭にまで増加するという試算がある（Bloomberg, 1996）．イエネコは野生下でも個体群を維持できる可能性を秘めている．

（3） イエネコの飼育管理体制

イヌの飼養に関しては，ほとんどの市町村において飼育管理に関する条例が定められており，その多くはイヌの係留を義務づけている．しかし，イエネコは家畜でありながら，ほとんどの地域でネコ飼養に関する条例が定められていない．したがって，イエネコの室内飼育や係留が義務づけられていないため，飼育されているイエネコは自由に屋外で活動することができる．飼い主によって餌を供給され，屋外でほかのイエネコと遭遇することにより，不妊化されていなければ繁殖も可能となる．

また，不要になった飼いネコや増えた飼いネコは，山野あるいは公園などに遺棄されることが多い．住宅地や繁華街では，イエネコは餌を与える人間の介在，ゴミあさりや民家への侵入などによって安定的に餌を確保でき，繁殖可能な生息環境が確保されている．一方，人間活動の少ない山林地域に遺棄された場合は，住宅地ほど十分な餌の供給はないが，野生動物を捕食することによって生命を維持し，条件が整えば繁殖し定着する．持続的な遺棄は不安定な個体群の存続と拡大につながり，野生動物への影響も持続し拡大する．また，在来ヤマネコの生息地においては，同じネコ科動物の共通感染症の伝播による影響や餌の競合など，種の存続にかかわる影響をおよぼす可能性がある．

ところが，屋外で活動するイエネコは，飼い主が目印をつけていない限りは飼育個体かどうかは判断できず，さらにノラネコとノネコを一見して見極めることも困難である．そのために，イエネコによって問題が発生した場合であっても，民法上の私有物のイエネコを捕獲処分してしまうと，裁判に発展してしまう可能性があるために，行政は捕獲に踏み切ることができず，こ

## 10.5 国内島嶼におけるイエネコによる影響と対策

### （1） 沖縄島やんばる地域におけるノネコの影響と対策

　沖縄島北部の森林地帯，やんばる地域は，イタジイを中心とする亜熱帯の常緑広葉樹からなり，哺乳類，鳥類，両生類，爬虫類，昆虫類，植物を問わず，固有種の構成比率が高く，琉球列島のなかでも遺伝的多様性と種の多様性が維持されている．これは大陸との離合という列島の地史において，琉球列島産の種は大陸産の種の遺伝形質を保持しながら，各島嶼において独自の進化を遂げたためである（当山，2010）．たとえば，ノグチゲラやヤンバルクイナ，オキナワトゲネズミ，ヤンバルテナガコガネは，やんばる地域のみに生息する固有種である（図10.2）．

　やんばる地域の林内にノネコが確認されたのは40年ほど前と考えられるが，当時はその影響を指摘する声はあったものの，ノネコの生息数は少なかったと考えられ，現在のような大きな問題としてとらえられてはいなかった（宮城，1976）．しかし，やんばる地域を南北に縦断する大国林道が開通した1995年前後から，ノネコの目撃が増え始めた．総延長35.5 kmの大国林道の開通は，イヌやイエネコなどの外来哺乳類の移動経路の一部として重要な役割を果たしていたと考えられる（大島ほか，1997）．また，大国林道の開通とともに一般車両が直接林内に入りやすくなり，これまで到達できなかった森林内の奥部への飼いネコの遺棄が生じた可能性もある．

　やんばる地域におけるノネコは，糞分析による食性調査（城ヶ原ほか，2003）によれば，昆虫類，哺乳類，鳥類および爬虫類を主要な餌資源としつつ，幅広い分類群の動物を餌として捕食し，集落では人工物および昆虫をおもな餌資源としている．やんばる地域に生息するノネコおよび集落に生息しているネコは，沖縄島の生態系において陸生動物のほとんどを捕食できる高次捕食者として位置づけられる．日本野鳥の会やんばる支部が1995年から大国林道において採取したノイヌあるいはノネコの糞（56個）を分析した

図 10.2 ヤンバルクイナ（撮影：金城道男）．

ところ，ヤンバルクイナをはじめオキナワトゲネズミ，ケナガネズミ，ワタセジネズミ，ホントウアカヒゲ，オリイオオコウモリ，ナミエガエルなどやんばるの希少動物および固有種が検出され，またヘビ・トカゲ類や昆虫類も多数捕食され，ノイヌやノネコが多種類にわたるやんばる地域の小動物を捕食していることが明らかとなった（大島ほか，1997；図 10.3）．2001 年には，同じく糞分析によってノグチゲラやオキナワトゲネズミの捕食も確認された（城ヶ原ほか，2003）．オキナワトゲネズミは 1997 年ごろから分布が急激に減少しており，この原因としてノネコの影響が指摘されている（Yamada et al., 2010）．

ノネコの捕獲

沖縄県が 2000 年に開始したやんばる地域の生態系保全を目的としたマングース防除事業では，マングース捕獲用のワナで多くのノネコが混獲されていた（環境省那覇自然環境事務所，2010a）．当時は捕獲されたイエネコの取り扱い手順が未整備であったため，捕獲されたノネコは全頭が放逐されていた．その後，2001 年に山階鳥類研究所は，やんばる地域の森林内で採取さ

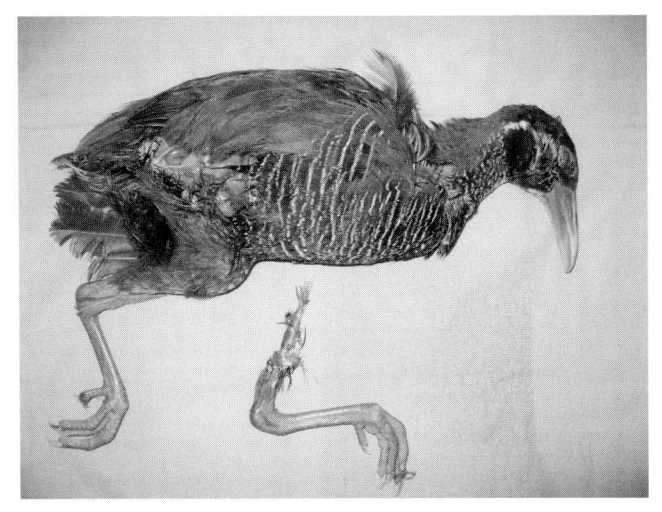

**図 10.3** ノネコによって捕殺されたヤンバルクイナの死体（沖縄県東村高江 2007 年 4 月 18 日）．

れた食肉目の糞の DNA 解析によって，ノネコによるヤンバルクイナの捕食を証明した（尾崎，未発表；図 10.4）．これを契機に，環境省はやんばる地域からのノネコの排除を決定し，2002 年 1 月からノネコの捕獲事業を開始した．環境省や沖縄県が鳥獣保護法における有害鳥獣捕獲の対象として捕獲したノネコを，沖縄県の福祉保健所が一定期間保護収容し，その間に飼い主あるいは新たな飼い主が見つからない場合は，ノネコを沖縄県が処分する仕組みを整備した．

ところが，実態は環境省や沖縄県自然保護課が有害鳥獣として捕獲したノネコが，沖縄県福祉保健所の協力によって愛護動物として取り扱われるという，きわめて異例の措置であったため，捕獲されて飼い主の見つからなかった約 350 頭のノネコは処分されずに新しい飼い主や動物愛護団体などに引き取られることとなった（環境省，2005）．国頭村，大宜味村および東村の 3 村において，ネコの飼養条例が施行される 2005 年まで，やんばる地域におけるノネコ捕獲およびその後の対応は上記のようなかたちで行われた．

この仕組みは，ノネコを動愛法の下で最終的に人間が責任を持って管理すべき動物であると解釈したという意味では，先駆的な取り組みとして高く評

図 10.4 ノネコによるヤンバルクイナの捕食（沖縄タイムス 2001 年 12 月 19 日掲載，沖縄タイムス社提供）．

価されるべきであろう．しかし，最終的に処分の可能性があるノネコの捕獲に対して，県内を問わず全国，あるいは海外の動物愛護団体から多くの抗議が寄せられ，ノネコの問題は社会的にも波紋を広げる結果となった．ノネコの捕獲は合意形成という大きな課題を残していたものの，捕獲したノネコを有害獣として捕殺するのではなく愛護動物として取り扱ったことによって，捕獲されたノネコ約 350 頭は最終的に愛護団体などに譲渡されることとなっ

た（環境省，2005）．この仕組みは，捕獲されたネコの取り扱いに関する行政と動物愛護団体との合意形成を円滑にした．

### 地域によるネコ飼養に関するルールづくり

2002年1月に開始されたノネコの捕獲に対して，動物愛護団体による行政や研究機関への抗議，野生動物保護を重視すべきという賛否両論の意見が真っ向から対立を深めるなか，やんばる地域の最北部東海岸に位置する国頭村安田区（人口約200人）では，ノネコ問題解決へ向けた取り組みが始まっていた（澤志，2005）．当時，道路の整備とともに自然豊かなやんばるの森と美しい海岸を持つ安田区は，沖縄の人々にとって行楽の穴場的存在となり，週末には中南部から多くの人々が訪れるようになった．このことがゴミの不法投棄やペットの遺棄が増えるという問題を生み出した．遺棄されたイヌやネコが住宅や敷地内に侵入するという人間生活への実害もさることながら，ヤンバルクイナを捕食するノネコは安田区でも問題となっていった．捨てられていくネコやイヌを目撃した地元安田区の小学生たちはこの問題を重視し，こども会の活動としてイヌやネコの遺棄を防ぐための看板の作製に取り組んだ．安田区活性化委員会はこども会の活動を後押しし，ヤンバルクイナの保護や住環境の改善のためのネコ対策として，自らの地域の飼いネコの適正飼養をルール化していくことの検討を始めていた（伊計・島袋，2006）．

### 地域と獣医師の協働

ノネコによるヤンバルクイナの捕食が証明されたことを受けて，2002年（社）沖縄県獣医師会の若手獣医師が中心となって，「ヤンバルクイナたちを守る獣医師の会」を結成した．イエネコの生理・生態に関して熟知している獣医師にとって，狩猟能力の高いノネコがやんばる地域に生息している事実は，ヤンバルクイナをはじめとするやんばるの固有種の絶滅を予感させるものであった．獣医師の会では，ノネコの捕獲が進んでも遺棄されるイエネコがなくならない限り，ノネコはやんばる地域の野生動物を捕食し続けることから，ノネコの発生源となるイエネコの適正飼養を進めない限り，問題は解決しないと考えていた（長嶺，2003）．すなわち，遺棄されるネコが減少するような社会をつくりだすことが重要な対策だとして，「クイナもネコも守

ろう」をスローガンに，飼いネコの繁殖制限とマイクロチップ活用による飼い主の明確化，飼いネコのやんばる地域への遺棄の抑制，適正飼養の普及・啓発などの活動方針を柱に活動を展開した．

獣医師の会では，ネコの適正飼養のルールづくりを始めた安田区と連携をとり，2002年3月24日に安田区の公民館を手術室に変え，区内のすべての飼いネコ10頭にマイクロチップ処置を実施，繁殖制限の施されていない5頭の飼いネコに避妊・去勢手術を施した．これによって，安田区内で飼育されているすべての飼いネコに，繁殖制限とマイクロチップの埋め込み処置が完了した．

### 地域におけるネコ飼養に関する規則の施行と効果

ネコの避妊・去勢手術やマイクロチップの取り組み開始からわずか2カ月足らずの2002年5月1日，安田区は「安田区ネコ飼養に関する規則」を施行した（伊計・島袋，2006）．

国内では飼いネコだけに特化した飼育に関する条例として，1998年に「小笠原村飼いネコ適正飼養条例」が施行されたのを皮切りに，2001年に竹富町ではイリオモテヤマネコの生息に対するイエネコの影響を考慮して，「竹富町ネコ飼養条例」が制定されていた．3番目に施行された安田区の「ネコ飼養に関する規則」の最大の特徴は，自治会が主導した国内初のマイクロチップによる有料の飼養登録制度で，飼いネコが確実に個体識別できるため，飼い主責任が明確となったことである．これによって繁殖制限や室内飼育を含めた飼いネコの適正飼養が進み，飼いネコの遺棄を抑制する効果が現れてきた．なによりも，飼い主責任が明確となるマイクロチップによる登録制度は，ネコを飼育するうえで，飼育条件のハードルが高くなり，安易な飼育が困難となったことによる飼育頭数の抑制につながったと考えられる．規則施行後9年を経た現在でも，安田区の飼育頭数は10頭前後に抑えられている．

ノネコによるヤンバルクイナをはじめ希少種の捕食被害や住民生活への悪影響に関して，地域自らが対策を検討し，ネコの飼養に関する規則をつくっていく過程で，家畜の管理の専門家である獣医師グループとの協働が，1つの先進事例を生み出した．安田区では，2002年の「安田区ネコ飼養に関す

る規則」施行後は集落内に飼い主不明のネコがいなくなり，2003年から集落内でヤンバルクイナの繁殖が始まった．ときおり，外部からの捨てネコが発生するものの，住民のネコに対する意識が高く，飼い主の明確でないネコが発見されると環境省へ通報され，国頭村との連携により捕獲作業が実施され，迅速に摘発と排除が実施されている．在来種を捕食する外来哺乳類の防除対策の目標は，在来種の生息状況の回復にあるが，本事例においては，イエネコの繁殖制限および飼養に関する規則を制定した結果，集落内でヤンバルクイナの繁殖が確認され，安定的な生息状況が維持されており，イエネコ対策が効果を上げている．

**集落レベルから希少種の生息域全域へのイエネコ対策へ**

環境省は，安田区や獣医師グループの協働による取り組みをモデルとして，2003年度から2年間，国頭村，大宜味村および東村のやんばる地域3村を対象に「飼養動物との共生推進総合モデル事業」を実施した（環境省，2005）．このモデル事業は元来ヤンバルクイナの生息域である3村において，ペットの適正飼養と野生動物の共生を図ることを目的に実施され，結果的に野生動物の生息状況の回復も目標の1つとするという異例のモデル事業であった．

この事業は沖縄県に施行委任され，環境省，沖縄県の薬務衛生課，動物愛護管理センター，福祉保健所，自然保護課，各村の担当課，獣医師会，NGOによる検討委員会が設置された．3村におけるイエネコの生息状況の聞き取り調査が行われ，住民のイエネコに関する意識調査も実施された．この調査をもとに検討委員会は，3村における飼いネコの適正飼養を推進していくための実施計画を立て，2年間のモデル事業を完了した後，3村における飼いネコの適正飼養に関する条例の制定を目標に掲げた．やんばる3村には動物病院が存在しないことや，対象となったネコの頭数が多かったため，安田区の場合とは異なり，参加した沖縄県獣医師会に所属する27の動物病院にイエネコを搬送して避妊や去勢，マイクロチップの埋め込み処置を実施するという体制がとられた．

2年間のモデル事業により，3村で飼育されている飼いネコ457頭に対して，無償で避妊去勢手術およびマイクロチップの処置が施された（図10.5）．

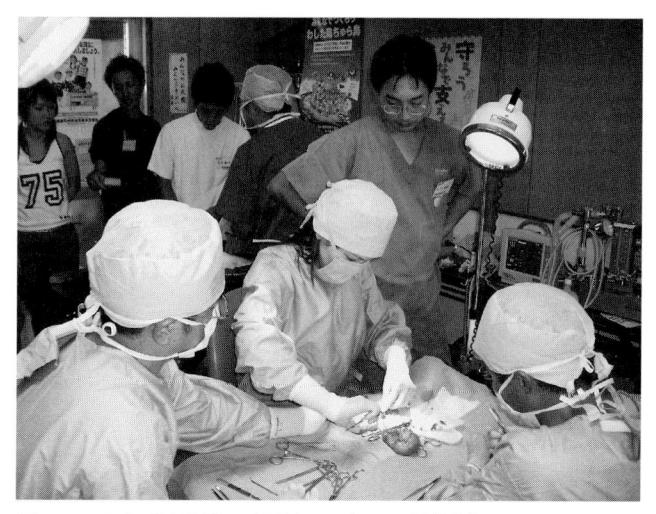

図 10.5 やんばる地域の公民館でのネコの出張手術.

　飼いネコの適正飼養を推進するために，公民館での公開手術や勉強会，街頭での捨て猫防止キャンペーンなど，ボランティアも参加して多彩な活動が展開された（環境省，2005；図10.6）．この取り組みを通じて沖縄県内の動物病院にマイクロチップリーダー（読み取り機）が普及し，リーダー保有率は80%を超えた．

### やんばる地域におけるネコ対策の効果

　繁殖制限手術，マイクロチップによる個体識別，遺棄防止キャンペーンなど，検討委員会では具体的な対策を実施しながら，条例制定へ向けた準備が進められ，モデル事業が完了した翌年の2005年4月には，3村が同時に「ネコの愛護及び管理に関する条例」を施行した．この条例の特徴は，地方自治体では初となるマイクロチップによる登録制度によって，飼い主責任を明確にしたこと，飼いネコと飼い主のいないネコ（いわゆるノラネコ）の識別が可能となったこと，ノラネコの保護捕獲を明記したこと，新たな飼い主が決まるまで一定期間，ボランティア団体を含めた関係機関と連携してノラネコを保護収容することを可能にした点である．

　安田区では，2002年「安田区ネコ飼養に関する規則」施行後は集落内に

**図 10.6** やんばる地域で毎年実施されている捨てネコ捨てイヌ防止キャンペーン.

　飼い主不明のネコが姿を消し，2003年から始まった集落内でのヤンバルクイナの繁殖が現在も持続している．沖縄県および環境省によってやんばる地域でのマングース防除事業で捕獲されたネコは2002年には137頭であったが，2005年，3村による「ネコの愛護及び管理に関する条例」施行以降，ノネコの捕獲数は激減し，2005年には59頭，2009年には5頭にまで減少した（図10.7）．

　環境省は2008年から国頭村やNPOと協力して，ノネコの発生源の1つとなる集落内の飼い主のいないネコの捕獲事業を開始した（環境省那覇自然環境事務所，2010a）．これによって，ヤンバルクイナの主要生息地である国頭村は，村内全域においてイエネコの捕獲が実施されることとなった．集落内のネコの捕獲を続けることによって，いわゆるノラネコは激減した（図10.7）．やんばる地域におけるイエネコ対策成功の要因の1つは，マイクロチップによる登録の義務化である．ネコ飼養条例において，飼い主不明のネコを捕獲することができると明記されており，マイクロチップによって個体識別が可能となったため，飼い主のいないネコと飼いネコを明確にし，飼い主のいないネコを排除できるようになったことが最大の効果である．

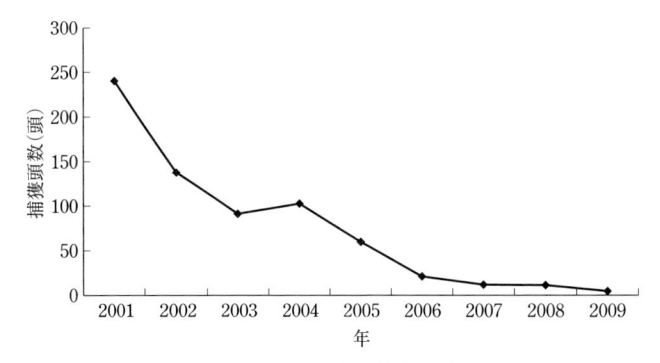

図 10.7 やんばる地域におけるノネコ捕獲頭数

　ノネコ，ノラネコの減少，マングース防除事業の進捗にともない，著しい減少傾向にあったヤンバルクイナの生息数は1000羽前後で（環境省那覇自然環境事務所，2010b），生息域も含めて減少が抑制されている．また，まだ詳細な調査は実施されていないが，やんばる地域では観察することが困難であったケナガネズミの目撃事例やマングースワナへの混獲事例が増加しており（環境省那覇自然環境事務所，2010a），イエネコ対策の成果の一端ととらえられている．

　現在もマングース防除事業にともなって捕獲されたイエネコに対しては，マイクロチップの読み取りによる飼い主確認が行われている．飼い主がいない場合，村落に近いか山中かの捕獲地点によってノラネコはNPOのシェルターへ収容され，ノネコの場合は沖縄県の動物愛護管理センターを通じて，新たな飼い主へ譲渡される仕組みとなっている．この体制も，希少種の生息地からノネコを排除しやすい仕組みとなっていることに注目したい．

### やんばる地域におけるイエネコ対策の特徴

　やんばる地域におけるノネコの減少速度は著しく早く，イエネコ対策を開始した2002年から10年を待たずして，捕獲されるノネコの数は激減している（図10.7）．短期間で達成されたノネコの減少に関して，やんばる地域におけるイエネコ対策の特性からその要因を探ってみたい．

　一般的にイエネコの生息実態調査は行われていないので，やんばる地域においてもイエネコの生息状況に関する詳細なデータは乏しい．環境省による

モデル事業に先立って実施された集落における聞き取り調査で，やんばる全域で約600頭の飼いネコの存在が判明した（環境省，2005）．

- 繁殖制限

環境省による聞き取り調査をもとに，やんばる地域の飼いネコに対して繁殖制限を実施する目標を飼育総数の70-80%と算出し，2年間で約450頭に対して避妊去勢手術が実施された．ネコの繁殖力を想定して，短期間に集中して圧倒的多数のネコの繁殖制限を実施することを目標に掲げた．やんばる地域全域におけるネコの個体数を増やさない状態を維持して対策を進めていくことが重要である．

- 飼いネコの遺棄防止

ノネコの原因となる捨てネコを防止するため，捨てネコ防止キャンペーンが2002年から行政，地域住民，地元自治体およびNPOによって実施されている．都市域からやんばる地域への遺棄が想定されることから，キャンペーンは那覇市内からやんばる地域まで広範囲に実施されている（図10.6）．

- 捕獲

沖縄島北部地域マングース等防除事業では，環境省と沖縄県が年間約120万ワナ日の捕獲努力量を費やして，捕獲事業を実施しているが（第4章参照），ノネコの目撃情報が入ると，ネコも捕獲できるワナを林内に設置し，排除に努めている．また，住宅街のノラネコに関しては，各村担当課が捕獲し，民間の機関の協力を得てシェルターへ収容している．

やんばる地域のネコの捕獲努力量は年によって変動するが，年間3万ワナ日を下回ることはないと思われ（環境省那覇自然環境事務所，2009a），国内におけるネコ対策の努力量としては最大級である．他地域に比して，日常的にイエネコ捕獲を実現できるのは「ネコ飼養条例」によって，飼いネコにマイクロチップの装着が義務づけられていることによる．

すなわち，もし飼いネコが捕獲されても，マイクロチップの読み取りによって登録されているIDが判明して，飼い主に戻すことができている．この安心感によって，住民との捕獲・排除の合意が得られやすくなっている．また，捕獲されたネコの写真を公開することで，万が一未登録のネコでも飼い主が現れやすい環境づくりを実践し，未登録者には適正な飼育を指示する機会となっている．さらに飼い主のいないノネコ，ノラネコが捕獲された場合

は新たな飼い主探しが行われる仕組みになっており，捕獲された飼い主不明のネコの取り扱いのゴールが示されていることが合意形成の大きな条件となっている．なお今後は，やんばる3村のネコ飼養条例においても新たな飼い主が見つからない場合は，行政手続きに沿って，沖縄県の愛護管理センターへ搬送する可能性もある．

捕獲・排除を具体化できるのは，明確な個体識別と飼い主のいないネコの行き先を示すことが不可欠で，これがやんばる地域のイエネコ対策の大きな特徴である．やんばる地域におけるイエネコ対策は，一度減少してしまった在来種を回復させつつあり，世界的にもまれなイエネコ対策の画期的な成功事例である．

**やんばる地域におけるイエネコ対策の課題**

成果を維持するための課題の1つは，ノネコの捕獲排除の対象地域であるやんばる地域に近い都市部から発生する捨てネコの影響を最小限に抑えることである．やんばる地域でネコの適正飼養や捕獲排除などの対策が実践されていても，遺棄されるネコが減少しなければ，問題は終息しない．また，やんばる地域の各村で持続的に飼いネコの登録業務による管理を行うとともに，適正飼養に関する普及・啓発が行われないと，ノネコが増加し，ノネコが在来種と同所的に生息することとなる．現在の捕獲圧を永久にかけ続けることは困難であり，やんばる地域の野生生物の生息状況の維持改善を図るためには，ネコ飼養条例の改正を含めた沖縄島全域におけるルールづくりが必要である．

**（2） 沖縄県西表島におけるノネコの影響と対策**

西表島は沖縄県八重山郡竹富町に属し，沖縄県内では沖縄島に次いで2番目に広い，亜熱帯広葉樹やマングローブ林を特徴とし，人口約2000人の島である．西表島は，琉球列島においては唯一の食肉目であるイリオモテヤマネコを筆頭に，両生類・爬虫類，昆虫類，鳥類など固有の動植物の生息する国内屈指の生物多様性の宝庫である．西表島におけるイエネコの問題としては，イリオモテヤマネコへの共通感染症の伝播のリスクやイリオモテヤマネコとの競合，鳥類やカエルなどの在来種の捕食，住民生活への被害などがあ

げられる．

### FIV対策

1996年に長崎県対馬でツシマヤマネコへのFIVの感染が明らかになったこと（Nishimura *et al.*, 1999）を受けて，イリオモテヤマネコへのFIV感染を防ぐために，地元のネコの飼い主の会（マヤー小探偵団）によって不妊化手術，ウイルス検査など，イエネコの適正飼育を通じたヤマネコ保護の取り組みが始まった（環境省那覇自然環境事務所，2009b）．幸い，現在のところイリオモテヤマネコへのFIV感染は発生していない（阿久沢，2002；環境省那覇自然環境事務所，2009b）．

西表島が属する沖縄県竹富町は，2000年に東京都小笠原村に次いで全国で2番目となる「竹富町ネコ飼養条例」を施行し，イリオモテヤマネコ保護への機運が高まっている状況であった．同年，九州地区獣医師会連合会（以下，九獣連）によってヤマネコ保護協議会が結成され，長崎県対馬に生息するツシマヤマネコとともに，沖縄県西表島に生息するイリオモテヤマネコをイエネコが保有するFIVや猫白血病ウイルス（feline leukemia virus；FeLV）をはじめとする各種感染症から守ることを目的に，活動が開始された（山上，2007）．2001年には九獣連により西表動物診療所が開設され，沖縄県獣医師会を中心に定期的に獣医師を派遣して，飼いネコに対してウイルス検査，予防接種，マイクロチップの処置，避妊・去勢手術などの繁殖制限を実施しながら，イエネコの適正飼育の普及・啓発が行われていった（環境省自然環境局，2004）．

西表島内では2000年の竹富町ネコ飼養条例の施行後，竹富町自然環境課によって西表島において毎月有料でのネコの飼養登録業務が実施され，獣医師会によるイエネコに対する獣医療支援により，マイクロチップによる個体識別，FIVおよびFeLVのウイルス検査，ワクチン接種，避妊・去勢手術が無償で実施された（表10.1）．獣医師会やNPO，環境省および竹富町は協働してイエネコ対策に取り組み，飼いネコの搬送サポートや積極的な広報を行い，持続的に実施された繁殖制限（避妊・去勢手術）によって，飼いネコから無秩序に増殖していくことによるノラネコ化を抑制している（表10.2）．

**表 10.1** 沖縄県西表島における飼いネコの適正飼養支援活動実績(九州地区獣医師会連合会資料より).

| 事業年度 | 避妊手術実施頭数 | 去勢手術実施頭数 | ウイルス検査実施頭数* | | 予防接種実施頭数** | マイクロチップ実施頭数 |
| --- | --- | --- | --- | --- | --- | --- |
| | | | FIV 陽性個体数 | FeLV 陽性個体数 | | |
| 2001 | 13 | 5 | 24 (0) | 24 (0) | — | — |
| 2002 | 18 | 17 | 44 (1) | 44 (0) | — | — |
| 2003 | 12 | 11 | 33 (5) | 37 (0) | 39 | 25 |
| 2004 | 23 | 21 | 66 (4) | 61 (0) | 71 | 49 |
| 2005 | 28 | 29 | 84 (6) | 84 (1) | 102 | 60 |
| 2006 | 20 | 14 | 71 (1) | 71 (0) | 85 | 34 |
| 2007 | 24 | 13 | 50 (4) | 50 (0) | 53 | 27 |
| 2008 | 25 | 22 | 74 (3) | 74 (0) | 79 | 47 |
| 2009 | 19 | 20 | 113 (12) | 113 (0) | 123 | 39 |
| 2010 | 3 | 2 | 50 (5) | 50 (0) | 51 | 12 |
| 合計 | 185 | 154 | 609 (41) | 608 (1) | 603 | 293 |

九州地区獣医師会連合会・ヤマネコ保護協議会の支援事業による.
*ウイルス検査を実施した延べ頭数.カッコ内は延べ陽性個体数,複数回の検査を実施した個体もあり.
**予防接種を実施した延べ頭数.

### ゴミ問題でイエネコ捕獲開始

ところが,西表島におけるイエネコ問題の大きな課題となっていたゴミ捨て場に依存するノラネコについては,手つかずの状況となっていた.2004年ごろまで,西表島においては一般家庭から出されるゴミの分別収集は実施されておらず,各集落付近の林内の谷間や空き地にゴミが分別されずに山積みに廃棄され,島内15カ所のゴミ捨て場に200頭以上のノラネコがすみついていた(図10.8).竹富町では2004年から西表島の東部地域から順次,ゴミ捨て場を閉鎖し,分別収集の体制へと切り替えていく計画を実施することとなった.

ここで問題となったのがゴミ捨て場の閉鎖にともなうノラネコの行き場であった.ゴミ捨て場のノラネコの一部は集落へ移動し,一部は森林内に移動してノネコとなり,イリオモテヤマネコとの接触が発生する可能性が高いと予測されたため,環境省はゴミ捨て場のネコの保護捕獲に乗り出した(図10.9).この事業は沖縄県獣医師会が業務を請け負い,地元のネコの飼い主の会がノラネコの目撃情報を提供し,沖縄県が協力,NPO法人どうぶつた

表 10.2 西表島における飼いネコ感染症コントロールにおける処置率.

| 処　置 | 実施頭数（頭） | 実施率（％） |
|---|---|---|
| 避妊手術 | 256 | 95.9 |
| 去勢手術 | 256 | 95.9 |
| マイクロチップ装着 | 249 | 93.3 |
| ワクチン接種 | 244 | 91.4 |
| ウイルス検査 | 263 | 98.5 |

西表島において生存している飼いネコ総数は267頭（2011年1月31日現在，NPO法人どうぶつたちの病院調べ）.

図 10.8　沖縄県西表島におけるゴミ捨て場にたむろするネコ（2004年）.

ちの病院が島外のシェルターで保護収容するという仕組みが確立された．また，この事業により，集落内や空き地など，目撃情報にもとづいてノラネコを保護捕獲することとしたため，2004-05年の2年間で255頭のノラネコが収容された（環境省，2005；図10.10）．本事業は持続的に行われ，2010年末までに西表島全域で385頭のネコが収容された．この事業で保護捕獲されたネコのうち113頭については，西表島内で飼い主が判明あるいは新たな飼い主に譲渡され，FIV感染の見られた31頭を含む272頭は，沖縄島にあるNPO法人どうぶつたちの病院のネコシェルターに島外搬出された．

**図 10.9** 沖縄県西表島におけるゴミ捨て場で捕獲されたネコ.

　ゴミ捨て場の閉鎖およびノラネコの保護捕獲によって，西表島内のノラネコは激減し（図 10.11），屋外飼育されている飼いネコが目撃されることはあるものの，飼い主のいないネコはほとんど姿を消し，2010 年には環境省によるイリオモテヤマネコのモニタリング調査（自動撮影や目撃）では，イエネコの観察事例がゼロとなり，ヤマネコの生息域内でノネコが確認されない状況となった（環境省，2011）.

### 条例改正と現状

　2010 年末現在で島内の飼いネコのうち，オス 6 頭，メス 6 頭の計 12 頭が FIV 感染個体である．これら FIV 感染個体は，2005 年から常駐する NPO 法人どうぶつたちの病院の獣医師によって飼育状況が把握され，健康状態のチェックと室内飼育の徹底を指導し続けている．わずか 12 頭ではあるが，西表島における FIV の終息を目指してきめの細かいケアが実施されている．西表島における猫白血病ウイルス感染症については，2001 年から予防接種が施されており，2004 年に FeLV の感染が確認された飼いネコが 1 頭飼育されていたが，同年に死亡し，その後の疫学検査では FeLV 陽性のネコは検出されておらず，西表島において FeLV が存在しない状態が 5 年以上続

図 10.10　沖縄県西表島で保護捕獲されたイエネコ（2004 年）．

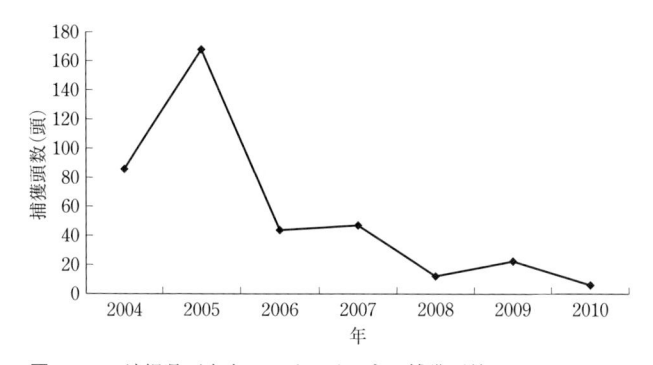

図 10.11　沖縄県西表島におけるイエネコ捕獲頭数．

いている．国内で FeLV の存在しない地域は，きわめてまれだと考えられる（環境省那覇自然環境事務所，2006）．

　西表島においては，飼いネコの感染症コントロールの徹底と飼い主のいないイエネコの減少を達成したことにより，イリオモテヤマネコへの感染症リスクを軽減することが可能となった（表 10.2）．このような良好な状況を維持するために，2006 年から環境省が主宰する「西表島ペット適正飼養推進連絡会議」が設置され，竹富町ネコ飼養条例の改正が提案された．

同時に改正内容についての議論が開始され，竹富町はネコ飼養条例の改正へ向けて検討委員会を設置し，2008年，条例が全面改正され，「竹富町ネコ飼養条例」が施行された．

本条例の全面改正によって，目的条項が「生物多様性の保全に資する」と大幅に書き換えられ，マイクロチップによる登録制度，特定感染症の検査および予防接種の義務，繁殖制限の義務（条件つき），多頭飼育の制限，特定感染症に罹患しているネコの原則飼養禁止が盛り込まれた．

改正条例では西表島にネコを持ち込む際には，マイクロチップの処置，特定感染症の検査，予防接種が義務づけられ，獣医師による証明書の提出が義務づけられている．またFIVなど特定の感染症に罹患しているネコの原則持ち込み禁止としているため，一定の検疫が施されるかたちとなった．関係者間ではこれを環境検疫（野生動物を含めた環境保全にかかわる検疫）と呼び，野生動物に発生しうる事態（ここでは感染症）を予測し，未然に防ぐことを目的とした画期的かつ完成度の高い条例となった．

### （3） その他の島嶼地におけるイエネコ問題

#### 北海道天売島

天売島は北海道北西部，羽幌町に属する島で，面積 $5.5\,km^2$，周囲約 $12\,km$，人口約400人（2010年4月現在）の有人島である．西海岸の絶壁には国内最大級の海鳥の繁殖地があり，3-8月には約60万羽のウトウを中心に，ウミガラス，ケイマフリ，ウミスズメ，ウミウ，ヒメウ，オオセグロカモメ，ウミネコの8種の海鳥が繁殖する．その総数は100万羽といわれている．絶滅危惧IA類のウミガラスは，国内では天売島にのみ繁殖個体群が存在する．

天売島においてはイエネコによるウトウおよびウミネコの捕食，繁殖地の撹乱が発生している（長・綿貫, 2002). 天売島は国内のイエネコ対策としては，小笠原諸島に先立って，もっとも古い時期から実施されている場所で，1990年ごろからネコの被害が顕在化し，1991年からネコの捕獲が開始されたが，動物愛護団体との軋轢と協働の歴史を経て，現在のイエネコ対策の基本といえる繁殖制限や捕獲・排除が行われていた．

天売島はイエネコにとってもっとも厳しい寒冷地という生息環境であり，

避妊，去勢手術という繁殖制限を受けながら，個体群を維持し，海鳥の繁殖に影響を与え続けていることからも，天売島の現状は国内におけるイエネコ対策の困難さを如実に表している地域といえる．

### 東京都小笠原諸島

小笠原村は 1992 年，イエネコによる希少鳥類メグロの捕食が明らかとなり，国内初のネコ飼養条例を施行した．小笠原諸島においてはオガサワラオオコウモリ，アカガシラカラスバト，海鳥の捕食の問題が発生し，2010 年ネコ飼養条例を改正し，マイクロチップによる登録制度を導入した．2009 年より父島においては，環境省による積極的なノネコの排除が始まっている（中山，2009）．

### 長崎県対馬

1996 年にツシマヤマネコへの FIV 感染が明らかとなってから，これまでに 3 頭の FIV 感染が判明した（Nishimura et al., 1999）．2000 年から九州地区獣医師会連合会・ヤマネコ保護協議会の活動により対馬動物診療所が開設され，イエネコのウイルス検査，予防接種，マイクロチップの処置，避妊，去勢手術などの繁殖制限を実施している．

2010 年，マイクロチップおよび繁殖制限を義務づけたネコ飼養条例を施行した．

### 鹿児島県奄美大島

イエネコによりアマミノクロウサギ，アマミトゲネズミ，ケナガネズミなどの希少種が捕食されている（Izawa, 2009；環境省那覇自然環境事務所，2009c）．奄美市がネコ飼養条例の 2011 年からの施行を目指している．

### 沖縄県大東諸島

沖縄島の東海域の海洋島である南大東島と北大東島に生息しているダイトウオオコウモリがイエネコに捕食されているが（東，2004；金城，2009），現在，具体的な対策がとられていない（図 10.12）．

**図 10.12** 沖縄県南大東島においてネコに捕食されたダイトウオオコウモリ（撮影：東和明）.

## 10.6　イエネコ対策の今後と課題

　イエネコ問題の特徴の1つは，マングースやアライグマが特定外来生物という位置づけで防除を行う対象であることに比べ，イエネコは家庭飼育動物であるがゆえに，一方では積極的に増殖させ，一方では積極的に排除するという二面性を持つ点である．さらに家族の一員として愛護の対象となっており，外来種としての対応が感情的に困難で複雑な位置づけとなっている．

　イエネコによる在来野生動物への被害や住民生活への被害という意味では，全国で同様に発生しているが，これらの影響はほかの外来食肉類と同様で，とくに島嶼部という特殊かつ脆弱な生態系を有する地域で顕著に現れやすい．島嶼地域における被害は，種の絶滅や地域個体群の絶滅に結びつく可能性があり，国レベルの基本戦略としてはまず，島嶼地域でのイエネコ対策を優先的に進める必要がある．

　イエネコ対策の基本は以下に述べる繁殖制限，捕獲排除，遺棄の防止であり，この3つの対策が計画的かつ持続的に実行されれば効果が現れる．

### 繁殖制限

　個体数を減少させて在来種の生息域への被害の軽減を目標とするが，不妊化など獣医師による特殊な技術を要することや，飼いネコの場合の飼い主の合意の問題，かかるコストや施設の問題などの課題が大きいため，繁殖制限は一般化することができず，現状としては緊急的な対策を要する地域から集中的に実施する必要がある．前述のようにイエネコの繁殖力は高く，対象とする地域の全飼育個体のほとんどを2-3年のうちに繁殖制限させるようにしなければ，効果は現れにくい．すなわち，長期間で多数の手術を行うのではなく，短期間に集中して対象地域の飼育総数のほとんどに繁殖制限の処置を終えるスピードが必要である．

### 捕獲排除

　ほとんどの地域でネコの飼養に関する規則がないために，所有者がいる可能性のあるネコを捕獲しにくいというのが実情である．ネコにおけるマイクロチップ装着は，行方不明ネコの判明のための迷子札とすることが本来の目的であるが，現在各地で進められているマイクロチップによる登録制度は，外来種としてのネコ対策にはきわめて有効に働く．ネコの個体識別が可能であるために，飼いネコと飼い主のいないネコとを確実に区別することができるため，捕獲が実施できるという利点がある．沖縄島のやんばる地域や西表島におけるネコの減少には，マイクロチップによる登録制度が多大な効果をもたらした．遠回りのようでも，ネコの捕獲排除を進めていくためには，条例や規則によってマイクロチップによる個体識別を義務づけることが重要である．ネコの捕獲排除については，捕獲された個体の扱いをどうするかという課題がある．飼い主がいないことが判明した場合，新たな飼い主探しを行うのか，安楽殺を行うのか，収容期間での終生飼育の可否を判断しなければならないが，原則的には生存の機会を与える努力をすべきであろう．

　捕獲後のネコの対処法によっては，外来種防除対策を実施する者と動物愛護関係者間に軋轢をもたらし，保全すべき野生動物と防除・愛護されるべきイエネコが置き去りにされていく可能性がある．各現場で安楽殺の是非をめぐる議論に時間を要するのは当然であるが，在来種や地域個体群の絶滅という事態が刻一刻と進行していること，イエネコ自体も時間の経過とともに増

殖しつつ，生存できない個体は死亡しているということを忘れてならない．緊急の課題を解決するための時間の概念を忘れることなく，実現可能な方法を探り協働するあり方が強く求められる．外来種対策を進めていく事業者と動物愛護団体は敵対する存在ではなく，解決すべき課題を協働して解決に向けていくパートナーである．

捕獲個体の処置については事業にかかわる多くの関係者間で十分検討されなければならないが，保護収容するにしても，適正管理をしていくうえでかかる労力やコストを予測して実行しないと，シェルター運営が破たんする可能性がある．捕獲されるネコの数は，野生動物と異なり，対象地域の人口に大きく左右される．すなわち，人口が多いほど捕獲されるイエネコの数は多くなる．

筆者らのネコシェルターでは，2004年から2010年の6年間でやんばる地域で捕獲されたネコを延べ約750頭収容し，西表島のネコについては同じ6年間で延べ約270頭を収容した．沖縄で取り組まれている手法では，新たな飼い主を探すことでかろうじてシェルターの収容頭数を100頭前後に維持しているが，ネコの飼育管理および新たな飼い主探しの労力やコストはかなり大きい．

沖縄島と西表島ともに，現状としてはノラネコやノネコが著しく減少し，収容頭数は減少している（図10.7，図10.11）．ここで着目したいのは，両地域とも積極的な繁殖制限と捕獲を進めて，ネコが激減していった結果であるということである．繁殖制限や持続的な捕獲を進めない限り，収容されるネコの数は減少しない．また，やんばる地域や西表島と同様な捕獲後収容する手法の場合，対象地域の人口と収容ネコの頭数に関して予測して取り組まないと，シェルターの運営は破たんする．たとえば，やんばる地域の人口が約1万人，西表島の人口が約2000人であることを参考にすると，やんばる地域よりも人口の多い鹿児島県奄美大島（約7万人），あるいは長崎県対馬（約35000人）におけるネコ対策を同様に実施した場合，ネコの収容頭数は数千頭から数万頭におよぶ可能性がある．シェルターなどによるイエネコの保護収容形式は，あくまでも1つの選択肢であり，必ずしもイエネコ問題の解決策とはいえない．外来哺乳類としてのイエネコの根絶計画に沿った対策が重要である．

また，関係機関の合意形成は，外来種対策および動物愛護の両面からイエネコ問題を解決するために参加し，協働する関係機関にできるのであって，いたずらに外部から圧力をかけるあり方は望ましくない．とくに，島嶼域でイエネコ対策を進める担い手は少なく，解決の糸口を見つけるには，外部からの圧力ではなく，協力が必要である．やんばる地域や西表島，対馬，小笠原においては新たな飼い主が現れることによって，多くのネコが島内で引き取られるか，島外に搬出され，良好な野生動物の保護とイエネコの愛護の両立が図られている．

### 遺棄防止

　イエネコの遺棄，すなわち捨てネコの防止については，遺棄した者を動物愛護法違反で摘発することは現実的には困難であり，地道な普及・啓発とパトロールが効果的で，イエネコを捨てにくい環境づくりが重要である．捨てネコは犯罪であるという認識のもと，警察による協力は効果が大きい（図10.6）．

　外来哺乳類としてのイエネコ問題の解決のためには，社会全体としてイエネコを人間が管理すべき家畜として明確な位置づけをすべきで，適正飼養ができない飼い主に飼育を許すべきではない．飼育を規制する条例などのルールづくりが必要であり，不適切な飼養を許すことによって発生している在来野生動物への被害および年間20万頭を超すイエネコの処分頭数を真摯に受け止めるべきである．

　最終的にイエネコ問題は，生物多様性を次世代に引き継ぐことができるのか，人とペットと野生動物が共生できる社会が実現できるのかという課題をわれわれに突きつけている．

### 引用文献

阿久沢正夫．2002．ヤマネコとFIV（猫免疫不全ウイルス）感染症——貴重な野生動物を絶滅に追い込む．（村上興正・鷲谷いづみ，監修：外来種ハンドブック）pp. 222-223．地人書館，東京．

Biben, M. 1979. Predation and predatory play behavior of domestic cats. Animal Behavior, 27：81-94.

Bloomberg, M. S. 1996. Surgical neutering and nonsurgical alternatives. Journal of the American Veterinary Medical Association, 208：125-136.
ボニー，V. B.（齋藤徹・久原孝俊・片平清昭・村中志朗監訳）．2009．猫の行動学［第1版］．インターズー，東京．
地球生物会議（ALIVE）．2010．平成20年度版全国動物行政アンケート結果報告書．ALIVE資料集，（30）：44-64．
長雄一・綿貫豊．2002．北海道における海鳥類繁殖地の現状．山階鳥類研究所報告，33（2）：107-141．
大日本猟友会．2006．狩猟読本．大日本猟友会，東京．
東和明．2004．ダイトウオオコウモリ館長の災難（大東こうもり新聞2004年2月号No. 19）．島まるごとミュージアム島まるごと館．
平岩由伎子．2009．猫になった山猫．築地書館，東京．
堀越和夫．2006．鳥類保護とネコ問題．遺伝，61（5）：68-71．
堀越和夫・鈴木創・佐々木哲郎・千葉勇人．2009．外来哺乳類による海鳥類への被害状況．地球環境，14：103-105
池田透・立澤史郎・寺沢孝毅・西澤有紀子・小倉剛．2005．天売島ノネコ対策への合意形成に関する研究．（財）北海道科学技術総合振興センター，札幌．
伊計忠・島袋武紀．2006．自然との共生と地域資源の保護そして活用――沖縄県国頭郡国頭村安田区．建設情報誌しまたてぃ，34：16-18．
稲葉慎・高槻成紀・上田恵介・伊澤雅子・鈴木創・掘越和夫．2002．個体数が減少したオガサワラオオコウモリ保全のための緊急提言．保全生態学研究，7：51-61．
伊澤雅子．2002．ノネコ――希少種の捕食と病気の伝播．（村上興正・鷲谷いづみ，監修：外来種ハンドブック）p. 76．地人書館，東京．
Izawa, M. 2009. The feral cat (*Felis catus* Linnaeus, 1758) as a free-living pet for humans and an effective predator, competitor and disease carrier for wildlife. *In* (Ohdachi, S. D., Y. Ishibashi, M. A. Iwasa and T. Saitoh, eds.) The Wild Mammals of Japan. pp. 230-231. Shoukadoh, Kyoto.
城ヶ原貴道・小倉剛・佐々木健志・嵩原建二・川島由次．2003．沖縄島北部やんばる地域の林道と集落におけるネコ（*Felis catus*）の食性および在来種への影響．哺乳類科学，43：29-37．
環境省．2003．ペット動物流通販売実態調査報告書．環境省．
環境省．2005．やんばる地域でのモデル事業――ネコの適正な飼養管理を推進するために．(飼養動物との共生推進総合モデル事業報告書) pp. 70-159．環境省．
環境省．2011．イリオモテヤマネコ保護増殖分科会資料．環境省．
環境省那覇自然環境事務所．2006．平成17年度やんばる地域外来種対策事業および希少野生生物生息地域外来種対策事業報告書．環境省．
環境省那覇自然環境事務所．2009a．平成20年度沖縄島北部地域ジャワマングース等防除事業報告書．環境省．
環境省那覇自然環境事務所．2009b．国立公園民間活用特定自然環境保全活動事業――平成20年度西表島における家庭飼育動物の適正飼養推進事業報告書．

環境省.
環境省那覇自然環境事務所．2009c．イリオモテヤマネコ保護増殖事業実施報告書（平成19, 20年度）．環境省．
環境省那覇自然環境事務所．2010a．平成21年度沖縄島北部地域ジャワマングース等防除事業報告書．環境省．
環境省那覇自然環境事務所．2010b．平成21年度ヤンバルクイナ生息状況調査業務報告書．環境省．
環境省自然環境局沖縄奄美地区自然保護官事務所．2004．国立公園民間活用特定自然環境保全活動事業平成15年度西表島イエネコ対策基礎調査報告書．環境省．
金城和三．2009．絶海の孤島に生きるコウモリ．（中井精一・東和明・ダニエル・ロング，編：南大東の人と自然）pp. 138-150．南方新社，鹿児島．
宮城進．1976．ノグチゲラ生息地における野生化ネコとオキナワトゲネズミ（予報）．沖縄県天然記念物調査シリーズ第5集ノグチゲラ *Sapheopipo noguchii*（SEEBOHM）実態調査速報，(2)：38-42
望月和美．2010．人と動物の共生を考える会．鳥取県動物臨床医学研究所News Letter ミューズ，(35)：3-4.
村上興正・鷲谷いづみ．2002．世界の侵略的外来種ワースト100．（村上興正・鷲谷いづみ，監修：外来種ハンドブック）pp. 364-365．地人書館，東京．
長嶺隆．2003．ヤンバルクイナを守る獣医師の取り組み．日本獣医師会雑誌，56：295-299.
長嶺隆．2007．沖縄やんばる地域におけるイエネコ対策．緑の読本，78：54-60.
中山隆治．2009．小笠原の外来種対策事業――行政・島民・研究者の協議．地球環境，14（1）：107-114.
日本住宅総合センター．1989．マンションにおけるペット飼育問題に関する調査研究．調査研究リポート，(87155)：9.
Nishimura, Y., Y. Goto, K. Yoneda, Y. Endo, T. Mizuno, M. Hamachi, H. Maruyama, H. Kinoshita, S. Koga, M. Komori, S. Fushuku, K. Ushinohama, M. Akuzawa, T. Watari, A. Hasegawa and H. Tsujimoto. 1999. Interspecies transmission of feline immunodeficiency virus from the domestic cat to the Tsushima cat (*Felis bengalensis euptilura*) in the wild. Journal of Virology, 73：7916-7921.
大島成生・金城道男・村山望・小原祐二・東本博之．1997．沖縄島北部における貴重動物と移入動物の生息状況調査及び移入動物による貴重動物への影響．日本野鳥の会やんばる支部，沖縄．
Ross, G. and D. Brown. 2004. The tale of the lighthouse-keeper's cat：discovery and extinction of the Stephan Island wren (*Traversia lyalli*). Notornis, The Ornithological Society of New Zealand, 51：193-200
澤志泰正．2005．環境保全の現状40　やんばる，国頭村の森の保全――地域住民とのかかわりを含めて．遺伝，59：84-90.
鈴木創・稲葉慎・鈴木直子・堀越和夫・桑名貴・大沼学・安藤重行・佐々木哲郎．2010．オガサワラオオコウモリの生息状況と絶滅回避への課題．第16回野

生生物保護学会・日本哺乳類学会 2010 年度合同大会プログラム・講演要旨集．
当山昌直．2010．沖縄——沖縄島やんばる．（野生生物保護学会，編：野生動物保護の事典）pp. 756-767．朝倉書店，東京
氏政雄揮．2011．データから垣間見る「時代の流れ」——動物病院の経営強化作戦．鳥取県動物臨床医学研究所 News Letter ミューズ，(39)：4．
Yamada, F., N. Kawauchi, K. Nakata, S. Abe, N. Kotaka, A. Takashima, C. Murata and A. Kuroiwa. 2010. Rediscovery after thirty years since last capture of the critically endangered Okinawa spiny rat *Tokudaia muenninki* in the northern part of Okinawa Island. Mammal Study, 35：243-255.
山上勝．2007．九州地区獣医師会連合会の活動状況について．日本獣医師会雑誌，60（8）：559-560．

# 11
# ノヤギ
### 日本の状況と島嶼における防除の実際

### 常田邦彦・滝口正明

　日本ではヤギの飼育・利用の衰退にともない，ノヤギが各地で発生した．ノヤギは生態系エンジニアであり，摂食と踏みつけによって植生を破壊し，生態系を大きく変えてしまう．とくに島嶼においてその破壊的影響は著しい．現在，生物多様性の保全，国土保全などさまざまな目的でノヤギの防除が行われているが，小笠原諸島でのノヤギ根絶の失敗と成功の経験は，外来生物の根絶プログラムに教訓を提供するものである．

## 11.1　ノヤギ問題とは

　ここでは家畜化された生物を指す場合には「ヤギ」，ヤギが人間の管理を離れて野生化した場合に「ノヤギ」(feral goat) という語を使うことにする．

### （1）　家畜化と環境へのインパクト

　ヤギ *Capra hircus* はもっとも古く家畜化された反芻動物の1つで，B.C.1万年からB.C.7000年の間に，西アジアの山地で野生ヤギ *Capra aegagrus* から家畜化されたと考えられている．野生ヤギにはベゾアール *C. a. aegagrus*，アイベックス *C. a. ibex* およびマーコール *C. a. falconeri* の3亜種（別種とする説もある）があり，そのなかでベゾアールから家畜化されたという見解が強い．しかし，家畜化が最初に行われた地域については諸説あり，各地への拡散と地域的な品種形成の過程はかなり複雑で，研究途上にある（万年，2004, 2009；天野，2010）．

　ヤギはほかの家畜化された反芻獣に比べて，気候条件に対する適応幅が広

く，乾燥に強い代謝機構を持っている．また質の悪い植物を採食し消化する生理的な能力と，灌木や枝の多い木にも登り，棘のある植物も採食できる優れた採食行動を持ち合わせている（Silanikove, 1997, 2000）．そのため，極地を除くほとんどの環境に持ち込まれた．飼育の目的は肉，乳，皮革，毛などを得ることであり，ウシに比べればはるかに小型で扱いやすく，飼育に手間や資金を必要としないことから，「貧者の牛」として世界に広がった．ヤギの飼育数は世界的に増加傾向にあり，FAO（国連食糧農業機関）の統計では，2008年時点で約9億6000万頭が飼育されている．そのうちアジアは約5億1000万頭，アフリカ約2億9000万頭で，両地域の途上国での飼育数が圧倒的に多い．

ところで，粗食に耐え，草や木の根まで食べるというヤギの性質は，乾燥地帯など厳しい環境のもとでも人間の生活に必要な資源を供給するというプラス面とともに，自然環境に対して強いインパクトを与え，場合によっては生態系を劣化させて土地の生産力を低下させるという負の側面も持つ．このような生態系と土地の生産力の劣化は，古代から現代まで世界各地で起こってきた．地中海沿岸で栄えた古代文明が衰退した原因の1つとして，森林伐採とヤギ・ヒツジの過放牧による土壌流出，それにより引き起こされた農業生産力の低下が指摘されている（ポンティング，1994；モンゴメリー，2010）．現代の世界的な環境問題の1つに，土壌流出や砂漠化の進行があるが，ヤギやヒツジの過放牧はその原因の1つである（赤城，2005；根本，2007）．たとえばモンゴルや内モンゴルでは，市場経済体制へ移行するなかで，付加価値の高いカシミヤ生産のためにカシミヤギの過剰な放牧が急速に広がったことが，砂漠化の進行を早めている原因の1つだといわれている（双，2003；横濱・渋谷，2006）．

**（2） 生物多様性保全から見た世界のノヤギ問題と対策**

ヤギは，人間が管理を行う牧畜という生産活動においても，取り扱いを誤ると生態系の劣化をもたらす動物であり，適正な管理が行われないと生態系にきわめて大きな影響を与えることがある．過去には船乗りたちによって将来の食料資源としてヤギを無人島などに放すことが行われ，狩猟資源育成を目的とした放獣も行われた．また，さまざまな理由による飼育の放棄があり，

ヤギの野生化は世界各地で生じている．このような野生化が閉鎖系である島嶼で起きた場合，自然環境に対して深刻な影響を与えることが多い（Keegan *et al.*, 1994；Parkes *et al.*, 1996）．

ノヤギをはじめとした有蹄類は農林業被害を引き起こすほか，自然環境に対しては植生の破壊，食物をめぐる在来草食獣との競争，家畜や野生動物への伝染病の媒介などの影響を与える（Martin *et al.*, 2005）．とくに植生の破壊は，摂食によって固有の植物種を絶滅に追いやるといった直接的な影響だけではなく，植物群集と生態学的なカスケードを変化させ，もとの植生をハビタットとしていたさまざまな動物，さらに土壌条件に連鎖的な影響をおよぼす（Van Vuren and Coblentz, 1987）．ノヤギの排除なしに，島嶼生態系の保全や回復はできないと考えられており（Vitousek, 1988），生物多様性保全を脅かす外来生物のなかでもとくに影響が大きいものとして，IUCN（The World Conservation Union）の「世界の侵略的外来種ワースト100」に取り上げられている（Lowe *et al.*, 2004）．

そのため，世界的には多くの根絶事業がおもに島嶼を対象として行われてきた．それらの成功例について Campbell and Donlan（2005）は以下のように総括している．21世紀初頭の時点で，少なくとも120の島でノヤギの根絶事業が成功し（このなかには小笠原諸島の聟島，媒島，嫁島が含まれる），根絶に成功した島の最大面積は 1329 km$^2$ に達していて，いまでは島の面積が大きいことが根絶事業の成功を困難にする制限要因ではなくなりつつある．また，近年になって排除成功率の飛躍的な向上，大面積地域での成功，根絶に要する期間の短縮（経費の軽減にもつながる）が認められるが，これは GPS や GIS，ヘリコプターからの射撃，探索犬の導入，ユダ・ゴート作戦などの技術導入と系統的で緻密な根絶作戦の普及によってもたらされたためと指摘している．なお，ユダ・ゴートとは電波発信機を装着して放されたメス個体で，これが群れに入り込むことにより，ノヤギを効率的に探し出すことが可能となる．

Cruz ら（2009）もガラパゴス諸島のサンチャゴ島（584 km$^2$）で4年半に約79000頭のノヤギを排除した根絶事業の成功例を総括し，やはり系統的で緻密な作戦にもとづく効果的な技術の運用の重要性を指摘している．とくに個体数が減少してからの駆除をいかに効率的に成功させるかが事業の成否を

左右すること，そのためのマタ・ハリ・ゴート作戦（不妊化したうえで発情させたメスにより，オスを引き寄せる方法）など実践的な技術の重要性を指摘している．

一方，根絶失敗の原因として，不適切な手法の採用，私有地への立ち入り拒否，残存した少数個体の排除失敗，根絶に必要な労力を投入しない，資金不足，政治的要因（途中での政策変更）があげられた（Campbell and Donlan, 2005）．

（3） 日本のノヤギ問題

『日本書紀』などの文献から，日本へヤギが伝えられたのは6世紀後半から9世紀前半と考えられているが，これは珍獣として持ち込まれたものであり，ヤギとヒツジの区別は曖昧で，その後も国内ではほとんど飼育されなかった（山根，1983；平川，2003）．中国や南方とのつながりが強かった琉球諸島ではヤギは15世紀に導入され，飼育が広がったが，九州以北の地域で飼育が始まったのは幕末以降である（平川，2003, 2009）．国内でのヤギの飼育頭数は，明治初期から徐々に増加し，第二次世界大戦後は急激に増加して，1957年には約67万頭（米軍占領下にあった沖縄の約85000頭を含まず）に達したが，その後急速に減少し，最近は2万頭を切っている（畜産技術協会の統計資料による）．ちなみに国内における近年のウシ飼育頭数は約300万頭，ブタは1000万頭弱である．

全国のヤギ飼育頭数が約11万頭であった1975年の都道府県別飼育頭数は，沖縄が42300頭，鹿児島が約6600頭，長野が18500頭で，この3県で全体の6割を占めていた．2007年の全国飼育頭数は約15000頭で，そのうち沖縄は約7000頭，鹿児島が約2800頭で，この2県で66%を占めるようになり，長野はわずか250頭に落ち込んだ．全国的にヤギの飼育は行われなくなったが，それでも沖縄と鹿児島では飼育の習慣が根強く残っているといえる．飼育数減少のおもな原因は，ヤギ肉を食べる習慣の衰退と自家消費用の動物飼育が行われなくなったことであろう．このような利用価値の低下にともなうヤギ飼育の衰退は，飼育や放牧管理の放棄につながり，しばしばノヤギの発生に結びついたものと思われる．また，半野生状態であっても利用されることで抑制されていた個体数が，利用の減少により野生化が進むとともに増

## 11.1 ノヤギ問題とは

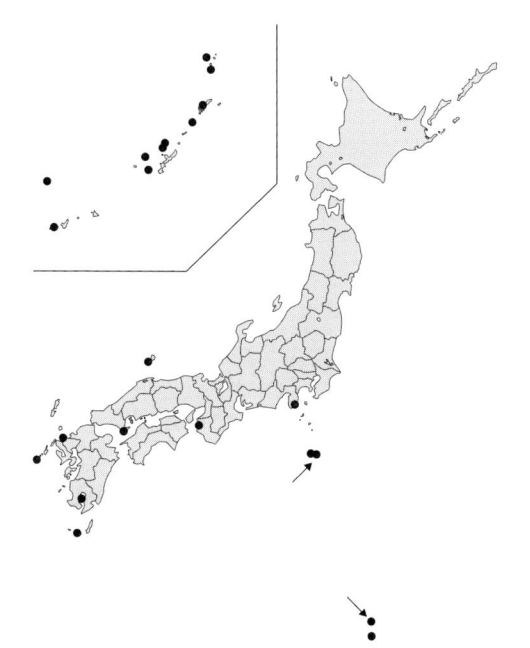

**図 11.1** 1990 年代のノヤギの分布（●印）．矢印はその後排除された地域（自然環境研究センター，1998 より）．

加し，近年になってさまざまな問題を顕在化させたケースもあるだろう．

1990年代以降に国内でノヤギが確認されているところは，ほとんどが南西諸島（八重山列島，尖閣諸島，沖縄諸島，奄美諸島，トカラ列島，大隅諸島），五島列島，伊豆諸島，小笠原諸島などの島嶼であり（図11.1），かつてヤギの飼育がさかんであった地方が多い．このうち，佐賀県の馬渡島と伊豆諸島の八丈小島は島外へ移住した人々が残していったヤギが増加したものであり，奄美大島の場合は，もともと放し飼いに近い粗放な飼育をしていた個体の管理が行われなくなったものである．また小笠原諸島の島々では，食料資源として無人島に放たれたものが由来となっている場合もある．

野生化したノヤギが引き起こしている問題として，農作物被害，生活環境への影響，生態系への影響，土壌流出や斜面崩壊などの国土保全上の脅威の4点があげられる．農作物被害は小笠原諸島の父島，佐賀県の馬渡島，伊豆

諸島の八丈島などで知られており，多様な農作物が採食されてきた．生活環境への被害とは，ヤギの糞で道路や宅地が汚されて不衛生だといったもので，馬渡島で問題とされてきた．生態系への影響は小笠原諸島が典型的である．ここでは後述するように，ノヤギの採食と踏みつけにより植生の後退と希少植物種の消失が進み，これを通じて動物群集が影響を受けてきた．さらに，植生の後退が進むと土壌流出や急傾斜地の崩壊が生じる．小笠原諸島の媒島では裸地化の進行によって陸上生態系が劣化しただけではなく，土壌が海へ流失し堆積した結果，サンゴ礁が死滅し，漁場が荒れるといった海洋生態系への影響も生じてきた（立川・菅沼，1992）．日本領であるが中国・台湾が領有権を主張している尖閣諸島の魚釣島では，1978年に日本の政治団体によって意図的に放たれた1つがいのヤギが300頭以上に増加した結果，裸地化と海への土壌流出が進み，センカクモグラ *Mogera uchidai* など固有生物種の絶滅が危惧されている（Yokohata et al., 2003；横畑ほか，2009）．また，八丈島に隣接した八丈小島では，急傾斜地の崩壊が続き，漁場の劣化が問題とされている（八丈町役場職員からの聞き取りによる）．さらに奄美大島では，ノヤギにより海岸斜面の崩壊が進んだ結果，灯台の倒壊が危惧されるといった状況も生じた（奄美哺乳類研究会，2009）．

　拡大するノヤギ問題に対しては，さまざまな対応がとられてきた．とくに1990年代以降いくつかの取り組みが行われている．その1つは生態系の劣化の阻止と自然の回復を目的として，その地域からの完全排除を目指す根絶事業で，小笠原諸島や八丈小島で取り組まれた．一方，奄美大島や馬渡島では有害鳥獣捕獲が行われているが，これらは明確に根絶をうたった事業ではなく，また実施規模も小さいので，コントロール事業と位置づけられる．

　このような防除事業とは別に，ヤギの放し飼いを禁止し，新たなノヤギを増やさないための条例が，奄美市で2008年に，八丈町で2009年に制定された．これらは，放し飼いがあたりまえとされ，所有権と管理責任が曖昧なまま野生化している状態を改め，ヤギの所有と飼育のルールを明確にして新たなノヤギの発生を防ぐとともに，ノヤギ捕獲を実施しやすくするという効果も期待したものである．また奄美市では，有害鳥獣捕獲の手続きをとらずに狩猟によるノヤギの捕獲が可能となる構造改革特別区域（特区）の指定を申請し，2010年に国から承認された．ノヤギは非狩猟獣で，捕獲には有害鳥

獣捕獲などの捕獲許可が必要であるが，鹿児島県ではこの許可条件のなかに，捕獲個体の食肉利用を実際上不可とする規定があった．ヤギ肉食の文化が色濃く残るこの地域では，捕獲個体を利用できないことは地域住民の大きな不満であったが，特区が認められたことにより，奄美市の区域では狩猟期間中に有害鳥獣捕獲ではなく狩猟によって捕獲されたノヤギについては，肉などの利用が可能となる．これは，捕獲個体の利用を梃子にした狩猟の促進による個体数コントロールを目指したものといえる．しかし，一般的に狩猟は持続的利用を前提としており，個体群の密度をある程度高く保つことが好ましいが，被害が問題化しない密度は通常それよりもはるかに低く，両者の目指す最適生息密度は異なる．また，植生の破壊や斜面崩壊が問題となっているのは海岸の急傾斜地であり，このような場所で一般の狩猟が期待されるほど行われるとは考えにくい．そのため，この措置のねらいと予想される効果には一定の疑問が残る．

一方，尖閣諸島のノヤギ問題に対しては，日本哺乳類学会（2002年），日本生態学会（2003年）および沖縄生物学会（2003年）から，この地域の生態系保全のためにノヤギ排除を求める要望書が関係機関に対して提出されている（横畑，2003）．しかし，領有権を主張する中国・台湾との微妙な関係を考慮してか，現地調査は許可されず，対策に関する関係機関の論議も行われていない．

## 11.2　小笠原諸島におけるノヤギ排除

### （1）小笠原諸島におけるノヤギ問題の概要

小笠原諸島は東京の南約 1000 km に位置する亜熱帯の島々で，過去に大陸と地続きになったことのない大洋島である（図 11.2）．ガラパゴス諸島と同様，このような隔離された大洋島では海を越えて到達した比較的少数の種を祖先とし，独自の進化が進むため，固有種の多い特徴的な自然が形成される（Carlquist, 1974）．たとえば小笠原の在来維管束植物 441 種のうち固有種は 161 種（藤田ほか，2008），陸産貝類では 106 種の在来種のうち 94% にあたる 100 種が固有種であり（千葉，2009），しかも 1 つの島のなかでも種

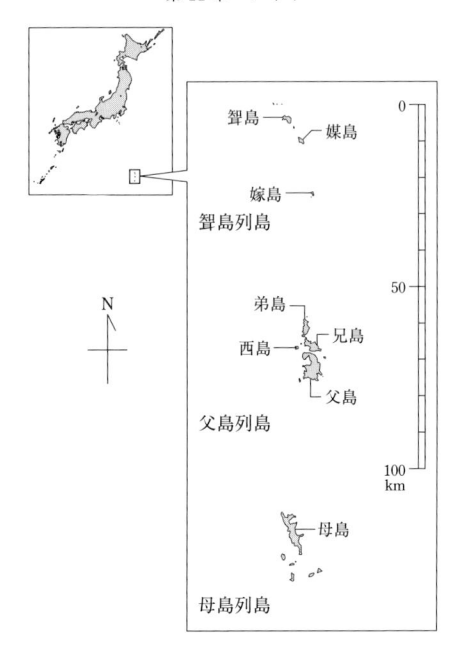

図 11.2 小笠原諸島の概要．1990 年代にノヤギが生息していた島は，聟島，媒島，嫁島，弟島，兄島，西島，父島の 7 島．

分化が認められる．

このような特徴が「様々な進化の過程を反映」した生態系として評価され，この地域は 2011 年 6 月 29 日に世界自然遺産に登録された．ノヤギをはじめとした外来生物対策は小笠原諸島の自然の保全と回復のために欠かせない課題であり，これに対する取り組みが世界遺産委員会における審査において評価され，世界自然遺産登録に貢献したといわれている．

表 11.1 に，小笠原のノヤギに関連した年表を示した．小笠原諸島に人が定住するようになったのは，1830 年に欧米系と南太平洋系の人々がハワイから移住してからである．彼らの定住以前から船乗りたちによってヤギは島に放たれていた可能性もあるが，明確なことはわからない．しかし，1853 年にここを訪れたペリーの『日本遠征記』（ペリー提督，1948）にはヤギの存在が記載されている．その後，さまざまな時期に種々の地域から乳用およ

**表 11.1** 小笠原諸島のノヤギに関する年表.

| 年 | 主 要 事 項 |
|---|---|
| 1830 | 欧米系およびポリネシア系の人々約 25 名がハワイから移住し，定住が始まる． |
| 1853 | アメリカ，ペリー提督の艦隊が小笠原諸島に寄港．ヤギの存在を記録（『日本遠征記』）． |
| 1876 | 日本の小笠原諸島領有が国際的に確定． <br> （その後，明治・大正期の移民により，人口が増加．最盛期は 7000 人を超える） |
| 1944 | 第二次世界大戦．アメリカ軍の侵攻により小笠原諸島が戦場となるため，一般住民が本土に疎開． |
| 1945 | アメリカ軍，小笠原諸島を占領． |
| 1946 | 小笠原諸島が連合国の施政権下に入る．欧米系・ポリネシア系住民が帰島を許可される． <br> （ヤギの野生化が進む） |
| 1952 | サンフランシスコ講和条約の発効にともない，アメリカの施政権下に入る． |
| 1968 | 施政権が日本に返還される．日系島民が帰島．居住地は父島と母島に限定． <br> （返還後十数年の間に父島，母島の属島でノヤギ根絶） |
| 1976–78 | 父島で東京都による最初のノヤギ排除事業． |
| 1988–91 | 父島で東京都による 2 回目のノヤギ排除事業． |
| 1991 | 環境庁（当時）によるノヤギの影響に関する緊急調査． |
| 1994 | 東京都がノヤギ排除事業の検討を開始． |
| 1997 | 媒島で東京都がノヤギ排除事業開始（1999 年作業完了）． |
| 2000 | 聟島で排除事業開始（2003 年作業完了），嫁島で排除事業開始（NPO による，2001 年作業完了）． |
| 2002 | 西島で排除事業開始（2003 年，1 頭を残して作業完了）． |
| 2004 | 兄島で排除事業開始（2008 年作業完了）． |
| 2007 | 聟島，媒島，嫁島，西島のノヤギ根絶確認． |
| 2008 | 弟島で排除事業開始． |
| 2009 | 兄島のノヤギ根絶確認．父島のノヤギ排除計画の検討始まる． |

び肉用のヤギが持ち込まれたものと思われ，遺伝学的，形態学的調査から小笠原のヤギはきわめて雑駁な雑種集団だとされている（渡辺，1972）．小笠原では第二次世界大戦の末期に島民の疎開が行われ，戦後は米軍占領下で欧米系と南太平洋系の島民だけが帰島を許された．第二次世界大戦後，聟島列島に生き残っていたヤギと，帰島した島民たちが放したヤギは，1968 年に施政権が日本に返還されて日系の島民が帰島するころには，多くの島でノヤギとなっていた．

　日本への復帰直後の時点で，すでにいくつかの島ではノヤギによる植生破壊が顕著であり，対策の必要性が指摘されていた（蓮尾，1970；野澤，1972）．そのため，復帰直後から有害鳥獣駆除による排除が進められ，父島

**図 11.3** 媒島における土壌流出状況．左：1992 年撮影．テーブル状の部分がもとの地表面．数年後にこれも消失した．右：1997 年撮影．捕獲開始直前の状況．白い斑点はノヤギ．

および母島の周辺に位置する面積の小さな 12 の無人島と，個体数が極端に少なかった母島からノヤギは一掃された．しかし，面積の大きな兄島，弟島と，父島から数十 km 離れている聟島列島は捕獲が行われずに，ノヤギはそのまま残された（常田，1992a）．父島・兄島に隣接した西島では捕獲が試みられたが，根絶には至らなかった．また後述するように父島では，2 回の大規模な駆除作業により一時的な個体数の減少は見られたが，いずれも急速に回復し，根絶もコントロールも失敗した．その結果，1990 年代初頭にノヤギは 7 島に残存していた．

ノヤギの残存した島における根絶を目標とした大規模な排除事業は，1990 年代に入ってから本格的に開始された．その始まりは，1991 年度に環境庁（当時）が聟島列島をおもな対象として実施した，「小笠原における山羊の異常繁殖による動植物への被害緊急調査」であった．この調査により，ノヤギの生息密度が聟島と媒島では 300 頭/km$^2$ 前後，西島と嫁島では 100 頭/km$^2$ 前後，さらに，調査が不十分であった兄島においても 20 頭/km$^2$ 以上という驚くべき高水準に達していることが明らかになった（常田，1992a）．また，とくに聟島と媒島においては，植生，海洋性鳥類，サンゴをはじめとした海洋生態系に著しい悪影響が出ており，媒島では裸地化と土壌流出が急速に進行していることが確認された（図 11.3；市河，1992；長谷川，1992；立川・菅沼，1992）．

この調査結果を受けて，環境庁（当時）は小笠原国立公園の管理事業のほとんどを実質的に行っていた東京都に対して，ノヤギ対策を依頼した．東京

表 11.2 小笠原諸島における島別のノヤギ排除状況.

| 年度 | 捕獲頭数など | | | | | |
|---|---|---|---|---|---|---|
| | 聟島列島 | | | 父島列島 | | |
| | 媒島 | 嫁島 | 聟島 | 西島 | 兄島 | 弟島 |
| 1997 | 136 | | | | | |
| 1998 | 137 | | | | | |
| 1999 | 144 | | | | | |
| 2000 | | 79 | 656 | | | |
| 2001 | | 2 | 265 | | | |
| 2002 | | | 17 | 39 | | |
| 2003 | | | 2 | 2 | | |
| 2004 | | | | | 78 | |
| 2005 | | | | | 161 | |
| 2006 | | | | | 87 | |
| 2007 | 根絶確認 | 根絶確認 | 根絶確認 | 根絶確認 | 61 | |
| 2008 | | | | | | 197 |
| 2009 | | | | | 根絶確認 | 92 |
| 2010 | | | | | | 根絶確認中 |
| 合計 | 417 | 81 | 940 | 41 | 387 | 289 |
| 実施主体 | 東京都 | NPO | 東京都 | 東京都 | 東京都 | 東京都 |
| 捕獲手法 | 追い込み・射殺 | 追い込み・射殺 | 追い込み・射殺 | 追い込み・射殺 | 追い込み・射殺・ククリワナなど | 射殺・ククリワナ |
| 生け捕り個体の処理方法 | おもに生体搬出,一部薬殺 | 薬殺 | 薬殺 | 薬殺 | 薬殺 | — |
| 島面積 (km$^2$) | 1.4 | 0.6 | 2.6 | 0.5 | 7.9 | 5.2 |

都は 1994 年度から排除計画の具体的な検討作業に入り,まず聟島列島と西島を対象として捕獲作業が順次進められた(表 11.2).媒島では 1997 年度から 1999 年度,嫁島では 2000 年度と 2001 年度,聟島では 2000 年度から 2003 年度,西島では 2002 年度と 2003 年度の排除事業により,ノヤギは確認されなくなった.嫁島以外の島の排除事業は東京都が実施したが,嫁島は NPO 法人小笠原野生生物研究会が排除を行った.聟島列島の島々については,さまざまな調査・研究活動の際にノヤギの痕跡などに関する情報の収集

が続けられ，2007年の最終的な根絶確認調査（東京都小笠原支庁・自然環境研究センター，2007a）を経て，根絶は確実視されるようになった．また，西島については捕獲作業後にオス1頭が残存していたが，オス1頭では増えることはないため，捕獲はせずに観察を継続することとされた．この個体は近くを通る船や父島の展望台からしばしば観察されていたが，2007年6月以降観察されなくなり，2008年に白骨化した死体が確認された（東京都小笠原支庁，2008）．

一方，父島列島の主要3島については，まず兄島で2004年度から2007年度にかけて排除作業が実施され，2009年に根絶が確認された．兄島の排除作業後，弟島では2008年度から捕獲作業が始まり，2010年2月現在，残存数は数頭と推定される状態（東京都小笠原支庁・自然環境研究センター，2010）で，根絶が達成されることはほぼ確実な状況となった．残るは父島のみとなっている．

（2）ノヤギ排除の実際

ここでは，従来型の行政事業として進められた父島における失敗例と，ノヤギの根絶を目標として初めて系統的に取り組んだ聟島列島の媒島と聟島での事業，その成功をふまえて行われた兄島の事例を紹介する．

### 従来型行政事業の失敗——父島

父島は小笠原諸島で最大の面積（$23.79 \text{ km}^2$）を持ち，森林が発達していて生物多様性の保全上重要な地域であるが，約2000人が生活し，農業生産活動も行われている．父島では，日本復帰直後の1970年代からノヤギによる農作物被害が問題とされ，小笠原村による小規模な有害鳥獣駆除が行われていたが，生息数と被害の増加を抑えることができなかった．そのため，東京都による大規模な排除事業が実施されることとなった．

父島のノヤギ捕獲数と推定される生息数の変動を図11.4に示した．最初の大規模な捕獲事業は，1976年度から1978年度までの3カ年実施された．この事業が根絶を明確な目標としたかは，明白な文書記録がないので不明である．事業は小笠原支庁の指導のもとに，本土で募集したハンターグループを射手とし，都職員や地元住民が補助・支援要員を務めるかたちで実施され

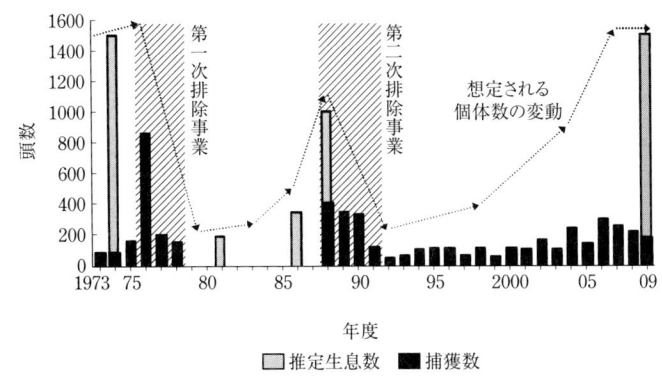

**図 11.4** 父島におけるノヤギ捕獲数と推定生息数の変動.

た．初年度の捕獲数は864頭と非常に多かったが，生息数の減少にともない2年目以降は捕獲数が減少し，3カ年で1237頭を捕獲したが，推定200頭程度を残して事業は中止された．その後，捕獲は行われなかったため，1988年には推定生息数は1000頭以上に回復した．そこで都は根絶を目指した2回目の捕獲事業を，第1回目と同じやり方で1988年度から1991年度の4カ年にわたって実施した．この事業では合計1405頭が捕獲されたが，やはり300頭程度を捕り残して事業は中止された．第1回目の反省から，1992年度からは都の補助を受けた小笠原村の事業として，毎年100頭前後の捕獲が続けられ（東京都小笠原支庁，1998），2002年度からは村の単独事業として捕獲が継続されてきた．しかし，再度の生息数増加を抑えることはできず，2010年現在の推定生息数は再び1000-1500頭という水準に達している．2000年度ごろから捕獲数はやや増加傾向となったが，2007年度以降は漸減傾向にある．捕獲の効果は個体数の増加を頭打ちにしている程度と考えられる（東京都小笠原支庁・自然環境研究センター，2009）．

このように父島で実施された過去2回の捕獲事業は，根絶を達成する前に事業を中止したり，事業規模を著しく縮小させたりしたため，生息数の回復を招き，投入した資金・労力・努力をむだにしたうえ，さらに多くのノヤギの命を奪わざるをえない結果となった．根絶を目標とした事業の重要なポイントは，生息数が減少して捕獲効率が低下してからの取り組みこそが事業の成否を左右するという点にある．個体数が少なくなった時点から根絶までの

間に，多くの労力と時間，さらに洗練された技術を投入することが必要となる．過去2回の捕獲事業では，この根絶事業の基本点がほとんど考慮されていなかったことが，失敗の主要な原因である．もちろん当時は，このような根絶事業の経験も技術的蓄積もまったくなかったので，一概に批判はできないが，同じ失敗を2度繰り返した点は問題である．

このような過去の失敗と，つぎに述べる聟島列島や兄島での成功をふまえて，父島のノヤギの根絶を目指す新たな計画の検討が，2009年から再び始まった．

### 最初の成功例――媒島と聟島

聟島列島の聟島（2.56 km²），媒島（1.37 km²），嫁島（0.62 km²）は，もともとは大部分が森林に覆われていたものと考えられるが，第二次世界大戦前には人が定住して農業や放牧を行っていたため，草原化が進んでいた．さらに戦後，野生化したノヤギによる植生の後退が進んだ結果，森林は聟島，媒島の一部に残るだけという状況となっている．しかし，いまでも聟島列島には希少種やここだけに生息する固有種が残されており，保全に値する地域である（日本政府, 2010）．

1991年の「小笠原における山羊の異常繁殖による動植物への被害緊急調査」の結論は，聟島列島の自然環境の保全と回復が緊急課題であること，長期的・究極的な目標はもとの自然に近い状況の回復であり，そのために当面は植生回復の基盤をつくる必要があること，基盤づくりの前提として植生衰退の主要因であるノヤギを完全排除することがまず必要であるというものであった（常田, 1992b）．これを受けて，1994年度に聟島列島と西島を対象としてノヤギ排除の具体的な実施計画に関する調査と検討が行われた（東京都小笠原支庁, 1995）．生態系保全のために，補給基地となる父島から70 km離れた飲料水もない無人島から，体重30 kg前後の野生動物を数百頭排除するという事業は，日本ではそれまでまったく経験のなかった試みであり，排除技術の問題だけではなく，捕獲に対する世論の反応や，捕獲した個体の取り扱いについてさまざまな意見や心配が出された．

論議の結果，激しい土壌流失が起きている媒島から排除事業を始めることと，排除の第一段階では仮設柵への追い込みによる大量捕獲が効果的である

**図 11.5** 媒島におけるノヤギの捕獲．左：仮設柵を用いたノヤギの追い込み．右：柵に追い込んだノヤギの保定作業．

という点では意見が一致したが，捕獲後の処置については2つの案が提示された．1つは生け捕り個体の薬殺と残存個体の射殺による致死的な排除，2つめは生け捕り個体を生きたまま島外へ搬出し，なんらかの引き取り手に渡すという案である．多くの関係者は，適切に行う致死的手法は倫理的にも社会的にも受け入れられるものであり，作業効率やコスト，技術の確実性という点でも優れているので，こちらを選択することを推奨した．しかし当時の行政担当部局は，想定される一部のエキセントリックな動物愛護運動家からの反発とそれに便乗しかねないマスコミの反応に過敏となり，けっきょくは「生きたままの島外搬出」を選択した．その結果，作業の具体的な段取りや捕獲個体の引き受け先探しに手間取り，捕獲作業開始までに丸2年を費やすこととなった．

媒島と聟島におけるノヤギ排除の経緯は表11.3のとおりである．この2つの島におけるノヤギ排除方法の違いは，媒島では生け捕りした個体を生きたまま東京へ搬出し，最終的には九州の家畜業者が引き取るというかたちをとったのに対し，聟島では最初から捕獲個体を現地で薬殺したことである．

媒島でのノヤギ捕獲の第1段階は，島を二分する柵を仮設し，その一部を開放しておいて片側にノヤギを追い込んだ後に開放部分を閉鎖し，つぎにこの分断柵に沿ってつくられた囲いに群れを追い込むという方法であった（図11.5）．柵で地域を分断し，柵に沿って狭い囲いへ追い込むという方法は，ノヤギの個体数が多い段階で有効な方法で，その後，小笠原諸島の各島で初

**表 11.3** 媒島と聟島におけるノヤギ排除状況.

| 島　名 | 作業年月 | センサスによる確認数 | 捕獲方法 | 捕獲数 |
|---|---|---|---|---|
| 媒　島 | 1996 年 12 月 | 389 | — | — |
| | 1997 年 7 月 | 310 以上 | 柵への追い込み | 310 |
| | 1998 年 7 月 | 227 | 柵への追い込み | 211 |
| | 1999 年 7 月 | — | 柵への追い込み | 88 |
| | 1999 年 8 月 | — | 柵への追い込み | 54 |
| | 1999 年 9 月 | — | 銃 | 2 |
| | 合計 | — | — | 665 |
| 聟　島 | 2000 年 3 月 | 801 | — | — |
| | 2000 年 7 月 | — | 柵への追い込み | 656 |
| | 2001 年 6 月 | — | 柵への追い込み | 237 |
| | 2001 年 12 月 | — | 銃 | 28 |
| | 2002 年 7 月 | 14 | — | — |
| | 2002 年 9 月 | — | 銃 | 8 |
| | 2003 年 3 月 | — | 銃 | 9 |
| | 2004 年 1 月 | — | 銃 | 2 |
| | 合計 | — | — | 940 |

期段階における捕獲手法として使われた．表 11.3 を見てわかるように，1997 年の最初の捕獲作業では 310 頭を捕獲したが，これは推定された生息数の 70% 以上にあたる．しかし，実際に島外へ運び出されたのはオス 126 頭，メス 10 頭の計 136 頭（捕獲数の 44%）で，残りの 174 頭はその場で解放された．予算と受け入れ側の事情，定期航路船による東京への輸送の制約などによる上限が約 140 頭であったため，残りの個体を搬出することができず，そうかといって現地で薬殺する決心もつかなかったわけである．オスを選択的に搬出した理由は，より高値で販売できるオスの引き取りを業者が要望したためであるが，一夫多妻制のヤギでは，オスを減らしてもメスを減らさなければ，翌年生まれてくる子どもの数は変わらない．したがって，これは個体数を削減していくうえでも稚拙なやり方であった．翌 1998 年もけっきょく同じことを行い，74 頭を解放する結果となった．このような手法に対しては都の担当行政部局内部でも当初から異論があり，2 年目の事業が終

| 排除数(島からの持ち出し,殺処分など)(%) | 現地での放獣数 | 捕獲個体の処理方法 |
|---|---|---|
| — | — | |
| 136 ( 32.6) | 174 | 島外へ生体搬出,九州へ輸送 |
| 137 ( 32.9) | 74 | 島外へ生体搬出,九州へ輸送 |
| 88 ( 21.1) | 0 | 一部島外へ生体搬出,一部薬殺 |
| 54 ( 12.9) | 0 | 薬殺 |
| 2 ( 0.5) | 0 | 射殺 |
| 417 (100.0) | 248 | |
| — | — | |
| 656 ( 69.8) | 0 | 薬殺 |
| 237 ( 25.2) | 0 | 薬殺 |
| 28 ( 3.0) | 0 | 射殺 |
| — | — | |
| 8 ( 0.9) | 0 | 射殺 |
| 9 ( 1.0) | 0 | 射殺 |
| 2 ( 0.2) | 0 | 射殺 |
| 940 (100.0) | 0 | |

了した段階で手法の転換が図られた.1999年は捕獲個体を現地で薬殺して埋設し,1999年9月に残っていた2頭を射殺して,合計417頭の捕獲により媒島からノヤギはすべて排除された.ただし,排除の完了が確実だと最終的に判断されたのは媒島,聟島とも2007年の最終確認調査の後である.

一方,2000年から排除を始めた聟島では,媒島と同じ手法で捕獲を行ったが,捕獲個体は現地で薬殺し,埋設した.ここでも最初は柵を利用した追い込みを行い,2年間で893頭が捕獲された.残存個体が少なくなってからは,手法を銃による射殺に切り替え,2001年から2004年までの間に47頭を射殺,合計940頭を捕獲して聟島でのノヤギ排除は完了した.残存個体が十数頭となってからは捕獲効率が著しく低下し,作業を行っても捕獲できないこともあり,3カ年を要している.

このように同じ捕獲手法をとりながらも,捕獲個体の処理方法の違いはコストの著しい差となって現れた.追い込みによる捕獲に要した1頭あたりの

直接的経費は，最初から殺処分を行った聟島は37000円であったが，生体搬出にこだわった媒島ではその4倍以上の約15万円を要している（東京都小笠原支庁，2003）．

### より大きな島での挑戦——兄島

父島の北に位置する兄島は，急傾斜の海食崖に囲まれた森林の優占する島で，面積は聟島の約3倍にあたる7.92 km$^2$である．ここでのノヤギ排除は，草原化した聟島列島に比べるとはるかに難度が高いので，聟島列島における経験と海外での事例を参考にしたうえで，概略以下のような4つの段階からなる計画により実施された．生け捕りされた個体は，ユダ・ゴートとして電波発信機を装着して放獣したものを除き，すべて現地で薬殺し，埋設することとした．

- Ⅰ　準備段階：概況把握とモニタリングを含む全体計画の策定．
- Ⅱ　個体数大幅削減段階
  - 第1期：誘導フェンスを用いた囲いワナへの大規模追い込みによる捕獲．個体数を5割以下に削減することを目標とする．
  - 第2期：島を部分的に分ける分断柵の建設開始．仮設した網への小規模追い込み（搦め捕り），およびククリワナの限定的使用による個体数の大幅な削減．なお，この段階で，餌やおとりヤギを利用した誘引ワナなど各種方法を試行．
- Ⅲ　残存個体掃討段階
  - 第1期：銃による射殺とククリワナの広域設置，ユダ・ゴートの活用による残存個体の捕獲．
  - 第2期：探索犬の導入によるすべての残存個体の探索・捕獲と，捕獲事業の一応の完了．
- Ⅳ　確認段階：根絶確認調査．もし残存個体が確認された場合はその捕獲．何年かの監視の後，排除完了宣言．

最初の準備段階は計画を作成する作業で，排除計画の戦略と骨格を決めることである．この組み立てがしっかりしていないと，排除事業の進行にとも

なって必ず生じる困難や小さな失敗，課題に対応できず，最悪の場合は事業が挫折することにもなる．また，決定した戦略と骨格は簡単に変更してはならないが，事業の実施作業は，最初から決められた事業量を年次ごとに機械的に割り振るのではなく，進行状況に応じて柔軟に進める必要がある．自然や野生生物を相手にする場合，事業の実施も順応的でなければならない．

このような考え方に立って，捕獲開始（2004年度）の2年前から概況把握と計画策定作業が進められた．論議のなかでとくに問題となったのは，初期の個体群規模の把握，個体数削減と根絶の具体的な過程とそれぞれの段階で用いるべき手法，個体数が著しく減少した時点での残存個体の生息状況把握と捕獲の方法，そしてこれらを系統的に進めるための体制であった．

捕獲作業自体は，まず「個体数の大幅削減」を図り，その後「残存個体の掃討」を行うという2つの段階からなっており，それぞれ2つのステージに分けられた．実際の作業では当初から各種のワナや網柵への追い込みも併用されており，それほど明確な段階区分に沿った進行とはならなかったが，おおむね2004年度から2006年度が個体数の大幅削減，2006年度後半から2007年度が残存個体の掃討段階であった．銃器による射殺は2007年度に始められ，2008年1月に電波発信機を装着したユダ・ゴート1頭を射殺し，その後，個体が確認されなかったため，これが最後の捕獲個体となった．当初の予想以上に捕獲が効率的に進んだため，想定していた探索犬の利用による捕獲（III-第2期）は不要となった．捕獲数は，大規模追い込みで230頭，小規模追い込みで26頭，各種ワナ・網などで93頭，射殺38頭の合計387頭であった．その後，残存確認調査と，兄島での各種調査に携わる研究者や調査者，さまざまな外来種防除事業などに携わる作業員などからの情報収集が2年近く続けられ，2009年に根絶が公表された．

兄島でのノヤギ排除では，残存個体の掃討がスムーズに進んだ．その理由の第一は，この島のノヤギは少数となっても島内部の森林内にとどまらず，海食崖や海岸沿いの草地・岩場など開放的な環境をよく利用するという行動パターンを持っていたことである．そのために発見が容易であった．もう1つは，最終段階での銃による捕獲を実施するにあたって，ノヤギ排除事業の現地責任者をチーフとし，高度な射撃技術を持った専門的射手を含めた作業チームを編成したことである．このような事業では特殊技能が必要であると

ともに，携わる者が作業の目的と作戦内容を十分に理解し，各自の任務と責任を自覚した行動をとること，さらに指揮・命令系統が明確でそれに従って作業が遂行されることが決定的に重要である．

兄島のノヤギ排除事業を実施した東京都が，この事業のための予算獲得に努力し，事業に前向きに取り組んで成功させたことは十分に評価されなければならない．しかし，一方でいくつかの問題もある．たとえば，排除作業が予想以上の早さで進行したために建設の必要性があまりなくなった分断柵を，すでに予算化されているという理由で建設せざるをえず，当然のことながら十分に活用できなかった．このような作業をせざるをえなかったのは，ノヤギ排除にかかわる予算が柵建設費，捕獲事業委託費などに細分化されていて相互の融通がきかないこと，予算要求から決定までには半年以上の期間があり，その間に状況の変化があっても，一度決定された予算はほとんどの場合変更できないこと，予算が単年度主義であること，などの理由による．このような日本の行政システムが持つ硬直性は，順応的管理が必要とされる分野においては，しばしば効率的で円滑な施策実施を阻害する要因となる．さらに，行政の担当者が通常2-3年で交代する人事システムのもとでは，事業の組み立てや順応的な進め方についての理解が十分に浸透せず，現場の状況に合わせた対応が円滑に進まないという事態も起こりやすい．

生息数調査に関しては，聟島列島では草原が優占した見通しのよい環境であるため，ノヤギの生息概数は直接観察で容易に把握できた．しかし，森林の優占した兄島では直接観察が可能な場所は，海岸沿いの海食崖と一部の草原・裸地に限られるため，生息数の動向把握には大きな不安があった．簡便で実施可能な手法は限られていたため，島の周囲を小舟で航行して海岸や海食崖に現れる個体を数える方法と，固定調査区およびライントランセクトによる糞粒調査という手法を採用し，個体数に関しては，これらの調査資料と現地の環境条件，ノヤギの行動パターンなどを経験的に考慮して大まかな推定値を設定するにとどめたが，生息個体数を正確に把握しなくとも，事業の遂行に大きな支障はなかった．

また，回収できたすべての捕獲個体は性，体重および齢クラス，メスについては乳汁分泌の有無が記録され，成獣メスの一部については妊娠の有無が検査された．特徴的な点として，サンプル数の多い3-4歳以上の成獣個体の

平均体重が，捕獲の年次が進むに従って雌雄とも増加する傾向が見られた．これはノヤギ密度の低下にともなって下層植物の成長と回復が進み，餌条件がよくなったためだと考えられる（東京都小笠原支庁・自然環境研究センター，2007b）．一方，妊娠率については十分なサンプル数を確保できなかったため，動向は把握できなかった．捕獲の進行による生息密度の減少にともない，個体群増加率が上昇したかどうかはわからないが，上昇があったとしても排除事業に影響をおよぼすようなものではなかったと考えられる．

（3） ノヤギ排除後の生態系の変化

ノヤギの完全排除に成功した島々では，さまざまな変化が進行中である．ノヤギによる環境の劣化がもっとも激しく，最初にノヤギ排除に成功した媒島の事例は以下のようなものである．

もっとも重要な直接的変化は，ノヤギの根絶によってその踏みつけと採食による植生への圧力が取り除かれたことである．その結果，短期間のうちに草本類の草丈が高くなり（図 11.6），裸地化の進行が止まってその一部が草原に回復しつつある（Hata *et al.*, 2007；東京都小笠原支庁，2009）．また森林の林床では，ノヤギが生息している間はほとんど見られなかった木本植物種の実生が認められるようになった（Yamamoto *et al.*, 2003；東京都小笠原支庁，2009）．植生の回復とノヤギの行動による攪乱がなくなったため，カツオドリ *Sula leucogaster* やオナガミズナギドリ *Puffinus pacificus* といった海鳥の繁殖場所が拡大し，繁殖数も増加している（東京都小笠原支庁，2009）．ノヤギの排除によって，媒島の生態系が劣化から回復の方向に転換したことは明らかであり，植生の回復にともなって無脊椎動物を含む生物群集が回復していくことが期待される．

ただし，このままで元来の自然が回復するということは期待できない．裸地化した急傾斜地は，放置したままでは植生の自然回復が進まず，土壌浸食がさらに進行する状態となっている．浸食を止めることがどうしても必要であり，一定の砂防・緑化工事を行わざるをえない．このような事業は，生態系への影響に配慮しながらすでに 10 年以上にわたって，ほとんどを人力に頼りながら進められている．

さらに，媒島は人為的な攪乱を受けてきた島で，すでに多くの外来植物種

図 11.6 ノヤギの根絶前と根絶後の植生変化（媒島）．上：1999 年 3 月．中：2002 年 6 月．下：2008 年 9 月．1999 年 3 月はまだ数十頭が残存していた時点の状態．1999 年 10 月に完全排除．

が侵入しているため，そのなかのいくつかがノヤギの圧力から解放されて急速に拡大し，在来種による植生の回復を阻害することが危惧されている（加藤，2004；清水，2002）．とくにギンネム *Leucaena leucocephala* は媒島の大部分を占める裸地と草原に拡大し，将来ギンネム林を形成する可能性が強い（畑・可知，2009）．また，ヤダケ *Pseudosasa japonica* が森林回復のもととなる残された森林の周囲を占拠し，在来木本植物種の更新を阻害するとともに，森林の回復・拡大を阻害している（東京都小笠原支庁，2003）．媒島の自然をどのような状態に回復させるのか，科学的な根拠と仮説の検討にもとづいて具体的目標を明確にすることはまだできていないが，少なくとも在来植物で構成される残存林の消滅や，草原が外来種であるギンネム林に変わるような事態は避けるべきであり，そのための検討が進められている（東京都小笠原支庁，2008；畑・可知，2009）．

## 11.3　ノヤギ防除の現実的なポイント

### （1）　目標の設定と明確化

　生物多様性の保全に重大な影響をおよぼす外来生物に対しては，適切かつ効果的な対応を行うための一般的な対策のガイドラインが作成されている（IUCN，2000；Tye，2009）．それによれば，侵入防止がもっとも重要で効果的であり，初期段階での排除，根絶，封じ込め，コントロールの順に達成がむずかしく経費がかかるようになる．外来生物は多くの地域でさまざまな問題を起こしているが，それに対応するための労力，技術，資金は限られている．そのため，問題の重大性，社会的な要求，問題解決の可能性などをふまえたうえで，戦略と目標を明確にした取り組みが求められる．

　家畜としてのヤギの利用価値が低下したことが，日本でのノヤギ問題の発生につながったと考えられる．その影響は，農林業被害，生活環境被害，生物多様性の低下，さらに治山問題と多岐にわたっていて，対策が求められている一方，ノヤギを資源として利用したいという要求も一部にはある．さらに，このような事態の進行を認識せずに放置している地域も多い．

　もともとヤギは家畜として通常は人間の管理下にあり，小動物や植物のよ

うに荷物などに紛れ込んで，非意図的に持ち込まれて野生化することは起こりえない．したがって，まずは所有者，管理者の管理責任を明確にし，野生化を生じさせないための，人間の管理がもっとも重要である．八丈町と奄美市の飼育に関する条例は，この点で的を射たものといえる．ただし両市町は，ノヤギ問題が顕在化する前にこのような措置をとったわけではない．ノヤギ問題が拡大したなかで必要に迫られ，新たなノヤギ発生を防止するとともに，ノヤギに対する中途半端な所有権の主張を封じて，家畜ではなく野生動物であることを明確にし，防除を進めやすくしようとした措置であった．問題が顕在化する前にこのような措置をとることは，現実的にはなかなかむずかしいことも事実であるが，家畜か野生動物かを明確にして管理の考え方を示すことは，行政的に必要なことである．

　一方で，ヤギの飼育がさかんで野生化の危険性が高かった地域の多くでは，すでに野生化は進んでしまっている．したがって，野生化予防の措置が重要であることに変わりはないものの，現在の中心的な課題は，すでに定着したものに対する対処である．

　定着してしまったノヤギに対して，動物愛護的な立場から「野生動物としての生息を認めて，共存を図れ」といった意見や，日本ではあまり聞かれないが，「狩猟資源として価値があるのだから，持続的利用のために保全しろ」といった意見がある．現在の法制度では，ノヤギをどう扱うかは最終的に地方自治体に任されているので，それぞれの地域での検討と合意形成により施策を決めることになる．しかし，ノヤギはすでに見たとおり，生態系や農林水産業などに重大な影響をおよぼす存在であり，定着してからの歴史も浅く，日本の生態系の一員として広く定着してしまっているわけではない．全国的に見れば生息している地域も限定されているので，いまの時点では完全排除を視野に入れて対応を検討することが推奨される．現在は大きな問題となっていない地域でも，放置すれば個体数が増加し，やがては重大な影響が生じることは必定と考えられるので，早めの対応が求められる．

　対応の基本は，根絶かコントロールであろう．ノヤギの根絶にはまとまった資金と労力の投入が必要であるが，根絶に成功すればその直接的影響からは解放され，再び排除事業を行う必要はなくなる．一方，影響を軽減するために個体数を一定の水準以下に抑制するコントロールは，永久に続ける必要

があり，長期的に見ればコストも労力も大きなものとなる．

ノヤギに限らず外来生物の防除に取り組む際には，目的と目標を明確にしたうえで，それを達成するためのリアリティーを持った計画を検討すべきである．高い根絶成功率を得るためには，十分な資金，根絶事業の性格をふまえてよく練り上げられた計画と，技術を持った専門家を含む実施体制が必要である．これらを満たしていない事業は途中で挫折し，投入した資金と努力を無にする結果となることが多い．したがって，このような成功の条件をつくりあげる努力がまず必要であり，ある程度高い成功の見込みがあるかどうかを見極めるフィージビリティー・スタディーが重要である．見込みが低ければ，当面は封じ込めや長期にわたるコントロールを目標とするなどの対応を検討せざるをえない．ただし，これは根絶に向けた挑戦を放棄するということではない．小笠原諸島では，草原化した見通しのよい小さな島から根絶事業を開始し，それを成功させるなかで経験を蓄積し，より困難な大面積の島での成功につなげていった．比較的容易な事業から始めて成功事例を積み重ね，その過程での失敗を分析して教訓とし，徐々に困難な課題に挑戦するというアプローチは有効である．

### （2） 根絶事業を成功させるために必要な2つのポイント

**捕獲効率が低下してからが正念場**

再三述べたように，外来生物の根絶事業では，個体数が減少してからの粘り強い効果的な対応が成功の鍵を握る．八丈小島で行われたノヤギ根絶事業は，そのことをよく示している（図11.7）．八丈小島は八丈島の北西約3kmにある面積$3.1 \text{ km}^2$の島で，1968年に全島民が八丈島本島へ移住したために無人島となり，伊豆諸島のもとの自然が現在もっともよく残されている島だとされている．移住した住民が残していったヤギが増加し，植生の変化とともに，海岸斜面の大規模な崩壊が進行して漁場が劣化したため，八丈町は2001年度から2007年度までの7年間にわたり，総額約1億円を投入して根絶事業を実施した．その結果，1137頭が捕獲され，まだ根絶の最終確認は行われていないものの，いまのところ残存個体の目撃報告がない状態となっている．

初年度の2001年度は試行の年であり，2002年度から2004年度までが個

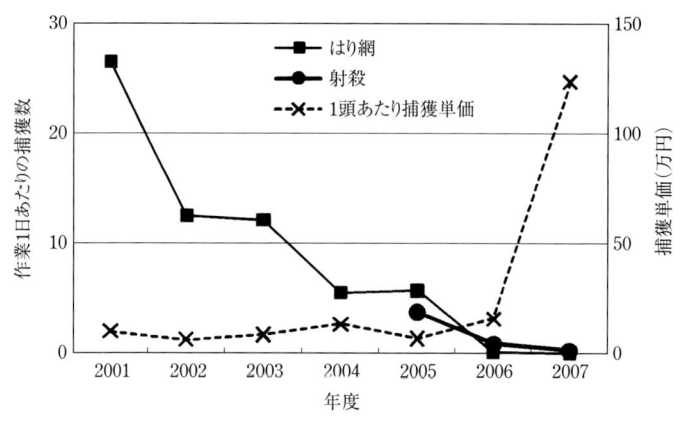

図11.7 八丈小島におけるノヤギの捕獲効率と捕獲経費単価の変化（八丈町資料より作成）.

体数大幅削減段階で，ここまでで全捕獲個体の約4分の3が捕獲された．2005年度から2007年度は残存個体の掃討期で，銃による射殺も併用して残りの4分の1が捕獲された．捕獲作業1回あたりの捕獲数を捕獲効率の指標とした場合，網への追い込み捕獲では初年度の26.5頭から段階的に低下し，6年目にはわずか0.06頭，最後の2007年度は捕獲できないという結果になった．銃による射殺も，2005年度の1回あたり3.7頭から最終年度には0.20頭に落ち込んだ．また1頭あたりの捕獲単価は2002年度の約61000円から増加し，最終年度には6頭を捕獲するのに約740万円，1頭あたり約133万円を要している．初年度の捕獲単価が高いのは試験的な試行の年であったためであり，2005年度の単価が下がっているのは射殺という手法の導入で効率が上がったためである．八丈小島におけるノヤギの根絶がほぼ成功した理由は，このように個体数が大幅に減少してからも一定規模の予算を確保し，銃殺という新たな手法も投入しながら，捕獲効率が大きく低下しても捕獲努力量を減らさずに維持したことに求められる．

殺すことをためらわないこと

根絶事業の実施において，ときとして大きなポイントとなるもう1つの問題は，捕獲個体の処理に関することである．特定の地域からノヤギを排除す

ること自体にはあまり異論が出ないが，それを致死的な方法で行うことに対しては，市民のなかにとまどいが生まれ，一部の愛護団体などから激しい反発が出ることがある．反発はノヤギに限らず，対象が特定の哺乳類や鳥類である場合に起きやすい．このような反対をおそれておよび腰になり対応を誤ると，排除事業がうまく進まず，場合によっては事業が頓挫する事態も起こりうる．瞽島列島での排除事業では，最初の2年間は捕獲個体の生体搬出にこだわり，時間と予算を浪費した．八丈小島の事業においても，初期の段階では愛護団体からの圧力に押されて，捕獲した個体を殺さずに飼育する羽目になり，町は飼育施設を建設して，年数百万円にのぼる飼育費用を数年にわたって支出し続けなければならなかった．関係した愛護団体は「ヤギの里親捜し」を提唱し，それがすばらしい解決策であるかのように宣伝したが，島外へ引き取られたのはごくわずかであったと聞く．けっきょく町は一部の個体を島民に引き取ってもらったうえで，残りは目的もなく数年にわたり飼育を継続せざるをえなかった．捕獲個体を殺さないという方針を放棄したことにより，瞽島列島と八丈小島のノヤギ排除は成功したのである．このことは，個体の生命に至上の価値を見出す動物の愛護と自然の保全は，異なる範疇の問題であることを示している（常田・安，2000）．

　ノヤギに限らずコントロールや根絶という管理事業においては，一般的に捕獲した個体を殺処分することなしに目的を達成することは困難である．そのため外来生物対策の先進国であるニュージーランドをはじめとして，世界的には致死的な手法が当然のこととして採用されている．非致死的な手法による根絶などが可能なのは，捕獲すべき個体数が少なく，通常の何倍かの予算と手間，捕獲個体の引き受け手が確実に確保できる場合だけである．その場合，捕獲個体の引き取りとそのための経費を行政任せにするのではなく，殺すことに異議を唱えた団体や個人がそれ相応の責任と負担を担うことが良識というものであろう．このような条件が整うケースはまれで，これはあくまで例外的な方策である．殺処分を行っていない小笠原諸島の父島・母島や沖縄島のやんばる地域のノネコ排除事業も，ネコは特別で殺してはならない動物だということではなく，このような条件が満たされて実施されているものである（第10章参照）．

　根絶事業などにおいては，殺処分に対する市民のとまどいや，一部の人々

からの強い反対をあらかじめ想定し，対応を行うことが重要である．なぜ根絶などが必要なのか，根絶などによってどのような効果が期待されるか，捕獲個体の殺処分がなぜ必要なのか，倫理的にも社会的にも配慮した取り扱いをすること，事業計画が十分に検討されていること，などを説得力を持って説明できるように準備する必要がある．そのうえで，住民や関係者の合意形成に向けてさまざまな手立てを尽くすべきである．一部の愛護団体などからの問い合わせや抗議に対しては，腹をくくり腰を据えて，ていねいな説明を繰り返し行う必要があり，それによって彼らが事業の賛成者にはならなくても，強力な反対者ではなくなることもある．なかには事業や殺処分の中止を執拗に求める人々もいるが，その圧力に押されて当初の基本方針を簡単に変えてはならない．根絶事業などでは，それを当然と認める多くの人々はとくに支持の声をあげずに沈黙しているが，一部の愛護団体など少数の反対者が大きな声をあげ，それがマスコミなどに取り上げられることが多い．地元住民や市民，研究者などの社会的な影響力のある人々の支持を獲得し，声をあげてもらうことも重要である．合意形成とは，問題解決のために摩擦を少なくし，折り合いを探る努力であって，安易な妥協ではない．

### （3） 島嶼における外来生物排除と順応的管理

ほかの生物の生息環境条件を大きく改変する生物のことを「生態系エンジニア」と呼ぶ．その影響には，たとえばビーバーが木を倒しダムをつくることで水生生物に新しいハビタットを提供し，一方では森林を適度に攪乱することによって種多様性を高めるといったポジティブな側面と，逆に種多様性を減少させるネガティブな側面がある（Jones *et al*., 1994, 1997）．外来生物としてのノヤギは，島嶼生態系の基盤に対して負の影響をもたらす強力な生態系エンジニアであり，その排除なしに生物多様性の保全はできない．したがって，さまざまな外来生物種が侵入している場合でも，ノヤギ排除の優先順位は高い．

媒島でのノヤギ根絶が，植被の回復と木本植物種の増加，海鳥営巣数の大幅な増加をもたらしたように，その効果は劇的であった．しかしそれは，在来種で構成されるもとの自然が順調に回復するという単純なものではなく，外来植物の拡大やクマネズミ *Rattus rattus* による食害の発生など，さまざ

まな好ましくない連鎖的反応をともなっている．同様の現象はいくつもの海洋島で報告されており（Bullock *et al.*, 2002; Kessler, 2002），ノヤギの排除が行われている小笠原諸島の島々にも共通している．このような事態が起こるのは，すでに多種類の外来生物が侵入していて，外来種と在来種の複雑に絡み合った相互関係が形成されているためである．

すでに多種類の外来生物が侵入してしまっている地域で生態系の保全・回復を図るためには，主要な生物の生物間相互作用を調べ，外来生物の排除にともなう生態系の定性的変化に関する仮説をつくり，対策のシナリオを検討することが求められる．シナリオとは，どの種から排除を行うかといった外来種排除の進め方や，ノヤギなどの外来種を排除した後に必要となる対策などである．ただし，外来種が引き起こす問題が今後どう展開するか，また特定の外来種を排除した場合に生態系がどう変わっていくかは，正確には予測できない．そのため，順応的管理が必要となる（大河内，2009）．順応的管理とは，わからないことが多く不確実性が大きくとも，その時点で得られる情報と仮説にもとづいて管理施策を行い，モニタリングによって結果を評価し，それをフィードバックして，よりよい施策に修正していくシステムである．媒島の例では，ノヤギ排除後のモニタリングによって，ギンネムのような外来植物種が将来優占する可能性が明らかになり，それを抑えて在来植物を回復させる方策の検討が始まっている．またノヤギとの競合から解放されたクマネズミが植物の成長や更新，固有の陸産貝類の生息に影響を与える可能性が考えられたので，クマネズミの根絶計画が検討されている．このような情報と経験の蓄積により，新たな地域でノヤギ排除などを行う際にあらかじめ用意しておくべき対応策が，より明確になってくる．

小笠原のように生態系の保全と回復が目標である地域では，ノヤギをはじめとした外来生物の排除は生態系再生のための初期のステップであって，それ自体が最終的な目的ではない．外来種問題の本質は，特定種の個体群の問題ではなく，生態系の問題であるということを忘れてはならない．

### 引用文献

赤城祥彦．2005．砂漠化とその対策——乾燥地帯の環境問題．東京大学出版会，東京．

奄美哺乳類研究会.2009.奄美大島の野生化ヤギに関する基礎的研究.2008年度期WWFジャパン・エコパートナーズ事業最終報告書.WWFJ,東京.

天野卓.2010.ヤギ.(正田陽一,編:品種改良の世界史・家畜編)pp. 293-316. 悠書館,東京.

Bullock, D. J., S. G. North, M. E. Dulloo and M. Thorsen. 2002. The impact of rabbit and goat eradication on the ecology of Round Island, Mauritius. *In* (Veitch, C. R. and M. N. Clout, eds.) Turning the Tide: The Eradication of Invasive Species. pp. 53-63. IUCN, Gland.

Campbell, K. and C. J. Donlan. 2005. Feral goat eradications on islands. Conservation Biology, 19 (5): 1362-1374.

Carlquist, S. 1974. Island Biology. Columbia University Press, New York.

千葉聡.2009.崖淵の自然——小笠原諸島陸産貝類の現状と保全.地球環境,14 (1): 15-24.

畜産技術協会山羊統計(統計都道府県別山羊飼養推移).[Accessed 3 September 2010. From: http://jlta.lin.gr.jp/chikusan/yagi/toukei.html]

Cruz, F., V. Carrion, K. J. Campbell, C. Lavoie and C. J. Donlan. 2009. Bio-economics of large-scale eradication of feral goats from Santiago Island, Galapagos. Journal of Wildlife Management, 73 (2): 191-200.

藤田卓・高山浩司・朱宮丈晴・加藤英寿.2008.南硫黄島の維管束植物.小笠原研究,33: 19-62.

長谷川博.1992.海洋性鳥類の現状及びノヤギによる影響評価.(小笠原諸島における山羊の異常繁殖による動植物への被害緊急調査報告書)pp. 85-100. 日本野生生物研究センター,東京.

蓮尾嘉彪.1970.小笠原の自然——陸上動物.(津山尚・浅海重夫,編:小笠原の自然)pp. 143-153.広川書店,東京.

畑憲治・可知直毅.2009.小笠原諸島における野生化ヤギ排除後の外来木本種ギンネムの侵入.地球環境研究,14 (1): 65-72.

Hata, K., J.-I. Suzuki and N. Kachi. 2007. Vegetation changes between 1978, 1991, and 2003 in the Nakoudojima Island that had been disturbed by feral goats. Ogasawara Research, 32: 1-8.

平川宗隆.2003.沖縄のヤギ〈ヒージャー〉——歴史・文化・飼育状況から料理店まで.ボーダーインク,那覇.

平川宗隆.2009.沖縄でなぜヤギが愛されるのか.ボーダーインク,那覇.

市河三英.1992.植生の現状及びノヤギによる影響の評価.(小笠原諸島における山羊の異常繁殖による動植物への被害緊急調査報告書)pp. 51-84.日本野生生物研究センター,東京.

IUCN. 2000. IUCN guidelines for prevention of biodiversity loss caused by alien invasive species. IUCN. [Accessed 31 August 2010. From: http://www.issg.org/pdf/aliens_newsletters/supplementIssue11.pdf#search='IUCN, invasive species, guideline']

Jones, C. G., J. H. Lawton and M. Shachak. 1994. Organisms as ecosystem engineers. Oikos, 69: 373-386.

Jones, C. G., J. H. Lawton and M. Shachak. 1997. Positive and negative effects of organisms as physical ecosystem engineers. Ecology, 78（7）：1946-1957.
加藤英寿．2004．聟島・媒島における外来植物問題．（平成15年度小笠原国立公園植生回復調査報告書）pp. 78-83．東京都小笠原支庁，東京．
Keegan, D., B. Coblentz and C. Winchell. 1994. Feral goat eradication on San Clemente Island, Calfornia. Wildlife Society Bulletin, 22：56-61.
Kessler, C. C. 2002. Eradication of feral goats and pigs and consequences for other biota on Sarigan Island, Commonwealth of the Northern Mariana Islands. In（Veitch, C. R. and M. N. Clout, eds.）Turning the Tide：The Eradication of Invasive Species. pp. 132-140. IUCN, Gland.
Lowe, S., M. Browne, S. Boudjelas and M. De Poorter. 2004. 100 of the World's Worst Invasive Alien Species. The Invasive Species Specialist Group, IUCN, Gland.
万年英之．2004．家畜ヤギの起源と系譜．在来家畜研究会報告，21：313-325.
万年英之．2009．ヤギ――東アジアの在来ヤギ．（在来家畜研究会，編：アジアの在来家畜――家畜の起源と系統史）pp. 281-299．名古屋大学出版会，名古屋．
Martin, S. L., P. Schoenfeld, W. Hawglan and G. W. Witmer. 2005. Overview of impacts of feral and introduced ungulates on the environment in the eastern United State and Caribbean. In（Nolte, D. L. and K. A. Fagerstone, eds.）Proceedings of the 11th Wildlife Damage Management Conference. pp. 64-81. University of Nebraska, Lincoln.
モンゴメリー，D. R.（片岡夏実訳）．2010．土の文明史．築地書館，東京．
根本正之．2007．砂漠化ってなんだろう．岩波書店，東京．
日本政府．2010．世界遺産一覧表記載推薦書――小笠原諸島．［Accessed 3 September 2010. From：http://ogasawara-info.jp/pdf/isan/suisensho_nihongo.pdf]
野澤謙．1972．小笠原諸島家畜現況調査（1969年）1．小笠原諸島の家畜について．在来家畜調査団報告，5：41-47.
大河内勇．2009．小笠原における侵略的外来種の生態影響とその順応的管理にむけて．地球環境研究，14（1）：3-8.
Parkes, J., R. Henzell and G. Pickles. 1996. Managing Vertebrate Pests：Feral Goats. Australian Government Publishing Surevice, Canberra.
ペリー提督（土屋喬雄・玉城肇訳）．1948．日本遠征記（二）．岩波書店，東京．
ポンディング，C.（石弘之・京都大学環境史研究会訳）．1994．緑の世界史（上）（下）．朝日新聞社，東京．
清水善和．2002．媒島来訪――ノヤギ排除後の植生変化と植生回復上の問題点．小笠原研究年報，26：49-60.
Silanikove, N. 1997. Why goats raised on harsh environment perform better than other domesticated animals. In（Lindberg, J. E., H. L. Gonda and I. Ledin, eds.） Recent Advances in Small Ruminant Nutrition. pp. 185-194. Zaragoza, CIHEAM-IAMZ.

Silanikove, N. 2000. The physiological basis of adaptation in goats to harsh environments. Small Ruminant Research, 35：181-193.
自然環境研究センター．1998．野生化哺乳類実態調査報告書．自然環境研究センター，東京．
双喜．2003．内蒙古西部地域におけるカシミヤ生産と草原環境問題．農業経営研究，41（2）：147-150.
立川浩之・菅沼弘行．1992．海域生態系の現状及びノヤギによる影響の評価．（小笠原諸島における山羊の異常繁殖による動植物への被害緊急調査報告書）pp. 101-120．日本野生生物研究センター，東京．
常田邦彦．1992a．ノヤギ個体群の現状．（小笠原諸島における山羊の異常繁殖による動植物への被害緊急調査報告書）pp. 31-49．日本野生生物研究センター，東京．
常田邦彦．1992b．ノヤギ個体群の取扱いと環境保全に関する基本方針について．（小笠原における山羊の異常繁殖による動植物への被害緊急調査報告書）pp. 124-129．日本野生生物研究センター，東京．
常田邦彦・安承源．2000．小笠原におけるノヤギ問題――自然回復を目的とした移入種排除の実践例．遺伝，54（10）：81-85.
東京都小笠原支庁．1995．小笠原諸島における植生調査報告書．東京都小笠原支庁，東京．
東京都小笠原支庁．1998．小笠原支庁30年のあゆみ．東京都小笠原支庁，東京．
東京都小笠原支庁．2003．平成14年度小笠原国立公園植生回復調査報告書．東京都小笠原支庁，東京．
東京都小笠原支庁．2008．平成19年度小笠原国立公園聟島列島植生回復調査報告書．東京都小笠原支庁，東京．
東京都小笠原支庁．2009．平成20年度小笠原国立公園聟島列島植生回復調査報告書．東京都小笠原支庁，東京．
東京都小笠原支庁・自然環境研究センター．2007a．小笠原国立公園ノヤギ根絶確認調査委託報告書．東京都小笠原支庁・自然環境研究センター，東京．
東京都小笠原支庁・自然環境研究センター．2007b．小笠原国立公園兄島植生回復調査委託（その2）報告書．東京都小笠原支庁・自然環境研究センター，東京．
東京都小笠原支庁・自然環境研究センター．2009．小笠原国立公園父島列島植生回復調査委託報告書．東京都小笠原支庁・自然環境研究センター，東京．
東京都小笠原支庁・自然環境研究センター．2010．小笠原国立公園兄島・弟島植生回復調査委託報告書．東京都小笠原支庁・自然環境研究センター，東京．
Tye, A. 2009. Guidline for Invasive Species Management in the Pacific：A Pacific Strategy for Managing Pests, Weeds and other Invasive Species. SPREP, Samoa.
Van Vuren, D. and B. E. Coblentz. 1987. Some ecological effects of feral sheep on Santa Cruz Island, Calfornia. Biological Conservation, 41：253-268.
Vitousek, P. M. 1988. Diversity and biological invasion of oceanic islands. *In* (Wilson, E. O., ed.) Biodiversity. pp. 181-189. National Academy Press,

Washington, D. C.

渡辺誠喜.　1972.　小笠原諸島家畜現況調査（1969年）3.　小笠原諸島山羊の形態学的, 遺伝学的調査.　在来家畜調査団報告, 5：50-57.

Yamamoto, H., S. Ichikawa, S. Katoh, H. Akimoto, T. Yasui, M. Wakabayashi and H. Kato. 2003. The flora of Mukojima Isl. and Nakoudojima Isl. just after the eradication of feral goats. Ogasawara Research, 28：29-48.

山根章弘.　1983.　羊毛の語る日本史.　PHP研究所, 京都.

横濱道成・渋谷廣居.　2006.　モンゴル国における家畜飼養の動向——モンゴル草原の植生保全の視点から.　畜産の研究, 60（11）：1179-1186.

横畑泰志.　2003.　尖閣諸島魚釣島の野生化ヤギ問題とその対策を求める要望書について.　保全生態学研究, 8：87-96.

Yokohata, Y., Y. Ikeda, M. Yokota and H. Ishizaki. 2003. Effects of introduced goats on the ecosystem of Uotsuri-Jima in the Senkaku Islands, Japan, as assessed by remote-sensing techniques. Biosphere Conservation, 5：39-46.

横畑泰志・横田政嗣・太田英利.　2009.　尖閣諸島魚釣島の生物相と野生化ヤギ問題.　IPSHU研究シリーズ（広島大学平和科学研究センター）, 42：307-326.

# 12
## クマネズミ
島嶼からの根絶へ

### 橋本琢磨

　日本では都市や農村における加害獣としてのイメージが強いクマネズミだが，亜熱帯地域の島嶼では植物や鳥類などを捕食し，生態系に大きなダメージを与えうる存在である．近年，小笠原諸島でも生態系への顕著な影響が確認され，2007年以降には島嶼からの根絶を目指した駆除が実施されている．現在のところ，国内で根絶が確認された事例はないが，それに近い状態にまでは駆除ができることが示されており，それにともなう生態系の回復も見られている．本章ではすでに多くの成功事例を持つ海外での状況，および小笠原諸島での対策の状況について述べ，クマネズミをはじめとした外来ネズミ類の根絶における課題を考察する．

## 12.1　原産地と日本への侵入

　クマネズミ *Rattus rattus* は齧歯目ネズミ科クマネズミ属 *Rattus* の一種である．本種は東南アジアのインドシナ半島周辺が原産地であるが，12世紀以前にはすでにヨーロッパまで分布を拡大しており，現在では熱帯・亜熱帯地域を中心として汎世界的に分布している．日本への侵入時期は明らかではないが，弥生時代にはすでに稲作に対する害獣として存在していたと推測されている（矢部，2008）．

## 12.2　クマネズミによる被害

　日本でクマネズミといえば，同属のドブネズミ *R. norvegicus* と並び，都

市の家屋やビル，地下街などで生活している，いわゆる"家ネズミ"としての認識が強い．都市に生活する者にとってはもっとも身近であり，かつ憎むべき哺乳類であるため，クマネズミが外来動物だという認識は薄いかもしれない．また，農村地域においても農作物や飼料を食い荒らす害獣である．こうしたことから都市や農村では，クマネズミの被害対策のための駆除が頻繁になされている．

今日，クマネズミは日本全域の都市および農村で隆盛を誇っているが，一方で森林などの野生環境では，定着するニッチを見出せずにいる．本州などの山林において，クマネズミが生息していることはほとんどなく，農村部の耕作地周辺などを除き，通常は野外で生息することはない．したがって，クマネズミによる被害とは，都市における人間生活に対する被害，および農林水産業に対する被害に限られると考えがちである．しかし，南西諸島や小笠原諸島など，亜熱帯の島嶼では，クマネズミが森林などの野生環境に生息しており，ときには非常に高密度に生息している．たとえば，奄美大島では在来のネズミであるアマミトゲネズミ *Tokudaia osimensis* やケナガネズミ *Diplothrix legata* を押しのけ，多くの場所でクマネズミが優占種となっている（環境省那覇自然環境事務所・自然環境研究センター，2010）．こうした亜熱帯島嶼では，クマネズミは衛生被害や農林水産業被害のみならず，生態系に対しても大きな被害を引き起こしている．

上述のような分布状況から，外来ネズミ類による生態系への被害については，近年まであまり知られていなかった．外来ネズミ類による生態系への影響が明らかになり始めたのは，1987年に福岡県小屋島でドブネズミがカンムリウミスズメ *Synthliboramphus wumizusume* の成鳥を大量に捕食したことが端緒であると思われる（武石，1987）．ドブネズミはクマネズミに比べ食性が動物食に偏ることから，地上繁殖する鳥類に対する食害が生じやすい．類似の事例として，北海道モユルリ島でのエトピリカ *Fratercula cirrhata* に対する食害が知られている（環境省釧路自然環境事務所，2008）．一方，クマネズミは基本的には種子を中心とした植物食であり，小笠原諸島でも種子食害による更新の阻害（加藤，2002）や，固有植物の小枝の食害（渡邊ほか，2003）は知られていたものの，鳥類をはじめとした動物に対する食害影響はそれほど大きくないものと考えられてきた．しかし，2006年にそうした認

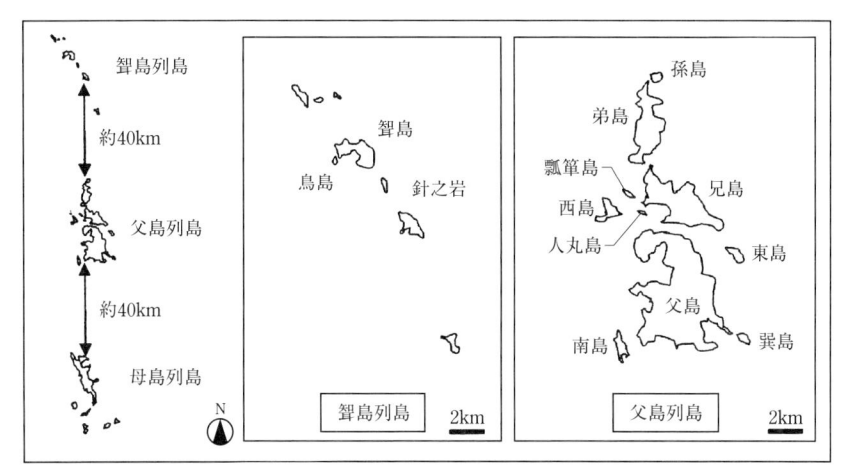

図 12.1　小笠原諸島の各属島の位置関係.

識を覆す，衝撃的な被害が明らかになった．

## 12.3　小笠原諸島でのクマネズミによる生態系被害

　小笠原諸島は東京からほぼ真南に 1000 km 隔て，太平洋上に浮かぶ孤島である（図 12.1）．日本では数少ない海洋島であり，形成以来，ほかの陸地とつながったことがない．そこに見られる生物相は，限られた祖先種から独自の適応放散を遂げたものであり，多くの固有種が生息している．とくに，陸産貝類群集は多くの固有種を有しているのみならず，島ごとにも種分化が見られ，小笠原諸島の生態系のユニークさを顕著に示している（冨山・黒住，1991）．また，小笠原諸島にはおよそ 30 の無人島が存在しており，海鳥類にとって重要な繁殖地となっている．

　父島の東に位置する東島は，アナドリ *Bulweria bulwerii* やオナガミズナギドリ *Puffinus pacifious*，オーストンウミツバメ *Oceanodroma tristrami* といった小型海鳥類が数多く繁殖する島であり，小笠原諸島のなかでも海鳥類の繁殖地としての重要性が高い．その東島で，小笠原自然文化研究所が 2006 年に実施した調査において，多数の海鳥の卵，雛，さらには親鳥がクマネズミによる食害を受けていることが明らかになった（堀越ほか，2009）．

それまでにも、ネズミ類によると思われる卵や死体に対する食痕が見つかることもあったが、東島で発見された雛や親鳥の死体は、頭骨に歯型が残るなど、明らかにネズミにおそわれ、捕殺されたと思われる状況であった。その数も多く、350 m$^2$ の調査区内で成鳥237羽、卵61個の食害が確認された（堀越ほか、2009）。その結果、アナドリでは2006年の繁殖期には巣立ち個体が確認されず、繁殖個体群の維持すら危惧される状況に陥った。さらに、2007年には父島の北に隣接する兄島で、ネズミ類の食害が陸産貝類の減少に大きな影響をおよぼしていることが示された（Chiba, 2007）。このように、クマネズミによる生態系被害は、近年になって小笠原諸島で相次いで明らかになり、生態系を攪乱する大きな要因として認識されるようになった。

## 12.4 海外での外来種クマネズミの問題と対策

### (1) 海外での生態系影響の事例

クマネズミは本来植物食であるため、植物に対する被害事例は当然多い。しかし、クマネズミは地域によっては植物以外に対しても苛烈な害をおよぼす。とくに加害事例が多いのは鳥類であり、陸生の小型鳥類から大型の海鳥類まで、卵はもちろん、雛、親鳥までを捕食対象としている事例もある（Robertson et al., 1998）。クマネズミによる食害が知られている動物は、ウミガメ類、トカゲ類、ヘビ類、昆虫類、陸産貝類など多岐にわたっている（Meier, 2003; Towns and Broome, 2003）。クマネズミは本来植物食であるが、食性の可塑性は高く、無人島のような資源制約の強い条件下では、幅広い分類群に加害しうる。このため、クマネズミはIUCNが選定した「世界の侵略的外来種ワースト100」に含まれている（Lowe et al., 2000）。一方で、わが国では明治時代以前に定着した種であるために、「特定外来生物」の指定を受けておらず、対策に遅れをとっている。

### (2) 海外における先進的駆除事例

ニュージーランドはもっとも外来哺乳類対策が進んでいる国の1つである。ニュージーランドでは20世紀中ごろから、外来ネズミ類による食害によっ

**表 12.1** 海外事例での外来ネズミ類各種の根絶成功，失敗事例数，および根絶に成功した最大島嶼面積（Howald et al., 2007 より改変）．

| 種 名 | 根絶成功事例数 | 根絶失敗事例数 | 根絶に成功した最大島嶼 | |
|---|---|---|---|---|
| | | | 面積（ha） | 駆除手法 |
| クマネズミ | 159 | 15 | 1022 | ブロディファコムの空中散布 |
| ドブネズミ | 104 | 5 | 11300 | ブロディファコムの空中散布 |
| ハツカネズミ | 30 | 7 | 710 | ブロディファコムの空中散布 |

て，海鳥の繁殖個体群の維持が困難となっていた島々で，繁殖期間中の食害回避を目的とした駆除が実施されるようになった．そうしたなか，1960年に面積わずか1haのマリア島で，やはり海鳥類の食害回避を目的として，ワルファリン製剤（第一世代抗凝血性毒物）の散布による駆除が実施され，およそ20年後に実施されたモニタリング調査によって，マリア島からネズミが根絶していることが明らかになった（Moors, 1985）．こうした事例が重なることで，ネズミ類の島嶼からの根絶が可能であるという認識が広まり，1980年代以後は積極的に根絶を目指す取り組みが進められるようになった．

**（3） 根絶成功率を高めた技術**

Howald et al.（2007）は，2007年以前に実施された島嶼からの外来ネズミ類の根絶事例を総説した．その結果，クマネズミでは159件の根絶成功事例と，15件の失敗事例が確認され，根絶の成功率は92%に達していた（表12.1）．クマネズミの根絶に成功した島嶼の最大面積は，オーストラリアのハーミット島であり，その面積は1022haに達する．同様にドブネズミでは104件の成功事例と5件の失敗事例が，ハツカネズミでは30件の成功事例と7件の失敗事例が確認された．このように，外来ネズミ類の駆除経験が豊富な諸外国では，すでに島嶼からの根絶は困難なことではなくなりつつある．

ニュージーランドでの外来ネズミ類対策の進展には，以下の点が重要であったと考えられる（Towns and Broome, 2003）．

①第二世代抗凝血製剤の開発と実用．
② GPS システムによる空中散布技術の発展．
③非標的種への影響緩和策やリスクの評価．

殺鼠剤にはその毒性によっていくつかの種類がある（表12.2）．モノフル

**表 12.2** ネズミ類駆除に使用されるおもな毒物の特徴.

| 性質 | 分類 | 毒物の種類 | 農薬登録 | 殺鼠作用 |
|---|---|---|---|---|
| 急性 | 急性毒物 | モノフルオロ酢酸ナトリウム (1080) | 有 | 摂食後ただちに運動神経の麻痺を起こし, 中毒死する. |
| 急性 | 中枢神経毒物 | リン化亜鉛 | 有 | 体内で水と反応し, 猛毒のリン化水素を生じ, これによって中毒死する. |
| 遅効性 | 中枢神経毒物 | 硫酸タリウム | 有 | 中枢神経細胞の変性により, 腎障害, 消化管の炎症, 呼吸困難を生じ, 死に至る. |
| 遅効性 | 第一世代抗凝血性毒物 | クマリン系（ワルファリン） | 有 | 抗凝血作用により内臓などに出血, 衰弱死する. |
| 遅効性 | 第一世代抗凝血性毒物 | クロロファシノン | 有 | 抗凝血作用により内臓などに出血, 衰弱死する. |
| 遅効性 | 第一世代抗凝血性毒物 | ダイファシノン系 | 有 | 抗凝血作用により内臓などに出血, 衰弱死する. |
| 遅効性 | 第二世代抗凝血性毒物 | 第二世代抗凝血性毒物（ブロディファコム, ジフェチアロールなど） | 無 | 抗凝血作用により内臓などに出血, 衰弱死する. 第一世代よりも毒性, 蓄積性が高い. |

オロ酢酸ナトリウムやリン化亜鉛のような急性毒物は, 人間や非標的種である哺乳類や鳥類が誤食した際に, 短時間で致死的な影響を生じる危険性があることから, 近年は野外での使用が控えられている. 一方, 作用がゆっくりと生じ, 複数回の摂食によって致死する遅効性毒物では, 対象とする種以外の動物による摂食機会をコントロールすることで, 非標的種の致死リスクを低下することが可能である. また急激な作用がないことで対象種に警戒されにくく, 慎重な個体も駆除することができるため, 遅効性毒物は根絶に適している. 遅効性毒物の主流をなしているのは抗凝血性毒物であり, これは, 血液凝固作用を阻害することで, 内出血などによる失血を誘発し, ネズミを衰弱死させるものである. 代表的なものはワルファリンやダイファシノン, ブロディファコム, ジフェチアロールといった成分である. 抗凝血性毒物は, 薬効が比較的弱い第一世代と呼ばれるグループ（ワルファリン, ダイファシノンなど）と, 近年になって使用されるようになった薬効がより強い第二世代と呼ばれるグループ（ブロディファコム, ジフェチアロールなど）に区分される. いずれも失血死を誘導する毒物であることに変わりはないが, 第一世代が一定期間（通常は 3-7 日程度）内に繰り返し摂食しないと致死しない

のに対して，第二世代では短期間（早ければ1日）摂食するだけで（場合によっては単回の摂食で）致死しうる．すなわち，第二世代の使用によってネズミ類への曝露期間が短くても根絶することが可能となり，根絶成功率は飛躍的に上昇した（Towns and Broome, 2003）．

殺鼠剤の散布方法も根絶成功のキーポイントである．ネズミ類の行動圏は小さいため，数m単位で殺鼠剤の散布されない空間が生じることが，根絶の成否を左右する．そのため，根絶の確実性を高めるためには，事前に想定したとおりの散布密度でむらなく殺鼠剤を撒く技術が必要となる．ニュージーランドではGPSシステムを搭載したヘリコプターを利用し，散布に適した形状の薬剤の開発などによってその問題を解決し，大面積の島嶼でも根絶を可能にした（Towns and Broome, 2003）．

ニュージーランドの外来哺乳類対策が大きな成果をあげている要因は，高い技術だけでなく，外来哺乳類の根絶に対する社会的な合意が図られていることにある．たとえば，ある島嶼での外来ネズミ類の根絶を実施するうえで，駆除作業による影響が，非標的種の生存に危険をもたらす可能性がある場合を想定する．そうした場合には，駆除作業の実施時期を非標的種に影響が生じにくい時期に変更したり，殺鼠剤の種類を変えて非標的種の致死リスクを軽減するといった影響緩和策をとるという方法もある．しかし，こうした影響緩和策は，一般にネズミ類根絶の成功率を低下させる．ニュージーランドでは非標的種に対して短期的な生存上のリスクがある場合にも，ネズミ類の根絶にともなう生態系の回復による長期的な利益が上回っていると判断される場合には，根絶の成功を優先した計画を策定する．一方で，駆除実施中の域外飼育個体の確保などによって，保全上重要な非標的種の個体群が維持されることを保証している．

## 12.5　日本でのネズミ類駆除の経緯

日本では，ネズミ類による生態系影響に関する情報が最近まで得られなかったため，ネズミ類駆除の目的は農業や衛生被害の軽減にあった．よって，対策は被害地域での個体数削減にとどまり，全島的な根絶を目的とした事例はなかった．福岡県小屋島でのカンムリウミスズメの繁殖地保全を目的とし

たドブネズミの駆除は，生態系影響の回避を目的とした先駆的駆除事例である．1987-88年に福岡県小屋島（1.8 ha）において，クマリン系などの殺鼠剤およそ73 kgの散布を実施した．その後，1991年までの間に，延べおよそ600ワナ日におよぶ捕獲調査でドブネズミの生息は確認されなかった（福岡県森林林業技術センター，2000）．しかし，2009年には再びドブネズミの生息が確認され，カンムリウミスズメに対する食害も見られるようになった（武石ほか，2010）．こうした状況から，同島ではドブネズミが少数残存していたか，近隣の島から再侵入したと考えられる．

小笠原諸島では，2000年以降に植物，鳥類，陸産貝類などの固有生態系の重要な構成要素に対して，外来ネズミ類，とくにクマネズミによる食害が非常に大きいことが明らかになってきた．そうした背景から，2005年に小笠原諸島の父島列島の属島である西島での外来ネズミ類の駆除が，森林総合研究所と自然環境研究センターの共同研究として着手され（本章12.8参照），さらに2008年以降には，環境省による駆除事業として聟島列島の聟島，父島列島の兄島，弟島，東島などを対象とした駆除が実施された（本章12.9参照）．

## 12.6　駆除計画立案のための基礎情報

駆除計画の立案にあたってもっとも重要なことは，駆除の目的を明確にすることである．島嶼における外来哺乳類の駆除では，根絶を達成することが最善の結果である．根絶を達成し，その後の再侵入を絶つことで，当該の種からの被害を永久に取り除くことができる．しかし，根絶を達成しても近隣の島から再侵入する可能性が高い場合や，大面積の島の一部に食害を受けている保全対象種の生息地がある場合には，永続的に低密度管理を実施したほうが現実的な場合もある．よって計画立案においては，駆除の結果として求める成果を見定め，それに沿った計画を策定するべきである．

外来ネズミ類の駆除が，ノヤギ *Capra hircus* やアライグマ *Procyon lotor* など，その他の外来哺乳類の駆除と異なっているのは，短期間で駆除作業が終了することにある．したがって，駆除の実行中における順応的な計画の変更ということは考えにくい．外来ネズミ類の根絶においては，1回の駆除試

行でそれを達成することを前提として計画を立案するのが基本である．

　計画策定の際には，以下の要因を事前に把握し，それにもとづいた検討をすることが重要である．

　①外来ネズミ類の生息状況（生息種，生息密度，繁殖期，食性）．
　②環境および非標的種に対して予測される影響（殺鼠剤による毒性影響，二次影響，作業による攪乱影響）．
　③地理的条件（作業上の制約，再侵入の可能性）．
　④社会的条件（土地利用状況など）．

## （1） 外来ネズミ類の生息状況の把握

　対象島嶼における生息種の把握はとくに重要である．小笠原諸島をはじめ，島嶼では哺乳類相と構成種の生息状況が十分に把握されていないことも多く，ワナやセンサーカメラなど複数の手法を用いて事前に調査をすることが必要である．実際に，小笠原諸島での事前調査では，弟島において事前に生息が知られていなかったハツカネズミ *Mus musculus* の生息が確認された（環境省関東地方環境事務所, 2009）．殺鼠剤の効果は種によって異なっており，とくにハツカネズミは抗凝血性毒物に対する感受性が低い．またハツカネズミは個体の行動範囲が狭いため，散布された殺鼠剤に対する曝露機会も相対的に少なくなる．こうした点から，ハツカネズミの根絶はクマネズミやドブネズミよりも困難である．

　繁殖スケジュールおよび食性を把握しておくことも不可欠である．殺鼠剤によってネズミ類を根絶する際には，短期間のうちにすべての個体に致死量を採餌させることが求められる．そのためには生息密度が低下しており，かつ餌資源量が少ない時期に駆除を実施することが効果的である．また，散布された殺鼠剤の有効期間は通常数日から1週間程度であるため，その期間に殺鼠剤への曝露機会が少ない授乳中の個体が生残する可能性を回避するために，繁殖が不活発な時期に散布を行うことが望ましい．繁殖スケジュールは，近隣する島嶼間でも若干の差違が見られることがあるため，事前に繁殖期に関する情報を収集しておくことが必要である．

（2） 環境および非標的種に対して予測される影響

　非標的種に対するリスク評価をするために，対象島嶼に生息する動物相および構成種の食性を把握することが重要である．抗凝血性毒物のなかでも，第一世代は哺乳類では摂食量によって致死的影響をおよぼす可能性があるが，鳥類に対する致死リスクはほとんどなく，二次毒性も低い．しかし，第二世代は哺乳類や鳥類に対する致死リスクがきわめて高く，二次毒性も強いため，散布手法や散布時期，あるいは殺鼠剤の形状の工夫などにより，非標的種に対する影響緩和が必要となることが多い．また，駆除の実施に際しては，毒物による影響だけでなく，作業にともなう人の立ち入りやヘリコプターの飛行などにより，生息する動植物に対する攪乱が生じるため，その点についても考慮する必要がある．たとえば，小笠原諸島の聟島における駆除実施の際には，クロアシアホウドリなどの海鳥類が繁殖している地域の周辺では，人力による地上からの殺鼠剤散布を実施することにより，ヘリコプターからの散布回数を減らし，繁殖攪乱を最小限にとどめるよう努めた（環境省関東地方環境事務所，2010）．

（3） 地理的条件

　殺鼠剤散布手法の選択にかかわる最大の要因は，人力による地上での作業を安定的に実施できるか否かである．面積が大きい，あるいは地形的に踏査が困難な島嶼では，地上作業で全域にむらなく殺鼠剤を散布することはむずかしく，空中散布に頼らざるをえない．

　また，近隣に外来ネズミ類が生息する島嶼が存在する場合には，駆除対象の島嶼への再侵入リスクを考慮に入れておく必要がある．海外の事例では，ドブネズミでは2200 m，クマネズミでは500 mの海峡を隔てた場所から，駆除実施後に再侵入が見られている（Russell and Clout, 2005）．

（4） 社会的条件

　対象地域内での農業などの利用状況や，周辺海域での漁業，観光業などによる利用状況についても，事前に把握しておくべき事項である．駆除の実施に際して利害が生じる可能性がある場合には，関係者に対して事前に駆除計

画案を説明したうえで，実施可能な影響緩和策を検討し，実際の駆除計画に反映することが必要である．小笠原での事例では，対象地域外に散逸した殺鼠剤の洋上あるいは海岸での回収，飼養動物による誤食に対する注意喚起や，駆除実施時期を観光利用の少ない時期に設定するなどの具体的対応をとった（環境省関東地方環境事務所，2010）．こうした地元との調整によって，合意形成を深めながら駆除計画を策定していくことが重要である．ただし，根絶を目指すうえでは，けっして妥協をしてはならない点もある．たとえば，駆除実施時期をネズミ類の繁殖期中とすることや，殺鼠剤散布期間を短くすることなどは，根絶の成功率を低下させるおそれがあるため，影響緩和のために安易な変更をすると，そもそもの目的を達成しえないこととなる．

## 12.7　駆除手法の検討

### （1）　使用する薬種の選択

これまでにも述べてきたとおり，島嶼での外来ネズミ類対策は，基本的に殺鼠剤による短期集中的な駆除によってなされる．したがって，駆除計画の基幹をなす構成要素は，使用する殺鼠剤（薬種，形状），実施時期，散布量，そして散布方法を選択することにある．

殺鼠剤には急性毒物と遅効性毒物があるが，現在は非標的種や人間に対する安全性の観点から，遅効性毒物を使用することが一般的である．遅効性毒物の大半を占める抗凝血性毒物には，前述のように，毒性が弱く非標的種や環境に対する影響が生じにくい第一世代と，より毒性が強くネズミに対する致死効果が高い一方で，非標的種や環境に対する影響がおよびやすい第二世代がある．「農薬取締法」では殺鼠剤を農地・山林においてネズミ類を駆除する目的で使用する農薬の一種としており，農薬として市販される殺鼠剤は毒性試験結果などの評価にもとづき，登録されたもののみとなっている．現在，日本において農薬登録されている薬種は6種類である（表 12.2）．これらのうち，急性毒物のモノフルオロ酢酸ナトリウム（1080）やリン化亜鉛は，鳥類などの誤食による致死が生じやすいため，十分に管理することができない環境下での使用には不適である．ワルファリンやダイファシノンはいわゆ

る第一世代である．現在，日本では第二世代は農薬登録されていない．市販薬としては，ジフェチアロールを主成分としたものがあるが，これは農地での使用を前提としていない医薬部外品であり，家屋内などの管理がしやすい場所での使用が用途となっている．

　現在までに実施されている小笠原諸島での外来ネズミ類駆除では，第一世代のダイファシノン製剤を使用している．ダイファシノンは鳥類に対する毒性がきわめて低く，かつ加水分解しやすいため環境に残留しにくいなど，環境負荷がもっとも少ない殺鼠剤の1つである．第一世代は，環境影響が少ない点で非常に優れているが，現在までに海外でネズミ類の根絶を目的として使用された例は少ない．なぜなら，第一世代は毒性が低いうえにネズミ類の体内での代謝が早く，複数回，複数日かつ連続した摂食がなされないと致死しにくいため，すべての個体に対し短期間で十分量を曝露することができなければ根絶がむずかしいためである．よって第一世代を使用して根絶計画を立てる際には，推定されるネズミ類の頭数から算出される致死量をはるかに上回る量を，分布に偏りがないよう均一に散布し，かつ長期の連続した曝露が可能であるよう3回程度の繰り返し散布を実施する必要がある．第一世代では散布における技術的な制約が多く，そのためにコストも高くなる．非標的種に対する影響が限定的である場合や，非標的種に対するリスクを短期的な域外保全などでコントロールすることが可能な場合には，第二世代を使用したほうが根絶の可能性を高められ，かつコストも低くなると考えられる．今後，日本でも第二世代抗凝血性毒物を外来ネズミ類駆除に使用できるよう，検討していくことが求められる．

### （2） 殺鼠剤の形状

　駆除に使用する殺鼠剤は薬種だけでなく，その形状についても検討が必要である．小笠原ではこれまでに粒剤およびスローパック剤（図12.2）を使用してきた．粒剤はおよそ5mm×5mm×3mm程度の立方体の形状をしており，重さは約0.1gである．粒剤は0.005%のダイファシノンのほか，穀類粉や糖類といった基剤からできている．粒剤自体には防水処理はなされていない．スローパック剤は，粒剤約50粒を防水紙製の袋に入れたものであり，袋の大きさは50mm×50mm程度である．粒剤は散布された後に降雨

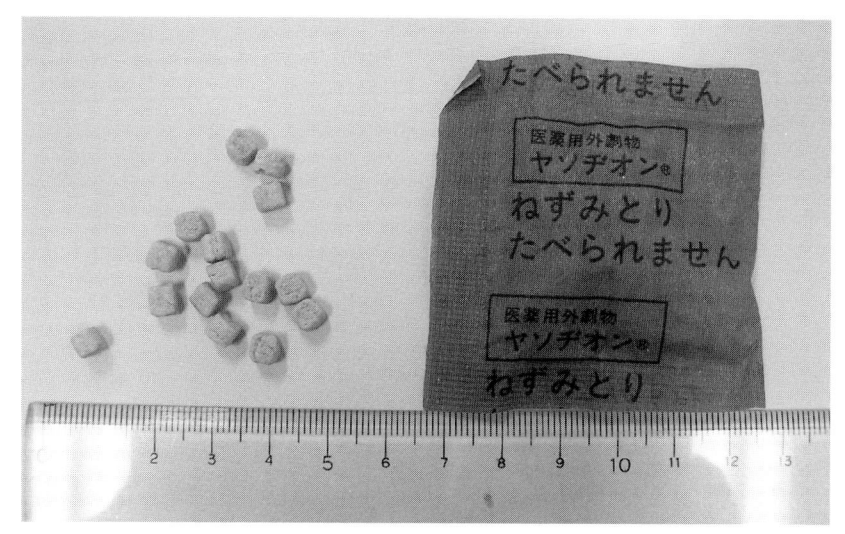

**図 12.2** ダイファシノン製剤の粒剤(左)とスローパック剤(右).

などにあたると吸湿し,主成分のダイファシノンが加水分解されるほか,吸湿することでネズミ類による喫食性が低下する.それに対し,スローパック剤は降雨による殺鼠剤の無効化を回避し,有効な曝露期間を長期化する効果がある.ただし,スローパック剤の空中散布は,風による影響を受けやすいため散布範囲が安定せず,散布密度にむらが生じやすいという欠点もある.また,スローパック剤では防水紙の分解に散布後1年程度の時間を要し,その間に景観上の問題を生じることもある.それぞれのこうした欠点を克服するために,粒剤のワックスコーティングによる防水処理,あるいは大粒化などの試行をしているが,ネズミ類の喫食性や農薬登録上の問題が残されており,現在のところ実用には至っていない.

(3) 駆除実施時期

駆除の実施時期は,対象となるネズミ類の個体数が低下しており,餌条件が悪く,かつ繁殖が不活発な時期に合わせることが不可欠である.日本の場合,そうした時期は基本的には越冬期の後半,おおむね2月から3月ごろになると考えられる.小笠原諸島内のようなほぼ同様な気候条件下でも,繁殖スケジュールは島ごとに微妙に異なる(図12.3).ドブネズミやクマネズミ

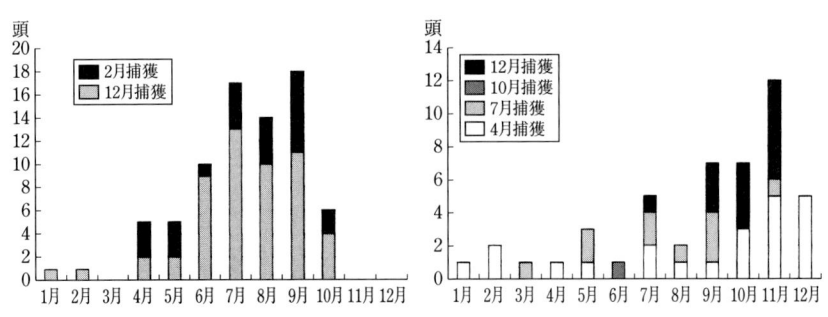

**図 12.3** 南島（左）と西島（右）で捕獲されたクマネズミの推定誕生月の分布．南島では 11 月から繁殖が不活発になるのに対し，西島では 11 月に繁殖のピークが示されている（南島：東京都小笠原支庁・自然環境研究センター，2011；西島：橋本，未発表）．

の繁殖期は，捕獲された個体の眼球のレンズ重量から日齢を推定し，誕生日を算出することで把握することが可能である（Tanikawa, 1993; Yabe, 1979）．

### （4） 殺鼠剤の散布量および散布方法

第二世代抗凝血性毒物であるブロディファコムによって駆除を実施しているニュージーランドでは，合計 21 kg/ha を，14 kg/ha と 7 kg/ha の 2 回に分けて，1 週間程度の間隔をあけて散布することが多い．しかし，ダイファシノン製剤では根絶達成事例が少なく，いまのところ適切な散布量が明らかになっていない．小笠原諸島での駆除作業では，量的には過剰になっている可能性はあるが，10 kg/ha ないし 15 kg/ha の散布を 1 週間以内の間隔で，2–4 回繰り返し散布する（合計 20–40 kg/ha）方法をとっている．現在実施されている駆除作業の成否が明らかになるにつれて，ダイファシノン製剤での適切な散布量も明らかになってくることが期待される．

殺鼠剤の散布方法には大きく分けて 3 つある（表 12.3）．おおむね 50 ha 以上の大面積の島では，空中散布を前提として散布計画を立てたほうがよい．無人島での人力による散布作業では，海況不良による作業不可など，予想外の要因が生じやすい．それによって作業が想定どおりに進まなくなると，殺鼠剤の散布期間があくこととなり，根絶の可能性が著しく低下する．ベイトステーションとはネズミ以外の動物が殺鼠剤に接触しないような構造の餌台

表 12.3　殺鼠剤の散布手法.

| 散布手法 | 概　要 |
| --- | --- |
| 人力散布 | 機器を用いることなく，人力によって殺鼠剤を地表に直接散布する方法. |
| 空中散布 | ヘリコプターを使用して，地表に殺鼠剤を直接散布する方法. |
| ベイトステーション | 非標的種への配慮から，対象動物のみが採餌可能な構造物を設置し，そのなかに殺鼠剤を入れる方法. |

図 12.4　西島でのクマネズミ駆除に使用したベイトステーション.

である（図 12.4）．ベイトステーションによる散布は，非標的種に対する影響をコントロールするうえでもっとも優れているが，ベイトステーションの設置，および巡回には非常に多くの労力が必要となるため，大面積での使用は困難である．上記の散布方法をベースに，対象島嶼の地形的条件および非標的種に対する影響のおそれを勘案し，散布方法を選択する．状況によっては，対象島嶼の一部を人力による手撒き散布で，それ以外を空中散布で実施するといった複合的な計画がよい場合もある．

表 12.4 2007 年に西島で実施された駆除の概要.

| | |
|---|---|
| 対象面積 | 49 ha |
| 使用する殺鼠剤 | ダイファシノン製剤(粒剤) |
| 駆除実施時期 | 2007 年 3-4 月 |
| 散布方法 | ベイトステーション法 |
| ベイトステーションの設置密度 | 16 個/ha (25 m 間隔) |
| ベイトステーションの容量 | 粒剤およそ 300 g を収納 |
| 備考 | 一部海岸周辺および近隣の離岩礁にはスローパック剤の投下を実施 |

## 12.8 初めての駆除試行——西島でのネズミ類駆除（ベイトステーションによる殺鼠剤散布）

　西島は面積 49 ha, 父島の北西沖約 1.7 km に位置する無人島である（図 12.1）. 西島は外来植物のトクサバモクマオウ *Casuarina equisetifolia* によって島面積の半分以上を優占されており, それ以外の植生は, 島の南部や海岸周辺に見られるコウライシバ *Zoysia matrella* の草地と, 島中央部の谷に残存しているオガサワラビロウ *Livistona chinensis* やヤロード *Neisosperma nakaianum*, タコノキ *Pandanus boninensis*, モモタマナ *Terminalia catappa* などの固有の小規模な群落が見られる. 植生はきわめて単純化しているが, わずかに残存している固有植物群落では, ヤマキサゴ類などの固有の小型陸産貝類が生息している. 外来ネズミ類はその固有種群落で種子や小枝に対して高い捕食圧を示しており, 群落の更新を阻害していた. こうしたネズミ類による植生への被害が, 在来植物群落の衰退を助長し, その結果として, 固有陸産貝類の生息にも影響がおよぶ可能性があった. 西島での外来ネズミ類駆除は, 島嶼からの根絶を目指した初めての試みであり, その技術的な課題を整理し, 環境に影響が少なくかつ根絶を達成しうる駆除手法を構築することを目的とした. また, 駆除の前後における生態系の変化を調査し, ネズミ類による生態系影響を実測することも重要な研究目的であり, いわば大規模な野外操作実験として実施された.

　事前に実施された生息状況調査の結果, 生息が確認された種はクマネズミのみであった. 生息密度は 5.0 頭/ha（草地）から 90.0 頭/ha（固有種残存

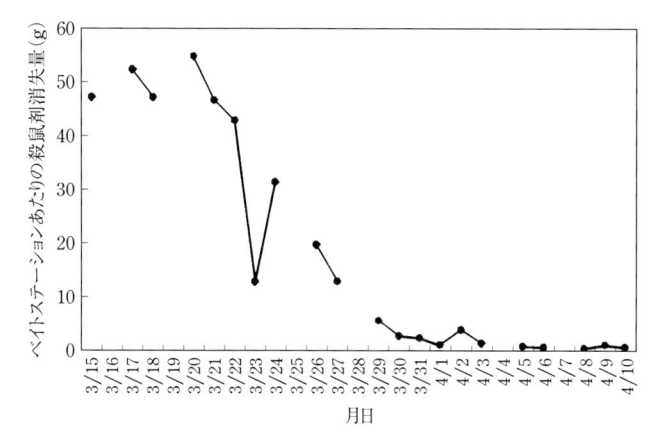

図 12.5　2007 年に西島で実施された駆除における殺鼠剤消失量の推移.

林),全島での生息数は 2500 頭以下と推定された(橋本,2009).出産は通年確認されたが,1-4 月には頻度が低くなっていた(図 12.3).食性は植物食が中心であり,とくにイネ科草本のスズメノコビエ *Paspalum scrobiculatum* の種子がもっとも重要な餌資源となっていた.そうした種子の現存量が少なくなる越冬後期は,クマネズミにとってもっとも餌条件の悪化する季節であると考えられた.

こうした基礎情報をもとに,駆除計画が立案された(表 12.4).西島は比較的面積が小さく,地形的にも踏査が困難な場所が少なく,海況に左右されず安定的に上陸することができるため,人力による散布作業が可能であると考えられた.また,西島はオカヤドカリ類の生息密度がきわめて高く,殺鼠剤を地表に直接散布した場合には,オカヤドカリ類による捕食がクマネズミの利用可能量を減少させ,環境中に散逸する殺鼠剤の量が多くなると考えられた.そのため,西島での駆除ではベイトステーションを使用し,そうした影響を排除することを試みた(図 12.4).

駆除実施を前に,駆除計画の説明を地元の関係団体(漁協,研究機関,行政機関など)に対して行い,さらに一般住民を対象とした説明会を開催し,合意形成を図った.駆除作業は 2007 年 3 月から開始した.ベイトステーションは 25 m 間隔,16 個/ha の密度で,全島に合計 773 個を設置した.3 月

から4月にかけて，上陸が可能な日にはベイトステーションの巡回を実施した．3名の作業員がそれぞれ毎日70個程度のベイトステーションを巡回し，ほぼ3日間で一巡するよう作業を進めた．巡回時には殺鼠剤の消失量を計測し，補充した（図12.5）．ベイトステーションの殺鼠剤の充填は3月8日から開始し，3月15日に初めてクマネズミの死体が確認された．4月24日までに，合計49個体のクマネズミの死体を確認した．2カ月にわたる駆除実施期間で，合計69 kg（1.6 kg/ha）の殺鼠剤の消失を確認した．

2007年4月から2008年9月までの間に，4700ワナ日におよぶカゴワナでの捕獲調査，およびセンサーカメラ調査や痕跡踏査などを実施したところ，ネズミ類の生息を示す証拠は得られなかった．こうした状況から西島のクマネズミは根絶したかに思われた．しかし，2009年7月にネズミによると思われるタコノキの種子の食痕が確認された．それを受けて実施された2009年8月の調査では，カゴワナによる780ワナ日の調査で，36頭のクマネズミが捕獲され，駆除実施後2年を経過してクマネズミが再確認された．

結果的に，2007年に実施したベイトステーションでの駆除作業では根絶を達成できなかった．このときの駆除作業における問題点として考えられるのは，地上からのアプローチが困難な海岸周辺やその周辺の急傾斜地で，ベイトステーションの設置が十分になされていなかった点があげられる．こうした地域に少数個体が残存し，2年の間に個体数を回復させた可能性が高い．また，根絶確認の手法にも課題が残った．カゴワナは捕獲率が低く，低密度の状態ではクマネズミを探知することがむずかしい．より探知効率の高い根絶確認手法を導入し，より早い段階で残存個体を探知することが必要であると考えられた．

## 12.9 空中散布による駆除の実施

2007年の西島での駆除の成果を受け，2008年度以降には環境省による外来ネズミ類の駆除が実施されるようになった．2008年8月には聟島，鳥島（聟島属島）と東島，2010年1-3月には聟島，鳥島（聟島属島），針之岩，孫島，弟島，兄島，人丸島，瓢箪島，西島，東島，巽島で駆除が行われた．これらの島の多くは面積が50 haを超える大面積の島嶼であり，また東島な

表 12.5　2010 年に実施された空中散布による駆除の島ごとの概要.

| 島名 | 面積 (ha) | 実施時期 | 殺鼠剤散布密度 (kg/ha) 1回目 | 2回目 | 3回目 | 4回目 | 備考 |
|---|---|---|---|---|---|---|---|
| 聟島 | 257 | 3月中旬 | 20 | 10 | 10 | — | アホウドリ類の繁殖攪乱を回避するために3月に実施し,繁殖地周辺では人力散布を併用. |
| 鳥島(聟島属島) | 11 | 3月中旬 | 20 | 10 | 10 | — | アホウドリ類の繁殖攪乱を回避するために3月に実施し,繁殖地周辺では人力散布を併用. |
| 針之岩 | 10 | 3月中旬 | 20 | 10 | 10 | — | |
| 孫島 | 16 | 2月上-中旬 | 10 | 10 | 10 | — | |
| 弟島 | 520 | 2月上-中旬 | 10 | 10 | 10 | — | |
| 兄島 | 787 | 1月中旬-2月上旬 | 10/15 | 10 | 10 | — | 島中央部の乾性低木林については1回目散布量を15 kg/haとした. |
| 西島 | 49 | 2月上-中旬 | 20 | 10 | 10 | 10 | 3回目までの殺鼠剤消失量のモニタリング結果を反映し,急遽4回目散布を実施. |
| 瓢箪島 | 9 | 2月上-中旬 | 20 | 10 | 10 | 10 | 3回目までの殺鼠剤消失量のモニタリング結果を反映し,急遽4回目散布を実施. |
| 人丸島 | 5 | 2月上-中旬 | 20 | 10 | 10 | 10 | 3回目までの殺鼠剤消失量のモニタリング結果を反映し,急遽4回目散布を実施. |
| 東島 | 28 | 2月上-中旬 | 20 | 10 | — | — | すでに根絶している可能性もあり,2回のみ散布. |
| 巽島 | 4 | 2月上-中旬 | 20 | 10 | — | — | 父島との島間距離が250 mと再侵入の可能性が高いため,低密度化を目的として2回のみ散布. |

どは海流の影響を強く受け上陸が困難な島である．こうした地理的条件から，駆除はいずれもヘリコプターによる空中散布によって実施された．殺鼠剤は，2007 年の西島での駆除と同様にダイファシノン製剤を用いたが，剤の形状は粒剤からスローパック剤に変更した．空中散布では剤が直接地上に散布され，降雨の影響を受けやすいためである．それぞれの島における駆除手法の概要を表 12.5 に示した．兄島の乾性低木林は林冠が密であるため，スロー

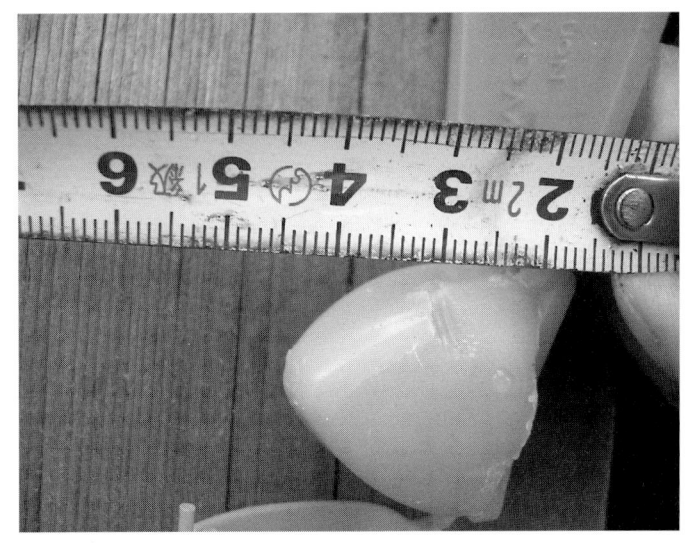

図 12. 6　噛み跡トラップ（Wax Tag；Pest Control Research Limited）．写真中央部にクマネズミによる噛み跡が見える．

図 12. 7　足跡トラップ（Black Trakka；Gotcha Traps Limited）．

パック剤が一定の割合で林冠を通過しないことが予測された．そのため，乾性低木林では1回目の散布量を15 kg/haとした．また，聟島およびその属島の鳥島では，繁殖しているアホウドリ類の雛への攪乱を少なくするため，島外繁殖地周辺で地上からの散布も並行して実施した．

　2010年に実施した駆除の結果は，現在，根絶達成状況のモニタリング調査を実施している．調査では，カゴワナやセンサーカメラなどの従来の手法に加え，噛み跡トラップ（図12.6）や足跡トラップ（図12.7）を併用して進めている．2011年3月現在，2010年に駆除を実施した11島嶼のうち，10島嶼ではネズミ類の生息が確認されていない．とくに，東島については，2008年8月の駆除実施以降，2年以上にわたってネズミ類の生息が確認されない状況が継続されている．

　2010年に駆除を実施した島嶼のなかで，弟島のみでクマネズミの残存が確認された．弟島では2010年3月に足跡トラップで生息が確認されて以後，島の南部および北部の海岸周辺を中心にクマネズミの生息情報が得られ，その頻度も徐々に増加した．こうした状況から，弟島では2地点以上において，ある程度まとまった個体群が残存していたものと考えられる．弟島のみでクマネズミが多く残存した理由としては，弟島の海岸周辺には標高100-200 mに達する急傾斜地が存在しており，そうした場所では風の影響を受けて散布にむらが生じやすいことが考えられる．また，クマネズミの残存が確認された地点はいずれも駆除前にハツカネズミの生息が確認されていた地点であり，ハツカネズミによる殺鼠剤の消費がクマネズミに対する曝露量を損なった可能性もある．なお，ハツカネズミについては2011年3月までに残存が確認されていない．

　弟島でのモニタリング調査の結果から，噛み跡トラップはネズミ類の生息の有無をモニタリングする道具として非常に優れていることが示された．噛み跡トラップは整形されたワックスにピーナッツバターのにおいがつけられたものである．噛み跡トラップはネズミ類の探知能力が高く，また長期間の設置に耐えるため，有効な探索期間が非常に長い．こうした特徴は小笠原諸島の無人島のような十分な頻度での調査が困難な条件下での利用に適している．足跡トラップの探知能力も高いが，足跡トラップはトラップ底面に塗られたインクが乾くとその能力を失うため，長期の設置には不適である．

## 12.10 小笠原諸島で外来ネズミ類駆除によって示された成果

　ネズミ類の根絶の成否を確認するには，駆除実施後少なくとも2年以上のモニタリング調査が必要である．これまでに駆除を実施した各島嶼でのモニタリング調査量はいまのところ十分ではなく，根絶の成否についてはまだ評価できる段階にない．しかし，駆除によって少なくともネズミ類がきわめて少ない状態にまでは減らすことが可能であることが示されており，それにともなって成果も示されている．

　2007年の西島での駆除では根絶はしなかったものの，クマネズミが低密度化していた2年間に生態系にさまざまな変化が見られた．たとえば，それまでごく少数しか確認されていなかった小型海鳥類のオナガミズナギドリは，2007年以降急激に繁殖個体数が増加した（川上，2009）．陸生鳥類は，駆除実施以前にはメジロ Zosterops japonicus とイソヒヨドリ Monticola solitarius の2種のみが確認されていたが，2009年には新たにウグイスの定着が確認された．こうした変化はクマネズミの低密度化による餌資源量の変化や，クマネズミによる卵や雛の食害といった直接的な影響が緩和されたことに起因すると考えられる．

　一方，2008年と2010年に駆除を実施した東島では，2007年までに繁殖個体群の大半がクマネズミによる食害を受け，アナドリの個体群はほぼ壊滅状態であった．しかし，2009年以降はネズミによる食痕はまったく見られなくなり，繁殖個体数は徐々に回復しつつある（Kawakami et al., 2010；堀越，未発表）．また，食害を受けて個体群が消滅寸前であった固有植物のオオハマギキョウ Lobelia boninensis も，2010年には30株程度が開花したことが確認された（図12.8）．一方，兄島や弟島において繁殖していた猛禽類の固有亜種オガサワラノスリ Buteo buteo toyoshimai は，2010年の繁殖期に繁殖個体数が大きく減少した．オガサワラノスリはその餌資源の大半をクマネズミに依存しており，その消失による影響が生じたものと考えられる（環境省関東地方環境事務所，2011）．一方で，兄島や弟島では，カクレイワガニ Geograpsus grayi などの甲殻類や，オナガミズナギドリ，トラツグミ Zoothera dauma などの鳥類に対するオガサワラノスリによる食痕が確認される

**図 12.8** 東島でクマネズミの駆除後に回復したオオハマギキョウ（2010 年 9 月）．

ようになり，餌資源のシフトが進んでいることが示唆される（環境省関東地方環境事務所，2010）．海鳥類の繁殖や陸生鳥類の個体数増加が見られれば，オガサワラノスリの繁殖個体数も回復することが期待される．

クマネズミが低密度化した短期間の間に，このような生態系の反応が見られたことは，外来ネズミ類による生態系への影響が思いのほか大きなものであることを示唆する．今後も駆除にともなう生態系の変化を幅広くモニタリングし，その成果を評価していくことが求められる．

## 12.11　島嶼の外来ネズミ類対策における今後の課題

日本では，ネズミ類の根絶を達成するための技術は，いまのところ成熟したとはいいがたい状況である．ダイファシノンによる駆除は，非標的種に対する影響緩和の点からは最善であるが，入念な散布計画をともなわなければ根絶を達成することがむずかしい手法である．今後，ダイファシノンによる

駆除での根絶達成率をより高めていくためには，剤形（クマネズミの体サイズに合わせた粒剤の大型化や防水性の向上など）や空中散布技術（スローパック剤よりも安定した散布幅を得られる粒剤散布の実施，GPS データにもとづく散布量解析など）の改良が必要となってくるだろう．一方で，非標的種に対する影響が限定的な状況では，第二世代抗凝血性毒物の使用についても検討するべきであり，日本国内で使用可能な殺鼠剤の開発が求められる．

　小笠原諸島での外来ネズミ類駆除では，いまのところ根絶が最終的に確認された事例を持たない．しかし，その過程においても生態系の回復において多くの成果が見られていることは，今後も駆除を継続し，1 つでも多くの島で根絶を達成することで，小笠原の固有生態系の回復に大きな貢献をしうることを示している．これから数年のうちには，これまでに実施した駆除による根絶の成否が明らかになり，その総括がなされることで，島嶼における外来ネズミ類の根絶手法はより洗練され，小笠原諸島のみならず国内各地の外来ネズミ類対策に貢献しうることが期待される．

## 引用文献

Chiba, S. 2007. Morphological and ecological shifts in a land snail caused by the impacts of an introduced predator. Ecological Research, 22：884-891.
福岡県森林林業技術センター．2000．国設沖ノ島鳥獣保護区鳥類生息状況調査報告書——昭和 60 年度-平成 11 年度．福岡県．
橋本琢磨．2009．小笠原におけるネズミ類の根絶とその生態系に与える影響．地球環境，14：93-101.
堀越和夫・鈴木創・佐々木哲朗・千葉勇人．2009．外来哺乳類による海鳥類への被害状況．地球環境，14：103-105.
Howald, G., C. J. Donlan, J. P. Galv'an, J. C. Russell, J. Parkes, A. Samaniego, Y. Wang, D. Veitch, P. Genovesi, M. Pascal, A. Saunders and B. Tershy. 2007. Invasive rodent eradication on islands. Conservation Biology, 21：1258-1268.
環境省関東地方環境事務所．2009．平成 20 年度小笠原地域自然再生事業外来ほ乳類対策調査業務報告書．環境省．
環境省関東地方環境事務所．2010．平成 21 年度小笠原地域自然再生事業外来ほ乳類対策調査業務報告書．環境省．
環境省関東地方環境事務所．2011．平成 22 年度小笠原地域自然再生事業外来ほ乳類対策調査業務報告書．環境省．
環境省釧路自然環境事務所．2008．平成 19 年度エトピリカ保護増殖分科会資料．環境省．

環境省那覇自然環境事務所・自然環境研究センター．2010．平成21年度奄美大島におけるジャワマングース防除事業報告書．自然環境研究センター，東京．
加藤英寿．2002．聟島のシャリンバイ．小笠原研究年報，25：103-105．
川上和人．2009．小笠原西島におけるノヤギ，クマネズミ排除後の鳥類相変化．日本鳥学会2009年度大会講演要旨集．
Kawakami, K., K. Horikoshi, H. Suzuki and T. Sasaki. 2010. The impacts of predation by the invasive black rat *Rattus rattus* on the Bulwer's Petrel *Bulweria bulwerii* in the Bonin Islands, Japan. *In* (Kawakami, K. and I. Okochi, eds.) Restoring the Oceanic Island Ecosystem: Impact and Management of Invasive Alien Species in the Bonin Islands. pp. 51-56. Springer, Tokyo.
Lowe, S., M. Browne, S. Boudjelas and M. De Poorter. 2000. 100 of the World's Worst Invasive Alien Species: A Selection from the Global Invasive Species Database. Published by The Invasive Species Specialist Group (ISSG) a Specialist Group of the Species Survival Commission (SSC) of the World Conservation Union (IUCN), 12pp. First published as special lift-out in Aliens 12, December 2000. Updated and reprinted version: November 2004.
Meier, G. 2003. Eradication of black rats *Rattus rattus* to enhance breeding success of green turtles *Chelonia mydas* and other fauna on Sangalaki Island, Kalimantan, Indonesia. *In* Grip-Report No.1, prepared for Turtle Foundation by InGrip-Consulting & Animal Control. Hauptstr. 1-82541 Ammerland, Germany.
Robertson, H. A., E. K. Saul and A. Tiraa. 1998. Rat control in Rarotonga: some lessons for Mainland Islands in New Zealand. Ecological Management, 6：1-12.
Moors, P. J. 1985. Eradication campaigns against *Rattus norvegicus* on the Noises Islands, New Zealand, using brodifacoum and 1080. ICBP Technical Publication, 3：143-155.
Russell, J. C. and M. N. Clout. 2005. Rodent incursions on New Zealand is lands. *In* (Parkes, J., M. Statham, G. Edwards, eds.) Proceedings of the 13th Australasian Vertebrate Pest Conference. pp. 324-330. Landcare Research, Lincoln.
武石全慈．1987．福岡県小屋島におけるカンムリウミスズメの大量斃死について．北九州自然史博物館紀要，7：121-131．
武石全慈・岡部海都・尾上和久．2010．カンムリウミスズメ繁殖地の小屋島へのドブネズミ供給源としての沖ノ島の可能性．日本鳥学会2010年度大会講演要旨集．
Tanikawa, T. 1993. An eye-lens-weight curve for determining age in black rats, *Rattus rattus*. Journal of Mammalogical Society of Japan, 18：49-51.
Towns, D. R. and K. G. Broome. 2003. From small Maria to massive Campbell: forty years of rat eradications from New Zealand islands. New Zealand

Journal of Zoology, 30：377-398.

冨山清升・黒住耐二．1991．小笠原諸島の陸産貝類の生息状況とその保全．（第2次小笠原諸島自然環境現況調査報告書）pp. 245-282．東京都．

渡邊謙太・加藤英寿・若林三千男．2003．小笠原の在来植物に対するクマネズミの食害状況調査．都立大学小笠原研究年報，26：13-31．

Yabe, T. 1979. Eye lens weight as an age indicator in the Norway rat. Journal of the Mammalogical Society of Japan, 8：54-55.

矢部辰男．2008．これだけは知っておきたい日本の家ねずみ問題．地人書館，東京．

# III
## 外来哺乳類対策の新視点

# 13 失敗の活用
### 外来種を減らせない場合の解決策

## 亘 悠哉

　近年，外来種問題への関心が世界的な高まりを見せ，各地域で外来種対策が実施されるようになった．これは，外来種研究がこれまでに果たした大きな役割の1つである．この第一歩の成果が出つつあるいま，外来種研究が新たなステップに進むべき時期にきているであろう．本章で注目するのは，よかれと思って実施した外来種対策と実際の成果との間に生じうるギャップである．そのなかでもとくに，駆除しても外来種を減少させることができないという意図せぬ現象に焦点をあて，そこに潜むプロセスと対処法の整理を試みていく．通常，うまくいかなかった事例は報告されにくいというバイアスがかかるが，外来種駆除の失敗の事例を蓄積し，問題を分析していくことは，外来種対策という，不確実性が高く，かつ緊急性も高い事業をより効果的に実施するうえで欠かせない作業である．こうした取り組みは，外来種個体群の状態をより正確に理解し，迅速かつ適切な対策を実施するうえでの大きな一助となるであろう．

## 13.1　駆除が必ずしも外来種を減少させるわけではない

　外来種の侵入は，近年世界的に深刻化している生物多様性および生態系機能の低下の主要因であり (Elton, 1958; Williamson, 1996; Vitousek *et al.*, 1997; Mack *et al.*, 2000; Sala *et al.*, 2000)，それにともなう経済被害も甚大で，大きな社会問題にもなっている (Wilcove *et al.*, 1998; Pimentel *et al.*, 2005)．日本における外来種のインパクトも同様であり，毒蛇のハブ *Protobothrops flavoviridis* を駆除するために導入されたフイリマングース *Her-*

*pestes auropunctatus* は，アマミノクロウサギ *Pentalagus furnessi* やイシカワガエル *Odorrana ishikawae*，ヤンバルクイナ *Gallirallus okinawae* をはじめとする沖縄島，奄美大島の多くの希少種を局所的に消滅させてしまった (Sugimura *et al.*, 2003; Yamada and Sugimura, 2004; Watari *et al.*, 2008; 小高ほか，2009; 第3章，第4章参照). かつての家畜が野生化したノヤギ *Capra hircus* は，小笠原諸島や南西諸島の生態系の基盤となる植生や土壌を消失させてしまった (Yokohata *et al.*, 2003; Kawakami, 2008; 奄美哺乳類研究会，2009; 第11章参照). 捨てられたペットに由来するノネコ *Felis catus* やノイヌ *Canis familiaris* は，各地の希少種を主食としている (城ヶ原ほか，2003; 亘ほか，2007; Kawakami, 2008; 第10章参照). 同様にペット由来のアライグマ *Procyon lotor* は，サンショウウオや鳥類のコロニーを捕食し，タヌキ *Nyctereutes procyonoides* などと競合するなどの脅威となっているほか，無視できないレベルの農作物被害を引き起こしている (第5章参照). このように, 侵略的外来種のインパクトは, 各地域特有の自然や暮らしを脅かす切実な問題となっており, 外来種対策は, 数ある保全策のなかでも, きわめて重要な取り組みとなっている (Mack *et al.*, 2000; Byers *et al.*, 2002; Courchamp *et al.*, 2003).

　ある地域に侵略的外来種の存在が確認された際, 通常実施される対策の1つとしてワナや毒餌, 銃などを用いた駆除があげられる. 近年, 根絶や低密度化, 定着の阻止, 在来種の回復など, 外来種駆除の目的の達成事例がいくつか報告されており, 駆除による対策の有効性が示されてきている (Towns and Broome, 2003; Campbell and Donlan, 2005; Genovesi, 2005; Lorvelec and Pascal, 2005; Howald *et al.*, 2007; 亘, 2011b). しかしながら, 駆除を実施しても必ずしも対象の外来種が減少するわけではないことを認識しなければならない. 実際に実施されている無数の外来種対策と, 成功事例の報告数を比較してみれば, 成功事例の陰で, 成功に至っていない事例がいかに数多く潜んでいるかということが想像されるであろう. うまくいかないとはいえ, 簡単にあきらめるには失うものが大きすぎる. こうした事例を改善することができれば, 将来の生物多様性や地域の固有性を維持するうえで大きな貢献になるはずである.

　なぜ, よかれと思った対策と実際の効果との間にこのようなギャップが生

じうるのであろうか．生態学の分野では，これまでに想定外の現象を説明するさまざまなプロセスが提唱されてきた．例として，空間構造や季節性，生活史などがかかわる事例があげられ，駆除のタイミングや駆除以外の手法の導入など，それぞれに応じた対処法が示されている．しかしながら，個々の論文は特定のプロセスのみにしか着目していないため，個々に提示されてきた生態学的プロセスが現場で生じている現象ごとに整理・統合されたことがなかった．一見同一の現象であっても，さまざまな異なるプロセスから対策と効果との間のギャップが生じうる．そのため，現場で生じている現象を目のあたりにして判断を迫られる外来種対策の担当者にとっては，現場で観察される問題と生態学の理論的な枠組みを対応させることがむずかしく，改善策を講じることは困難であるというのが現状である（Hobbs, 2007）．とくに哺乳類対策は，害虫対策などに比べて研究の歴史が浅く，その傾向は顕著である．

以上の背景を受けて，本章では，近年の外来種対策にかかわる生態学的プロセスの理解の進展を，実用に即したかたちで整理することを目的とする．今回は，外来種駆除対策の現場において，外来種がうまく減少させられないという以下の2つの現象を取り上げ，それぞれの現象を引き起こす状況ごとに生態学的プロセスと対処法を事例を交えながらまとめる．

現象A――駆除したが，外来種が（想定したほど）減らなかった
現象B――駆除したが，外来種が逆に増えてしまった

## 13.2　外来種駆除がうまくいかないとき
　　　――現象・生態学的プロセス・対処法を整理する

**（1）　現象A――駆除したが，外来種が（想定したほど）減らなかった**

**季節や個体（齢や性）による選択的な駆除ができる場合**

外来種対策にかけられる予算が無限にあれば，十分な駆除圧をかけて十分な効果を出すことができる．しかし，ほとんどのケースでは，非常に限られた予算のなかで対策を実施せざるをえないというのが現実である（Byers et al., 2002）．これらのケースのなかには，外来種の増加を抑えるにしては，

はるかに低い駆除圧しかかけていない場合も多い（Cote and Sutherland, 1997）．この場合，再度，合理的な駆除圧をかけるに見合う予算を組みなおすべきである．一方で，与えられた予算で減らせるはずなのに，駆除戦術が生態学的なプロセスにもとづいていないために減らせないというケースもあるはずである．

　たとえば，ここであげた状況に関係する知見として，一般に，繁殖価（reproductive value）の高い個体を駆除することが，個体数を減少させるうえでもっとも効果的であるという知見があげられる（Kokko and Lindstrom, 1998; Kokko et al., 1998; Bonesi et al., 2007）．個体の繁殖価は，季節や齢，あるいは性によって変わるため，これらにもとづいたさまざまな手法が提唱されている．たとえば，限られた駆除努力量を，繁殖期直前の駆除（Kokko and Lindstrom, 1998; Kokko et al., 1998; Bonesi et al., 2007）や，繁殖価の高い個体の捕獲効率が高い季節における駆除（Calvete et al., 2005; Bonesi et al., 2007; Craik, 2008），あるいは個体の選択的な駆除ができる場合は，メスの選択的駆除（Bonesi et al., 2007），繁殖齢個体の選択的駆除（Bonesi et al., 2007; Martin et al., 2010）などに，より多く配分することによって，駆除のコストパフォーマンスを最大化させる工夫があげられる．たとえば，Bonesiら（2007）は，イギリス本島のアメリカミンク Neovison vison の駆除対策において，駆除の季節と個体群低減化の関係をシミュレーションで調べたところ，状況に応じていくつかの時期が駆除に重要な季節だということを示した．その1つが，繁殖期の直前にあたる11, 12月の時期であり，逆に，繁殖期後の4-9月の時期の駆除では，アメリカミンクを十分に減少させることはできないということを示した．この結果は野外実験でも後に確かめられている（Harrington et al., 2009）．繁殖期直前の時期は，高い割合でメス個体が自然死亡せずに繁殖に参加できるため，個体群の繁殖価がもっとも高い時期にあたる．繁殖期に入ると，出産を終えた成獣の割合が増加してくるため個体群全体の繁殖価は下がってくる．また，繁殖期直後は次回の繁殖期に対してもっとも遠い時期にあたり，駆除しなくてもつぎの繁殖期までに死亡する個体の割合がもっとも高い時期，つまり，個体群の繁殖価の平均が1年のうちもっとも低い時期にあたる．奄美大島のマングース駆除のケースでも同様に，繁殖期直前にあたる冬季（11-1月）の駆除がもっとも駆除効

果が高いことが示されている（亘，2008）．アメリカにおけるアライグマ（ただし在来個体群）の駆除では，繁殖価の高いメスの成獣を選択的に駆除するほうが，成獣と幼獣を区別しない通常の駆除よりも効率よく個体群を低減化させる可能性が示されている（Martin *et al.*, 2010）．このような努力量配分が取り入れられているケース，あるいは少なくともその重要性が認識されているケースは少ないものの，これらの改善策はコストをそれほどかけずに実施できるので，多くの場合検討に値すると考えられる．

**局所対策——周辺からの移入がある場合**

　分布域の一部を駆除対象とする局所対策の大きな特徴は，周辺地域からの個体の移入があることにある．この点が，根絶対策など外来種の分布域全体を駆除対象とする場合との大きな違いである．いいかえると，空間構造が，個体群維持機構にかかわってくるといえる（Wallington *et al.*, 2005）．この場合，対象地域の個体群の増加は，繁殖だけでなく移入にも依存することになる．そのため，移入や空間構造を考慮していない対策では，対策の目標と効果との間にギャップが生じうる．たとえば，対策を実施する空間スケールがあまりに小さい場合，いくら駆除を行っても，周辺からの移入で個体がすぐに補われてしまうので，駆除で個体数を減らす効果はほとんどない（Baker and Harris, 2006）．このような個体数がすぐに回復してしまう現象は，補償（compensation）と呼ばれている．このように，移入による個体数の増加が駆除圧をはるかに上回る場合は，駆除を実施する空間スケールの拡大を図ることが改善策の1つとなる（Byrom, 2002; Brown and Tuan, 2005; Baker and Harris, 2006）．

　駆除の空間スケールがある程度広い場合には，移入を考慮した駆除が重要になる．イギリスのヌートリア *Myocastor coypus* 駆除事業では，1960年代の初期の対策は失敗に終わったが，これは移入の重要性を軽視した結果だと考えられている（Gosling and Baker, 1989）．先にあげたイギリスでのアメリカミンクの駆除の例では，個体群の繁殖価が高い時期にあたる冬季（11月，12月）以外にも，幼獣の分散期にあたる晩夏（8月，9月）の駆除も個体群の増加を抑制するのに効果的な季節ということが示されている．幼獣の繁殖価は比較的低いことが多く，通常は（移入がないという仮定のもとで

は），幼獣の捕獲はそれほど重要視されてこなかった．しかし，移入のある系では，幼獣といえども移入により個体群の維持に大いに貢献するため，幼獣の捕獲の重要性が増すのである．これは移入のある局所的対策が，根絶対策など分布域全体を対象とする（移入がない）対策とは，最適駆除努力量配分の点で異なりうるという一例である．さらに，この分散時期の駆除は，個体群密度が低下するほどその重要性を増すことが示された．これは，低密度になるほど，対象地域内部の個体の繁殖による増加分よりも，外部からの移入による増加分が，全増加の大部分を占めるようになるためである（Bonesi et al., 2007）．この知見が示唆するポイントは，駆除事業の進捗に応じて，外来種駆除の戦術を柔軟に変えていくことが重要という点である．初期に立てた計画のまま事業が進められることが多いが，こうした密度の低下に応じた増加プロセスの変化に対応すれば，より高い効果が得られるはずである．

　移入を防ぐためには駆除以外の方策，たとえば新たな侵入の防止も有効であろう．沖縄島には，希少種の豊富なやんばる地域へのマングースの移入を防ぐためにフェンスが張られており，移入低減の効果が期待されている（第4章参照）．また，移入が人間によって直接的，間接的に促進される場合にも，駆除以外の方策は有効であろう（Hulme, 2006）．奄美大島のイヌ問題が例としてわかりやすい．奄美大島の森林に生息するイヌはアマミノクロウサギやアマミトゲネズミ Tokudaia osimensis，ケナガネズミ Diplothrix legata を主食としているため，これら希少種へのインパクトが懸念されている（亘ほか，2007）．ところが，奄美大島の森林では，現在までにイヌの繁殖は確認されていない．一方で，捨て犬があとをたたず，放し飼いも多いため，森林に生息するイヌの個体数は，ほぼ人間社会からの移入で維持されていると考えられる（亘ほか，2007）．これは人間社会をソース，森林をシンクとしたソース・シンク個体群ととらえることができるであろう．増加率がマイナスとなるような強いシンクでは，ソースへ対策の努力量を配分したほうが効果的であることが知られている（Travis and Park, 2004）．奄美大島の森林もイヌにとっては強いシンクとなっており，原理的には，イヌの移入源となっている人間社会（ソース）での捨てイヌや放し飼いなどを完全に管理できれば，捕獲をしなくても森林からイヌはいなくなるはずである．こうした状況にできるだけ近づけるためにも，遺棄や放し飼いを禁じている「動物の愛

護及び管理に関する法律」，あるいはイヌの飼い主の明示を義務づける「狂犬病予防法」などの現行法の運用の徹底や，マイクロチップ装着，普及・啓発など，ペットの飼い主のマナーの向上を図るあらゆる手段が必要であろう（第10章参照）．ただし，イヌは1頭でも短期間で大量の希少種を捕殺するので，生息が確認されたら，迅速に捕獲ができるシステムを構築しておくことも重要である（亘ほか，2007）．また，イヌはおもに林道を利用して移動し，捕食も行う．また，飼い主が森林にイヌを捨てる際にも，車で，林道を利用して山奥に到達する．つまり，林道がイヌの森林への移入を促進しているのである．したがって，林道をむやみにつくらないことでも，外来種問題への1つの貢献にもなるといえる．

　また，移入が一見ありえないような場所，たとえば島嶼地域などでは，移入が軽視されがちであるだけに，外来種対策が失敗してしまうリスクがある．その1つの例として，島における根絶成功後の外来種の再侵入の事例があげられる．カリブ海のフランス領マルティニックのセント・アン（Sainte Anne）群島の4つの島では，クマネズミ *Rattus rattus* 根絶事業が行われたが，そのうちの3つの島では，根絶事業が終了してから2年後には，再びクマネズミの生息が明らかになった．3つの島のうちのハーディ（Hardy）島では，根絶事業の前後で，個体群の遺伝的構造が異なり，マルティニック本島からの再侵入の可能性が示唆された（Abdelkrim et al., 2007）．ニュージーランドでは，数々の根絶成功例の実績の裏で，20以上もの再侵入の事例が記録されている（Clout and Russell, 2006）．これらの再侵入の原因は，人間活動による偶発的な持ち込みもあるが，外来種自身が泳いで島に到達する場合もある．数少ない記録として，ドブネズミ *Rattus norvegicus* が400 m泳いで島に到達した事例や（Russell et al., 2005），オコジョ *Mustela erminea* が少なくとも1.2 kmは泳ぐという事例が知られている（Taylor and Tilley, 1984）．こうした再侵入を防ぐためには，あらかじめ生物の移動を考慮して，外来種個体群の根絶ユニットを定めておくこと（Abdelkrim et al., 2005），また根絶成功後にも，トラッピングやモニタリングを継続し，監視システムを維持することが重要である（Russell et al., 2008）．

**密度低下にともない捕獲効率が低下する場合**

　外来種駆除では，高密度個体群を低密度に至らせるまでは比較的容易であるが，低密度状態から密度を同じペースでさらに減らすことはむずかしい場合が多い．ここに根絶がなかなか思うように達成されない場合の課題がある．1つのプロセスとして，対象外来種の増加率の負の密度依存性，つまり密度が下がるほど増加率が増える性質があげられる．この場合，ある密度まで減ると，増加率が捕獲率に追いつき平衡状態に至る．このケースは，教科書などでたいてい記述されている数理モデルなどから比較的容易に想定でき，可能な場合は増加率上昇分の駆除圧を加えることで対処すればよい．ここでは，この増加率の上昇ではなく，捕獲効率（外来種1個体の捕獲に要する努力量）自体が低下するプロセスについて述べたい．

　根絶がうまくいかない場合の理由として，Kingら（2009）は，つぎの4つの可能性をあげている．①ワナの設置密度が低いため，外来種がワナと遭遇しない，②ワナが長期間十分に機能していないため，外来種がワナと遭遇しても捕獲する機会を逃している，③ワナへの警戒心の季節的な変動による外来種のワナに対する忌避，④ワナへの反応の個体差によるワナに対する忌避．このなかで，密度低下にともない捕獲率が低下する場合に該当するのは，①と④があげられる．①の場合，ワナ密度が明らかに十分でないときは，単純にワナを増やせばよいが，一見ワナ数が十分のように思えても，実際は十分ではなく，ワナと遭遇しない個体が存在するというケースも考えられる．たとえば，ワナによる外来種駆除対策では，ワナの設置間隔は，対象の生物の行動圏にあたる面積につき，少なくとも1つのワナが設置されるように決められることが多い．これは，対象の外来種が均等に行動圏内を利用するという仮定のもと，できるだけ少ないワナ数で，対象エリア全域をワナの有効範囲でカバーしようというワナ配置の最適化の考え方である．しかし，この仮定は現実的ではなく，実際は，外来種は行動圏のなかを均等に利用するわけではなく，地形の起伏や植生などに応じて，利用する頻度に大きな偏りがある．したがって，実際に現場では，ワナの有効範囲としてカバーされない空間がたくさん生じているはずである．この場合，駆除対策で捕獲が進み，高密度状態から低密度に至る過程で，ワナの有効範囲に存在する個体は捕獲され尽くし，非有効範囲で活動している個体が個体群のほとんどを占めるこ

## 13.2 外来種駆除がうまくいかないとき

とになる．そして，個体が存在するのに捕獲できないという低い捕獲効率の状況のなか，ときどき非有効範囲から分散してきた個体がぽつぽつと捕まるという状況が続く．このような状況に対しては，捕獲効率を上昇させる工夫が必要であろう．

　非有効範囲を特定するのはむずかしいため，1つの方策として，モニタリングと駆除を組み合わせることがあげられる（McCann and Garcelon, 2008）．モニタリングで積極的に残存個体を探索し，確実に外来種がいる地点に，ワナを移して駆除を実施する．モニタリング方法としては，探索犬（McCann and Garcelon, 2008；Fukuhara et al., 2010），ユダ個体（McCann and Garcelon, 2008），ヘアトラップ，足跡トラップ（船越ほか，2007），自動撮影カメラ，生息適地予測（Hauser and McCarthy, 2009）などさまざまあげられるが，検出力が高く，かつ低コストであれば，駆除努力量をモニタリングに割いても，捕獲効果を上昇させることができる可能性がある．このようなモニタリングと駆除の間における最適な努力量配分に関しては，近年さかんに研究がされている分野である（Cacho et al., 2006；Mehta et al., 2007；Bogich et al., 2008；Chades et al., 2008；Hauser and McCarthy, 2009）．なお，ここであげたプロセスは，低密度化に向かうにつれて空間構造の影響が浮き彫りになるというもので，前節で述べた空間構造が関与するプロセスと結果的に同様である．しかし，事前に空間構造を認識することがむずかしいという点と，根絶を目的とすることにともない対処法が違うという点で状況が異なるため，あえてここで紹介した．

　④のケースでも捕獲効率の減少が生じうる．ワナに対する警戒心に個体によるばらつきがある場合，密度の低下にともなって，警戒心の弱い個体が選択的に捕獲され，その結果，警戒心の強い個体の割合が相対的に増えるため，捕獲効率が下がってしまうことがある（King et al., 2009）．こういった捕獲されにくい個体をトラップシャイ個体という．トラップシャイの存在を検証するのは容易ではないが，各地の駆除対策で状況証拠は得られている．たとえば，ワナの周辺で，糞や足跡，カメラでの撮影などで，存在が確認されているのにもかかわらず，ワナには入らない例や，巣穴が特定できて，巣穴付近にワナを仕掛けても捕れない例などからその存在が垣間見える（Zuberogoitia et al., 2006；King et al., 2009）．

ここで重要なのは，トラップシャイ個体の存在を検出するためには，駆除とは独立なモニタリング手法を用いるという点である（Zuberogoitia *et al.*, 2006; King *et al.*, 2009）．そして，トラップシャイの存在が懸念された場合には，有効な対処法の１つとして，ワナを利用した餌付けを駆除前に実施する例が知られている（King *et al.*, 2009）．自由に出入りできるワナに餌をつけて放置しておくことによって，時間をかけてトラップシャイ個体の警戒心を解いていくという試みである．この手法は，たとえば，駆除ができない期間でも，ワナが作動しないように固定し，餌もつけっぱなしにして放置しておくという簡単な工夫で取り入れることができるであろう．また，ワナだけによらず，複数の駆除方法を取り入れることもトラップシャイ個体を駆除するのに有効であろう．たとえば，可能な場合はワナと銃，および毒餌，捕獲犬などとの組み合わせといったオプションがありうるであろう（McCann and Garcelon, 2008）．

　また，捕獲率の低下は，根絶可能性だけでなく，根絶が達成されたかどうかの判断をもむずかしくしてしまう．というのも，根絶の最終局面の極低密度状態においては，生存個体を検出することがむずかしくなるため，誤って根絶が成功したと判断してしまう可能性があるからである．先に例としてあげたマルティニックのクマネズミ根絶事業の例では，ポワリエ（Poirier）島において根絶事業後に捕獲された個体群は，遺伝的解析により，根絶事業で捕り残した生存個体に由来することが示唆されている（Abdelkrim *et al.*, 2007）．根絶が達成されたかどうかの判断を直感に頼ることは非常にリスクが高いため，できるだけ慎重を期すべきである．こうした課題に対しては，近年の解析手法の発展によって，捕獲やモニタリングから外来種の生存確率を計算することが可能になり，客観的な判断基準にもとづいて根絶成功の判断を下す考え方が提示されてきた（Ramsey *et al.*, 2009）．

### （２）　現象Ｂ──駆除したが，外来種が逆に増えてしまった

**侵入直後の増加個体群への捕獲圧が不十分な場合**
　外来種対策のもっとも重要な原則として，外来種の侵入阻止と生息が確認された際の迅速で十分な対策の実行が提唱されている（Simberloff *et al.*, 2005; Finnoff *et al.*, 2007; Bogich *et al.*, 2008; Russell *et al.*, 2008; Watari

*et al.*, 2011).平衡状態に達していない侵入直後の個体群は，個体数がわずかで，インパクトも顕在化していない段階であり，この時点で十分な駆除を実施する勇断を下すのは実際はむずかしい．しかし，現在の外来種問題のほとんどは，初期の駆除圧や駆除範囲が不十分で，個体群の増加・分布拡大を食い止めることができなかったことに起因していることから，予防原則にもとづいた初動対策は，もっとも重要な課題と認識されるべきである．ただし，こうしたシステムを全域に構築するのは，対象スケールの大きさとそれに付随する高いコストのため容易ではない．したがって，外来種侵入リスクの高い地域に優先的に予算を配分していくことが必要である（Watari *et al.*, 2011）．このためには，近年発展してきた，外来種の移入経路分析（Bertolino, 2009）や外来種の生息適地推定（Hauser and McCarthy, 2009），分布拡大リスク分析（第14章参照）などが有効であろう．

　なお，外来種問題に限らず，こういった予防原則というものが，十分に実施されることはめったにない．予防原則とは，そもそも不確実性をともなうなかでのリスクを回避するための原則ではあるが，皮肉なことに，人間のリスク回避の心理が，予防原則の実施を妨げていると考えられる．つまり，外来種の悪影響という将来的なリスクよりも，もし放っておいてもなにも起こらなかった場合に，対策がむだになってしまうという目先のリスクを優先して回避しているということである（Finnoff *et al.*, 2007）．外来種問題という不確実性が高く，かつリスクの高い現象を阻止するためには，意思決定者のリスクを負う姿勢と，将来的に起こりうる大きなコストが正当に評価される社会的環境の整備が重要な要素となるであろう．そのための今後の重要な課題は，これまでの外来種問題の事例をレビューすることにより，初動対策の遅れ，あるいは欠如が，どれほどの生態系へのダメージ，あるいは生態系復元のためのコストを引き起こしてしまったかを評価する取り組みであろう．これによって，問題を放置・先送りするよりも，早期に対策を施すという勇気が，生物多様性保全の観点，さらには経済的な観点からも高く評価されるというシステムの構築に近づくのではないかと考えられる．

### 密度低下に対して過剰補償が生じる場合

　対象とする外来種の生存率や繁殖力に，強い負の密度依存性が存在する場

合，つまり，一時的な密度の低下により，生存率や繁殖力の過剰な回復が見られる場合，駆除が逆に個体数を増加させてしまうことがある．こういった現象は，過剰補償（overcompensation），あるいはヒドラ効果（Hydra effect）と呼ばれている（Abrams, 2009；Zipkin *et al*., 2009）．この現象は，持続的管理が重要な課題となる狩猟鳥獣や漁業資源の管理のケースで比較的研究が進んでおり，密度効果による補償の恩恵を受けるための一例として，死亡や繁殖の密度依存性が生じる直前の時期に狩猟を実施することがよいとされている（Kokko and Lindstrom, 1998；Kokko *et al*., 1998；Boyce *et al*., 1999；Jonzen and Lundberg, 1999；Abrams, 2009）．

　外来種対策における過剰補償についての研究事例は少数にとどまっているが，このような生物資源の持続的利用の知見を逆に利用すれば，外来種管理にも応用できるかもしれない．たとえば，Brown and Tuan（2005）は，農作物被害をおよぼしているネズミ個体群に対する駆除対策の効果を調べたところ，幼獣の生存率に密度効果が生じる冬には，駆除を実施しなかった場合よりも，駆除を実施した場合のほうが，その後の個体数が高い状態に至ることを示した．この理由として，周辺地域からの個体の移入に加えて，ワナで捕まりやすい成獣が減少することによって，成獣に抑制されていた幼獣の生存率が大幅に改善され，駆除をしない場合よりも多くの個体が生き残るということがあげられている．同様にニュージーランドのフェレット *Mustela furo* の駆除対策では，秋季の分散後の幼獣の生存率が，非駆除地域（高密度区）に比べて駆除地域（低密度区）では，最大67%も高い値を示すことが明らかになっている（Byrom, 2002）．いずれのケースでも，密度効果の生じる直前の駆除が，生存率の過剰な回復を引き起こしてしまうため，密度効果の生じる季節終了後の駆除が1つの効果的な方策であると考えられる．このような逆効果ともいえる想定外の現象は，哺乳類においては魚類や昆虫類ほど多くは生じないと考えられてはいるものの（Zipkin *et al*., 2009），対策の意義の根幹を揺るがすほどの重大性を持つため，けっして軽視することはできない．密度効果に着目した研究事例の蓄積が今後の大きな課題である．

## 13.3　不確実かつ緊急性が高いなかで，どう外来種対策を改善していくか

　外来種駆除の基本原則は，増加率を上回る駆除圧をかけることにある．しかし，一見単純なこの原則すら，外来種対策で考慮されている例は多いとはいえない．また，本章で見てきたように，ひとことで増加率といっても，それには繁殖だけでなく移入も含まれるし，繁殖や移入は季節や密度によっても変化しうる．さらに，駆除圧自体が密度によって変わりうるのだ．こうした複雑な生態学的プロセスがかかわる状況のなかで，外来種駆除の基本原則を十分に満たした対策を実施していくことは容易ではない．しかし，裏を返せば，こうした生態学的プロセスを把握し，適切な対処をしていけば，効果が大いに向上する余地が残されているともいえるであろう．本章では，外来哺乳類がかかわる事例について，このような理由で生じうる対策の意図と実際の効果との間に生じうるギャップに着目しながら，状況ごとにプロセスと対処法を整理してきた．

　表13.1には，これまで列挙してきた情報に加えて，うまくいかない対策に潜在する誤った仮定をまとめた．これを見ると，2つの現象がさまざまなプロセスから引き起こされうるということがわかる．しかし，そこに潜在する誤った仮定を見ていくと，個体や空間を均質で不変なものととらえていたり，観察された個体群を平衡状態と仮定していたりと，生物や生態系に対する過度に単純化した認識が，ギャップの発生に起因している点で共通している．また，表13.1からは，同じプロセスであってもその対処法にはいくつものオプションがありうるということもわかるであろう．そのなかには，駆除のタイミングといった駆除作業自体の工夫もあげられるが，一方で，モニタリングや予防原則のためのシステム構築，生息地保全，啓発など駆除以外の方策を取り入れることで，外来種を効果的に低減化する方策もありうることを示してきた．こうした現象-プロセス-対処法の関係を整理することは，外来種個体群の状態をより正確に理解し，迅速かつ適切な対策を実施するうえでの大きな一助となるであろう．

　本章は，「外来種を減らせるかどうか」という外来種対策の達成度の1つの側面に着目しているにすぎないため，外来種対策全体からすると，十分な

**表 13.1** 駆除によって生じうる意図せぬ現象および状況ごとの誤った仮定とプロセ

| 現　象 | 状　況 | 誤った仮定 |
|---|---|---|
| 駆除したが，外来種が（想定したほど）減らない | 季節や個体（齢や性）による選択的な駆除ができる場合 | どの個体・季節の駆除も効果は均等 |
|  | 局所対策——周辺からの移入がある場合 | 空間は均質・増加は繁殖のみ |
|  | 密度低下にともない捕獲効率が低下する場合 | 空間・個体は均質 |
| 駆除したが，外来種が逆に増えた | 侵入直後の増加個体群への捕獲圧が不十分な場合 | 観察されている個体群は平衡状態 |
|  | 密度低下に対して過剰補償が生じる場合 | 生活史は不変 |

範囲を網羅したものではない．外来種対策のもっとも重要な目的の1つに，外来種によってダメージを受けている在来生態系の回復があげられる．この「生態系が回復するかどうか」という成果についても，成功事例の陰でうまくいかない事例が数多く潜んでいることを認識しなければならない．たとえば，外来種のインパクトが引き金となり，生態系がほかの安定状態にシフトしてしまい，外来種を駆除しても遷移がもとの状態に向かって進まないとい

スおよびその対処法.

| プロセス | 対処法の例 |
|---|---|
| 繁殖価の季節・齢・性における不均一性が駆除効果の不均一性をもたらす | ・繁殖期直前の駆除<br>・繁殖価の高い個体の捕獲効率が高い季節の駆除<br>・メスの選択的駆除<br>・繁殖齢個体の選択的駆除 |
| 移入によって個体群増加率が維持される | ・駆除を実施する空間スケールの拡大<br>・移入を考慮した駆除<br>・分散時期の駆除<br>・駆除事業の進捗に応じて，外来種駆除の戦術を柔軟に変えていく<br>・駆除以外の方策（移入の阻止，たとえば，フェンス，ペットの飼い主のマナーの向上，林道をむやみにつくらないなど）<br>・事前に根絶ユニットを定めておく<br>・根絶達成後も監視システムを維持 |
| 空間・個体による捕獲効率の異質性に応じて個体群構造に異質性が生じる | ・モニタリングと駆除を組み合わせる（探索犬，ユダ個体，ヘアトラップ，足跡トラップ，自動撮影カメラ，生息適地予測）<br>・駆除とは独立なモニタリング手法を用いる<br>・ワナを利用した餌付け<br>・複数の駆除方法を取り入れる（銃との組み合わせ，毒餌の使用との組み合わせ）<br>・客観的な判断基準にもとづいて根絶成功の判断を下す |
| 平衡密度に達するまでにはタイムラグが生じる | ・予防原則のシステムの構築<br>・外来種侵入リスクの高い地域に優先的に予算を配分（移入経路分析，生息適地推定，分布拡大リスク分析）<br>・リスクを負う姿勢<br>・将来的に起こりうる大きなコストが正当に評価される社会的環境の整備 |
| 密度低下による生活史の変化 | ・密度効果の生じる季節終了後の駆除 |

った事例や（Scheffer *et al.*, 2001；Wardle *et al.*, 2001；Coomes *et al.*, 2003；Suding *et al.*, 2004；Mulder *et al.*, 2009），ある外来種の駆除がほかの外来種の増加を引き起こし，場合によっては対策前よりも影響が深刻化してしまうといった事例など（Zavaleta *et al.*, 2001；Coomes *et al.*, 2003；Courchamp and Caut, 2006；Johnson *et al.*, 2007；Bergstrom *et al.*, 2009；Ramsey and Norbury, 2009），さまざまな事例やプロセスが報告され，それ

ぞれに応じた対処法が報告されている．こうした現象については，亘（2011a）に詳細がまとめられているので参照されたい．

また，本章では，実際に現場の担当者に立ちはだかっている問題の量に比べれば，ごくわずかな知見をまとめたにすぎないかもしれない．1つには筆者のレビュー不足もあるだろうが，もう1つには，うまくいかなかった事例は報告されにくいというバイアスも大いに関係しているであろう．しかし，本章の内容からもわかるように，外来種駆除の失敗の事例を積み上げ，問題を分析していくことは，将来の外来種対策をより効果的に実施するうえで欠かせない作業である（Innes et al., 1999; Parkes et al., 2006）．とくに，外来種対策のような不確実性が高いなかで，かつ緊急性も高い事業では，事前に実験で効果をテストすることは多くの場合困難なため，実践でのトライアルアンドエラーの積み重ねなしでは，対策の質の向上は望めない．順応的管理（adaptive management）という考え方の重要性はまさにここにある．検証可能な目標が定まった外来種対策であれば，その失敗はむだでも過失でもなく，将来の事業を成功させるうえでの価値ある財産となるはずであり，課題の公表とその知見の活用のサイクルが積極的に受け入れられる社会的環境の整備が強く望まれる．

## 引用文献

Abdelkrim, J., M. Pascal, C. Calmet and S. Samadi. 2005. Importance of assessing population genetic structure before eradication of invasive species : examples from insular Norway rat populations. Conservation Biology, 19 : 1509-1518.

Abdelkrim, J., M. Pascal and S. Samadi. 2007. Establishing causes of eradication failure based on genetics : case study of ship rat eradication in Ste. Anne archipelago. Conservation Biology, 21 : 719-730.

Abrams, P. A. 2009. When does greater mortality increase population size? The long history and diverse mechanisms underlying the hydra effect. Ecology Letters, 12 : 462-474.

奄美哺乳類研究会．2009．奄美大島の野生化ヤギに関する基礎的研究．2008年度期WWFジャパン・エコパートナーズ事業最終報告書．WWFJ，東京．

Baker, P. J. and S. Harris. 2006. Does culling reduce fox (*Vulpes vulpes*) density in commercial forests in Wales, UK? European Journal of Wildlife Research, 52 : 99-108.

Bergstrom, D. M., A. Lucieer, K. Kiefer, J. Wasley, L. Belbin, T. K. Pedersen and

S. L. Chown. 2009. Indirect effects of invasive species removal devastate World Heritage Island. Journal of Applied Ecology, 46: 73–81.
Bertolino, S. 2009. Animal trade and non-indigenous species introduction: the world-wide spread of squirrels. Diversity and Distributions, 15: 701–708.
Bogich, T. L., A. M. Liebhold and K. Shea. 2008. To sample or eradicate? A cost minimization model for monitoring and managing an invasive species. Journal of Applied Ecology, 45: 1134–1142.
Bonesi, L., S. P. Rushton and D. W. Macdonald. 2007. Trapping for mink control and water vole survival: identifying key criteria using a spatially explicit individual based model. Biological Conservation, 136: 636–650.
Boyce, M. S., A. R. E. Sinclair and G. C. White. 1999. Seasonal compensation of predation and harvesting. Oikos, 87: 419–426.
Brown, P. R. and N. P. Tuan. 2005. Compensation of rodent pests after removal: control of two rat species in an irrigated farming system in the Red River Delta, Vietnam. Acta Oecologica-International Journal of Ecology, 28: 267–279.
Byers, J. E., S. Reichard, J. M. Randall, I. M. Parker, C. S. Smith, W. M. Lonsdale, I. A. E. Atkinson, T. R. Seastedt, M. Williamson, E. Chornesky and D. Hayes. 2002. Directing research to reduce the impacts of nonindigenous species. Conservation Biology, 16: 630–640.
Byrom, A. E. 2002. Dispersal and survival of juvenile feral ferrets *Mustela furo* in New Zealand. Journal of Applied Ecology, 39: 67–78.
Cacho, O. J., D. Spring, P. Pheloung and S. Hester. 2006. Evaluating the feasibility of eradicating an invasion. Biological Invasions, 8: 903–917.
Calvete, C., E. Angulo and R. Estrada. 2005. Conservation of European wild rabbit populations when hunting is age and sex selective. Biological Conservation, 121: 623–634.
Campbell, K. and C. J. Donlan. 2005. Feral goat eradications on islands. Conservation Biology, 19: 1362–1374.
Chades, I., E. McDonald-Madden, M. A. McCarthy, B. Wintle, M. Linkie and H. P. Possingham. 2008. When to stop managing or surveying cryptic threatened species. Proceedings of the National Academy of Sciences of USA, 105: 13936–13940.
Clout, M. N. and J. C. Russell. 2006. The eradication of mammals from New Zealand islands. *In* (Koike F., M. N. Clout, M. Kawamichi, M. De Poorter and K. Iwatsuki, eds.) Assessment and Control of Biological Invasion Risks. pp. 127–141. Shoukadoh, Kyoto and IUCN, Gland.
Coomes, D. A., R. B. Allen, D. M. Forsyth and W. G. Lee. 2003. Factors preventing the recovery of New Zealand forests following control of invasive deer. Conservation Biology, 17: 450–459.
Cote, I. M. and W. J. Sutherland. 1997. The effectiveness of removing predators to protect bird populations. Conservation Biology, 11: 395–405.

Courchamp, F. and S. Caut. 2006. Use of biological invations and their control to study the dynamics of interacting populations. In (Cadotte, M. W., S. M. McMahon and T. Fukami, eds.) Conceptual Ecology and Invasion Biology : Reciprocal Approaches to Nature. pp. 243-270. Springer, Dordrecht.

Courchamp, F., J. L. Chapuis and M. Pascal. 2003. Mammal invaders on islands : impact, control and control impact. Biological Reviews, 78 : 347-383.

Craik, J. C. A. 2008. Sex ratio in catches of American mink : how to catch the females. Journal for Nature Conservation, 16 : 56-60.

Elton, C. S. 1958. The Ecology of Invasions by Animals and Plants. Chapman & Hall, London.

Finnoff, D., J. F. Shogren, B. Leung and D. Lodge. 2007. Take a risk : preferring prevention over control of biological invaders. Ecological Economics, 62 : 216-222.

Fukuhara, R., T. Yamaguchi, H. Ukuta, S. Roy, J. Tanaka and G. Ogura. 2010. Development and introduction of detection dogs in surveying for scats of small Indian mongoose as invasive alien species. Journal of Veterinary Behavior-Clinical Applications and Research, 5 : 101-111.

船越公威・久保真吾・南雲聡・塩谷克典・岡田滋．2007．奄美大島における外来種ジャワマングース *Herpestes javanicus* のトラッキングトンネルを利用した生息状況把握の試み．保全生態学研究，12：156-162.

Genovesi, P. 2005. Eradications of invasive alien species in Europe : a review. Biological Invasions, 7 : 127-133.

Gosling, L. M. and S. J. Baker. 1989. The eradication of muskrats and coypus from Britain. Biological Journal of the Linnean Society, 38 : 39-51.

Harrington, L. A., A. L. Harrington, T. Moorhouse, M. Gelling, L. Bonesi and D. W. Macdonald. 2009. American mink control on inland rivers in southern England : an experimental test of a model strategy. Biological Conservation, 142 : 839-849.

Hauser, C. E. and M. A. McCarthy. 2009. Streamlining 'search and destroy' : cost-effective surveillance for invasive species management. Ecology Letters, 12 : 683-692.

Hobbs, R. J. 2007. Setting effective and realistic restoration goals : key directions for research. Restoration Ecology, 15 : 354-357.

Howald, G., C. J. Donlan, J. P. Galvan, J. C. Russell, J. Parkes, A. Samaniego, Y. W. Wang, D. Veitch, P. Genovesi, M. Pascal, A. Saunders and B. Tershy. 2007. Invasive rodent eradication on islands. Conservation Biology, 21 : 1258-1268.

Hulme, P. E. 2006. Beyond control : wider implications for the management of biological invasions. Journal of Applied Ecology, 43 : 835-847.

Innes, J., R. Hay, I. Flux, P. Bradfield, H. Speed and P. Jansen. 1999. Successful recovery of North Island kokako *Callaeas cinerea wilsoni* populations, by adaptive management. Biological Conservation, 87 : 201-214.

城ヶ原高通・小倉剛・佐々木健志・嵩原健二・川島由次. 2003. 沖縄島北部やんばる地域の林道と集落におけるネコ (*Felis catus*) の食性および在来種への影響. 哺乳類科学, 43：29–37.
Johnson, C. N., J. L. Isaac and D. O. Fisher. 2007. Rarity of a top predator triggers continent-wide collapse of mammal prey: dingoes and marsupials in Australia. Proceedings of the Royal Society B-Biological Sciences, 274：341–346.
Jonzen, N. and P. Lundberg. 1999. Temporally structured density-dependence and population management. Annales Zoologici Fennici, 36：39–44.
Kawakami, K. 2008. Threats to indigenous biota from introduced species on the Bonin Island, southern Japan. Journal of Disaster Research, 3：174–186.
King, C. M., R. M. McDonald, R. D. Martin and T. Dennis. 2009. Why is eradication of invasive mustelids so difficult? Biological Conservation, 142：806–816.
Kokko, H. and J. Lindstrom. 1998. Seasonal density dependence, timing of mortality, and sustainable harvesting. Ecological Modelling, 110：293–304.
Kokko, H., H. Poysa, J. Lindstrom and E. Ranta. 1998. Assessing the impact of spring hunting on waterfowl populations. Annales Zoologici Fennici, 35：195–204.
小高信彦・久高将和・嵩原建二・佐藤大樹. 2009. 沖縄島北部やんばる地域における森林性動物の地上利用パターンとジャワマングース *Herpestes javanicus* の侵入に対する脆弱性について. 日本鳥学会誌, 58：28–45.
Lorvelec, O. and M. Pascal. 2005. French attempts to eradicate non-indigenous mammals and their consequences for native biota. Biological Invasions, 7：135–140.
Mack, R. N., D. Simberloff, W. M. Lonsdale, H. Evans, M. Clout and F. A. Bazzaz. 2000. Biotic invasions: causes, epidemiology, global consequences, and control. Ecological Applications, 10：689–710.
Martin, J., A. F. O'Connell, W. L. Kendall, M. C. Runge, T. R. Simons, A. H. Waldstein, S. A. Schulte, S. J. Converse, G. W. Smith, T. Pinion, M. Rikard and E. F. Zipkin. 2010. Optimal control of native predators. Biological Conservation, 143：1751–1758.
McCann, B. E. and D. K. Garcelon. 2008. Eradication of feral pigs from Pinnacles National Monument. Journal of Wildlife Management, 72：1287–1295.
Mehta, S. V., R. G. Haight, F. R. Homans, S. Polasky and R. C. Venette. 2007. Optimal detection and control strategies for invasive species management. Ecological Economics, 61：237–245.
Mulder, C. P. H., M. N. Grant-Hoffman, D. R. Towns, P. J. Bellingham, D. A. Wardle, M. S. Durrett, T. Fukami and K. I. Bonner. 2009. Direct and indirect effects of rats: does rat eradication restore ecosystem functioning of New Zealand seabird islands? Biological Invasions, 11：1671–1688.
Parkes, J. P., A. Robley, D. M. Forsyth and D. Choquenot. 2006. Adaptive man-

agement experiments in vertebrate pest control in New Zealand and Australia. Wildlife Society Bulletin, 34: 229-236.
Pimentel, D., R. Zuniga and D. Monison. 2005. Update on the environmental and economic costs associated with alien-invasive species in the United States. Ecological Economics, 52: 273-288.
Ramsey, D. S. L. and G. L. Norbury. 2009. Predicting the unexpected: using a qualitative model of a New Zealand dryland ecosystem to anticipate pest management outcomes. Austral Ecology, 34: 409-421.
Ramsey, D. S. L., J. Parkes and S. A. Morrison. 2009. Quantifying eradication success: the removal of feral pigs from Santa Cruz Island, California. Conservation Biology, 23: 449-459.
Russell, J. C., B. M. Beaven, J. W. B. MacKay, D. R. Towns and M. N. Clout. 2008. Testing island biosecurity systems for invasive rats. Wildlife Research, 35: 215-221.
Russell, J. C., D. R. Towns, S. H. Anderson and M. N. Clout. 2005. Intercepting the first rat ashore. Nature, 437: 1107-1107.
Sala, O. E., F. S. Chapin, J. J. Armesto, E. Berlow, J. Bloomfield, R. Dirzo, E. Huber-Sanwald, L. F. Huenneke, R. B. Jackson, A. Kinzig, R. Leemans, D. M. Lodge, H. A. Mooney, M. Oesterheld, N. L. Poff, M. T. Sykes, B. H. Walker, M. Walker and D. H. Wall. 2000. Global biodiversity scenarios for the year 2100. Science, 287: 1770-1774.
Scheffer, M., S. Carpenter, J. A. Foley, C. Folke and B. Walker. 2001. Catastrophic shifts in ecosystems. Nature, 413: 591-596.
Simberloff, D., I. M. Parker and P. N. Windle. 2005. Introduced species policy, management, and future research needs. Frontiers in Ecology and the Environment, 3: 12-20.
Suding, K. N., K. L. Gross and G. R. Houseman. 2004. Alternative states and positive feedbacks in restoration ecology. Trends in Ecology & Evolution, 19: 46-53.
Sugimura, K., F. Yamada and A. Miyamoto. 2003. Population trend, habitat change and conservation of the unique wildlife species on Amami Island, Japan. Global Environmental Research, 7: 79-89.
Taylor, R. H. and J. A. V. Tilley. 1984. Stoats (*Mustela erminea*) on Adele and Fisherman Islands, Abel Tasman National Park, and other offshore islands in New Zealand. New Zealand Journal of Ecology, 7: 139-145.
Towns, D. R. and K. G. Broome. 2003. From small Maria to massive Campbell: forty years of rat eradications from New Zealand islands. New Zealand Journal of Zoology, 30: 377-398.
Travis, J. M. J. and K. J. Park. 2004. Spatial structure and the control of invasive alien species. Animal Conservation, 7: 321-330.
Vitousek, P. M., H. A. Mooney, J. Lubchenco and J. M. Melillo. 1997. Human domination of Earth's ecosystems. Science, 277: 494-499.

Wallington, T. J., R. J. Hobbs and S. A. Moore. 2005. Implications of current ecological thinking for biodiversity conservation: a review of the salient issues. Ecology and Society, 10. article no. 15.
Wardle, D. A., G. M. Barker, G. W. Yeates, K. I. Bonner and A. Ghani. 2001. Introduced browsing mammals in New Zealand natural forests: aboveground and belowground consequences. Ecological Monographs, 71: 587–614.
亘悠哉. 2008. 外来種ジャワマングースが奄美大島の在来生物群集に及ぼす影響とその機構の解明. 東京大学大学院農学生命科学研究科博士論文.
亘悠哉. 2011a. 外来種を減らせても生態系が回復しないとき──意図せぬ結果に潜むプロセスと対処法を整理する. 哺乳類科学, 51: 27-38.
亘悠哉. 2011b. 衰退から回復へ──日本の爬虫類・両生類を救うマングース対策. 爬虫両棲類学会報, 2011: 137-147.
亘悠哉・永井弓子・山田文雄・迫田拓・倉石武・阿部愼太郎・里村兆美. 2007. 奄美大島の森林におけるイヌの食性──特に希少種に対する捕食について. 保全生態学研究, 12: 28-35.
Watari, Y., J. Nagata and K. Funakoshi. 2011. New detection of a 30-year-old population of introduced mongoose *Herpestes auropunctatus* on Kyusyu Island, Japan. Biological Invasions, 13: 269–276.
Watari, Y., S. Takatsuki and T. Miyashita. 2008. Effects of exotic mongoose (*Herpestes javanicus*) on the native fauna of Amami-Oshima Island, southern Japan, estimated by distribution patterns along the historical gradient of mongoose invasion. Biological Invasions, 10: 7–17.
Wilcove, D. S., D. Rothstein, J. Dubow, A. Phillips and E. Losos. 1998. Quantifying threats to imperiled species in the United States. Bioscience, 48: 607–615.
Williamson, M. 1996. Biological Invasions. Chapman & Hall, London.
Yamada, F. and K. Sugimura. 2004. Negative impact of an invasive small Indian mongoose *Herpestes javanicus* on native wildlife species and evaluation of a control project in Amami-Ohshima and Okinawa islands, Japan. Global Environmental Research, 8: 117–124.
Yokohata, Y., Y. Ikeda, M. Yokota and H. Ishizaki. 2003. The effects of introduced goats on the ecosystem of Uotsuri-jima, Senkaku Islands, Japan, as assessed by remote-sensing techniques. Biosphere Conservation, 5: 39–46.
Zavaleta, E. S., R. J. Hobbs and H. A. Mooney. 2001. Viewing invasive species removal in a whole-ecosystem context. Trends in Ecology & Evolution, 16: 454–459.
Zipkin, E. F., C. E. Kraft, E. G. Cooch and P. J. Sullivan. 2009. When can efforts to control nuisance and invasive species backfire? Ecological Applications, 19: 1585–1595.
Zuberogoitia, I., J. Zabala and J. A. Martinez. 2006. Evaluation of sign surveys and trappability of American mink: management consequences. Folia

Zoologica, 55：257-263.

# 14
# 侵入リスク評価
### 対策戦略構築の基礎

## 小池文人

　「外来生物法」ができて特定外来生物に指定された哺乳類の輸入が禁止されたため，海外で野生化していて日本での野生化が危惧される外来哺乳類が，ペットなどとして輸入されることは以前より少なくなってきた．しかし，国内ではアライグマやアメリカミンク，クリハラリス，キョンなど，ほとんどの重要な外来哺乳類は現在も分布域を拡大中であり，被害が深刻になるのは，これから数十年後である．このため，すでに野生化した個体群の対策が重要である．

　外来生物に対する社会の理解には現実とのずれが大きい．一般の人からすれば，野生化した哺乳類の根絶は簡単なものに見えるようである．まず地域に生息する個体数を調べ，つぎに1年ごとに捕獲する個体数を決めて計画どおり捕獲していけば根絶できると思われているようだ．他方で少し専門的な知識がある人は，野生化した哺乳類の根絶はまったく不可能であるという．実際は両方の中間であり，根絶は簡単でなく，費用がかかり，失敗するリスクもあるが，場合によっては可能である．合理的に可能性を検討し，冷静に判断することが必要である．「敵を知り己を知れば百戦危うからず」といわれているが，現在の外来生物対策では，まずわれわれの能力の限界を知ることがもっとも重要である．

## 14.1　外来生物問題におけるリスク

　リスクとは困ったことが起きる確率であるが，起きたときの影響の大きさも含めて期待値として考えることも多い．リスク評価とはこの確率や影響の

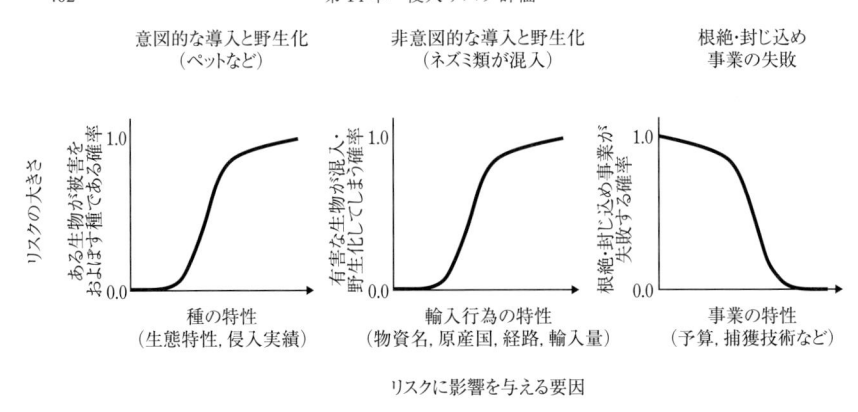

**図 14.1** 種のリスク評価（左）と経路のリスク評価（中），および根絶や封じ込め事業のリスク評価（右）（小池，2010 より改変）．

大きさを見積もる作業であるが，一般的な概念であるため「困ったこと」の種類にはさまざまなものがありうる．

外来生物問題についてもさまざまな目的のリスク評価がありうる（図 14.1）．たとえば，ペットとして新しく輸入しようとしているめずらしい外国の生物が野生化したとき，自然や作物などに対してどのような影響を与えるのかを輸入前に知ることは，外来生物の導入前リスク評価と呼ばれる．生態学の知識が不足しているため，影響の大きさを見積もった結果は確率的なものになる．また，トマトの花粉を運ぶ外来昆虫が網を張って逃げないようにしたトマト栽培温室から逃げ出して野生化する確率を見積もることもリスク評価であり，これは野生化経路のリスク評価である．さらに，島嶼などで天然記念物である希少動物を捕食してしまう外来哺乳類の根絶事業が失敗に終わる確率を見積もる作業も，根絶事業のリスク評価と考えることができる．ここでは詳説しないが，侵入先の生態系の劣化しやすさについてのリスク評価もある．

これらのリスクのなかで，哺乳類では意図的に導入される場合が多く，非意図的な導入での侵入経路のリスク評価はそれほど重要ではないと考えられるため，ここではくわしくふれない．ただし小笠原諸島などで行われている外来ネズミ類の根絶事業の後の再侵入防止対策では，侵入経路のリスク評価が重要になると考えられる．

## 14.2　導入前の種のリスク評価

　導入前のリスク評価では植物での研究が先行しているが，これは対象となる種数が多いためでもある．もっとも有名な例はオーストラリアの WRA（weed risk assessment）である（Pheloung et al., 1999）．オーストラリアでは未導入の植物を基本的に輸入禁止としたうえで，このリスク評価で問題がないと判断された種を導入することになっている．運用開始から 10 年以上が経過していて，この間の実施報告と事業評価もインターネットで公開されている（Anon, 2006）．

　植物における WRA の評価項目は，気候などの環境のマッチングと，過去にほかの地域に野生化したかどうか，有毒性などの被害をもたらす生物的特性を持っているか，野生化しやすい生態特性を持つか，などであり，これらの評価項目の得点を合計してスコアを求めている．植物だけでなく WRA と類似のシステムは魚類でも開発されている（Kolar and Lodge 2002; Copp et al., 2005）．植物の解析例では，オセアニアや海洋島だけでなく，大陸ヨーロッパや日本本土においても WRA はリスクをうまく評価できる（たとえば Gordon et al., 2008; Nishida et al., 2008）．ただし，その予測の中心となっているのは生態特性より，むしろ過去のほかの地域での野生化実績の有無のようだ（Koike and Kato, 2006）．このような過去のほかの地域での野生化実績による導入前リスク評価は，哺乳類でも容易に利用できるだろう．

　気候データをもとに潜在的な地理分布域を予測するときには，原産国での分布情報のみを用いると潜在的な分布域を過小評価する傾向があることが一般的に知られている（たとえば Loo et al., 2007）．地理分布を制限する要因としては，気候だけではなく海峡などの地形も重要であり，原産地において実際に見られる気候のタイプは，生物が潜在的に生息可能な範囲より狭い．たとえば台湾の気候データを用いてクリハラリスが潜在的に分布可能な気候の解析を行っても，日本の関東南部と同じ気候は台湾のデータセットにはないので，正しく判定できない．そのため潜在的な分布域を求める場合には，自然の分布域ではなく世界中に野生化した外来個体群の情報を使ってモデル化することが推奨されている（Loo et al., 2007）．

　リスク評価では，在来生物への影響の大きさの見積もりも重要な点である．

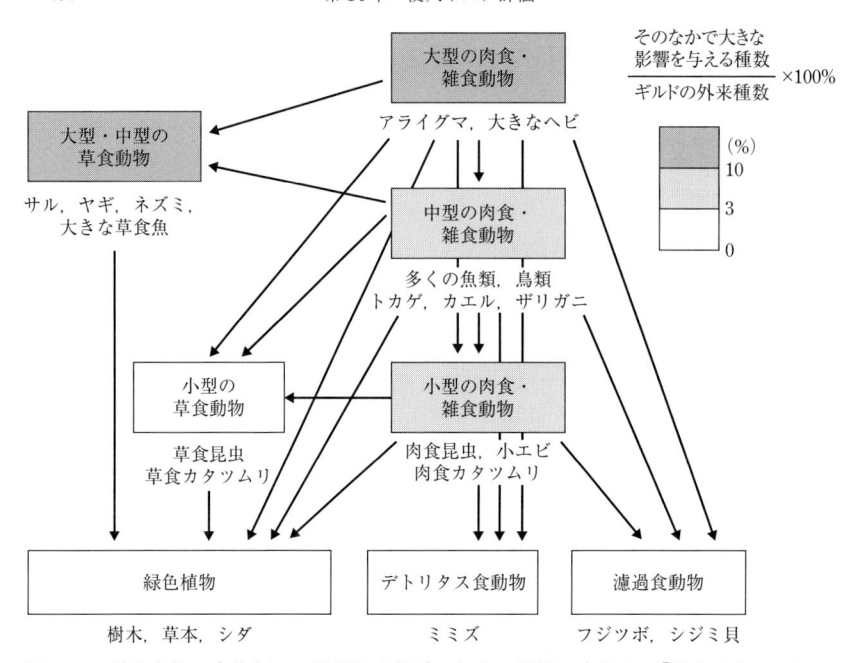

**図14.2** 外来生物の食物網での位置と生態系に与える影響の大きさ．『外来生物ハンドブック』（村上・鷲谷，2002）の情報をもとにとりまとめている．

一般論として，島嶼などこれまで類似した捕食者がいなかった地域での大型の外来哺乳類による捕食の影響はかなり大きい（図14.2）．ただし，かつていわれたような同一ニッチの種の餌資源などをめぐる競争排除は，少なくとも短期的には顕著でなく，外来生物によって近縁の在来種が急速に排除される場合には，繁殖における干渉が重要であると考えられるようになってきた（Hochkirch *et al.*, 2007；Takakura *et al.*, 2009）．タヌキと外来生物のアライグマはニッチが近いといわれているが，系統的には属が異なり，1990年代後半からアライグマが高密度で生息する神奈川県の三浦半島では，現在のところタヌキも生息している（第5章参照）．他方で同属の在来のイタチと外来のシベリアイタチではかなり明瞭な置換が起きており（荒井，2002；第9章参照），2つの組み合わせにおいて，種間で起きている現象を詳細に研究する必要がある（Koike, 2006a）．

これまで述べてきたような導入前のリスク評価の結果は確率的なものなの

で，危険な種を安全と判断してしまったり，安全な種を危険と判断してしまう，などのまちがいも起きる．また，リスク評価そのものにコストもかかる．しかし，純粋に経済的な効果からみると，判断まちがいを計算に入れてもWRAの実施はメリットが大きい，との研究結果が得られている（Keller et al., 2007）．哺乳類においても，アライグマをペットとして輸入・販売していたころに得られたペット業者の経済利益と比較すれば，野生化アライグマ対策として投入された（これからも投入される）費用のほうがはるかに大きそうだが，このような場合には純粋に経済的な理由からも輸入禁止にすることが望ましい．

　なお，受益者（ペット販売者）と不利益をこうむる人（農家，市民，行政など）が一致しない場合は，社会全体では経済的にマイナスであるような経済活動であっても，受益者によって実行されてしまうため（外部不経済），被害金額を受益者に負担させなければ（外部経済の内部化），社会にとってマイナスな経済活動が継続してしまう．しかし，外来生物ではこれがむずかしい．アライグマは分布拡大中であり，被害が顕著になるのはこれから数十年後と考えられるが，そのころには，会社の解散などでかつての受益者が存在していない可能性もあり，現在の法律では対処することができない．輸入前のリスク評価を行って危険なものを輸入禁止とすることが大切だが，このようなリスク評価の結果は確率的なものである．そこで被害が発生する前に輸入者がリスクに応じた資金を拠出しておき，被害が発生した場合はそこから対策費を出すが，安全な生物であることが明らかになった場合は払い戻す，というような外来生物保険のメカニズムを整備することが望ましいのかもしれない．

　導入前リスク評価の最終的な判断では，経済的なメリットと生態リスクのバランスをとることになる（Keller et al., 2009）．一方，両者は時間スケールが違うことに注意する必要がある．現時点で得られている経済的なメリットは，社会状況の変化によって十数年後には無価値になることも多い．それに対して被害のほうは，輸入が始まってから数十年遅れて外来生物の分布拡大とともに拡大し（Koike, 2006b），永遠に継続する．アメリカミンクやヌートリア，ハクビシンなどは毛皮獣として導入され，当初は利用されて経済的な価値があった（第7章，第9章参照）．しかし，現在はミンクの飼育が

一部で行われているのみで，日本国内での飼育による経済的な利益は小さい．輸入時には利用されて経済的価値があったが，時代とともに有害な生物になっていくケースは，食用の淡水巻貝であるスクミリンゴガイなども含めて数多い（たとえば村上，2002；和田，2002）．

## 14.3 根絶や密度コントロール，封じ込め事業におけるリスク評価

導入前のリスク評価で脅威となる可能性が高いと判断された外来生物に対しては，海などで隔てられた地域でいまだ野外に定着していない場合には，まず①侵入阻止のための事業を行う（図14.3）．しかし，定着初期の小さな個体群が発見された場合は，②緊急の根絶対策であるエマージェンシー・コントロール（緊急防除 emergency control）を行い，分布域が広がった後でも可能であれば，③計画的な根絶を目指す．もし根絶が困難であると判断されれば，④完全な封じ込めとして自然の分布拡大と人為的分布拡大の両方を阻止する．一方，自然の分布拡大を阻止することが困難であれば，自然の分布拡大は容認するが，人間が長距離を持ち運ぶことを重点的に阻止する⑤部分的な封じ込めを行い，分布拡大速度を可能な限り遅らせる（Koike and Iwasaki, 2010）．それでもいつかは潜在的分布域全体に分布拡大するが，⑥在来生物を保全するためには，外来生物の捕獲事業を永遠に続けることになる．捕獲による密度制御が予算的に継続困難であったり，生態系への影響が少ない場合には，⑦なにも行わずに，予算をほかの外来生物対策に回して有効に活用することも重要であるとされる（Clout and Williams, 2006）．

このような流れのなかで，どのような状況に置かれたときに根絶事業を断念すべきかなど，管理目標の設定についての大きな意思決定が必要になる．そのためには根絶や分布拡大阻止の実現可能性（逆にいえば失敗リスク）を評価する必要がある．

（1）エマージェンシー・コントロール（緊急防除 emergency control）

侵入のごく初期であれば，二次元的に連続して広がるハビタットに定着した小さな個体群を除去できるケースもある．農業に被害を与える外来生物で

```
1. 侵入阻止（国境などでの検疫）

2. エマージェンシー・コントロール（emergency control）

3. 根絶

4. 完全な分布拡大阻止
   （自然の分布拡大と人的な分布拡大の両方を阻止）

5. 部分的な分布拡大阻止
   （人為的な分布拡大のみを阻止）

6. 在来種を保全するため，外来生物の個体群密度を
   低く保つ

7. なにもしない
   予算を有効利用できるほかの外来生物事業にまわす
```

**図 14.3** 野生化と分布拡大の進行にともなう管理目標の設定と事業の推移.

は，あらかじめ警戒していた外来有害生物が発見された場合に，あらかじめ定められた手順で緊急に事業を展開して根絶するエマージェンシー・コントロールが行われる．日本でもサツマイモに被害を与えるアリモドキゾウムシ（Tanaka and Larson, 2006）や，家畜の口蹄疫などで成功している．ただし，侵入初期に発見するための早期警戒や，見つかった直後からの駆除事業の立ち上げなど，セットプレーの手順を事前に十分準備しておく必要がある．エマージェンシー・コントロールは検疫システムのなかでもきわめて重要なものであるが，日本では野生化した哺乳類については予算の確保や手順の検討がなされておらず，鹿児島市喜入町周辺に野生化が確認されたマングースにおいても，根絶を目指したエマージェンシー・コントロールは行われなかった（第3章，第4章参照）．なお，オーストラリアのタスマニア島では，野生化して分布拡大中のアカギツネに対する根絶事業を継続中である（http://www.dpiw.tas.gov.au/inter.nsf/ThemeNodes/LBUN-5K438G）．

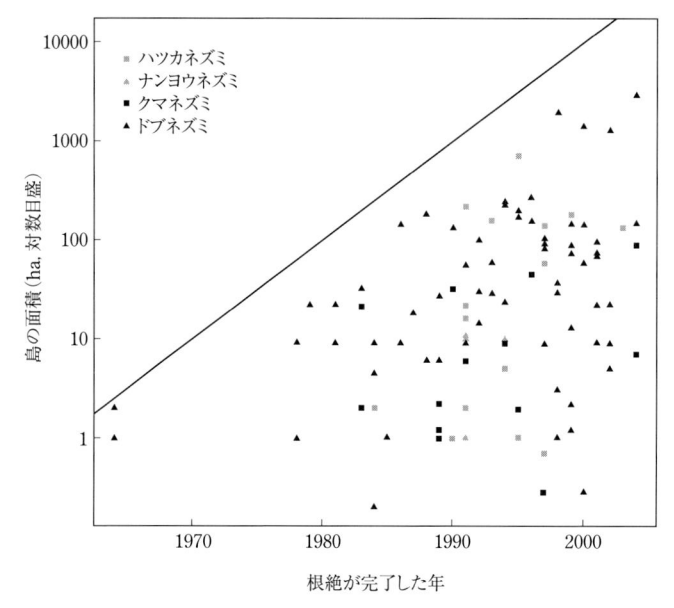

**図 14.4** ニュージーランドにおいて，ネズミ類の根絶に成功した島嶼の面積が拡大した過程（Clout and Russell, 2006 より改変）．

## （2） 根絶

　野生化した外来生物を根絶する試みは，近年さかんに行われるようになってきた．ニュージーランドの島嶼では小笠原諸島の母島（20 km$^2$）より大きな 30-100 km$^2$ の島からのネズミ類などの根絶に成功している（図 14.4）．なお，ハンターが銃で捕獲するような大型の哺乳類は発見しやすいため，トラップで捕獲する中型の哺乳類と比べると根絶が比較的容易であるようだ（図 14.5）．

　現在までのところ，根絶に成功しているのは島嶼のネズミ類や孤立した湿地のヌートリアなど（Baker, 2006）で，ハビタットが孤立していた場合である．このような場合には地域個体群のなかで，ソース地域で増殖した個体がシンク地域に流出する構造を利用して，高密度のソース個体群を除去することにより効率的に根絶できると考えられる（Koike, 2006a）．ただし，二次元的に連続して広がるハビタットに定着して活発に分布拡大している個体

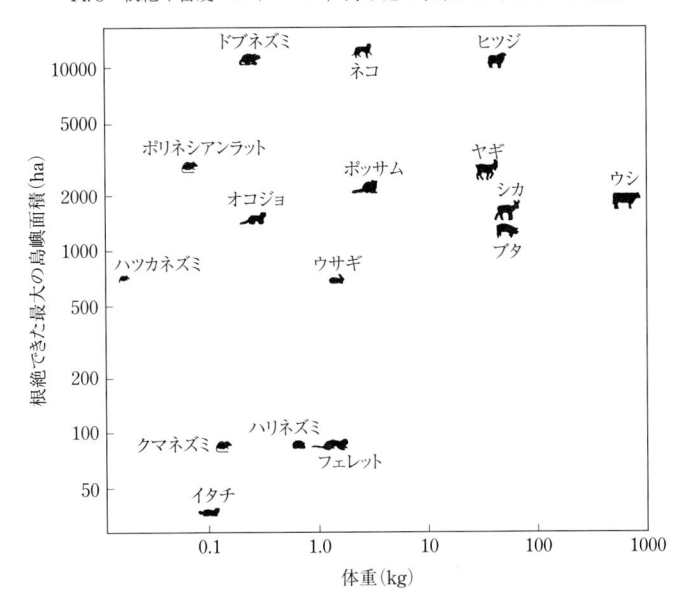

### 14.3 根絶や密度コントロール，封じ込め事業におけるリスク評価 409

**図 14.5** ニュージーランドにおいて哺乳類の体重と根絶に成功した島嶼の面積（Clout and Russell, 2006 より改変）．

群を除去した事例は，外来生物対策の先進国であるニュージーランドを含めて存在しない．

　ニュージーランドでは，成功例と失敗例を含めて哺乳類の根絶事業についての膨大な事例がある（Clout and Russell, 2006）．個々の根絶事業を統括する根絶事業リーダー（eradication leader）は生物学的な根絶戦略だけでなく，社会に対する PR やロジスティクスまで一貫して責任を負い，社会的なステータスも高いという．しかし，ニュージーランドでの個々の事業にかかった費用は公表されていない．事業ごとの予算の切り分けがむずかしい面もあるが，基本的に根絶事業は確率的なものであり，ある金額の予算があれば確実に成功するわけではない．他方で巨額の費用をかけて失敗した事例が紹介されれば社会的な批判も大きいため，個々の事業の費用の公表がむずかしい面もあるのかもしれない．ただし，将来の透明性の高い社会的な意思決定のためには，成功しなかった事例を含めた費用の情報はとても重要である．

　アメリカの外来植物の根絶事業では，必要な費用の情報が得られている

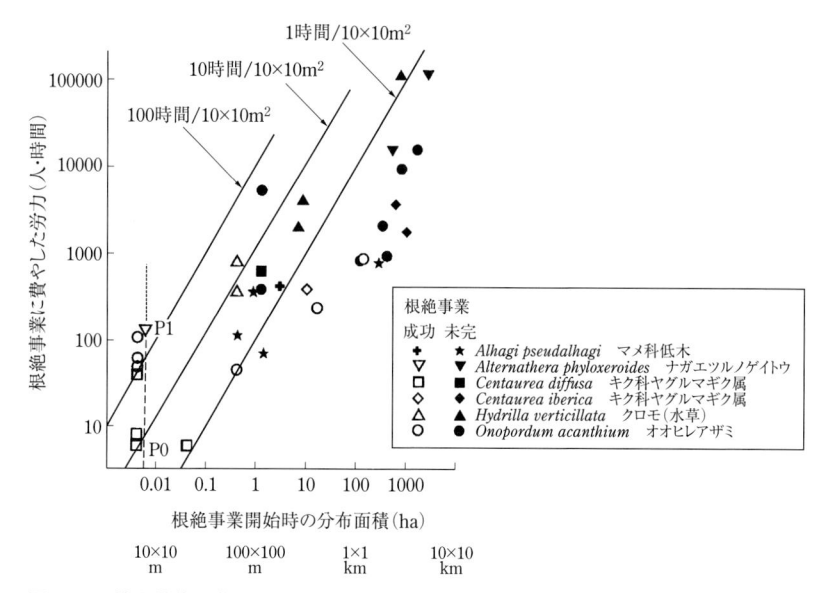

**図 14.6** 外来植物個体群の分布面積と根絶事業に必要な労力．P1 のナガエツルノゲイトウ根絶事業は，点 P0 からスタートし，点 P1 の縦軸の値まで労力をかけたところで根絶に成功した．面積あたりの投下労力を斜めの等値線で示している（Rejmánek and Pitcaim, 2002 より改変）．

(Rejmánek and Pitcaim, 2002)．およそ 100 m × 100 m 以内の外来植物個体群に 1000 人・時間（時給 1000 円では 100 万円程度）をかけるとほぼ確実に根絶できる場合が多いが，10 km × 10 km 程度に拡大すると時給 1000 円の換算で 1 億円かけても根絶できないようだ（図 14.6）．個々の事業によって分布域内での生物の分布の仕方に違いがある面もあるが，図中で縦軸方向に大きなばらつきが見られており，根絶事業が大きなばらつきを持った確率的なものであることがわかる．

根絶事業の成功確率を考えると，もっとも単純なケースとして，トラップを一定の密度で配置したり，銃を持ったハンターが一定の時間をかけて探索したりする状況では，哺乳類の 1 個体は，1 年の間に一定の確率で捕獲されるように思われる．繁殖や捕獲以外の死亡を考えない単純な状況では，トラップによって地域の個体数は毎年 $\lambda_C$ 倍（$\lambda_C < 1.0$）ずつ減少していくと考えられるとき，自然の繁殖により毎年 $\lambda_A$ 倍に個体数が増える場合には，

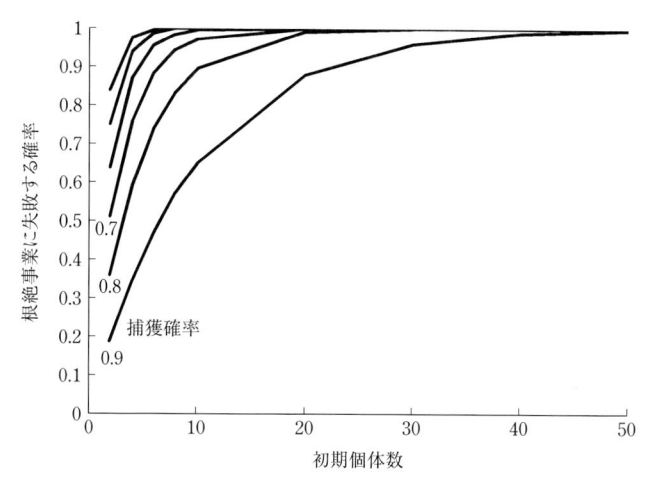

## 14.3 根絶や密度コントロール，封じ込め事業におけるリスク評価

**図 14.7** 根絶事業の成功確率と初期個体数および捕獲確率．初期の個体数が多く個体の捕獲確率が低いと，根絶に失敗する確率が高くなる．

$\lambda_A \times \lambda_C < 1.0$ ならば個体数は減少し続け，確率論的ではあるが，やがて根絶できるはずである．たとえ密度効果によって，低密度下での個体数増加率が $m$ 倍になったとしても，一腹子数が何桁も増えることはないので，$m \times \lambda_A \times \lambda_C < 1.0$ ならば根絶可能で，捕獲努力量 $\lambda_C$ を $m$ 倍に増やせば，密度効果に対しては比較的簡単に対抗できそうであり，密度効果はたいした問題にはならないように見える．

この場合の根絶確率を計算してみると，初めに n1 個体がいたとして，ある個体が 1 猟期の間に捕獲される確率が $p$ であるとき，猟期が終わった後に n2 個体にまで減少している確率は ${}_{n1}C_{n2}p^{(n1-n2)}(1-p)^{n2}$ である．1 猟期で根絶できる確率は $p^{n1}$ で，初めの外来生物の個体数が少なくなれば指数関数的に困難になる（図 14.7）．

すべての個体に一定の捕獲圧をかけることができれば，密度効果に打ち勝つ程度の捕獲圧をかけ続け，継続的に減少させていくことで根絶に誘導できるはずである．しかし，実際はそうならず，一定の密度まで減少した後で減少が止まってしまうことも多いという．可能性としては，哺乳類の個体が捕獲を避ける行動を学習したり（老練な個体は捕獲されにくいが，若齢個体は

捕獲されやすい），捕獲されやすい行動パターンの個体を選択的に除去することで，捕獲されにくい行動（慎重な行動など）の遺伝子頻度が高くなる，などの現象があるのかもしれない（トラップシャイ）．またトラップ密度が低かったり，急峻で接近がむずかしい場所や，土地所有者から捕獲許可が得られない場所があるなど，捕獲努力量に地理的・空間的な不均一性がある場合には，その場所を永遠に根絶できずソース個体群として機能してしまうことも起きうる（図14.8）．この場合も，データでは個体数が減ってから捕獲効率が下がったように見える．

ただし，このような原因のうちのどれが実際に起きている主要な現象なのかを調べた研究は，いまだないようである．根絶戦略を考える場合には，捕獲効率の低下がどの要因で起きているのかを特定しながら事業を進める必要があるだろう．とくに図14.8における捕獲圧の空間分布（B）と動物の空間分布（A）の重なり方についての解析は重要かもしれない．

なお，極端な低密度になれば，オスとメスが出会う確率が低下する，などのメカニズムにより，密度が低いと増加率が低下してアリー効果が検出される生物もある．このようなケースでは比較的容易に根絶できるはずだが，短期間に侵入初期のごく低密度の状態から個体数が急速に増えていった歴史を持つ外来生物では，低密度下によるアリー効果はあまり期待できないのかもしれない（淡水二枚貝のゼブラガイでは統計的に検出されているものの，強いアリー効果の生物は外来生物としては成功しにくいと予想される）．

ネズミ類の根絶では，十分な準備の後で毒餌を大量に散布し，一気に根絶する方法がとられる（第12章参照）．植生にたとえると，除草剤の一斉散布で植物をすべて枯死させて裸地をつくる作業に似ているが，在来哺乳類や類似した餌を利用する在来生物が多い地域では，この方法は利用できないこともある．このような場合には，対象の生物を選択的に駆除できるように，餌の構造の改良やトラップ類の利用が行われる．選択性の高い捕殺タイプのトラップが利用されるほか，生きたまま捕獲するタイプのトラップを利用し，混獲された在来生物を手作業で放逐することもある．しかし，いずれもヘリコプターで毒餌を広域に大量に散布する場合と比べると，人間の労力あたりの捕獲効率が低くなる可能性がある．

なお，外来捕食者の駆除事業において，野外で外来生物の餌となっている

地域のなかで1個体の動物がある地点に存在している確率密度

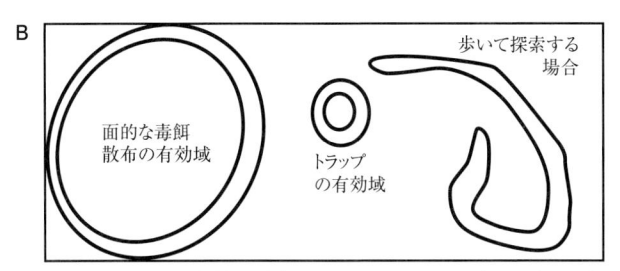

捕獲圧力の空間分布（毒餌散布，ワナでの捕獲，銃猟者の探索など）

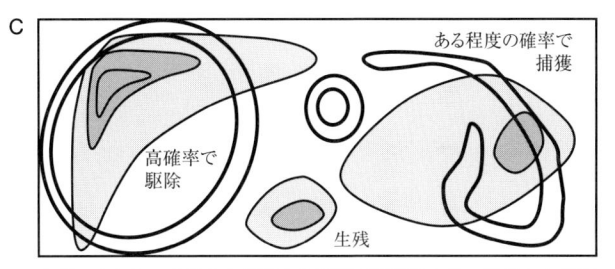

上記のAとBの空間分布が重なる場所で捕獲される．熟練した捕獲者はAの分布確率が高いところにトラップを設置できる．経験を積んだり抵抗性を獲得した動物個体はBの圧力を低下させることができることがある．

**図 14.8** 個体の行動域の空間構造と捕獲方法の有効域の関係の概念図．A：3個体の行動圏を確率密度で示す．B：面的な毒餌の散布域，トラップの有効域およびハンターが歩いて捕獲する場合の有効な探索域を示す．C：上記の A と B が重なった場所で駆除される．個体 1 は高い確率で駆除されるが，個体 2 は生存する．

保全すべき希少在来生物が捕殺されることもある．このような場合は，駆除事業を行わないで外来捕食者が増えてしまった状況での希少在来生物の個体数と，駆除事業による希少在来生物の錯誤捕殺とを天秤にかけて比較することになる．外来捕食者の駆除事業を行わなければ在来種が絶滅してしまうようなケースでは，ある程度の在来生物を錯誤捕殺したとしても，在来種のためには駆除事業を行う必要がある．

### （3）封じ込め

野生化した個体群を完全に取り除く根絶に対して，分布拡大を阻止することは封じ込めと呼ばれる．根絶がむずかしいと判断された場合には封じ込めを目指すが，現実的には二次元的に連続して広がるハビタットに定着して活発に分布拡大している個体群を完全に封じ込めた事例は，外来生物対策の先進国であるニュージーランドを含めて存在しないようだ（Grice, 2009）．

自然の分布拡大を阻止するには，侵入早期に検出できるよう警戒する必要がある．哺乳類は昆虫などと比べれば体が大きいのだが，実際には生息していても人間が姿を見ることはむずかしい．夜行性の外来哺乳類であるハクビシンやアライグマでは，これまでのアンケートをもとにした分布調査では見つからなかった地域でも，センサーカメラを使った調査や社寺の爪痕を使った調査での発見が相次いでいる（環境省, 2009；島根県, 2011）．存在に気づくことができなければ，対策をとることもむずかしい．このように発見がむずかしいタイプの哺乳類が，二次元的に広がる連続したハビタットにおいて，活発に繁殖しながら分布拡大している場合には，侵入のごく初期であっても根絶や封じ込めは困難かもしれない．

ただし，神奈川県の都市近郊の住宅街におけるクリハラリス（タイワンリス）のように，街中に孤立したハビタット（樹林）が点在する景観のために分布拡大が緩慢になり，また昼行性で樹上活動するために発見が容易な場合には，分布拡大を封じ込めることができる可能性がある（金田，私信；第8章参照）．

このように自然の分布拡大を止めることはむずかしいが，人為的な持ち運びを制限することは，より現実的である．外来哺乳類でも特定外来生物に指定された種は輸送と放逐が禁止されており，分布拡大速度を遅くするのに一

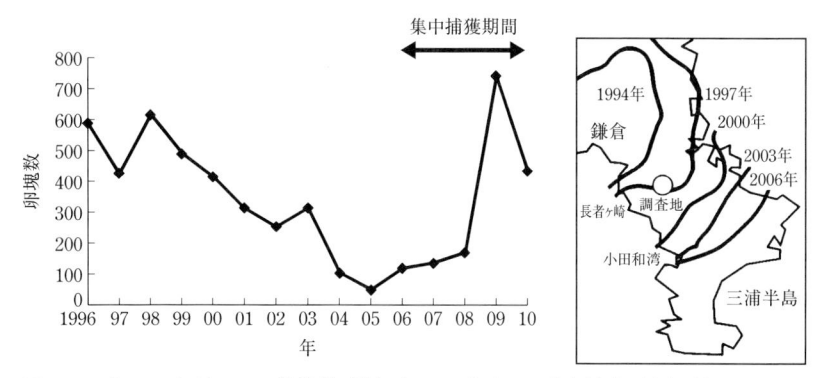

**図14.9** ヤマアカガエルの卵塊数（左）とアライグマの分布拡大（右）（金田のデータをもとに小池ほかの作図：小池ほか，2011）．

定の効果があると考えられる．

### （4）密度抑制による在来生物の保全

根絶することはむずかしいが，密度を低下させることが可能である例は多い．外来哺乳類の捕食者の密度が低下することで在来種の個体群が回復する事例も，最近では報告されてきている．三浦半島では2000年代の初めのアライグマの分布拡大とともにヤマアカガエルの産卵数が減少したが，アライグマの集中捕獲事業が行われると回復した（図14.9）．同様な事例は，奄美大島と沖縄島のマングース駆除事業でも得られている（第3章，第4章参照）．

## 14.4 社会とのコミュニケーション

外来生物対策を行うには大きな予算が必要で，また生物の命を扱う事業でもあるため，一般社会からの支持が必要である．生態系に被害をおよぼす外来生物を根絶することは，生態学研究者の間では合意されており，一般市民の間での合意も進んでいる（環境省，2006）．しかし，一般の市民から，外来生物も被害者であり，根絶は悪いことで共存を目指すべきだ，とのコメントを受けることもある．逆に，捕食されて減少していく在来生物を主人公と

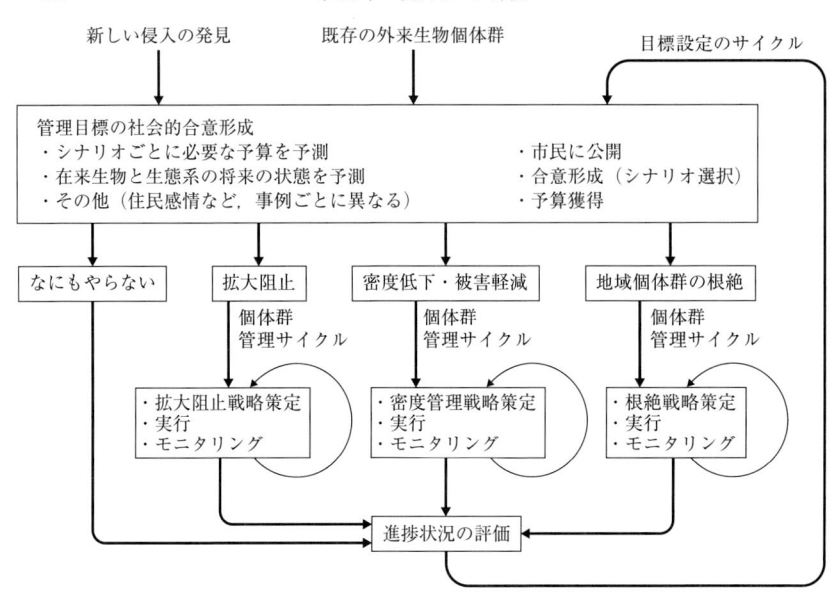

**図 14.10** 管理目標設定（図 14.3）のサイクルと，個体群管理のサイクル．

してみると，在来生物が存続するには人間が外来生物を排除する必要があり，また事態をもたらした人間が責任を持って対処する必要があることを理解してもらう必要がある．生物は，人間とは異なって理性にもとづく自制による共存は成り立たないためである．

　根絶事業だけでなく，密度をコントロールして被害を軽減する事業にも多くの予算が必要である．しかし，現実には，見込みの少ない根絶事業のための予算は得られるが，在来生物の保全のための継続的な密度制御の予算を得ることはむずかしいなど，合理性を欠くこともある．このためには，すでに野生化して分布拡大中の外来生物の制御がどの程度可能なのか，予算の投下効率を高めるにはどうすればよいのか，正しい情報を市民と共有しながら合理的に意思決定していく必要がある（図 14.10）．

　なお，とりまとめにあたって研究費の一部は地球環境研究総合推進費「外来動物の根絶を目指した総合的防除手法の開発」の補助を受けた．

## 引用文献

Anon. 2006. Review of the national weed risk assessment system. Natural Resource Management Standing Committee, Canberra. http://www.weeds.org.au/docs/Review_of_the_National_Weed_Risk_Assessmt_System_2005.pdf

荒井秋晴. 2002. チョウセンイタチ.（村上興正・鷲谷いづみ，監修：外来生物ハンドブック）p. 73. 地人書館，東京.

Baker, S. 2006. The eradication of coypus (*Myocastor coypus*) from Britain：the elements required for a successful campaign. *In* (Koike, F., M. N. Clout, M. Kawamichi, M. De Poorter and K. Iwatsuki, eds.) Assessment and Control of Biological Invasion Risks. pp. 142–147. Shoukadoh, Kyoto and IUCN, Gland.

Clout, M. N. and J. C. Russell. 2006. The eradication of mammals from New Zealand islands. *In* (Koike, F., M. N. Clout, M. Kawamichi, M. De Poorter and K. Iwatsuki eds.) Assessment and Control of Biological Invasion Risks. pp. 127–141. Shoukadoh, Kyoto and IUCN, Gland.

Clout, M. N. and P. A. Williams. 2006. Invasive Species Management：A Handbook of Principles and Techniques. Oxford University Press, New York.

Copp, G. H., R. Garthwaite and R. E. Gozlan. 2005. Risk identification and assessment of non-native freshwater fishes：a summary of concepts and perspectives on protocols for the UK. Journal of Applied Ichthyology, 21：371–373.

Gordon, D. R., D. A. Onderdonk, A. M. Fox and R. K. Stocker. 2008. Consistent accuracy of the Australian weed risk assessment system across varied geographies. Diversity and Distributions, 14：234–242.

Grice, T. 2009. Principles of containment and control of invasive species. *In* (Clout, M. N. and P. A. Williams, eds.) Invasive Species Management. pp. 61–76. Oxford University Press, New York.

Hochkirch, A., J. Gröning and A. Bücker. 2007. Sympatry with the devil：reproductive interference could hamper species coexistence. Journal of Animal Ecology, 76：633–642.

環境省. 2006. 自然の保護と利用に関する世論調査. http://www8.cao.go.jp/survey/h18/h18-sizen/index.html

環境省. 2009. 重要生態系監視地域モニタリング推進事業（モニタリングサイト1000）里地調査——第1期取りまとめ報告書. http://www.biodic.go.jp/moni1000/findings/reports/pdf/first%20term_satoyama.pdf

Keller, R. P., D. M. Lodge and D. C. Finnoff. 2007. Risk assessment for invasive species produces net bioeconomic benefits. Proceedings of the National Academy of Science of USA, 104：203–207.

Keller, R. P., D. M. Lodge, M. A. Lewis and L. F. Shogren (eds.) 2009. Bioeconomics of Invasive Species：Integrating Ecology, Economics, Policy, and Management. Oxford University Press, New York.

Koike, F. 2006a. Assessment and control of biological invasion risks. *In* (Koike,

F., M. N. Clout, M. Kawamichi, M. De Poorter and K. Iwatsuki eds.) Assessment and Control of Biological Invasion Risks. pp. 4-12. Shoukadoh, Kyoto and IUCN, Gland.

Koike, F. 2006b. Prediction of range expansion and optimum strategy for spatial control of feral raccoon using a metapopulation model. *In*（Koike, F., M. N. Clout, M. Kawamichi. M. De Poorter and K. Iwatsuki, eds.) Assessment and Control of Biological Invasion Risks. pp. 148-156. Shoukadoh, Kyoto and IUCN, Gland.

小池文人．2010．外来植物のリスクアセスメントと新しい群集生態学．（種生物学会，編：外来生物の生態学——進化する脅威とその対策) pp. 291-323. 文一総合出版，東京．

小池文人・石綿進一・金田正人・齋藤和久・高桑正敏・浜口哲一・葉山久世．2011．都市と自然が出会うところで野生化する外来生物．（佐土原聡・佐藤裕一・小池文人・嘉田良平，編：里山創生——神奈川・横浜の挑戦）．創森社，東京（印刷中）．

Koike, F. and K. Iwasaki. 2010. A simple range expansion model of multiple pathways：the case of nonindigenous green crab *Carcinus aestuarii* in Japanese waters. Biological Invasions, 13：459-470.

Koike, F. and H. Kato. 2006. Evaluation of species properties used in weed risk assessment and improvement of systems for invasion risk assessment. *In* (Koike, F., M. N. Clout, M. Kawamichi, M. De Poorter and K. Iwatsuki, eds.) Assessment and Control of Biological Invasion Risks. pp. 73-83. Shoukadoh, Kyoto and IUCN, Gland.

Kolar, C. S. and D. M. Lodge. 2002. Ecological predictions and risk assessment for alien fishes in North America. Science, 298：1233-1236.

Loo, S. E., R. MacNally and P. S. Lake. 2007. Forecasting New Zealand mudsnail invasion range：model comparisons using native and invaded ranges. Ecological Applications, 17：181-189.

村上興正．2002．ヌートリア．（村上興正・鷲谷いづみ，監修：外来生物ハンドブック）p. 69. 地人書館，東京．

村上興正・鷲谷いづみ（監修）．2002．外来生物ハンドブック．地人書館，東京．

Nishida, T., N. Yamashita, M. Asai, S. Kurokawa, T. Enomoto, P. C. Pheloung and R. H. Groves. 2008. Developing a pre-entry weed risk assessment system for use in Japan. Biological Invasions, 11：1319-1333.

Pheloung, P. C., P. A. Williams and S. R. Halloy. 1999. A weed risk assessment model for use as a biosecurity tool evaluating plant introductions. Journal of Environmental Management, 57：239-251.

Rejmánek, M. and M. J. Pitcaim. 2002. When eradication of exotic pest plants a realistic goal? *In*（Veitch, C. R. and M. N. Clout, eds.) Turning the Tide：The Eradication of Invasive Species. pp. 249-253. IUCN, Gland.

島根県．2011．アライグマの生息状況について．http://www.pref.shimane.lg.jp/chusankan/kenkyu/choju/araiguma.html

Takakura, K., T. Nishida, T. Matsumoto and S. Nishida. 2009. Alien dandelion reduces the seed-set of a native congener through frequency-dependent and one-sided effects. Biological Invasions, 11：973-981.

Tanaka, H. and B. Larson. 2006. The role of the International Plant Protection Convention in the prevention and management of invasive alien species. *In* (Koike, F., M. N. Clout, M. Kawamichi, M. De Poorter and K. Iwatsuki, eds.) Assessment and Control of Biological Invasion Risks. pp. 56-62. Shoukadoh, Kyoto and IUCN, Gland.

和田節．2002．スクミリンゴガイ．（村上興正・鷲谷いづみ，監修：外来生物ハンドブック）p. 171．地人書館，東京．

# おわりに

　わが国の外来哺乳類研究の中心的役割を担ったのは，1994年に日本哺乳類学会に設置された「野生化動物問題ネットワーク」であり，その発展として，1997年に日本哺乳類学会の保護管理委員会に組織化された外来動物対策作業部会（当初は移入動物作業部会と称した）である．毎年開催される大会時に，マングース，アライグマ，マカク対策などの進捗状況や問題点と課題の検討が行われ，対象種や地域を超えた共通問題として検討が行われてきた．本書の執筆者の多くはこの作業部会の委員である．また，2002年に日本生態学会が中心になり，外来哺乳類だけでなくほかの分類群も含め，『外来種ハンドブック』（村上興正・鷲谷いづみ監修，2002）の刊行を行った．対象種は，外来哺乳類から植物や寄生生物，さらに島嶼，陸水域や海洋などの地域別の現状や対策のとりまとめが行われた．

　本書『日本の外来哺乳類』は，これらの活動に参加した執筆者たちのおよそ20年におよぶ活動の記録や成果の集大成であり，今後への一里塚でもある．あらためて，多くの成果が育まれてきたことを痛感する．いまや，外来哺乳類の研究は，わが国の哺乳類学の一分野として確立してきたといえる．これはもちろん海外の先進的研究の進展とも呼応し，わが国のこの分野の研究が近年一段と加速されてきたあかしといえる．

　本書の執筆者は，現場に張りつき，現場とともに成果を上げてきた人々である．元来が外来生物の研究者である人は少ないが，現地での外来種問題を解決しなければ保全対策が進まないために，やむにやまれぬ立場からかかわった人が多い．このため，現場ではひとりで何通りもの役割を演じることになる．データ収集，地元の協力者や行政との関係づくり，予算の確保，保護団体との関係づくり，成果の公表や普及・啓発，マスコミ対応などである．

　わが国に侵入し定着した海外の生物に関して，国内には専門家は普通いないものである．在来種の場合は，その動物の研究の専門家はだれかはいるだろうが，外来種の場合，当初は皆無である．異様な動物だと最初は違和感を

持ちながらも，その動物の文献を調べながら，捕獲，繁殖，食性，行動などを解明することから始まる．しかし，これらの基礎的データを苦労して集めたところで，原産地や導入先での知見が論文としてすでに書かれているため，新たな成果としては論文の価値はそんなにない．なんだか自己満足的な取り組みとなり，対策になんとか漕ぎ着けたいと思うが，研究者がひとりでがんばったところで，個体数削減や根絶などの対策はとうてい無理な話で，けっきょく徒労と思いつつも，捕獲などの基礎的データを取り続けることになる．初期の基礎的な生態研究には，このような思いで取り組んだ人々も多かったと思う．

　しかし，行政などがいったん対策を取るとなれば，これらのデータが活用されることになる．いかに個体数を戦略的に抑制し，分布を縮小し，さらに根絶に持ち込めるかの対策には，基礎的生態研究が重要になってくる．生息数が少数個体になったときにいかに根絶に持ち込めるか，少数個体の行動や振る舞い方が重要になってくる．また，外来生物による影響評価や，対策実施後の生態系の回復の効果判定において，基礎的な研究がより重要になってくる．

　今後は，このような第一世代的な経験から，より発展させたかたちの外来種対策が実施されるようになりたいものである．リスク管理や戦略的管理にもとづき，外来種対策がシステマティックに実施され，効率的に成果が達成されるかたちである．このために，対策に直結した研究や影響研究などの確立，資金調達や人材育成，さらに体制づくりが必要である．

　外来生物対策において，外来哺乳類は象徴的存在であり，また生態系への影響力も大きいために，戦略的管理の成功や生態系回復と保全への期待がかかっている．本書で取り上げた外来哺乳類に対する根絶成功や個体数コントロールへの期待は大いに高い．2010年10月，愛知県名古屋市において，「生物多様性条約第10回締約国会議」（COP10）が開催された．「ポスト2010年目標――生物多様性に関する世界目標（2011-2020年の10年間）」の「愛知目標」のなかの外来種問題に対しては，侵略的外来種の①リストアップ，②その定着の実態把握，③対策のための優先順位づけ，および④具体的な対策の成功事例の達成が求められ，さらに⑤新たな侵入や定着の予防的措置対策を構築することが求められている．これらの目標に対するわが国の取

り組みの多くの実績は，先進的取り組み国（ニュージーランドやヨーロッパなど）だけでなく，途上国からも高い関心が持たれ，評価が得られている．たとえば，途上国では天敵昆虫，養殖漁業，畜産，ペット産業などにおいて外来生物が活用されており，リスク管理や予防原則のもとに，適正な利用管理が求められている．わが国は，先進的取り組み国の一員として，外来種問題と対策の情報提供や連携をいっそう求められている．

外来生物法の施行や COP10 の開催によって，外来種が問題であることについて，一般の人々への普及・啓発が進んだと思われるが，今後さらなる啓発によって，新たな外来種問題が起きないように，また外来生物の被害がなくなることが期待される．野生動物の被害は，外来生物だけでなく，シカやイノシシやサルやクマなど在来種による被害が大きく，外来生物の被害対策や個体数管理まで手が回らないということを現場担当者からよく聞く．しかし，シカなどの大型哺乳類の被害がそうであったように，在来種被害の予兆は10年以上も前からいくつかの地域で問題視されていた．外来生物の問題も，今後個体数が増加し分布が拡大してくれば，やがて大きな社会問題になる．小火の段階で消火をしておかないと，大火になってからでは消火は不可能になる．やがてくる大きな問題を予測し，いまの段階で対処し解決する具体的方法を，私たちは早く見出す必要がある．

本書では，それぞれの現場からの対策の歴史，成功や失敗も含めた最新の成果が報告されている．生物学的情報ばかりでなく，社会科学的情報も多く記述されている．本書が，今後の外来哺乳類対策やほかの外来生物対策の向上に役立てれば，編者と執筆者一同にとっては望外の喜びである．

本書刊行途上の 2011 年 3 月 11 日に，東日本大震災発生にともない，福島第一原子力発電所の事故による放射性物質の放出によって，発電所周辺の半径 20km 圏内やその周辺部で住民退去と立ち入り禁止区域が出現し，未曾有の事態が起きた．このため，飼育されていた家畜（ウシやブタ，あるいはダチョウなど）やペット類（イヌやネコなど）が放置される事態も発生している．これらが野生化し，新たな外来種問題が起きなければと危惧される．特殊な災害にともなう外来種の新たな発生問題ではあるが，このような事態をも考慮したリスク管理や対策の検討も必要である．

なお，2011 年 9 月 4 日の昼に，編者のひとりの小倉剛（享年 48）が沖縄

県久高島の美しい海でサーフィン中に事故で急逝した．本書の完成を楽しみに編集作業に熱心に取り組んでいたにもかかわらず，完成を見ずに逝ってしまったことはまことに無念である．本書を哀悼と感謝の意をもって小倉剛に捧げたい．

　最後になったが，本書の出版の機会を与えてくださり，予定どおりに進まない原稿に対して辛抱強く，また叱咤激励をいただき，完成にまで漕ぎ着けていただいた東京大学出版会編集部の光明義文氏に心からお礼を申し上げる．

山田文雄  
池田　透  
小倉　剛

# 事項索引

AWRA 41
CITES 78
CPUE 117, 121, 122
FAO 318
GIS 319
GPS 319
IUCN 28, 76
$LD_{50}$ 値 124
SFライン 106, 116, 117, 119, 120
SNP 188
WRA 403, 405

## ア　行

愛玩動物 7
足跡トラップ 119, 127, 129, 371, 387
亜熱帯島嶼 352
奄美大島 106, 120, 122
アライグマ蛔虫による幼虫移行症（アライグマ蛔虫症） 13, 143
アライグマ研究グループ 155
アライグマ対策 20
アライグマ対策研修会 152
あらいぐまラスカル 48, 141
アリー効果 412
アンガウル島 171
安楽殺処置 155
安楽死 33, 54
イエネコ対策 297, 302
維管束植物 323
遺棄 11, 37, 290, 295, 301
生きたままの島外搬出 331
遺棄防止 313
イグアナ生息地 88
育子用巣穴 110
異系交配弱勢 194

生け捕り 331
生け捕りワナ 116
伊豆大島 185
遺存種 112
一産一子 111
逸出 37
一夫多妻 263
遺伝子攪乱 187
遺伝子組み換え生物 36
遺伝子構成（遺伝子型） 81
遺伝子浸透 191
遺伝子頻度 412
遺伝子分析 189
遺伝的攪乱 28
遺伝的多様性 79
遺伝の地域個体群 4
意図の導入 76
胃内容 108
移入 4, 383-385
移入経路分析 389
移入種 4
移入種（外来種）への対応方針について 19, 28
移入種駆除・制御モデル事業 120
移入種対策に関する措置の在り方について 19, 28
移入生物 4
西表島ペット適正飼養推進連絡会議 307
因習主義者 67
浮巣 211
兎ウイルス性出血病 72
ウサギ狩り 279
ウミガメ繁殖地 88
運搬 30
影響緩和（策） 357, 361

衛生被害　352
エキノコックス症　13
エクスクロージャー　224
餌資源や生息場所の競合　142
餌植物　234
餌動物　109
江戸時代　5
エマージェンシー・コントロール　406, 407
大根島　185
小笠原諸島　353
沖縄県沖縄島北部　76
沖縄県獣医師会　295
沖縄島　106, 115

## カ 行

海外外来種　275
害獣　67, 149
飼いネコ　286
外部寄生虫　251
外部経済の内部化　405
外部不経済　405
開放的環境　78
海洋生態系　322, 326
海洋島　186, 353
外来生物（外来種）　3, 4
外来生物対策　147
外来生物法　19, 117, 121, 146, 170, 218, 275
外来リス対策　254
核遺伝子　187, 271
鹿児島県奄美大島　76
鹿児島県鹿児島市　76
鹿児島市喜入町　106, 108
カゴワナ　88, 119, 368, 371
果樹類被害　248
過剰補償　389, 390
河川改修　210
河川環境　272, 274, 276
家畜　7, 62
家畜化　285
家庭飼育動物　310
過放牧　318

噛み跡トラップ　371
搦め捕り　334
カリブ海　78
カロリ・サンクチュアリ・トラスト　70
環境アセスメント　270
環境省自然環境局　19
環境省レッドリスト　260
環境倫理　194
監視システム　385
感染環　115
感染症　189
完全排除　160, 330, 337
危急種（Vulnerable）　78
擬攻（モビング）　236
技術開発　123
希少種　110
希少種回復実態調査　122
揮発性脂肪酸　127
忌避成分　243
ギャップ　379, 381, 391
牛結核病　64
球状巣　245
急性毒物　356
急増期　12
旧北区　4
境界管理　69
狂犬病　13, 83, 143
狂犬病予防法　385
胸高断面積　234
競争排除　404
共存　279, 340, 415, 416
漁業被害　28
去勢　297, 303
近縁種　170
空間構造　383
空中散布　355, 365, 368, 374
区画法　181
ククリワナ　334
駆除圧　383, 391
駆除事業　107
駆除努力量　382
クマネズミ対策　20

事項索引　　427

クライストチャーチ　64
グランドルアー　127
クリハラリス対策学習会　253
クリーンリスト方式　30
警戒音声　235
蛍光色素入りの餌　119
軽度懸念（Least concern）　78
係留　290
毛皮　7, 11, 139, 204, 212, 224, 278
毛皮産業振興政策　64
毛皮獣　225, 263
毛皮養殖　63
検疫システム　407
検疫体制　69
現実主義者　67
原生自然環境保全地域　50
検問　69
合意形成　194
抗凝血性毒物　356
交雑　169
交雑種　239
交雑モニタリング　192
高次捕食者　109
広食性　109
構造改革特別区域（特区）　322
口蹄疫　407
行動圏　79, 241, 261
高度成長期　5
交配前隔離　191
交尾期　78
交尾排卵型　263
肛門傍洞　127
護岸工事　210
国外外来種　32
国際自然保護連合　28, 57
国際ネットワーク　97
告知動作　128
国内外来種　7, 32, 259, 260, 275
国内希少野生動植物種　110, 131
コスト　146, 228
個体群維持機構　383
個体群増加率　337

個体識別　186
個体識別法　128
個体数増加　12
個体数増加速度　242
個体数増加モデル　241
個体数増加率　252, 411
個体数の大幅削減　335
子連れ率　183
固有（亜）種　110
コリドー　276
混獲　75, 118, 122, 130, 131, 160, 292, 300
混獲の許容水準　131
混獲問題　53
痕跡踏査　368
根絶　20, 69, 193, 226-228, 279, 326, 328, 329, 337, 339-343, 351, 355, 358, 366, 372, 373, 386, 388, 401, 402, 406-408, 410, 412, 415
根絶確認法　130
根絶確率　411
根絶事業　322, 330
根絶事業リーダー　409
根絶の実現可能性　69
根絶ユニット　385
コントロール　339, 340, 343
コントロール事業　322
ゴンドワナ大陸　60

サ　行

剤形　374
再侵入　385
再侵入防止対策　402
再侵入リスク　360
最適駆除努力量配分　384
栽培　30
在来種　130
在来種の回復モニタリング　122
在来生物　141
在来生物の回復事業　22
作戦計画　97
雑食性　79
殺処分　55

雑草管理　204
雑草リスク評価　41
殺鼠剤　85, 355, 357-362, 364, 374
サトウキビ農園開発　82
砂漠化　318
産子数　78, 158, 236
残存個体　184
残存個体の掃討　335
サンチャゴ島　319
飼育由来　179
シイタケ栽培　248
自衛的捕獲努力　153
シェルター　301, 305, 312
指揮管理　118
資源　67
ジステンパー　13
自然環境保全基礎調査　179
自然環境保全法　32
自然公園法　32
自然分布　5
持続的管理　69
失血死　356
実現可能性研究　74
実験用霊長類　172
自動撮影カメラ　119, 387
自動撮影装置　127
自動撮影調査　108
地内島　186
ジフェチアロール　356, 362
下北半島　176
社会的合意形成　74
射殺　333, 334
ジャワ　78
ジャングル・ブック　83
住居侵入　14
種間交雑　171
種間雑種　171
種子散布　61
受胎率　289
出現頻度　110
出産期　78
樹洞　246

種判別　129
樹皮・樹液食　243
種分化　353
狩猟　62
狩猟圧　139, 174
狩猟資源　340
狩猟鳥獣　19
狩猟鳥獣の見直し　19
狩猟免許　219
種類名証明書の添付　34
準絶滅危惧種　260, 268
順応的管理　336, 344, 345, 394
飼養　30
上位捕食者　112
消化管内容物　110, 142
商業捕獲（狩猟）　72
商業利用者　67
飼養動物　7, 11
縄文前期　5
初期の根絶　37
初期の発見　37
食害　352-354
食性　108, 110, 360
植生衰退　330
食性調査　111, 112
食性の可塑性　354
植生（の）破壊　319, 325
植物防疫法　35
植民地　76
食物連鎖　113
食料調達　11
食料被害　287
人為的移動　5
シンク　384, 408
人獣共通感染症　13, 114, 141, 143, 287
新・生物多様性国家戦略　19, 28
迅速な対応　37
身体計測　188
侵入　140
侵入阻止　406, 407
侵入防止柵　118
人力散布　365

侵略的外来生物（侵略的外来種） 3, 76, 380
随伴 7
捨てネコ防止キャンペーン 301
スローパック剤 362, 369
生活被害対策 147
制御 52
生残率 242
成獣幼獣比 159
生殖隔離 171
生殖隔離機構 191
性成熟 209, 289
生息情報 162
生息数調査 336
生息地管理 278
生息適地推定 389
生息適地予測 387
生息密度 79, 107, 235, 244
生態学的カスケード 319
生態学的プロセス 381, 382, 391
生態系エンジニア 317, 344
生態系攪乱 172
生態系管理 21
生態系管理型対策 73
生態系の回復 122
生態系被害 28
生態的影響 14
生体搬出 343
生態リスク 405
性的二型 79, 261
生物安全保障法 67
生物学的防除 63, 71
生物学的防除対策 14
生物間相互関係 113
生物間相互作用 345
生物経済学的モデル 73
生物多様性国家戦略 59, 178
生物多様性条約 18, 178
生物多様性への第三の危機 59
生物多様性保護地域 80
生命倫理 195
世界自然遺産 324

世界自然遺産指定候補 80
世界の侵略的外来種ワースト100 40, 76, 172, 208, 288, 354
切歯 205
絶滅 6
絶滅危惧Ⅱ類 268
センサーカメラ 359, 368, 371
選択的駆除 382
潜伏期 12
専門家グループ会合 37
戦略的計画 97
騒音被害 266
早期警戒 407
早期対応 51
早期発見 51
早期捕獲割合 151, 152
総合防除体制 22
相互調整プロセス 18
創始個体 81
創始者効果 81
造精機能 189
造林木被害 247
側頭線 189
ソース 384, 408
ソース・シンク個体群 384

タ 行

第一世代抗凝血性毒物 355
体温維持 96
胎子数 209
胎子・胎盤痕数 159
第二世代抗凝血製剤 355
第二世代抗凝血性毒物 363, 374
第2マングース北上防止柵 116
第8条生息域内保全（h）項 18
ダイファシノン 123, 356
ダイファシノン残留濃度 124
ダイファシノン製剤 369
大洋島 323
対立遺伝子の出現頻度（多様性頻度） 81
第6回生物多様性条約締約国会議 3
タイワンザル対策 20

ダークリスト方式　30
多発情動物　289
単位捕獲努力量　117
探索犬　71, 94, 128, 129, 319, 334, 335, 387
探索能力　128
炭酸ガス麻酔　55
タンニン　243
単年度主義　336
地球サミット　18
遅効性毒物　356
致死効果　126
致死的手法　331
地上生鳥類　112
地上徘徊性　122
チャールズ・エルトン　27
中央環境審議会　19, 28
中間宿主　143
中間捕食者　113
昼行性　79
抽水植物帯　216
長期的な防除措置　37
鳥獣保護法（鳥獣の保護及び狩猟の適正化に関する法律）　19, 49, 53, 219, 260, 275, 286
超低密度地域　107
直接的な捕食　141
地理的隔離　191
対馬　4
筒式ワナ　118
定着　12
低密度管理　358
低密度状態維持　160
適応進化　18
適応度　194
適応放散　353
適正飼養　296, 297
電気柵　153, 218
展示動物　10
天敵　7, 106, 263
天敵効果　76
天敵導入　82
伝統的な狩猟（毒餌・ワナ・銃猟）　71

天然記念物　53, 110, 131, 176
伝播経路　143
電話線破損被害　13, 250
凍傷　210
島嶼個体群　82
島嶼生態系　319, 344
逃走　173
頭胴長　261
導入　4, 238
導入経路　46
導入前の予防　37
導入前リスク評価　402, 403, 405, 406
動物愛護　254, 340
動物愛護団体　54, 294
動物考古学　5
動物食　243
動物相　360
動物地理区　4
動物の愛護及び管理に関する法律（動物愛護管理法）　33, 178, 286, 385
動物福祉　185
逃亡　6, 11
東洋区　4
毒餌　71, 75, 88, 123, 126
毒性試験　126
特定外来生物（特定外来種）　30, 32, 139, 170, 212, 218, 254, 278, 288, 414
特定外来生物等専門家会合　37
特定外来生物被害防止基本方針　56
特定鳥獣保護管理計画　182
特定動物　178
毒蛇対策　76
独立種　260
都市化　272
土壌流出　318, 321, 322, 326, 330
トラップシャイ　184, 387, 388, 412
トラップ密度　412
トラバサミ　88

## ナ　行

内的自然増加率　242
内部寄生虫　143, 251

名瀬市マングース駆除対策協議会　114
奈良時代　5
なわばり　261
肉　7
西インド諸島　105, 112
二次毒性　125
2段階麻酔　55
ニッチ（生態的地位）　15
日本顎口虫症　267
日本脳炎　13
ニューギニア島　172
ニュージーランド　60
妊娠期間　209
妊娠率　183, 290, 337
ネコ愛護及び管理に関する条例　298
ネコ飼養条例　296
猫白血病ウイルス感染症　306
ネズミ駆除　264
ネズミ対策　76
ネズミワナ　85
熱帯域　76
熱帯モンスーン気候　232
ネパール　78
年間増加率　176, 183
年間繁殖回数　242
農業被害　28, 147, 172, 215, 218
農作物被害　12, 267, 321
農薬取締法　361
農林水産業被害　141, 352
野鼠被害　106

## ハ　行

配偶者選択　191
排除　339
排除事業　326-328
パキスタン　81
箱ワナ　221
箱ワナの無償貸し出し制度　151
爬虫類　111
ハビタット　406, 414
ハブ咬傷　106, 115
ハブ対策　264

パラアミノプロピオフェノン　125
ハワイ諸島　105
バングラディシュ　81
繁殖価　382, 383
繁殖攪乱　360
繁殖期　364
繁殖障害　189
繁殖巣穴　111
繁殖スケジュール　359
繁殖制限　296, 301, 311
繁殖成功　94
繁殖特性　79
繁殖率　142, 184
繁殖履歴　242
半水生動物　204
反芻動物　317
ハンティング　288, 289
ハンドラー　128
半野生状態　320
伴侶動物　285, 287
非意図的導入　7, 46, 76
ビオトープづくり　56
被害　12
光りもの　275
非致死的な手法　343
尾長　177
ヒドラ効果　390
避妊　193, 297, 303
避妊・去勢手術　296
避妊薬　172
非標的種　118, 130, 131, 355
病気伝播者　76
標識遺伝子　193
費用対効果　37
尾率　192, 261
貧者の牛　318
ファジョウ島　81
フィジー諸島　112
フィージビリティー・スタディー　341
封じ込め　37, 339, 414
プエルトリコ　87
孵化率　86

副作用　130
複数回交尾　263
複数外来種　21
複数種の同時管理　73
仏像破壊　28
不妊化　73
不妊手術　183
不妊・避妊処置　187
不法投棄　295
ブラキストン線　4
プラットホーム　211
プリベイティング　92
ブロディファコム　356, 364
文化財破壊　14
文化財保護法　54, 132
分散　174
分散過程　106
糞DNA　269
糞尿の被害　287
糞場　266
分布拡大　227, 239, 240, 272, 274, 414
分布拡大阻止　406, 407
分布拡大リスク分析　389
分布の異所性　169
分布の生理的制限要因　79
糞分析　291, 292
糞粒調査　336
ヘアトラップ　119, 127, 129, 387
平均最低気温　96
平均産子数　263, 289
平均出産回数　289
平均寿命　263
平衡状態　386, 389
ベイトステーション　88, 364-368
ペット　62
ペット飼育　6, 7
ペットブーム　27
ヘテロ接合体　188
ベネフィット　146, 228
ヘブリディーズ諸島　93
防御ライン　119
防護柵　221

防除　30, 49
報奨金制度　64, 120
防除計画　253
防除事業　115
防除実施計画　117, 174
房総半島　185
放逐　6, 11, 173
放牧管理　320
捕獲　301
捕獲圧　411
捕獲効率　382, 386
捕獲事業　329
捕獲従事者講習会　153
捕獲重点地域　162
捕獲数　150
捕獲対策　76
捕獲努力量　122, 150, 411, 412
捕獲排除　311
捕獲メッシュ　121
保管　30
捕殺ワナ　116, 118, 131
補償　383
捕食圧　142, 237
捕食者　63, 235
捕食性外来種　112
捕食性哺乳類　113
母性遺伝　188
保全会　158
保全省　68
保全法　67
北海道アライグマ緊急対策事業　149, 150
ボトルネック効果　81
哺乳類相　4
ホワイトリスト方式　69

## マ 行

マイアミ港　86
マイクロサテライト　128
マイクロチップ　187, 296, 297, 299-301, 308, 309, 311
マイクロチップリーダー　298
マオリ族　61

マタ・ハリ・ゴート作戦　320
マングース対策　19, 20
マングース探索犬　128
マングースバスターズ　121
マングース北上防止柵　116, 119, 120
水かき　205
密度依存性　386
密度効果　242, 390, 411
密度コントロール　416
密度抑制　415
ミトコンドリアDNA　7, 187
未判定外来生物　30, 33
無人島　353
明治時代　5
メインランド・アイランド　70
免疫学的避妊　71
目撃情報　157
モニタリング　121
モニタリング技術　121
モノフルオロ酢酸ナトリウム　88, 355, 361
モビング行動　236
モーリシャス島　171

## ヤ　行

ヤギ対策　20
ヤギ肉食　323
ヤギの里親捜し　343
薬殺　331, 332
薬物代謝反応　125
夜行性　211
野生化　171, 174, 223, 237, 238, 320, 340, 401, 403, 414
野生生物法　68
野生生物保護対策検討会移入種問題分科会　19, 28
野生動物管理法　68
野生由来　179
ヤマネコ保護協議会　303
ヤンバルクイナたちを守る獣医師の会　295
やんばる地域　106, 115, 116, 121, 122, 285
誘引　126

有害鳥獣駆除　182, 277
有害鳥獣捕獲　182
有害物質及び新生物法　68
優占種　16
誘導フェンス　334
ユダ個体　387
ユダ・ゴート（作戦）　319, 334, 335
輸入　30
輸入規制　69
養鶏農家　113
養鶏被害　12
幼獣個体　158
養殖　10, 204, 212
養殖魚被害　13
要注意外来生物　34
予防原則　186, 195, 389, 391
予防措置　37
予防対策　76
ヨーロッパ人　61

## ラ　行

ライントランセクト　336
ラジオテレメトリー　181
裸地化　326
卵管焼烙　183
陸産貝類　323, 353
陸上生態系　322
陸生哺乳類　60
リスク　401
リスクアナリシス　41
リスク管理　21, 97
リスク評価　401, 402
理想主義者　67
離脱　174
琉球列島　112
粒剤　362
流産　210
硫酸タリウム　87
緑化植物　35
リン化亜鉛　356, 361
林業被害　13
ルアー釣りブーム　27

轢死体　108
レゾリューション島　89
レプトスピラ抗体　114
レプトスピラ症　13, 83

## ワ　行

和歌山県サル保護管理計画　182
渡瀬庄三郎　106
渡瀬線　4

ワナ　386-388, 390
ワナ餌　126
ワナ占有率　117
ワナ貸与　155
ワナの点検　118
ワナの有効範囲　117
ワナ日　108
ワナ猟免許所持者　114
ワルファリン　355, 356

# 生物名索引

## ア 行

アイベックス　317
アオサギ　154
アオハブ　236
アカウミガメ　142
アカガシラカラスバト　288, 309
アカギ　233
アカギツネ　7, 13, 407
アカゲザル　169, 193
アカテガニ　142
アカネズミ　251
アカヒゲ　110
アカボシゴマダラ　35
アキシスジカ　66
アケビ　181
アジサシ　94
アナウサギ　66
アナグマ　108
アナドリ　353
アノール類　34
アヒル　145
アブラコウモリ　7
アフリカマイマイ　35
アマミトゲネズミ　15, 110, 123, 131, 352, 384
アマミノクロウサギ　15, 110, 288, 380
アマミヤマシギ　15
アメリカミンク　10, 13, 16, 89, 278, 382, 405
アライグマ　10, 12-14, 16, 50, 51, 53, 139, 216, 380, 404, 414
アライグマ蛔虫　143
アライグマ糞線虫　143
アリモドキゾウムシ　407

イイズナ　63, 278
イエコウモリ　7
イエネコ　285
イシカワガエル　380
伊豆大島タイワンザル　185
イソヒヨドリ　372
イタジイ　291
イタチ　108
イタチ科　278
イタチ類　16
イチゴ　144
イヌ　144, 384
イヌビワ　181
イヌワシ　17
イネ　223
イノシシ　5, 215
イノブタ　10, 12
イリオモテヤマネコ　287
インドクジャク　34, 35
インドトビイロマングース　80
ウェカ　61
ウェタ　60
ウサギ（類）　62, 126
ウシ　5, 62
ウトウ　308
ウマ　5, 62
ウミウ　308
ウミガメ類　354
ウミガラス　308
ウミスズメ　308
ウミネコ　308
ウリ　144
エゾクロテン　16
エゾサンショウウオ　142
エゾタヌキ　147

エトピリカ　352
オオガシラ属　34
大型カタツムリ　92
オオカミ　6
オオクチバス　28
オオジシギ　142
オオセグロカモメ　308
オオタカ　28
オオツギホコウモリ　66
大根島タイワンザル　185
オオバアカテツ　233
オオハマギキョウ　372, 373
大平肺虫　267
オカガニ類　130
オガサワラアブラコウモリ　6
オガサワラオオコウモリ　288, 309
オガサワラノスリ　372, 373
オガサワラビロウ　366
オカダトカゲ　15
オオヤドカリ（類）　132, 367
オキナワオオコウモリ　6
オキナワキノボリトカゲ　15
オキナワトゲネズミ　124, 130
オグロジカ　66
オコジョ　63, 89, 278, 385
オジロジカ　66
オーストンウミツバメ　353
オナガミズナギドリ　337, 353
オニグルミ　244
オリイオオコウモリ　292

## カ 行

カイウサギ　16
疥癬　142
カカポ　61
家禽　108, 113
カクレイワガニ　372
カシミヤヤギ　318
カシワ　176, 177
カスミサンショウウオ　142
カツオドリ　337
カニクイザル　169, 193

ガマ　17, 216
ガーマンアノール　34
カミツキガメ　48
カラ類　246
カワウソ　212
カンムリウミスズメ　352
カンムリワシ　235
キイロスズメバチ　244
キウイ（類）　61, 92
寄生蠕虫類　268
キタリス　239
キツツキ類　246
キツネ　142
キャベツ　249
狂犬病ウイルス　115, 143
キョン　10
金魚　144
ギンネム　35, 339
クイナ　83, 85
クサリヘビ　83
クマネズミ　7, 32, 40, 82, 344, 351, 385, 388
クマネズミ属　272
クモテナガコガネ属　34
クリハラリス　12, 13, 231, 403, 414
クロウタドリ　64
クロテン　278
クロマツ　176, 177
ケイマフリ　308
齧歯目　126
ケナガネズミ　110, 122-124, 130, 131, 288, 352, 384
コイ　144, 145
高原病性インフルエンザウイルス　144
紅斑熱群リケッチア　144
コウモリ類　142, 246
コウライシバ　366
コケ類　60
コジュケイ　15
コナラ　181
コブラ　83
昆虫類　108, 354

生物名索引

## サ 行

ササ 176
サシバ 235
サトウキビ 223
サルモネラ 144
サンゴ礁 322
サンバー 66
ジステンパーウイルス 143
シダ植物 60
地内島カニクイザル 186
シナダレスズメガヤ 35, 36
シベリアイタチ 259, 404
シマフクロウ 142
シママングース 34
シマリス 35
下北半島タイワンザル 189
ジャイアント・ウェタ 60
ジャガイモ 177
ジャコウネズミ 130
ジャマイカイグアナ 87
シャモア 62
ジャワマングース 7, 78
食肉目 78, 126
シラミ 251
ズアオアトリ 64
スイカ 144, 249
スクミリンゴガイ 35, 36, 406
スズメ 5
スズメノコビエ 367
スダジイ 245
スティーブンイワサザイ 288
セアカゴケグモ 28
セスジネズミ 272
節足動物 111
ゼブラガイ 412
センカクモグラ 322
セントルシアヤジリハブ 83
走鳥類 61

## タ 行

ダイコン 249
ダイトウオオコウモリ 288, 309, 310
タイマイ 85
タイワンザル 10, 16, 169
タイワンスジオ 236
タイワンハブ 236
タイワンリス 232, 414
タイワンリス属 231
タカヘ 61
タケ 181
タコノキ 366
ダニ 144, 251
タヌキ 16, 108, 142, 380, 404
ダマジカ 66
ダルマガエル 142
タンカン (柑橘類) 114
タンチョウ 142
地上徘徊性の小動物 111
チベットモンキー 172
チュウゴクシマリス 16
チョウセンシマリス 16
鳥類 108, 126
ツシマヤマネコ 287, 309
ツバキ 248
ツブラジイ 181
トウキョウサンショウウオ 142
トウモロコシ 144
トカゲ類 354
トキ 212
トキソプラズマ 287
トクサバモクマオウ 366
ドクゼリ 225
トゲネズミ類 288
ドブネズミ 7, 32, 82, 272, 273, 351, 385
トマト 144
トラツグミ 372

## ナ 行

ナイトアノール 34
ナガエツルノゲイトウ 410
ナス 144
ナミエガエル 292
南米産ヒキガエル属 34

ナンヨウネズミ 61
ニジマス 146
ニホンイシガメ 142
ニホンイタチ 7, 14, 16, 32, 260, 263
日本顎口虫 267
ニホンザリガニ 142
ニホンザル 16, 148, 169
ニホンジカ 66, 215
ニホンジネズミ 7
日本脳炎ウイルス 144
ニホンリス 244
ニワトリ 144, 145
ヌートリア 10, 12, 13, 16, 203, 383, 405, 408
ネコ 5, 62, 108, 144
猫白血病ウイルス（FeLV） 303, 306
ネコ免疫不全ウイルス（FIV） 289, 303, 306, 308, 309
ネズミ（類） 5, 7, 14, 15, 82, 408, 412
ノイヌ 380
ノウサギ 66
ノグチゲラ 291
ノネコ 15, 286, 380
ノミ 251, 287
ノヤギ 317, 321, 380
ノラネコ 286

## ハ 行

ハイガシラリス属 231
ハクビシン 11, 14, 405, 414
ハス 216
ハタネズミ 272
ハチク 181
爬虫類 108
ハツカネズミ 7, 66, 359
ハナイ 225
バナナ 114
ハブ 7, 83, 109, 379
ハリエンジュ 35, 36
ハリネズミ 10, 63
ヒシ 210
ヒツジ 5, 62

ヒト 176
ヒマラヤタール 62
ヒメウ 308
ヒメテナガコガネ属 34
ヒメネズミ 246
ヒャッポダ 236
ヒルギ科 60
貧毛類 111
フイリマングース 7, 78, 105, 379
フィンレイソンリス 239
プエルトリコオウム 88
フェレット 35, 63, 279, 390
フクロウ類 246
フクロギツネ（ポッサム） 18, 63, 126
ブケコ 61
ブタ 17, 62, 145
ブタオザル 172
ブッポウソウ 246
ブドウ 144
ブルーギル 28
糞線虫 251
ベゾアール 317
ベッコウトンボ 17
ヘビ類 354
ヘラジカ 66
房総半島アカゲザル 185, 190
ホウレンソウ 249
北米産ヒキガエル属 34
ホソオチョウ 35, 36
ホタル 32
ホテイアオイ 210
哺乳類 108
ポンカン 114
ホントウアカヒゲ 15, 292

## マ 行

マウス 85
マカク 169
マコモ 210
マーコール 317
マスクラット 10
マダケ 181

マツ類　244
マングース　12, 15, 78, 407
マングローブ（林）　60, 302
マンゴー　114
ミカン　144
ミバエ類　53
宮崎肺吸虫　267
ムカゴ　181
ムカシトカゲ類　60
ムクイヌビワ　233
ムササビ　142, 246
メグロ　309
メジロ　244, 372
メダカ　32
メロン　144
モウソウチク　181
毛様線虫　251
モモ　144
モモタマナ　366
モモンガ　246
モーリシャスカラスバト　88
モーリシャスルリバト　172, 195
モンシロチョウ　5

## ヤ　行

ヤギ　10, 12, 16, 40, 62, 317, 320
ヤジリハブ　83
ヤダケ　339
ヤマアカガエル　415

ヤマイモ　181
ヤマキサゴ類　366
ヤマネ　142, 246
ヤマモモ　181, 245
ヤロード　366
ヤンバルクイナ　15, 113, 122, 288, 380
ヤンバルテナガコガネ　291
ヨシ　17, 210, 216
ヨーロッパケナガイタチ　279

## ラ　行

ラクダ　5
陸産貝類　354
リスザル　35
リビアヤマネコ　285
リュウキュウイノシシ　130
リュウキュウガキ　233
リンゴ　177
ルリカケス　15
霊長類　176
レプトスピラ　114, 144
ロバ　5

## ワ　行

和歌山タイワンザル　187
ワタセジネズミ　15, 292
ワピチ　66
ワラビー類　62

## 執筆協力者一覧
(敬称略,五十音順)

### [個人]

| | | |
|---|---|---|
| 青井俊樹 | 浅川満彦 | 阿部慎太郎 |
| Arijana Barun | 安　承源 | Iain Macleod |
| 太田恭子 | 菊田常郎 | Kerri-Anne Edge |
| 佐藤　宏 | 関口　猛 | 立澤史郎 |
| 鶴見徹夫 | Philip Edward Cowan | 細田知秀 |
| 前田　健 | 矢部辰男 | 渡辺茂樹 |

### [機関]

| | |
|---|---|
| アライグマ研究グループ | NPO法人EnVision環境保全事務所 |
| 江別市生活環境部環境室環境課 | 江別市内7保全会 |
| 環境省小笠原自然保護官事務所 | 財団法人北海道森林整備公社 |
| 東京都小笠原支庁 | 日本生態学会 |
| 日本哺乳類学会 | 日本霊長類学会 |
| 野幌森林公園自然ふれあい交流館 | 八丈町産業観光課 |
| 兵庫県森林動物研究センター | 北海道森林管理局野幌森林事務所 |
| 北海道大学大学院獣医学研究科 | 北海道大学大学院文学研究科 |
| 北海道庁環境生活部環境局自然環境課特定生物グループ | |
| 北海道野幌森林公園事務所 | |

　本書の執筆に際しまして,上記の方々および機関にさまざまなお力添えをいただきました.紙面の都合により最後になりましたが,厚くお礼申し上げます(執筆者一同).

## 執筆者一覧 （執筆順）

| | | |
|---|---|---|
| 池 田　　透 | （いけだ・とおる） | 北海道大学大学院文学研究科 |
| 村 上 興 正 | （むらかみ・おきまさ） | 京都精華大学人文学部 |
| 山 田 文 雄 | （やまだ・ふみお） | 森林総合研究所企画部 |
| 小 倉　　剛 | （おぐら・ごう） | 元・琉球大学大学院農学研究科 |
| 阿 部　　豪 | （あべ・ごう） | 兵庫県立大学自然・環境科学研究所 |
| 白 井　　啓 | （しらい・けい） | 野生動物保護管理事務所 |
| 川 本　　芳 | （かわもと・よし） | 京都大学霊長類研究所 |
| 坂 田 宏 志 | （さかた・ひろし） | 兵庫県立大学自然・環境科学研究所 |
| 田 村 典 子 | （たむら・のりこ） | 森林総合研究所多摩森林科学園 |
| 佐 々 木 浩 | （ささき・ひろし） | 筑紫女学園大学短期大学部 |
| 長 嶺　　隆 | （ながみね・たかし） | NPO法人どうぶつたちの病院沖縄 |
| 常 田 邦 彦 | （ときだ・くにひこ） | 自然環境研究センター |
| 滝 口 正 明 | （たきぐち・まさあき） | 自然環境研究センター |
| 橋 本 琢 磨 | （はしもと・たくま） | 自然環境研究センター |
| 亘　　悠 哉 | （わたり・ゆうや） | 日本森林技術協会 |
| 小 池 文 人 | （こいけ・ふみと） | 横浜国立大学大学院環境情報学府 |

**編者略歴**

山田文雄（やまだ・ふみお）

1953 年　滋賀県に生まれる．
1981 年　九州大学大学院農学研究科博士課程単位取得退学．
現　在　独立行政法人森林総合研究所上席研究員，農学博士．
専　門　保全生物学．
主　著　『知らなきゃヤバイ！　生物多様性の基礎知識』（2010年，日刊工業新聞社，分担執筆），『生態学からみた里やまの自然と保護』（2005年，講談社，分担執筆），ほか．

池田　透（いけだ・とおる）

1958 年　北海道に生まれる．
1988 年　北海道大学大学院文学研究科博士後期課程単位取得退学．
現　在　北海道大学大学院文学研究科教授，文学修士．
専　門　保全生態学・野生動物管理学．
主　著　『日本の哺乳類学②中大型哺乳類・霊長類』（2008年，東京大学出版会，分担執筆），『外来生物が日本を襲う！』（2007年，青春出版，監修），ほか．

小倉　剛（おぐら・ごう）

1962 年　大阪府に生まれる．
1987 年　琉球大学大学院農学研究科修士課程修了．
2005 年　琉球大学大学院農学研究科准教授，農学博士．
2011 年　逝去．
専　門　野生動物管理学．
主　著　『野生動物保護の事典』（2010年，朝倉書店，分担執筆），"The Wild Mammals of Japan"（2009年，Shoukadoh，分担執筆），ほか．

日本の外来哺乳類──管理戦略と生態系保全

2011 年 12 月 20 日　初　版

［検印廃止］

編　者　山田文雄・池田　透・小倉　剛

発行所　財団法人　東京大学出版会

代表者　渡辺　浩

113-8654 東京都文京区本郷 7-3-1 東大構内
電話 03-3811-8814　Fax 03-3812-6958
振替 00160-6-59964

印刷所　株式会社三秀舎
製本所　誠製本株式会社

© 2011 Fumio Yamada *et al.*
ISBN 978-4-13-060221-1　Printed in Japan

R〈日本複写権センター委託出版物〉
本書の全部または一部を無断で複写複製（コピー）することは，著作権法上での例外を除き，禁じられています．本書からの複写を希望される場合は，日本複写権センター（03-3401-2382）にご連絡ください．

大泰司紀之・三浦慎悟[監修]

# 日本の哺乳類学

[全3巻]　●A5判上製カバー装／第1,3巻320頁，第2巻480頁
　　　　●第1,3巻4400円，第2巻5000円

第1巻　小型哺乳類　　　　本川雅治[編]

第2巻　中大型哺乳類・霊長類
　　　　　　　　　高槻成紀・山極寿一[編]

第3巻　水生哺乳類　　　　加藤秀弘[編]

| | | |
|---|---|---|
| 日本のクマ　坪田敏男・山﨑晃司[編] | A5判・386頁／5800円 | |
| ヒグマとツキノワグマの生物学 | | |
| 哺乳類の生物学[全5巻]　　高槻成紀・粕谷俊雄[編] | | |
| A5判・平均160頁／各巻2600〜2800円 | | |
| 哺乳類の生態学　土肥昭夫・岩本俊孝・三浦慎悟・池田啓[著] | | |
| A5判・272頁／3800円 | | |
| 哺乳類の進化　遠藤秀紀[著] | A5判・400頁／5000円 | |
| 冬眠する哺乳類　　川道武男・近藤宣昭・森田哲夫[編] | | |
| A5判・352頁／5200円 | | |
| ネズミの分類学　金子之史[著] | A5判・320頁／5000円 | |
| 生物地理学の視点 | | |
| 日本コウモリ研究誌　前田喜四雄[著] | A5判・216頁／3700円 | |
| 翼手類の自然史 | | |
| ニホンカワウソ　安藤元一[著] | A5判・224頁／4400円 | |
| 絶滅に学ぶ保全生物学 | | |
| シカの生態誌　高槻成紀[著] | A5判・496頁／7800円 | |
| 鰭脚類　和田一雄・伊藤徹魯[著] | A5判・296頁／4800円 | |
| アシカ・アザラシの自然史 | | |

ここに表記された価格は本体価格です．ご購入の際には消費税が加算されますのでご了承ください．